色谱分析

师宇华 费 强 于爱民 张寒琦 编

科学出版社

北京

内 容 简 介

本书是编者根据教学改革实践和教学发展需要，结合多年的教学实践而编写的。全书共 7 章，主要内容包括：绪论、色谱法的理论基础、气相色谱法、液相色谱法、高效毛细管电泳法、毛细管电色谱法和色谱联用技术。

本书可以作为高等学校化学专业高年级本科生和研究生的教材以及科研院所、企事业单位分析工作者的参考书。相信以此书为依托，通过深入学习色谱分析的原理和技术，有助于科研工作的深入开展。

图书在版编目(CIP)数据

色谱分析/师宇华等编. —北京：科学出版社，2015.10
ISBN 978-7-03-045953-4

Ⅰ. ①色… Ⅱ. ①师… Ⅲ. ①色谱法-化学分析 Ⅳ. ①O657.7

中国版本图书馆 CIP 数据核字(2015)第 241229 号

责任编辑：郭慧玲　丁　里 / 责任校对：张小霞
责任印制：吴兆东 / 封面设计：迷底书装

科学出版社 出版
北京东黄城根北街 16 号
邮政编码：100717
http://www.sciencep.com

北京中科印刷有限公司 印刷
科学出版社发行　各地新华书店经销

＊

2015 年 11 月第 一 版　　开本：787×1092　1/16
2024 年 1 月第八次印刷　　印张：19 1/2
字数：484 000

定价：69.00 元
(如有印装质量问题，我社负责调换)

前　言

传统分析化学的三大领域包括光谱法、色谱法和电化学法。其中色谱法经历了100多年的发展，经久不衰，生命力旺盛。

色谱分析是理工科院校化学相关专业高年级本科生和研究生的一门必修课。借助于吉林大学"高水平研究生课程体系和研究生核心课程"建设项目的资助，并在所授"色谱分析"课程讲稿的基础上，编者编写了《色谱分析》一书。

本书涉及色谱分析的内容较为全面。全书配有图片215张，主要为色谱分析仪器的结构图，以便读者掌握色谱分析仪器的原理和构造，从而提高仪器使用的效率。本书收集了国内外色谱研究领域的发展前沿、新发展、新成果，以便读者掌握当今色谱分析发展的动向、拓展色谱分析理论与实践的结合。

全书共7章。第1章为绪论，介绍色谱法发展的历史、色谱法在分析化学中的地位和作用、国内外主要的色谱期刊。第2章介绍色谱法的理论基础。从色谱图上可以得到色谱峰描述的基本信息。塔板理论和速率理论描述了影响柱效的因素和提高色谱分离柱效的途径。分离度理论给出了影响物质分离的因素。第3章介绍气相色谱法，首先介绍气相色谱的类型和仪器的主要部件。其次介绍毛细管柱气相色谱法，与填充柱色谱法相比，它具有更好的分离效能。顶空气相色谱法适用于液体或固体试样中的挥发性物质的分析。裂解气相色谱法的核心部件是裂解器，它将高分子聚合物裂解成相对分子质量小的挥发性物质，进行气相色谱分析。当分析多组分混合物或者复杂样品时，常采用程序升温操作，使不同沸点的组分逐渐流出色谱柱，分离效果更佳。有些仪器的气化室也可以进行程序升温。制备色谱的目的在于分离制备一种或多种纯物质，用于进一步的定性鉴别。最后介绍定性和定量方法以及气相色谱法的特点和局限性。第4章介绍液相色谱法，首先介绍纸色谱法和薄层色谱法，这些方法简单，可以作为液相色谱法的初探。其次介绍高效液相色谱法的流程和主要部件。液固色谱法的固定相为固体吸附剂，利用组分和固定相与溶剂间的竞争吸附原理分离，适于分析几何异构体。离子交换色谱法是利用组分对离子交换树脂亲和力的不同进行分离的，适于分析离子型化合物，对水中的阴离子进行分离是离子交换色谱法的重要应用之一。将离子对萃取的技术引入色谱分析领域，发展了离子对色谱法或离子对分配色谱法，适于分析离子型化合物和疏水性化合物共存的样品体系。排阻色谱法是根据凝胶填料对组分的空间排阻能力的不同进行分离，适于物质的相对分子质量以及官能团的测定。类似于制备气相色谱法和制备液相色谱法部分，主要介绍一些制备技术。超临界流体色谱法不属于气相色谱法和液相色谱法，由于涉及的内容不多，本书将超临界流体色谱法归为液相色谱法的一部分。然后介绍液相色谱法的定性和定量方法。针对如此多的液相色谱分离技术，选择何种方法进行分析应遵循一定的原则，本章最后介绍分离类型的选择。第5章介绍高效毛细管电泳法，重点介绍毛细管电泳的理论基础、仪器构造和部件、分离模式以及应用与进展。第6章介绍毛细管电色谱法，它是高效液相色谱法和高效毛细管电泳法的有机结合，重点介绍毛细管电色谱法的基本原理、实验条件的选择以及毛细管电色谱柱的制备。第7章介绍色谱联用技术，主要是色谱与质谱、傅里叶变换红外光谱、原子光谱的联用以及多维色谱技术，可以解决定性和难分离组分的分离问题。两种仪器各自独立，关键在于连接。本章的重点是掌握这些接口技术。

本书经过了编者近十年的努力，不断充实、完善、提高，最终成文。在本书的编写过程中，参考了一些国内外出版的有关教材和著作，在此向有关作者表示谢意。感谢吉林大学化学学院的领导特别是分管教学的徐家宁教授以及分析化学系的所有同事对本书编写的帮助和支持。刘金荣同学参与了本书图片的制作，在此表示感谢！

本次修订贯彻落实党的二十大精神，全面贯彻党的教育方针，落实立德树人根本任务，培养德智体美劳全面发展的社会主义建设者和接班人。由于编者水平有限，难免存在不足之处，恳请同行和专家批评指正！

编　者

2023 年 6 月

目　　录

第1章 绪 论

1.1 色谱法的发展简史

1850年，Lunge将一滴染料混合溶液滴到吸墨纸上，染料会扩散成一层层圆环形。1861年，Schoenbein将一滴无机盐混合溶液滴到滤纸上，各种盐分以不同速度向四周扩散成层(因滤纸上含有等于自身质量20%的水分，故滤纸相当于载体，水相当于固定液，盐混合液的溶剂相当于流动相，这也是液液色谱法的雏形)。1897年，David Day将石油加压流过沸石(沸石相当于固定相，是固体吸附剂)，石油分成数层。1900年，Kritka发现石油通过碳酸钙细粉柱时会被分成不同部分。人们发现了这些实验现象，但在当时还没有人对这些现象进行深入剖析，色谱法的发展还处在萌芽时期。

1903~1906年，俄国植物学家Tswett在华沙大学为了测定菠菜绿叶色素的成分，在研究植物色素的过程中，在一根玻璃管的底部塞上棉花，以纯净石油醚洗脱有色植物叶子的石油醚萃取液，得到叶绿素等多种色带。他合理地描述和解释了实验的现象和本质，首次系统地提出这一方法，将色带称为色谱，将分离方法称为色谱法，将柱子称为色谱柱，这就是最初的液固色谱法。1906年，Tswett发表于德国《植物学》杂志上的文章这样描述："当叶中色素用石油醚萃取后，倒入一充满碳酸钙的管柱，则不同的色素依其吸附性的强弱，由上至下分成不同的色层，若在同一管柱上倒入纯石油醚冲洗，则分离效果更好，各种色素在碳酸钙管柱上分离，就如同光谱一样，是遵照物理法则，能被定性和定量，我称之为色层谱，而其方法则是色层分析法，当然我描述的吸附现象不限于叶绿素，所有无色和有色的物质均遵照同一法则。"色谱一词也因此得名：chroma意为颜色，graphy意为书写记录，把颜色记录下来就形成了色谱法(chromatography)。Tswett因此被称为色谱法的创始人。色谱分离的过程如图1-1所示。从此，色谱法建立起来，色谱法的发展进入了创建时期。

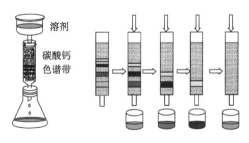

图1-1 色谱分离的过程示意图

图1-1描述的是一种理想的分离过程，而在实际的操作过程中，往往会因样品的引入方式、固定相的不均匀性、固定相存在气泡、流动相的流速不均匀以及流动相的选择不当等原因造成各层谱带重叠。如果分离的目的是定性，可舍弃谱带中重叠的部分，选择其中的纯物质进行分析。如果分离的目的是定量，只能将谱带中重叠的组分收集，进行第二次层析或改用其他流动相或固定相分离。在当时只能实现离线的定性或定量。

Tswett的实验中，存在互不相溶的两相，$CaCO_3$为固相，石油醚为液相，一相经过另一相运动。$CaCO_3$固定不动，称为固定相；石油醚不断经过$CaCO_3$流动，称为流动相。混合物在两相间反复分配而分离。

Tswett正确解释了色层分析的过程，设计用纯溶剂冲洗以提高色层分离的效果，把每层的物质提取并收集，发展了制备方法，为化学家、生物学家、生理学家制备一些纯物质提供了新技术。因此，Tswett 的色谱法具有划时代的意义。因研究天然色素而获得 1937 年诺贝尔奖的 Karrer 说："就影响有机化学的研究来说，没有其他任何发明能超过 Tswett 的色层分析方法，如果没有 Tswett 发明的这项新技术，则维生素、激素、类胡萝卜素和许多其他天然物的研究，无法进步如此神速，也无法得知自然界中存在许多非常类似的物质。"

Thalidomide 为一种药品的名称，1953 年在德国生产，1957 年上市，1958 年在英国获得批准。1961 年，澳大利亚医生首次注意到畸形婴儿出生率上涨，同年该药被禁止使用。

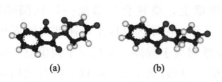

图 1-2　Thalidomide 的立体结构
(a)R 型；(b)S 型

药物的研制者不知道该药是两种手性异构体的混合物，R 型异构体对治疗孕妇的呕吐很有效，而 S 型异构体会对子宫内的胎儿产生严重的副作用。46 个国家的 10 000 名婴儿一出生就是残疾的，其中只有一半能存活下来。Thalidomide 的立体结构如图 1-2 所示。现在，R 型和 S 型异构体可以用在手性固定相或流动相中添加手性试剂的方法进行拆分。所以，对自然界中类似物质的认识是随着分离与分析技术的发展而发展的一个过程。但是，这一技术从 1906 年出现，到 1931 年才应用起来，其发展长达 25 年之久。这主要有三个方面的原因：一是当时德国著名的两位科学家认为 Tswett 分离的叶绿素在分离过程中反应了，一种物质变成了两种或两种以上的物质，使色谱研究停止；二是制备纯物质的要求少，在新技术出现之际，人们还不知道分离出来的这些纯物质有哪些应用(找到其应用是新技术的突破口)；三是当时正处在第一次世界大战期间，战争使研究者的主要精力用于研究武器和弹药，科学技术处在畸形发展中。

直到第二次世界大战期间，海军长期在海上作战，得不到人体必需的营养，出现了许多怪病，如口角溃烂、舌尖溃疡等。经诊断为吃不到蔬菜、缺少维生素造成的。奥地利化学家 Kuhn 采用色层分析技术，解决了维生素的分离与制备问题，海军的维生素缺乏症也得到了有效的治疗。因此，他获得了诺贝尔奖。从此，色谱法开始兴起并飞速发展起来。

1940 年，Martin 和 Synge 提出液液分配色谱法，以吸附在硅胶上的水作固定相，有机溶剂作流动相，实现了某些氨基酸的分离。1941 年，Martin 和 Synge 采用水饱和的硅胶为固定相，以含有乙醇的氯仿为流动相分离乙酰基氨基酸，他们在这一工作的论文中预言了用气体代替液体作为流动相来分离各类化合物的可能性。两人获得 1952 年的诺贝尔奖。1944 年，Consden 提出纸色谱法。1949 年，Macllean 在 Al_2O_3 中加入淀粉黏合剂作薄层板，发展了薄层色谱法(thin layer chromatography, TLC)。1952 年，James 和 Martin 发明气液色谱法，分析了脂肪酸和脂肪胺等混合物，并提出气相色谱法(gas chromatography, GC)塔板理论。1954 年，Ray 首次将热导检测器(thermal conductivity detector, TCD)用于 GC。1955 年，第一台商品化 GC 仪器由美国 Perkin Elmer 公司生产问世，采用 TCD 作为检测器。1956 年，Stahl 开发出薄层色谱板涂布器，使因手工涂布带来的实验误差大大降低，薄层色谱法得以广泛应用。1956 年，Van Deemter 发展了速率理论。1956~1957 年，Golay 开创了开管柱气相色谱法，习惯上称其为毛细管气相色谱法。1957 年，Holmes 等首次将 GC 与质谱(mass spectrometry, MS)联用。1965 年，Giddings 总结和扩展了前人的色谱理论，奠定了色谱的理论基础。1968 年，高压泵和化学键合固定相应用于液相色谱法(liquid chromatography，LC），发展了高效液相色谱法（high performance liquid chromatography，HPLC）。20 世纪 80 年代初，毛细管超临界流体色谱法发展起来。20 世纪 80 年代初，Jorgenson 集前人经验发展了毛细管区带电泳（capillary zone electrophoresis，CZE）。20 世纪 90 年代，人们集合 HPLC 和 CZE 的优点，发展了毛细管电色谱法（capillary electro chromatography，CEC）。2000 年 6 月，人类基因组计划已经基本完成了工作草图，其中 CZE 起到重要作用。

自 Tswett 创立色谱法以来，色谱法的发展经历了 100 多年的时间，但其还在发展之中。色谱法发展的历史就是新方法和新技术发展的历史。

Martin［图 1-3(a)］和 Synage［图 1-3(b)］对色谱法的发展做出了重要的贡献。Martin 于 1910 年 3 月 1 日出生于英国伦敦，1932 年从剑桥大学毕业，1935 年和 1936 年分别获得硕士和博士学位。Synage 于 1914 年 10 月 28 日出生于英国利物浦，1936 年从剑桥大学毕业，1939 年和 1941 年分别获得硕士和博士学位。1938年，他们共同制成了第一台液相色谱仪，但有很大的缺陷。1940 年，Martin 改进设计出一台分配色谱仪。1941 年，Martin 和 Synage 联合发表了第一篇有关分配

(a)　　　　　　　(b)

图 1-3　Martin 和 Synage
(a)Martin；(b)Synage

层析的文章。1943 年，Synage 离开利兹，但与 Martin 继续合作对分配层析法进行探索。1944 年，Martin 在上述探索的基础上用普通滤纸代替硅胶作为载体，也获得了成功。分配色谱法和纸色谱法的发明和推广极大地推动了化学的发展，特别是有机化学和生物化学的发展，可以说是分析方法上一次了不起的革命。Martin 和 Synage 因此获得了 1952 年诺贝尔奖。

1.2　色谱法在分析化学所面临任务中的作用

色谱法是一种分离技术，分离是一种假设的状态，在这种状态下物质被完全分开。这种分离技术应用于分析化学就是色谱分析。

按照分析化学所依据的原理和应用的手段，分析化学分为化学分析和仪器分析，其中色谱分析法属于仪器分析的范畴；按照研究对象，分析化学分为无机化合物分析和有机化合物分析，色谱分析法多用于有机化合物分析。

1.2.1　分析化学的任务

图 1-4 为分析化学的分类以及用于无机化合物和有机化合物分析的主要仪器分析方法，从中可见色谱分析法在其中所处的地位。

1.2.2　仪器分析和化学分析的关系

仪器分析法并不能替代化学分析法。仪器分析法中所涉及的仪器的精度一般为 $X\%$，这样的准确度对低含量组分的分析已能满足要求，但对常量组分的分析就不能达到容量法和重量法所具有的高准确度。设想物质的含量就是 $X\%$，使用仪器分析法是不能获得准确结果的，误差会较大。而容量法和重量法的精度会更高。因而在方法选择上，必须考虑到这一

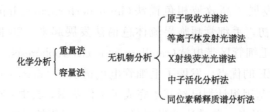

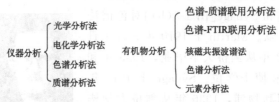

图 1-4　分析化学的分类及仪器分析方法的主要应用

点。在进行仪器分析之前，常用化学方法对试样进行预处理。仪器分析法一般都需要以标准物进行校准，而很多标准物需要用化学分析法来标定。因此，仪器分析法和化学分析法两者需要综合运用、取长补短、互相配合。

1.2.3　分析化学的内容

分析化学的研究内容如今已不仅仅局限在物质的成分分析上，因为只知道物质的组成是不够的，更加注重的是它们的微观结构，并逐渐深入组分的价态、形态分析等方面(图 1-5)。

图 1-5　分析化学的内容

1. 组分的价态

水体中存在着重金属离子，这些重金属离子有些是水体中的有益离子，有些则有很大的毒性。水体中存在的重金属离子主要来自采矿、冶炼、电镀、化工等工业废水，而且随着工业的迅速发展，水体中的重金属污染日趋严重。水体中的重金属离子有汞、镉、铬、铜、钴、锌等，它们都有一定的毒性。而这些重金属离子通过食物、饮用水或呼吸进入人体，且不易排泄，能在人体的一定部位积累，使人慢性中毒。所以，在环境污染的检测特别是水资源的检测中，重金属元素是必须检测的内容之一。为了保护环境和人体健康的需要，要建立对环境样品中超痕量重金属元素的检验方法。对重金属离子的螯合物进行的气相色谱法已经广泛地应用于对自来水、污水、海水、血液、尿、生物组织中重金属离子的检验，此法具有方法灵敏、选择性好、仪器较简单等优点。铬为有毒元素，长年吸入六价铬能引起鼻中隔穿孔，在肺组织内积存可能引起肺癌；连续饮用含铬的水，铬在肝、肾、脾脏中长期积累，也会对身体造成危害。

Cr^{3+}、Mn^{2+}、As^{5+} 无毒，Cr^{6+}、Mn^{7+}、As^{3+} 有毒。C 和 N 无毒，CN^- 有毒。因此，只检测出含有某种元素是不够的，要进一步检测出它们的价态。

2. 形态分析

1953 年，在日本九州熊本县水俣镇一带发现了一种特有的中枢神经疾病——水俣病，患者表现为手腿部痉患、小儿麻痹症、抽风、精神分裂，死亡率达 40％。直到 1965 年，分析化学家用薄层色谱法确认水俣病的罪魁祸首为甲基汞，才了结了这一悬案。

汞的毒性取决于它的形态，金属汞不溶于水，也不溶于胃中盐酸和碱性肠液，进入消化道几乎不被吸收，以原形随粪便排出，几乎不出现中毒；甘汞(Hg_2Cl_2)是泻药和利尿剂，因为它的溶解度很小；升汞($HgCl_2$)是水溶性的，服用 1～2g 就可以致命；二甲基汞和二乙基汞的毒性是金属 Hg^{2+} 的 1000～10 000 倍，因为它们是脂溶性的，可以渗入细胞和脑中，进入脑中后就不能再排出，人体出现疲乏、头疼、失去感觉、视力模糊和脑细胞分裂、坏死等病症。

工厂里排出的废液中含有大量汞盐，厂家用他们自己的专家调查水俣病，并以调查结果说明该厂流出的汞盐不是引起上述病症的原因。但是在海水中汞盐被甲基化成甲基汞，甲基汞通过食物链最终高浓度地聚集在水俣湾的鱼类和贝类体内，人吃了这种鱼类、贝类，就引起了水俣病。

海水中的汞如何被甲基化成甲基汞呢？海洋环境中的甲基汞主要是由工业废水或自然的甲基化作用合成而来。形成甲基汞的过程有以下四种途径，如图 1-6 所示。水中的鱼类从海水和食物链中积累甲基汞。

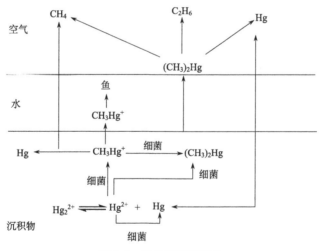

图 1-6 汞的迁移和转化

(1) 淡水淤泥的厌氧细菌可使无机汞甲基化，形成甲基汞和二甲基汞。用甲烷细菌的细胞提取物进行实验，证明在一种辅酶的作用下，甲基维生素 B_{12} 类化合物将其甲基以 CH^- 的形式转移给 Hg^{2+}，并在辅酶的作用下，能与双乙酸汞反应生成甲基汞。

(2) 在非生物作用下，天然水溶液中只要有甲基的给予体，汞同样可以被甲基化。

(3) 在紫外线辐射下会发生光化学甲基化过程，每天有 3％的乙酸汞被转化为甲基汞，比经由微生物甲基化的途径要快得多。由于氯离子可以抑制这一作用，因此一般认为在海水中不会发生这一过程。水溶液中如果存在乙醛、乙醇或木醇，在紫外线的照射下，它们也可以把氯化汞甲基化。

（4）脂肪类的 α-氨基酸因光解作用也能产生甲基汞。

在瑞典，许多湖泊中的水清澈透明，一眼见底，但就是没有鱼。有人说，因为没有鱼，所以湖面平静，没有波浪。人们研究水中无鱼的原因，认为是由酸雨造成的，鱼难以在高酸度水中生存。更为细致地剖析其原因，发现鱼的死亡并不是表面上所看到的由水的高酸度造成的。由于土壤是由硅铝酸盐组成的，在酸性介质中，硅铝酸盐溶解产生 Al^{3+}、$Al(OH)_3$、$Al(OH)_2^+$、$Al(OH)^{2+}$，其中 $Al(OH)^{2+}$ 为胶状物，鱼呼吸时，此胶状物粘在鱼鳃上，时间一久，鱼因窒息而死。

3. 元素与元素间的相互关系

Cd 和 Zn 为同族元素（图 1-7）。Cd 与 Zn 的性质相似，但 Cd 对肾组织的亲和力比 Zn 大，因而能不可逆地置换出体内的 Zn，改变人体中的一些依靠 Zn 的生物化学反应，引起糖尿病、水肿病、蛋白症和癌症等。另一对元素 Cd 和 Ca 的性质也相似，Cd 能破坏人体内的 Ca，受害者骨头变形，步行时如鸭子般摇摆，骨头变脆、易骨折，患者不分昼夜喊"疼"，因此称"骨疼病"。Cd 来自于土壤污染。中国公布的食品新标准中，大米中镉的限量严于国际标准，大米中镉的限量值为 0.2mg/kg。如果人体中含有 I^-，Cd^{2+} 与 I^- 结合变为无毒，排出体外。所以碘也是体内必不可少的元素。

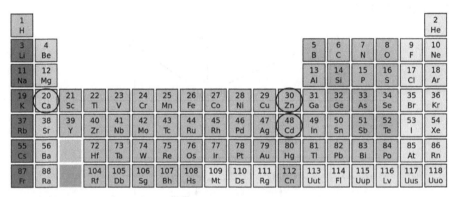

图 1-7　元素周期表

如今，食品安全受到了很大的关注，越来越多行业间的竞争和行业潜规则的曝光使食品生产更趋于可靠，而不是单纯追求效益。牛奶中的三聚氰胺、金浩茶油中的苯并芘等事件的凸现，使我们看到了分析化学在食品分析中还有很多任务要完成。

4. 元素的空间分布

目前所用的制备超导材料大都是钡钇铜的氧化物，这些物质在高温下的位置、分布、空间构型、排布的不同决定了其是否具有超导性能。即使在相同条件下制备的物质，也不一定都具有超导性能。使用电子微探针分析法可探测材料的内部结构。图 1-8 所示为两种超导材料的横截面。

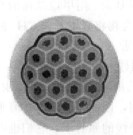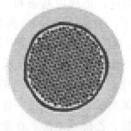

图 1-8　两种超导材料的横截面

1.2.4　分析化学发展的趋势、特点和研究的范围

《2015 年度国家自然科学基金项目指南》列出了以下内容。

1. 分析化学发展的趋势

突出方法学的研究，注重学科交叉、方法集成和信息处理；重视有关物质相互作用、信号转换及作用机理的研究；重视复杂样品前处理和分离、鉴定技术；重视仪器、装置的创制，仪器性能的提升和关键器件的研发；加强与生命科学相关的检测与诊断新技术、新方法的研究；加强与功能材料、资源环境、新型能源、空间探测等前沿领域的密切结合；发挥分析化学在国家安全、国家需求及经济社会发展中的重要作用。

2. 分析化学发展的特点

研究体系由简单转入复杂，组学样品、活体生物等成为研究焦点；研究层次已进入单细胞、单分子水平；研究内容更加注重前瞻性、基础性、原创性；研究目标已由物质组成延伸至结构、形态、构象及功能等，数据挖掘与处理得到重视；指导思想已不再拘泥于传统或简单原理的仪器分析，纳米科学、微流控学、仿生学、物理学等相关学科的新原理、新概念被越来越多地纳入分析化学新方法新技术的创建之中。

3. 分析化学研究的范围

分析化学是研究物质的组成和结构，确定物质在不同状态和演变过程中化学成分、含量和时空分布的量测科学。分析化学的研究范围广泛，分支甚多。常见的有光谱分析、电化学分析、色谱分析、质谱分析、核磁分析、化学计量学、表界面分析等；涉及无机分析、有机分析、生物分析、环境分析、药物分析、食品分析、临床与法医检验、材料表征及分析、分析仪器研制及其联用技术等领域；新兴的有微/纳分析、芯片分析、组学分析、成像分析、活体分析、实时在线分析、化学与生物信息学等。凡是与这些领域相关的创新性研究工作，如新原理、新方法与新技术的发展和应用，新仪器、新装置及关键器件的研究等，都在资助之列。特别鼓励围绕某一重要科学问题开展逐步深入的科学研究工作。

登录国家自然科学基金委员会网站(http://www.nsfc.gov.cn/)，点击"项目资助/项目申请与资助情况"，可获知自 1999 年以来获得资助的项目的名称、关键词和资助项目的研究领域等信息。

1.3　色谱法的定义与分类

色谱法(色谱分析)又称色层法或层析法，是利用物质在两个相对运动着的相间的多次平衡分配原理以及各物质在两相间分配系数的差别对物质进行分离的方法。电泳分析法虽不是基于两相相对运动来使不同组分分离，但电泳分析法的分离过程、仪器结构、分离通道的形状以及所用的一些名词和术语均与色谱法相类似。所以，一般也将电泳法归类为色谱法。

1.3.1　两相的状态

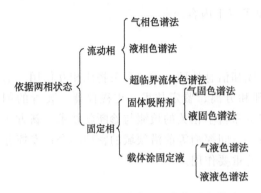

图 1-9　色谱法的分类——依据两相状态

两相的状态分为流动相和固定相(图 1-9)两种。色谱法依据两相的状态来分,流动相是气体的称为 GC,流动相是液体的称为 LC,流动相是超临界流体的称为超临界流体色谱法(supercritical fluid chromatography, SFC)。超临界流体是物质在高于临界压力与临界温度时的一种状态,性质介于气体和液体之间,比 LC 和 GC 有更高的柱效率。依据固定相的种类来分,当采用固体吸附剂作为固定相时,气体为流动相的称为气固色谱法,液体为流动相的称为液固色谱法。当采用载体涂固定液作为固定相时,气体为流动相的称为气液色谱法,液体为流动相的称为液液色谱法。气固色谱法和液固色谱法的分离机理是吸附和脱附,气液色谱法的分离机理是溶解和挥发,液液色谱法的分离机理是溶解和洗脱。

1.3.2　固定相的固定方式

依据固定相的固定方式分为柱色谱和平面色谱(图 1-10)。色谱法依据固定相的固定方式来分,填充柱色谱法和毛细管柱色谱法归属于柱色谱法,纸色谱法和薄层色谱法归属于平板色谱法。填充柱色谱的固定相装在一根玻璃或金属管柱内。毛细管柱色谱的固定相多数是附着在毛细管内壁上,而中心是空的。用滤纸做固定相的色

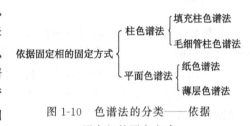

图 1-10　色谱法的分类——依据固定相的固定方式

谱法称为纸色谱法。将固定相研磨成粉末,而后涂覆在玻璃、铝或其他板上形成薄膜固定相,用此种薄膜固定相的色谱法称为薄层色谱法。

图 1-11　色谱法的分类——依据分离原理

1.3.3　分离原理

色谱法依据不同的分离原理可分为六种色谱法(图1-11)。

1. 吸附色谱法

吸附色谱法是利用吸附剂对不同组分吸附性能的差别即吸附系数的不同而进行分离的方法。

2. 分配色谱法

分配色谱法是利用不同组分在两相间分配系数的差别而分离的方法。

3. 离子色谱法

离子色谱法是利用不同离子在给定离子交换剂上亲和力大小的不同而进行分离的方法。例如，去离子水的装置就是利用酚醛树脂对 Bi^{3+}、Hg^{2+}、Zn^{2+}、Cd^{2+} 等的亲和力而去除水中这些离子的。

4. 排阻色谱法

排阻色谱法根据多孔凝胶对不同大小分子的排阻效应进行分离。

5. 毛细管电泳法

毛细管电泳法是以毛细管为分离通道，以高压直流电场为驱动力的新型液相色谱分离技术。利用不同组分在电场中迁移速率的不同，即电泳淌度的差别而分离。

6. 毛细管电色谱法

毛细管电色谱法是在毛细管柱中填充或在毛细管壁涂布、键合色谱固定相，用电渗流或电渗流结合压力流来推动流动相的一种液相色谱法，是高效液相色谱法和高效毛细管电泳法的有机结合。利用组分在两相间的分配系数差别和在电场中电泳淌度的差别而分离。

上述简要介绍了几种色谱法的分离原理，这些原理虽然各不相同，但除毛细管电泳法外，它们都是根据混合物中不同组分在两相间分配比例不同，即都是根据广义分配系数的不同而实现组分分离的。广义分配系数包括前述的吸附系数、气液和液液色谱法中的分配系数（狭义分配系数）、选择性系数和渗透系数。但在一般教科书中，讨论色谱分离过程中与热力学相关的问题时，通常仅以狭义分配系数为代表来描述。

1.3.4 应用领域

色谱法依据应用领域的不同可分为分析色谱法、制备色谱法和流程色谱法。

1. 分析色谱法

实验室用于某种或几种物质分析的色谱法属于分析色谱法。

2. 制备色谱法

大型制备纯物质的制备色谱仪可以完成一般分离方法难以完成的纯物质制备的任务，如色谱纯试剂的制备、蛋白质的纯化等。

3. 流程色谱法

工业生产流程中在线连续使用的色谱仪通常用于化肥生产、石油精炼、石油化工和冶金工业等的实时测量，包括采样、预处理和解吸等过程。

1.4 色谱法在工业生产和科学研究中的作用

要了解色谱法在工业生产和科学研究中的作用，就要了解它的特点和不足之处。

1.4.1 色谱法的特点

1. 分离效率高

可以对复杂混合物进行分离，如同系物、同分异构体和手性异构体。

2. 灵敏度高

可以检测出浓度为 μg/g 级甚至 ng/g 级的物质。

3. 分析速度快

一般在 Xmin 或 X0min 内可以完成一个试样的分析。

4. 应用范围广

气相色谱法适于沸点低于 400℃ 的各种物质的分析。液相色谱法适于高沸点、热不稳定、生物等几乎所有物质的分离和分析。

1.4.2 色谱法的不足

色谱法分离后的组分定性较为困难，常需要以纯物质进行对照。定性需要保留值，而一个保留值通常对应多个化合物，采用联用技术就可以克服这一缺点，并使色谱法的高效分离与光谱、质谱的鉴别功能相结合，实现未知化合物的分离和鉴定，如气相色谱-质谱（GC-MS）、气相色谱-傅里叶变换红外光谱（GC-FTIR）、液相色谱-质谱（LC-MS）、毛细管电泳-质谱（CZE-MS）等。

1.4.3 色谱法的应用

1. 工业生产

20 世纪 30～40 年代，色谱法揭开了生物世界的奥秘，得知自然界还有许多相似的物质。50 年代，色谱法用于石油工业的研究。60～70 年代，色谱法是石油化工、化学工业的监测工具。20 世纪末，色谱法在人类基因组计划和蛋白质组学的研究中做出了重大贡献。目前，色谱法应用于生命科学、材料科学、环境科学、医药、食品和航天科学等领域。

2. 科学研究

GC 可用于痕量分析、环境分析、农药残留分析；GC-MS 可用于各相关领域的分析；HPLC 应用于环境污染物、中草药中有效成分的测定；HPLC-MS 可用于生物物质、有机化合物的分离和鉴定；HPLC-NMR 用于有机化合物的分离和鉴定。毛细管区带电泳、毛细管电色谱法适用于蛋白质和 DNA 的检测研究。

1.5　国内外主要的色谱期刊

本节介绍国内外主要的色谱期刊，从中可见色谱分析这门学科对世界的贡献。如果即将开始论文的撰写和投稿，这些信息会较为有用。

美国《科学引文索引》(*Science Citation Index*，简称 SCI)为当今世界最为重要的大型数据库。影响因子(impact factor，IF)是美国科学情报研究所(institute for scientific information，ISI)的期刊引用报告(journal citation reports，JCR)中的一项数据。IF 指的是某一期刊的文章在特定年份或时期被引用的频率，是衡量学术期刊影响力的一个重要指标。例如，用 2 年内期刊被引用的次数除以 2 年内该期刊发表的论文总数进行计算。该指标是相对统计值，可克服期刊由于载文数量不同所带来的偏差。一般来说，IF 越大，其学术影响力也越大。自 1975 年以来，IF 每年定期发布于"期刊引用报告"。

2011 年 SCI 影响因子于 2011 年 6 月 28 日公布，2011 年共收录期刊 8281 种。

2012 年 SCI 影响因子于 2012 年 6 月 29 日公布，2012 年共收录期刊 8281 种。

2013 年 SCI 影响因子于 2013 年 6 月 19 日公布，2013 年共收录期刊 8471 种。

2014 年 SCI 影响因子于 2014 年 7 月 29 日公布，2014 年共收录期刊 8474 种。

汤森路透集团是世界一流的企业及专业情报信息提供商。它将行业专门知识与创新技术相结合，在全世界最可靠的新闻机构支持下，向金融、法律、税务与会计、科技、医疗保健和媒体市场的领先决策者提供关键信息。汤森路透集团的总部位于纽约，在伦敦、伊岗、明尼苏达均设有主要分支机构，拥有 5 万多名员工，遍布 93 个国家和地区。其在中国的运营始于 1871 年。目前，在整个中国，该企业拥有超过 1500 名员工，在中国内地的雇员总人数超过 900 人，在北京、上海、深圳、广州、香港和台湾均设有办事处。加拿大汤姆森公司与英国路透集团合并后，原汤姆森金融业务与原路透金融业务合并，组成新公司的市场部；汤姆森公司的其余部门(汤姆森医疗保健、汤姆森法律与法规、汤姆森科技以及汤姆森税务)则组成了专业部。在科技业务上，汤森路透集团为研究学者、科学家和信息专家提供信息和决策服务工具，SCI 数据即出自于汤森路透集团。

1. *Journal of Chromatography A*

荷兰出版的国际性色谱杂志，1958 年创刊，周刊，是目前国际上发表色谱文章最多的期刊之一。内容上侧重于基础和应用分离科学方面原创性的研究和综述。2015 年公布的影响因子为 4.169。

2. *Journal of Chromatography B*

荷兰出版的国际性色谱杂志，1968 年创刊，半月刊，是目前国际上发表色谱文章最多的期刊之一。内容上侧重于分离科学在生物和生物医学领域的基础和应用研究。2014 年公布的影响因子为 2.729。

3. *Electrophoresis*

德国出版的国际性色谱杂志，1980 年创刊，半月刊，刊登电泳方面的重要论文，其中的综述文章很好。2014 年公布的影响因子为 3.028。

4. *Chromatographia*

德国出版的国际性色谱杂志，1968 年创刊，半月刊，刊登各种色谱及其相关技术的理论和应用方面的原创论文和简报，兼有综述文章。2014 年公布的影响因子为 1.411。

5. *Journal of Chromatographic Science*

美国出版，1963 年创刊，月刊，刊登色谱科学方面的原创论文和技术。2014 年公布的影响因子为 1.363。

6. *Journal of Liquid Chromatography & Related Technologies*

美国出版，1996 年创刊，半月刊，刊登薄层色谱、毛细管电泳、超临界流体色谱、膜分离等技术方面的论文。2014 年公布的影响因子为 0.606。

7.《色谱》

《色谱》(*Chinese Journal of Chromatography*)，1984 年创刊，月刊，刊登有关色谱的专业论文。

除这些色谱专业方面的杂志外，还有许多 SCI 收录的期刊发表了有关色谱的论文。投稿时查看所进行的研究工作的创新点和哪一期刊的载文要求相近，依此决定投哪一刊物。英文写作的工作量很大，但是通过文献的深入阅读，撰写工作也会随之得心应手。

习 题

1. 色谱法的发展分为几个阶段？其主要特征是什么？
2. 试着列举色谱法发展史的两个突破性进展及两名做出突出贡献的色谱学家。
3. 指出以下色谱法使组分分离的机理：①气液色谱法；②气固色谱法。
4. 色谱分离的本质是什么？
5. 色谱法有哪些特点？又存在哪些不足？

第2章 色谱法的理论基础

本章分为5节。1~2节介绍色谱的基本概念,3~5节介绍色谱法的理论基础,所介绍的理论是色谱法中非常重要的三个理论。从色谱流出曲线可以求出该条件下色谱分离的理论塔板数;速率理论描述了影响塔板高度的因素;分离度描述了影响物质分离的因素。

色谱的分离是基于混合物中各组分在流动相和固定相间分配系数的差异,当两相做相对运动时,混合物中各组分在两相间反复多次($10^3 \sim 10^6$次)分配,从而使混合物中的组分得以分离。

下面以图2-1为例,理解分配和分离的过程。

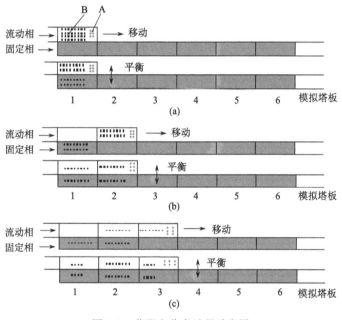

图2-1 分配和分离过程示意图

假定每一次分配在一块模拟塔板上进行。流动相是间歇式地进入的,每前进一次行进一块模拟塔板的距离。

以气液色谱为例,流动相中携带着两个样品组分,一个组分为不被固定相溶解的A组分,如空气;另一个组分为能被固定相溶解的B组分。当样品由流动相携带进入色谱柱的第一块模拟塔板处时,样品中的B组分遇到固定相,一半溶解在固定相中,假定其在固定相和流动相中的质量比为1:1。样品中的A组分不被固定相溶解,滞留在流动相中,如图2-1(a)所示。

随着流动相的前行,流动相中的A、B组分的前沿进入第二块模拟塔板处。移动到第二块模拟塔板处的流动相中的B组分遇到新的固定相,再次被固定相溶解;被第一块固定相溶解的 B 组分的一半又从固定相中挥发进入流动相，如图 2-1(b)所示，A 组分仍然滞留在流动相中。

流动相继续前行，流动相中的 A、B 组分的前沿进入第三块模拟塔板处。移动到第三块模拟塔板处的流动相中的 B 组分遇到新的固定相，再次被固定相溶解一半；在第二块固定相中溶解的 B 组分的一半又从固定相中挥发进入流动相中，与此同时，第一块模拟塔板处的流动相进入第二块模拟塔板，而第二块模拟塔板处的流动相中的 B 组分的一半会被固定相溶解，进入固定相中；被第一块固定相溶解的 B 组分的一半又从固定相中挥发重新进入流动相，如图 2-1(c)所示。A 组分仍然滞留在流动相中，随流动相的流动，B 组分在固定相和流动相间溶解和挥发的过程反复地进行。

组分在固定相和流动相间发生的溶解和挥发的过程称为分配过程。在整个分配过程中，A 组分不被保留，但不可避免地在流动相中被稀释和扩散。不与固定相发生作用的 A 组分先流出色谱柱，与固定相发生作用的 B 组分后流出色谱柱。当组分在固定相和流动相中达到平衡时，分配在固定相中比例越大的组分，流出时间越长，从而使不同的组分达到分离。

2.1　分配系数和分配比

既然分离是反复多次分配的过程，用分配系数和分配比表示分配的能力，也就是分离的实质。以下介绍分配系数和分配比的含义。

2.1.1　分配系数

1. 分配系数的定义

在一定温度、压力下，组分在两相间分配达到平衡时的浓度（单位：g/mL）比称为分配系数，用 K 表示，即

$$K = \frac{c_s}{c_m} \tag{2-1}$$

式中：c_s——组分在固定相中的浓度；

c_m——组分在流动相中的浓度。

分配系数 K 对于不同的色谱机理有不同的名称。在吸附色谱法中，K 表示每平方米吸附剂表面所吸附的组分量与每毫升流动相中所含的组分量的比，K 为吸附系数；在分配色谱法中，K 表示每毫升固定液中所溶解的组分量与每毫升流动相中所含的组分量的比；在离子色谱法中，K 表示进入每克离子交换剂的组分量与每毫升流动相中所含的组分量的比，K 为选择性系数；在排阻色谱法中，K 表示渗入凝胶孔穴内组分量占总量的份数，K 为渗透系数。

K 受体系温度的影响且与流动相、固定相以及所研究组分有关，K 是由体系的热力学因素所决定的。利用 K 可在一定程度上定量地解释出待测组分在色谱柱中得以分离的原因。

2. 对分配系数的解释

(1) 每个组分在各种固定相上的 K 不同。

(2) 试样中的各组分具有不同的 K 值是分离的基础。

（3）对于气相色谱，K 主要取决于固定相的性质，如溶解吸附能力、相似相溶程度；对于液相色谱，K 则取决于固定相和流动相的性质。

（4）选择适宜的固定相可改善分离效果：固定相分为固体和液体两类。固体固定相有固体吸附剂和聚合物固定相；液体固定相是载体和固定液的组合。不同固定相对同一物质的溶解、挥发或吸附、脱附能力不同。只有找到合适的固定相才可以实现相似组分的分离。

（5）选择适宜的流动相可改善分离效果：流动相的组成、pH、离子强度、极性等都会影响 K 的大小。

（6）一定温度下，组分的 K 越大，出峰越慢。

（7）某组分的 $K=0$ 时，即不被固定相保留，最先流出。

2.1.2　分配比

1. 分配比的定义

在实际工作中也常用分配比来表征色谱的分配平衡过程。分配比是指在一定温度、压力下，组分在两相间分配达到平衡时的质量比。分配比以 k 表示，也称容量因子、容量比。

$$k = \frac{m_s}{m_m} \qquad\qquad (2\text{-}2)$$

式中：m_s——组分在固定相中的质量；

m_m——组分在流动相中的质量。

2. k 和 K 的关系

$$k = \frac{m_s}{m_m} = \frac{\dfrac{m_s}{V_s}V_s}{\dfrac{m_m}{V_m}V_m} = \frac{c_s}{c_m} \cdot \frac{V_s}{V_m} = \frac{K}{\beta} \qquad\qquad (2\text{-}3)$$

由式(2-3)得出，$K = k\beta$，其中 $\beta = V_m / V_s$。K 和 k 相差了一个体积比。k 与两相体积比有关，将两相的体积比称为相比，用 β 表示。V_m 为流动相的体积，V_s 为固定相的体积。

k 随 K 和 β 的变化而变化，k 值越大，说明被测组分在固定相中的量越多，相当于柱的容量大，所以 k 又称容量因子，其是表征色谱柱对被测组分保留能力的主要参数。更重要的是由以下讨论可知，k 值可由实验获得的色谱图直接求出，即可由实验数据直接求出热力学常数，也可由已知的热力学数据来预测实验结果。

分配比 k 和分配系数 K 之间有以下关系：

（1）K 是组分在两相中的浓度之比，而 k 是组分在两相中的质量之比。它们都与组分及两相的性质有关，也与柱温有关。$k = K/\beta$，所以分配比 k 与两相体积比有关。但 K 与两相体积比无关。

（2）在表征组分的分离行为时，K 和 k 都能说明组分与两相之间作用力的大小，都是衡量色谱柱对组分保留能力的参数，此时可以认为两者是等效的。K、k 值越大，组分与固定相之间的作用力越强，保留时间越长。当 K、k 值为 0 时，表示组分与固定相之间不发生作用，保留时间最短。

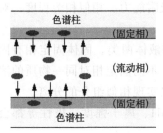

图 2-2　分配比示意图

（3）K 难以测定，而 k 可以由实验数据测得。

图 2-2 为某物质在色谱柱内分离过程中的分配情况，由图中可见该物质的分配比为 2/3。

2.1.3　相比

相比用 β 表示，是指色谱柱内流动相与固定相的体积之比。

$$\beta = \frac{V_s}{V_m} \tag{2-4}$$

式中：V_m——色谱柱内流动相的体积，是柱内固定相间的空隙体积，近似等于实验测得的死体积。

在分配色谱法中，V_m 表示固定液间的空隙体积；在吸附色谱法中，V_m 表示吸附剂颗粒间的空隙体积；在离子色谱法中，V_m 表示离子交换剂颗粒间的空隙体积；在排阻色谱法中，V_m 表示凝胶填料间的空隙体积。V_s 为色谱柱内固定相的体积，对不同类型的色谱柱，V_s 的含义不同。固定相为液体时，V_s 表示色谱柱内固定液所占的体积；固定相为固体时，V_s 表示色谱柱内固体填料的体积。在排阻色谱法中，V_s 表示固定相孔穴的体积。

β 能反映出各种类型色谱柱的不同特点，是色谱柱柱型和结构的重要参数。填充柱内有填料，V_m 较小，所以 β 较小；毛细管柱内为空心结构，V_m 较大，所以 β 较大。因此，毛细管柱的相比 β 比填充柱的相比 β 大得多。填充柱的相比一般为 6～35；毛细管柱的相比一般为 50～1500。

2.1.4　分配比的表达式

分配比能够由实验数据求出，所以更加实用。借助于流动相的流速 u 可以推导出分配比的表达式。

假定色谱柱内流动相的流速为 u，柱长为 L，流动相的保留时间为 t_M，样品组分的保留时间为 t_R。

当组分完全存在于流动相中时，组分的流速为 u；当组分完全存在于固定相中时，组分的流速为 0。组分在色谱柱中的实际流速 u' 应当是组分分子在流动相中所占有的份数与 u 的乘积。即

$$u' = \frac{n_m}{n_m + n_s} \cdot u$$

因为

$$\frac{n_m}{n_m + n_s} = \frac{m_m}{m_m + m_s}$$

所以

$$u' = \frac{m_m}{m_m + m_s} \cdot u = \frac{\dfrac{m_m}{m_m}}{\dfrac{m_m}{m_m} + \dfrac{m_s}{m_m}} \cdot u = \frac{1}{1 + k} \cdot u$$

由于流动相和组分最后都流出色谱柱，行进了色谱柱的全过程。所以，流动相和组分在柱内所流经的距离均为柱长 L。

$$L_{流动相} = u \cdot t_M; \quad L_{组分} = u' \cdot t_R; \quad L_{流动相} = L_{组分} = L$$

所以

$$t_R = \frac{L_{组分}}{u'} = \frac{L_{组分}}{\frac{1}{1+k} \cdot u} = \frac{L_{组分}}{u}(1+k) = \frac{L_{流动相}}{u}(1+k) = \frac{u \cdot t_M}{u}(1+k) = t_M(1+k)$$

据此即可推导出 t_R、t_M 与分配比 k 之间的关系，可用式(2-5)表示：

$$k = \frac{t_R - t_M}{t_M} = \frac{t_R'}{t_M} \tag{2-5}$$

热力学系数分配比 k 可以由色谱流出曲线的实验数据测得，所以式(2-5)是非常重要的一个公式。根据测定的 k，可由理论塔板数求出有效塔板数，并且 k 是塔板高度及分离度的重要影响因素。

2.2　色谱流出曲线和色谱峰

2.2.1　色谱流出曲线

色谱流出曲线(色谱图)是以检测器对各组分的信号响应值为纵坐标，流出时间(或流出体积)为横坐标的一条曲线，由基线和色谱峰组成。

1. 基线

基线指没有待测物，只有流动相通过检测器时，检测器响应信号随时间的变化曲线，反映仪器噪声随时间变化的关系。稳定的基线应当是一条水平的直线。操作条件变化不大时，通常可以得到如同一条直线的稳定基线。

2. 噪声

噪声又称噪音，是当没有待测物通过检测器时检测器输出信号随时间变化的关系曲线。噪声是指与被测样品无关的检测器输出信号的随机扰动变化，指由各种原因引起的基线起伏，有短期噪声和长期噪声之分。图 2-3(a)、图 2-3(b)所示为短期噪声，图 2-3(c)所示为短期噪声和长期噪声的叠加。短期噪声俗称毛刺，基线呈绒毛状，因信号频率的波动而引起，是比色谱峰的有效值频率更高的基线扰动。短期噪声的存在并不影响色谱峰的分辨，但对检出限有一定影响。短期噪声通常来自于仪器的电子系统和泵的脉动，可以采用滤波的方法加以消除。长期噪声是输出信号随机的和低频的变化情况，

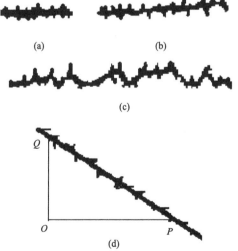

图 2-3　色谱的基线、噪声和漂移

(a)、(b)短期噪声；(c)短期噪声和长期噪声的叠加；(d)漂移

是由与色谱峰频率相类似的基线扰动构成的。长期噪声可能是有规律的波动，基线呈波浪形，也可能是无规律的波动，引起色谱峰分辨的困难。对不同类型的检测器，长期噪声的主要来源可能是不同的。有的是由于检测器本身的部件不稳定，有的是由于流动相中含有气泡或流动相被污染，还可能是由温度变化和流速波动等引起。对示差折光检测器而言，来源于周围环境和流动相流速变化而引起的温度和压力的波动，使检测池内液体的折射率发生改变，是引起长期噪声的主要原因。通过改进检测器的设计可以降低长期噪声。

3. 漂移

漂移是基线随时间变化的定向缓慢变化，即基线随时间的增加向单一方向的偏离，如图 2-3(d)所示。它是比色谱峰更低频率的输出扰动，不会使色谱峰模糊，但是为了有效地工作则需要经常地调整基线。造成漂移的原因可以是电源电压不稳、温度及流动相流速的缓慢变化、固定相从色谱柱中冲洗下来、更换的新溶剂在柱中尚未达到平衡等。

美国检验和材料协会规定噪声测定的方法是以峰对峰的测量为基础，按时间周期大小分为超短期噪声、短期噪声和长期噪声。超短期噪声是指每分钟内有 10 个以上的变化周期，测定时间应至少大于 1min；短期噪声是指每分钟内有 1～10 个变化周期的噪声，测定时间应为 10～60min；长期噪声是指每小时内有 6～60 个变化周期的噪声，测定时间应至少 1h。另外，在一个周期内应至少取 7 个数据点进行计算。在 ASTM 方法中，漂移的测定是以噪声对噪声的中间值为基础进行的。

基线噪声和基线漂移可以描述基线的好坏，是仪器性能的指标。它们多数是由光、电、温度、干扰等引起。噪声越小越好，基线电流越低越好。在测定检出限时，需要在最佳的条件下，最低的基线电流和最小的噪声下进行。

2.2.2　色谱峰

1. 色谱峰的定义

当组分进入检测器时，色谱流出曲线偏离基线，这时检测器输出的信号随检测器中的组分的浓度或质量而改变，直至组分全部离开检测器，此时绘出的曲线称为色谱峰，即从色谱柱中流出的组分通过检测系统时所产生的响应信号的微分曲线。理论上，色谱峰应为对称峰形，符合正态分布，即高斯分布，实际上，一般情况下都是不对称的色谱峰。

2. 不对称色谱峰

不对称色谱峰通常是由操作条件的选择不当或色谱柱固定液的选择不当造成的。常见的有 6 种，如图 2-4 所示。

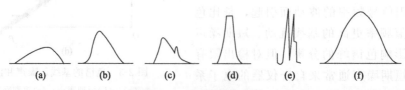

图 2-4　不对称的色谱峰

(a)前伸峰；(b)拖尾峰；(c)骑峰；(d)平头峰；(e)分叉峰；(f)馒头峰

前伸峰：为前沿平缓后部陡起的不对称色谱峰。可能是由吸附困难、分流比不当、流动相选择不当(pH、盐浓度)、温度不当等造成。

拖尾峰：为前沿陡起后沿平滑的不对称色谱峰。可能是由吸附太强或脱附太弱、过载、进样器温度或柱温低、色谱柱严重流失或污染、气化室死体积太大、进样体积太大、进样器污染或气化室中的玻璃内衬被进样垫堵塞、载气系统漏气、放大器不佳、电容充放电不好等造成。如果其他色谱峰不拖尾而只有主峰拖尾，也可能与物质本身的性质有关。

骑峰：特点是前一较大峰拖尾，后一较小峰骑于其背上，故得此名。骑峰是没有分开的色谱峰，改换色谱柱或减小前一峰的拖尾(如改变温度、流动相的溶解性等)，可改善分离效果。

平头峰：该色谱峰不是尖峰，而是其顶部有一平台。平头峰大部分属于过饱和峰，可以通过增加分流比、减小进样量来改善色谱峰形。如果是由分离因素造成的，需要更换色谱柱以及改用程序升温方式进行分离。液相色谱法中因进样量过大、流动相配比不当或流动相流速太小等也会引起平头峰。

分叉峰：为未完全分开而重叠在一起的色谱峰，由分离不完全所致。改变实验条件可以实现有效分离。

馒头峰：为峰形矮而胖的色谱峰。多由固定相选择不当所致。

鬼峰：为在不应出现的地方出现的色谱峰，在通常的检验过程中一般不会出现，但当温度控制不好，样品前处理不彻底时会出现，在检验过程中出现的鬼峰是对检验人员的绝对挑战。如果是因电信号干扰引起的鬼峰，就要从外部环境方面加以考虑：加装稳压电源、清除电信号连接线的氧化层、与周围的大型用电设备隔离、改善仪器接地条件等；如果是在色谱分离过程中出现的鬼峰，就需要考虑色谱条件：两次进样时间间隔要尽可能长或改变色谱条件，以使样品中所有的组分都出峰，或增加载气净化器、清洗检测器等。

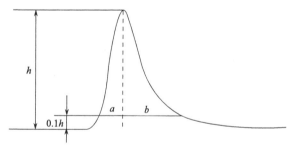

图 2-5　拖尾因子的计算

为了对峰形是否对称进行界定，引入对称因子 f_s，又称拖尾因子。拖尾因子的定义为特定峰高时峰半宽度的比，通常是在 10% 峰高处，如图 2-5 所示。

$$f_s = \frac{b}{a} \qquad (2\text{-}6)$$

对称峰的拖尾因子等于 1，拖尾峰此因子大于 1，前伸峰此因子小于 1。

2.2.3　色谱峰所描述的信息

典型的色谱流出曲线如图 2-6 所示。

1. 峰高 h、峰面积 A

峰高：从色谱峰顶到基线的高度，用 h 表示，即曲线上最大值点和最小值点之间的距离。

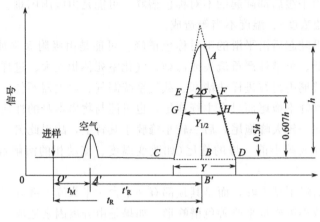

图 2-6　典型的色谱流出曲线

峰面积：$A = 1.065h Y_{1/2}$。

2. 区域宽度

区域宽度是用来衡量色谱峰宽度的参数，有三种表示方法。

(1) 标准偏差 σ。对于正常峰，σ 为 0.607 倍峰高处色谱峰宽度的一半。正常的色谱峰中，σ 的大小代表组分被带出色谱柱的分散程度。σ 越大，流出组分越分散；反之越集中。在 $(t_R + \sigma)$ 和 $(t_R - \sigma)$ 间的面积为峰面积的 68.3%。σ 越小，柱效率越高。由于 0.607h 不好测量，因此区域宽度还常用半峰宽来表示。

(2) 半峰宽 $Y_{1/2}$。半峰宽是指色谱峰高一半处的峰宽度，以 $Y_{1/2}$ 表示，$Y_{1/2} = 2.354\sigma$。

(3) 峰底宽 Y。峰底宽是指由色谱峰两侧拐点所作切线与基线的交点间的距离，以 Y 表示，$Y = 4\sigma = 1.699 Y_{1/2}$。

3. 保留值

保留值是描述待测试样中各组分在色谱柱中滞留情况的物理量。它可以描述各组分的色谱峰在色谱图中的位置，反映各组分在两相间的分配过程。保留值由色谱分离过程中的热力学因素决定。在一定的操作条件下，任何一种物质都有一个固定的保留值，所以组分的保留值可用于该组分的定性鉴定。有以下三种表述保留值的方法。

1) 由时间表示的保留值

保留时间 t_R：组分从进样到柱后出现信号极大值时所需的时间，如图 2-6 中的 $O'B'$。

死时间 t_M：不与固定相发生作用的组分（如空气）从进样到柱后出现信号极大值时所需的时间，如图 2-6 中的 $O'A'$。死时间实际上就是流动相通过色谱柱所需要的时间。直接测定死时间要选用合适的物质。在气相色谱法中，可以通过实验得到 t_M 值。使用火焰离子化检测器时，用 CH_4 测定 t_M；使用热导检测器时，用空气测定 t_M。在液相色谱法中，可以通过实验测定和计算得到 t_M 值，进而获得分配比 k。在实验测定中，使用示差折光检测器时，用重水、重氢甲醇做探针测定 t_M；使用紫外检测器时，反相色谱用 NaCl、$NaNO_3$ 的水溶液做探针测定 t_M，正相色谱用四氯化碳、四氟乙烯做探针测定 t_M。在计算法中，常采用 $t_M =$

L/u 计算，其中 L 为柱长，u 为流动相的平均流速。对于非全多孔型固定相，$u=3F/d^2$；而对于全多孔固定相，$u=1.5F/d^2$，其中 F 为流动相的体积流速（流量），d 为柱内径。

调整保留时间 t_R'：扣除死时间后的保留时间，$t_R'=t_R-t_M$，如图 2-6 中的 $A'B'$。

2）由体积表示的保留值

当保留时间受流动相流速的影响时，为了消除这一影响，引入此表示法。以从进样开始到出现色谱峰极大值所流过的流动相的体积来表示，与保留时间和流动相的平均流量有关。

保留体积 V_R：$V_R=t_R\cdot F_c$，F_c 为操作条件下柱内流动相的平均流量。

死体积 V_M：色谱柱内流动相所占体积，$V_M=t_M\cdot F_c$。

调整保留体积 V_R'：扣除死体积后的保留体积。$V_R'=V_R-V_M$，$V_R'=t_R'\cdot F_c$。

净保留体积 V_N：经压力校正的调整保留体积，$V_N=j\cdot V_R'$，j 为柱前压（色谱柱进口压力）p_i 和柱后压（出口压力）p_o 间压力梯度的校正系数。

$$j=\frac{3}{2}\left[\frac{\left(\frac{p_i}{p_o}\right)^2-1}{\left(\frac{p_i}{p_o}\right)^3-1}\right]$$

比保留体积 V_g：把净保留体积进一步校正到单位质量固定液和 273K 时的保留体积。$V_g=(273/T_c)\cdot V_N/g$，g 为固定液的质量。

所有由体积表示的保留值与保留时间和柱内流动相的流量有关。如果知道 F_c，就可以由实验数据求出保留体积，但是 F_c 不容易获得，此值难测。而柱后流动相的流量易得。由柱后流动相的流量 F_r 求柱内流动相的平均流量 F_c，要进行温度、湿度、压力的校正。校正公式如下：

$$F_C=\frac{p_o-p_w}{p_o}\cdot\frac{3}{2}\left[\frac{\left(\frac{p_i}{p_o}\right)^2-1}{\left(\frac{p_i}{p_o}\right)^3-1}\right]\frac{T_c}{T_r}F_r \tag{2-7}$$

式中：F_C——操作条件下柱内流动相的平均流量；

F_r——柱后流动相的流量；

p_o——柱后压，即大气压；

p_i——柱前压；

p_w——饱和水蒸气压；

T_c、T_r——分别为柱温和室温。

3）相对保留值

相对保留值 r_{21} 是指组分 2 与组分 1 的调整保留值之比。r_{21} 也可用 α 表示，α 也称为分离因子。常用于在一定的色谱条件下被测化合物和标准化合物的调整保留值之比。

$$r_{21}=\frac{t_{R2}'}{t_{R1}'}=\frac{V_{R2}'}{V_{R1}'}=\frac{k_2}{k_1}=\frac{K_2}{K_1} \tag{2-8}$$

相对保留值与柱温、固定相和流动相的性质有关，与其他色谱操作条件无关，当柱长、柱内径、填充情况等有所变化时，相对保留值将保持不变。它表示了固定相对这两种组分的选择性，因此其可以作为一个定性指标。它是重要的定性指标，也是色谱热力学涉及的内容，也称溶剂效率。

2.3　塔 板 理 论

色谱理论主要包括两方面内容：溶剂效率和柱效率。

溶剂效率与组分和固定相（在液相色谱法中还要考虑流动相）间的分子间作用力不同有关，这是色谱热力学过程，以 r_{21} 表示。相对保留值只与柱温、固定相和流动相的性质有关，与其他色谱操作条件无关。所以要提高溶剂效率就要从选择固定相（或流动相）入手。

柱效率是指组分通过色谱柱后其区域宽度的增加量，它与组分在两相中的扩散和传质情况有关，这是色谱的动力学过程，以理论塔板数 n 或理论塔板高度 H 表示。要提高柱效率就必须改善色谱柱性能和操作条件。

本节主要讨论描述柱效率的塔板理论。塔板理论是速率理论和分离度的理论基础。

2.3.1　塔板理论的建立

图 2-7　分馏塔

James 和 Martin 等将色谱分离比拟为化工的分馏过程（图 2-7），将连续的色谱分离分割成多次平衡过程的重复。借用分馏的概念、理论和方法来理解色谱分离的过程，从而建立了塔板理论。这一理论建立在某些假设的基础上，塔板理论的假设如下：

（1）柱分成 n 段，n 为理论塔板数；每段高为 H，H 为理论塔板高度；柱长为 L，则 $n = L/H$。

（2）所有组分开始都加在第 0 号塔板上。

（3）每块塔板上的组分在两相间的平衡是瞬间建立的。

（4）流动相以脉冲（塞子）形式进入色谱柱，每次的进入量恰好为一个塔板体积 ΔV。

（5）在所有塔板上，同一组分的分配系数为常数，即和组分的量无关。

（6）沿色谱柱方向不存在塔板-塔板间组分的纵向扩散。

假设毕竟是假设，存在以下不合理之处：①不存在 0 号板；②分配平衡不是瞬间达到的；③流动相的引入是连续的而不是脉冲的；④组分的量与保留时间有关，量越大，保留时间越长；⑤组分在色谱柱内的运行是存在扩散的，总是从浓度高的地方向浓度低的地方扩散等。

为了说明根据上述假设是如何建立塔板理论的，先看一个简单的实例。若将 1ng 被测物引入色谱柱，假设此柱有 5 块塔板，且 $k=1$。样品首先加在 0 号板上，分配平衡后，在固定相和流动相中被测组分均为 0.5ng；然后引入一个塔板体积（ΔV）的流动相，在 0 号板上固定相中的组分不移动，而流动相中 0.5ng 被测组分移动到 1 号板上；再次分配平衡后，在 0 号板上固定相与流动相中的组分均为 0.25ng，而 1 号板上固定相和流动相中的组分也均为 0.25ng。依此类推，组分逐渐向柱出口移动，最后逐渐移出色谱柱，在柱出口被检测后排出。组分的色谱流出曲线就是色谱柱出口流动相中组分量随塔板体积变化的关系曲线（表 2-1 和图 2-8）。

表 2-1　1ng 组分在 $n = 5$，$k = 1$ 柱内塔板上固定相和流动相中以及柱出口处的分配情况

塔板体积数 （ΔV）	塔板编号					
	0	1	2	3	4	柱出口
0	0.5					0
	0.5					
1	0.25	0.25				0
	0.25	0.25				
2	0.125	0.25	0.125			0
	0.125	0.25	0.125			
3	0.063	0.188	0.188	0.063		0
	0.063	0.188	0.188	0.063		
4	0.031	0.125	0.188	0.125	0.031	0
	0.031	0.125	0.188	0.125	0.031	
5	0.016	0.078	0.157	0.157	0.078	0.031
	0.016	0.078	0.157	0.157	0.078	
6	0.008	0.047	0.118	0.157	0.118	0.078
	0.008	0.047	0.118	0.157	0.118	
7	0.004	0.028	0.083	0.138	0.138	0.118
	0.004	0.028	0.083	0.138	0.138	
8	0.002	0.016	0.056	0.111	0.138	0.138
	0.002	0.016	0.056	0.111	0.138	
9	0.001	0.009	0.036	0.084	0.125	0.138
	0.001	0.009	0.036	0.084	0.125	
10	0	0.005	0.023	0.060	0.105	0.125
	0	0.005	0.023	0.060	0.105	
11	0	0.003	0.014	0.042	0.083	0.105
	0	0.003	0.014	0.042	0.083	
12	0	0.002	0.009	0.028	0.063	0.083
	0	0.002	0.009	0.028	0.063	
13	0	0.001	0.005	0.019	0.046	0.063
	0	0.001	0.005	0.019	0.046	
14	0	0	0.003	0.012	0.033	0.046
	0	0	0.003	0.012	0.033	
15	0	0	0.001	0.008	0.023	0.033
	0	0	0.001	0.008	0.023	
16	0	0	0	0.005	0.016	0.023
	0	0	0	0.005	0.016	

续表

塔板体积数 (ΔV)	塔板编号					柱出口
	0	1	2	3	4	
17	0	0	0	0.003	0.011	0.016
	0	0	0	0.003	0.011	
18	0	0	0	0.002	0.007	0.011
	0	0	0	0.002	0.007	
19	0	0	0	0.001	0.005	0.007
	0	0	0	0.001	0.005	
20	0	0	0	0	0.003	0.005
	0	0	0	0	0.003	
21	0	0	0	0	0.002	0.003
	0	0	0	0	0.002	
22	0	0	0	0	0.001	0.002
	0	0	0	0	0.001	

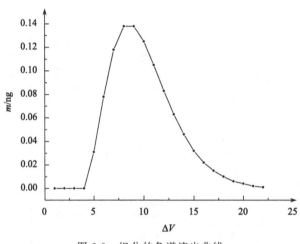

图 2-8　组分的色谱流出曲线

2.3.2　理论塔板数

由图 2-8 可知，组分的色谱流出曲线呈峰形但不对称。这是由于假设的塔板数太少，实际上，在气相和液相色谱中，塔板数 n 一般均大于 10^3，所以可以得到对称的峰形。由这一简单实例所得结果可以直观地看出，色谱流出曲线的形状类似于数学上的正态分布曲线。在图 2-8 中，纵坐标为组分的质量，此质量用塔板体积除，即可得到组分在流动相中的浓度（c），横坐标为塔板体积数，但当塔板数目很大，而塔板体积很小时，横坐标可看成体积（V）的连续变化。图 2-8 也可以看成 c 随 V 的变化曲线。当 n 很大时，流出曲线趋于正态分布，图中的流出曲线可用正态分布来描述，在数学上正态分布的方程如式（2-9）所示。

$$y = \frac{1}{\sqrt{2\pi}\,\sigma}\, e^{-\frac{(x-\mu)^2}{2\sigma^2}} \tag{2-9}$$

式中：σ——标准偏差；

　　μ——平均值。

式(2-9)说明了 y 与 x 的关系。在色谱中，根据上述假定以及一些理论推导，可将正态分布方程用于色谱流出曲线，把某些参数做相应的改变，可得

$$c = \frac{\sqrt{n}\,m}{\sqrt{2\pi}\,V_R}\, e^{-\frac{n(V-V_R)^2}{2V_R^2}} \tag{2-10}$$

式中：c——不同流出体积时的组分浓度；

　　m——进样量；

　　V_R——保留体积；

　　n——塔板数；

　　V——流出体积。

这就是色谱流出曲线方程的数学表达式，也称塔板理论方程。若令式(2-10)中的 $m=1$，$\dfrac{V_R}{\sqrt{n}}$ 用标准偏差 σ 来代替，即

$$\sigma = \frac{V_R}{\sqrt{n}} \tag{2-11}$$

则式(2-10)变成

$$c = \frac{1}{\sqrt{2\pi}\,\sigma}\, e^{-\frac{(V-V_R)^2}{2\sigma^2}} \tag{2-12}$$

由于色谱流出曲线为正态分布曲线，因此色谱峰用标准偏差来描述，由此也表述了 σ 的真正含义。式(2-12)中 c 代表柱出口处组分的浓度，浓度是不能被直接给出的，而实际上在色谱出口放置一检测器，将组分浓度或质量以信号(R)大小(峰高或峰面积)的形式记录下来，此信号因检测器而异，但它必须可被记录或读出。记录的信号 R 与浓度(c)成正比，$R=kc$，即式中 c 可用信号 R 来替代；而另一方面，由于体积 V 与流出时间成正比，$V=tq_{V,c}$，所以式中 V 可用 t 来替代，即图 2-8 也可看成 R 随 t 或 V 的变化曲线。也就是说理论上预测的组分色谱流出曲线(图 2-8)与实际上得到的色谱流出曲线(图 2-6)的形状是一致的。当 $V=V_R$ 时，有

$$c = c_{\max} = \frac{1}{\sqrt{2\pi}\,\sigma}$$

则

$$c = c_{\max}\, e^{-\frac{(V-V_R)^2}{2\sigma^2}}$$

根据半峰宽的定义，当 $c=\dfrac{1}{2}c_{\max}$ 时，$V-V_R=\dfrac{1}{2}Y_{1/2}$。式中，$c_{\max}$ 为色谱峰值处所对应的浓度。

$$\frac{1}{2}c_{\max} = c_{\max}\, e^{-\frac{\left(\frac{1}{2}Y_{1/2}\right)^2}{2\sigma^2}}$$

$$\ln\frac{1}{2} = -\frac{\left(\frac{1}{2}Y_{1/2}\right)^2}{2\sigma^2} = -\frac{Y_{1/2}^2}{8\sigma^2}$$

$$-0.693 = -\frac{Y_{1/2}^2}{8\sigma^2}$$

所以

$$Y_{1/2} = 2.354\sigma \qquad (2\text{-}13)$$

同理可得

$$Y_{0.607} = 2\sigma$$

则得到

$$Y_{1/2} = 2.354\frac{V_R}{\sqrt{n}}$$

$$\sqrt{n} = 2.354\frac{V_R}{Y_{1/2}}$$

$$n = 5.54\left(\frac{V_R}{Y_{1/2}}\right)^2 \qquad (2\text{-}14)$$

由 $Y_{1/2} = 2.354\sigma$ 和 $Y = 4\sigma$ 可证明：

$$Y_{1/2} = 0.5885Y$$

所以

$$n = \frac{5.54}{(0.5885)^2}\left(\frac{V_R}{Y}\right)^2 = 16\left(\frac{V_R}{Y}\right)^2$$

由以上讨论可知，保留值和区域宽度还可用 t 表示；在这些假设的基础上，通过数学公式的推导得出了理论塔板数 n 与色谱峰参数之间的关系式：

$$n = 5.54\left(\frac{t_R}{Y_{1/2}}\right)^2 = 16\left(\frac{t_R}{Y}\right)^2 \qquad (2\text{-}15)$$

式中：t_R——组分的保留时间；

$Y_{1/2}$、Y——分别为以时间表示的半峰宽和峰底宽。

可见，单位柱长的塔板数 n 越多，分配的次数越多，柱效率越高。用不同物质计算可得到不同的 n。n 越大，柱效率越高。

n 与 t_R 和 Y 有关，色谱流出曲线可以对色谱柱的柱效率进行评价。

2.3.3　有效塔板数

由于保留时间 t_R 包含了死时间 t_M，在 t_M 时间内被测物并不参加色谱柱内的分配，只是停留在流动相内。(t_R-t_M) 才是组分在色谱柱内分配所用的时间，即组分停留在固定相内的时间。因此，以理论塔板数和理论塔板高度表示的柱效率与实际的情况有差异。实际应用中常出现计算的色谱柱的 n 值偏高，而实际柱效率并不高的情况，所以 n 和 H 并不能真实反映出色谱柱分离效果的好坏。

为了准确地评价色谱柱效率，以 t_R' 代替 t_R 计算得到的塔板数称为有效塔板数，以 n_{eff} 表示；与其相对应的塔板高度为有效塔板高度，以 H_{eff} 表示。n_{eff} 和 H_{eff} 消除了死体积的影响，可以较为真实地反映出色谱柱的好坏。同一色谱柱对不同物质的测定结果是不一样的，用 n_{eff}、H_{eff} 表示柱效率时，除了应说明所使用的色谱条件外，还必须说明测定时所使用的物质。同一物质在不同色谱柱上会得到不同的柱效率。在比较不同色谱柱的柱效率时，应在相同的色谱操作条件下，以相同的物质通过不同的色谱柱，测定并计算出不同色谱柱的 n_{eff} 和 H_{eff}，然后再进行比较。

$$n_{eff}=5.54\left(\frac{t'_R}{Y_{1/2}}\right)^2=16\left(\frac{t'_R}{Y}\right)^2 \qquad (2\text{-}16)$$

$$n_{eff}=\frac{L}{H_{eff}}$$

$$n_{eff}=16\left(\frac{t'_R}{Y}\right)^2=16\left(\frac{t_R}{Y}\right)^2\left(\frac{t'_R}{t_R}\right)^2=n\left(\frac{t'_R}{t'_R+t_M}\right)^2$$

由于

$$k=\frac{t'_R}{t_M}$$

因此可推导出：

$$n_{eff}=n\left(\frac{k}{k+1}\right)^2 \qquad (2\text{-}17)$$

式(2-17)很重要。由理论塔板数用分配比修正后可以求得有效塔板数，可以真实地反映出色谱柱的柱效率。

2.3.4　塔板理论的特点和不足

塔板理论提出的"塔板"概念是形象的、"理论塔板高度"计算简便、所得到的色谱流出曲线方程是符合实验事实的、成功解释了色谱流出曲线的形状(呈正态分布)以及浓度极大点的位置。评价柱效率的高低以塔板数为依据，为相似色谱柱的对比或评价制备柱性能好坏建立了标准。

L 一定时，n 越大(H 越小)，被测组分在柱内被分配的次数越多，则柱效率越高。

n 不仅取决于组分及两相的性质(分配系数)，还与一系列操作条件有关，因此比较柱效率时，必须指定组分、固定相、柱温、流动相及速度等操作条件。

由于建立这一理论的假设有些是不当的，且仅考虑了热力学因素，没有考虑动力学因素，因此无法解释色谱峰变宽的原因和在不同的载气流速下同一色谱柱塔板高度不同的实验结果，也无法指出影响塔板高度的因素及提高柱效率的途径。

另外，柱效率的好坏不能表达出被分离组分的实际分离效果。例如，当两组分的分配系数 K 相同时，无论 n 多大都无法得以分离。

使用塔板理论时，若遇到不对称色谱峰，计算中会产生较大误差，可达到 $10\%\sim20\%$，色谱峰越接近正态分布，误差越小；另外，检测器信号与浓度应有线性响应，否则 n 值不真实。

2.4　速　率　理　论

速率理论可以解释在不同的载气流速下同一色谱柱柱效率 n 不同的原因、影响柱效率的因素以及提高柱效率的途径。

速率理论是在塔板理论的基础上发展起来的。吸收了塔板理论的有效成果——塔板高度（H）的概念，并赋予 H 新的意义——色谱峰形增宽的量度。它阐明了影响色谱峰增宽的因素，并指明提高与改进色谱柱柱效率的途径。

影响谱带增宽的因素有两种：柱内谱带增宽和柱外谱带增宽。

柱内谱带增宽是指由纵向扩散、传质阻力等因素造成组分在色谱柱内移动而引起谱带宽度增加的现象。

柱外谱带增宽是指因进样系统、检测器和连接管道等的死体积产生的谱带增宽，也称为非色谱柱部分的谱带增宽，或称为非色谱柱部分对谱带宽度的贡献。柱外谱带增宽又分为柱前谱带增宽和柱后谱带增宽。柱前谱带增宽主要是由进样引起的。例如，液相色谱法进样时，大都是将试样注入色谱柱顶端滤塞上或注入进样器的液流中。由于进样器的死体积以及注样时液流扰动造成了色谱峰的不对称和增宽。若将试样直接注入色谱柱顶端填料上的中心点，或注入填料中心内 $1\sim2mm$ 处，则可减少试样的柱前扩散，峰的不对称性会得到改善，柱效率会显著提高。柱后谱带增宽主要是由接口、检测器流通池体积变化所引起的。由于分子在液体中有较低的扩散系数，因此组分从液相色谱柱进入检测器的过程中，这种扩散作用较为显著。为此，连接管的体积、检测器的死体积应该尽可能地小。若流动相流量为 $20\mu L/s$，则连接管的体积应小于 $30\mu L$。

本节主要讨论柱内谱带增宽。介绍填充柱气相色谱法和液相色谱法的速率理论。速率理论为毛细管柱气相色谱法和高效液相色谱法的发展起着指导作用。毛细管柱的速率理论和速率方程见第 3 章第 3.3 节。

2.4.1　气相色谱法的速率理论

1956 年荷兰学者 Van Deemter 提出了色谱过程的动力学理论，导出了理论塔板高度 H 与载气流速 u 的关系式，称为速率方程，也称 Van Deemter 方程式。方程式如式(2-18)表示。

$$H = A + B/u + Cu \tag{2-18}$$

式中：H——理论塔板高度；

　　　A——涡流扩散项；

　　　B——分子扩散系数；

　　　C——传质阻力系数；

　　　u——载气流速。

影响 H 的物理因素有涡流扩散项(A)、分子扩散项(B/u)和传质阻力项(Cu)；当 u 一定时，降低 A、B 和 C，可减小 H、提高柱效率；存在一个最佳载气流速。

1. 涡流扩散项 A

涡流扩散项也称为多径项，是组分分子在分离柱中运动的多路径造成色谱峰变宽，柱效率变差，如图 2-9 所示。A 由固定相引起，与固定相(填充物)的平均颗粒粒度 d_p 和填充均匀性 λ(取决于填充物颗粒的大小分布和装柱情况)有关，与载气性质、流速和组分无关。

$$A = 2\lambda d_p$$

式中：λ——固定相的填充不均匀因子；

　　　d_p——固定相的平均颗粒粒度。

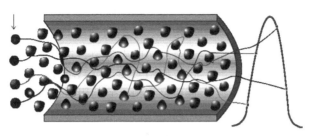

图 2-9　涡流扩散

对于小直径的色谱柱，固定相的平均颗粒粒度 d_p 是影响涡流扩散的主要问题；对于大直径的色谱柱，固定相颗粒的均匀性是影响涡流扩散的主要问题。

因此，固定相颗粒越小、填充得越均匀，柱效率越高。

2. 分子扩散项 B/u

分子扩散项也称纵向扩散项，是由于组分分子在色谱柱中的扩散使色谱峰变宽，柱效率变差，如图 2-10 所示。分子扩散由组分分子自身的扩散引起，还与色谱柱的柱型和流速有关。毛细管柱的中心是空的，所以在柱中的扩散更严重。

$$B = 2\gamma D_g$$

式中：γ——弯曲因子；

　　　D_g——试样分子在气相中的扩散系数，cm^2/s。

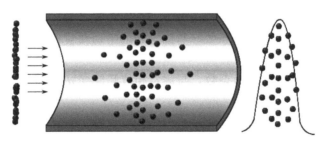

图 2-10　分子扩散

γ 是指因固定相填充在柱内后使气体扩散路径变弯曲的因素。对填充柱，$\gamma=0.5\sim0.7$；对毛细管柱，$\gamma=1.0$。

D_g 与流动相和组分性质有关。与载气的相对分子质量的平方根成反比，载气相对分子质量越大，D_g 越小；与组分的相对分子质量有关，组分的相对分子质量越大，D_g 越小；D_g 随柱温升高而增加，但反比于柱压。

因此，增大载气的相对分子质量，B、H 将降低，柱效率升高。流速 u 降低，滞留时间延长，扩散严重，柱效率降低，所以流速要适当。

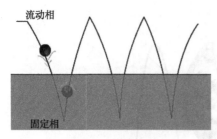

图 2-11　传质阻力

3. 传质阻力项 Cu

物质系统因浓度不均匀而发生的物质迁移过程称为传质。影响传质过程进行速度的阻力称为传质阻力。传质阻力包括气相传质阻力和液相传质阻力。气相传质阻力是指待测组分从气相移动到固定相表面的传质过程中受到的阻力。液相传质阻力是指待测组分从固定相的气液界面移动到液相内部，发生质量交换以达到分配平衡，然后又返回气液界面的传质过程中受到的阻力。组分分子在两相中的传质阻力使两相分配不能瞬间达到，造成色谱峰变宽，柱效率变差。如图 2-11 所示。

$$C = C_g + C_1$$

式中：C——组分的传质阻力系数；

C_g——组分在气相中的传质阻力系数；

C_1——组分在液相中的传质阻力系数。

$$C_g = \frac{0.01k^2}{(1+k)^2} \cdot \frac{d_p^2}{D_g}$$

$$C_1 = \frac{2}{3} \cdot \frac{k}{(1+k)^2} \cdot \frac{d_f^2}{D_1}$$

式中：k——分配比；

d_p——固定相的平均颗粒粒度；

d_f——固定液液膜厚度；

D_g、D_1——分别是组分在气相和液相中的扩散系数。

C_g 是组分在气相中的传质阻力系数，与固定相的平均颗粒粒度有关，与 d_p^2 成正比；与组分在气相中的扩散系数 D_g 成反比。

C_1 是组分在液相中的传质阻力系数，与固定相液膜厚度 d_f 及组分在液相中的扩散系数 D_1 有关。

因此，d_p 小的填充物和相对分子质量小的载气可以减小 C_g，从而提高柱效率；减小液膜厚度 d_f、增大 D_1，可以减小 C_1，从而提高柱效率。

4. u 与 H 的关系

载气流速低时，分子扩散项 B/u 是影响柱效率的主要因素，此时，随载气流速的增加，柱效率升高。载气流速高时，传质阻力项 Cu 是影响柱效率的主要因素，此时，随流速增加，柱效率降低。

速率方程式中理论塔板高度 H 对流速 u 的一阶导数有一个极小值。以 H 对 u 作图，得出气相色谱（GC）的 H-u 曲线，如图 2-12 所示。曲线最低点的 u 就是最佳流速。

因计算烦琐，一般情况下，不要求计算出最佳流速所对应的 H，但是要找到最佳流速和 H 附近的数值，就要了解它的趋势和曲线的形状。

$$u_{opt} = \sqrt{\frac{B}{C}}$$

$$H_{min} = A + 2\sqrt{BC}$$

5. 提高柱效率的途径

将各参数代入 Van Deemter 方程式中，得出 GC 的速率方程。速率理论给出了影响柱效率的内在因素并阐述了提高柱效率的途径，为操作条件的选择提供了理论指导。

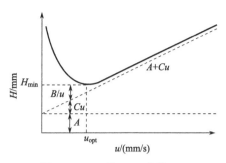

图 2-12　GC 的 H-u 曲线

$$H = 2\lambda d_g + \frac{2\gamma D_g}{u} + \left[\frac{0.01k^2}{(1+k)^2} \cdot \frac{d_p^2}{D_g} + \frac{2kd_f^2}{3(1+k)^2 D_1} \right] u \tag{2-19}$$

从式(2-19)可以看出，影响 H 的因素有 λ、d_p、D_g、u、d_f。

因此，提高柱效率的途径要求填充要均匀、填料粒度小、流动相相对分子质量适中、流速最佳、固定液的液膜厚度要薄。

影响 H 的另一因素是柱温，柱温通过影响 k、K、D_1、D_g 等参数影响 H。提高柱温可以改善气相与液相的传质，从而提高柱效率。但柱温的提高也会加剧组分分子的扩散，因此提高柱温的同时也要适当提高载气流速 u，使 B/u 处于合理的水平，且不应超过固定液的最高使用温度。

2.4.2　液相色谱法的速率理论

HPLC 与 GC 在许多方面有相似之处，如分离原理、组分在固定相上的保留规律等。

HPLC 分析中，当样品以柱塞状或点状注入 HPLC 柱后，在液体流动相的带动下实现各个组分的分离，并引起色谱峰形的增宽，此过程与 GC 分离过程类似，也符合速率理论。GC 的速率方程也同样适用于 LC，但分子扩散项和传质阻力项意义不同。GC 的速率方程中包括气相传质阻力项和液相传质阻力项，而 LC 的速率方程中除了包括移动流动相传质阻力项和固定相传质阻力项外，还有滞留流动相传质阻力项。所以，采用液体作为流动相时，HPLC 的色谱峰比 GC 的色谱峰宽些。表 2-2 为影响峰增宽参数的主要物理性质。

表 2-2　影响峰增宽参数的主要物理性质

参数	气相	液相
扩散系数 $D/(cm^2/s)$	10^{-1}	10^{-5}
密度 $\rho/(g/cm^3)$	10^{-3}	1
黏度 $\eta/[g/(cm \cdot s)]$	10^{-4}	10^{-2}

LC 的速率方程式如下：

$$H = H_e + H_d + H_m + H_s + H_{sm}$$

式中：H——理论塔板高度；

H_e——涡流扩散项；

H_d——分子扩散项或纵向扩散项；

H_m——移动流动相传质阻力项；

H_s——固定相传质阻力项；

H_{sm}——滞留流动相传质阻力项。

1. 涡流扩散项 H_e

H_e 的含义与 GC 相同：

$$H_e = 2\lambda d_p$$

式中：λ——固定相的填充不均匀因子；

d_p——固定相平均颗粒粒度。

2. 分子扩散项 H_d

$$H_d = C_d D_m$$

式中：C_d——填充系数；

D_m——组分在流动相（液相）中的扩散系数。如表 2-2 所示，对于 LC，这一项很小，可忽略。

3. 传质阻力项

传质阻力项分为移动流动相传质阻力项 H_m、固定相传质阻力项 H_s 和滞留流动相传质阻力项 H_{sm}。

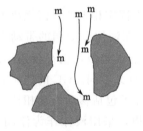

图 2-13　移动流动相传质阻力
m 代表流动相

1）移动流动相传质阻力项 H_m

移动流动相传质阻力项 H_m 指在流动相区域内的传质阻力。溶质分子随流动相在固定相颗粒间移动，遇到固定相颗粒时，溶质分子在紧挨颗粒边缘的流动相层流中的移动速度要比在中心层流的移动速度慢，因而引起峰增宽。即处在中心的分子还没来得及与固定相达到分配平衡就随流动相前移，因而产生峰增宽。与此同时，也会有些组分分子从移动快的层流向移动慢的层流扩散，这会使不同层流中的组分分子的移动速度趋于一致而减小峰形扩散。移动流动相传质阻力如图 2-13 所示。H_m 可用下式表示：

$$H_m = \frac{C_m d_p^2}{D_m} u$$

式中：C_m——移动流动相传质阻力系数；

d_p——固定相平均颗粒粒度；

D_m——组分在流动相中的扩散系数。

C_m 是 k 的函数，其值取决于柱直径、形状和填充状况。当柱填料填充紧密时，C_m 会降低；d_p 减小，柱效率会提高；D_m 大，黏度低，利于溶解和吸附，柱效率高。流速 u 要适当低，依此减小移动流动相传质阻力，提高柱效率。

2）固定相传质阻力项 H_s

H_s 指溶质分子从液体流动相转移进入固定相和从固定相移出重新进入液体流动相的过程，会引起色谱峰的明显增宽。H_s 可用下式表示：

$$H_s = \frac{C_s d_f^2}{D_s} u$$

式中：C_s——固定相传质阻力，为常数；

$\quad\quad d_f$——固定相液膜厚度；

$\quad\quad D_s$——组分在固定液中的扩散系数。

C_s 为一常数，与 k 有关。在分配色谱中，C_s 与固定液液膜厚度的平方成正比，在吸附色谱中 C_s 与吸附和解吸速率成反比。在厚涂层的深孔离子交换树脂或解吸速率慢的吸附色谱中，C_s 才有明显影响。当采用单分子层的化学键合固定相时，C_s 的影响可以忽略。

载体上涂敷的液膜的厚度 d_f 较小，载体无吸附效应或吸附剂固定相表面具有均匀的物理吸附作用时，可减少由于固定相传质阻力所带来的色谱峰增宽。在固定液内的扩散系数 D_s 大的试样分子，柱效率会高。流动相的流速 u 要适当低。因此，从改善传质、加快溶质分子在固定相上的解吸过程方面着手提高柱效率。

3）滞留流动相的传质阻力项 H_{sm}

H_{sm} 指在流动相滞留区域内的传质阻力。固定相的多孔性会造成部分流动相滞留在固定相的微孔内停滞不动，并与固定相进行质量交换。固定相的微孔越深，传质速率就越慢，对峰形的影响越大，柱效率越低。滞留流动相传质阻力如图 2-14 所示。H_{sm} 可用下式表示：

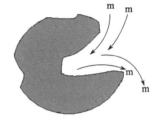

图 2-14　滞留流动相传质阻力
m 代表流动相

$$H_{sm} = \frac{C_{sm} d_p^2}{D_m} u$$

式中：C_{sm}——滞留流动相传质阻力系数；

$\quad\quad d_p$——固定相的平均颗粒粒度；

$\quad\quad D_m$——组分在流动相中的扩散系数。

C_{sm} 是一常数，它与颗粒微孔中被流动相所占据部分的份数和分配比 k 有关。固定相的粒度 d_p 越小，传质速率越快，柱效率越高。试样分子在流动相中的扩散系数 D_m 大的，柱效率高。适当降低流动相流速 u，改进固定相的结构，减小滞留流动相传质阻力是提高 HPLC 柱效率的关键。

4. u 与 H 的关系

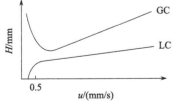

图 2-15　LC 和 GC 的 H-u 曲线

LC 和 GC 的 H-u 曲线有所区别，对比图如图 2-15 所示。从 H-u 曲线上可以看出，LC 的最佳 u 比 GC 要小得多，最佳 H 也小一些，表明 LC 具有更高的柱效率。LC 的 H-u 曲线具有平稳的斜率，表明采用高的 u 时，色谱柱效率无明显损失。因此，LC 可以采用高流速 u 进行快速分析，以缩短分析时间。

5. 提高柱效率的途径

将各参数代入速率方程中，得出 LC 的速率方程如式(2-20)所示。

$$H = 2\lambda d_p + \frac{C_d D_m}{u} + \left[\frac{C_m d_p^2}{D_m} + \frac{C_s d_f^2}{D_s} + \frac{C_{sm} d_p^2}{D_m} \right] u \tag{2-20}$$

式(2-20)与 GC 的速率方程即式(2-19)的形式是一致的，其主要区别在于分子扩散项 B/u 可以忽略不计。影响 H 的主要因素是传质阻力项。速率理论给出了影响柱效率的内在因素并阐述了提高柱效率的方法，为操作条件的选择提供了理论指导。影响柱效率的因素和提高柱效率的途径如下：

(1) H 随 d_p 减小，应采用粒度小而均匀、孔穴小的载体和液膜薄的固定液做固定相。LC 中常用孔穴小的薄壳型载体，所产生的滞留流动相传质阻力小。实际上，d_p 也不能太小。因为太小的固定相颗粒不易填充均匀，而且固定相颗粒太小将不得不增高柱压才能使流动相保持一定的流速流出色谱系统，这使仪器系统的运行压力大。受色谱仪所能承受的压力的限制，色谱柱不能太长。若缩短柱长，所施加的压力可以小些，但柱外效应将相应增加。粒度大而均匀的颗粒，球形或近球形的规则体容易填充均匀。目前，HPLC 常用填料的粒度为 $3\sim10\mu m$，最好为 $3\sim5\mu m$，但不要小于 $3\mu m$，相应柱长为 10cm，粒度分布的相对标准偏差(RSD)小于 5%。

(2) 当 Cu 为主要因素时，应采用 D_m 大的低黏度的溶剂作为流动相。

(3) 从 H-u 曲线可见，LC 的最小 H 对应的 u 很小，范围为 $0.3\sim1mm/s$，而实际应用时多采用大于 $1mm/s$ 的流速运行以缩短分析时间，但 u 增加时，H 增大，柱效率降低，谱带增宽，此时可增加柱长来弥补 H 的增加；适当降低 u 可以降低 H，但 u 太低会增大分子扩散项并减慢分析速度。选择合适的 u，才能使柱效率达到最佳。

(4) 适当提高柱温，可以降低流动相的黏度，增大 D_m，从而减小传质阻力；但柱温过高，分子扩散加剧，D_m 增大，柱效率会降低。LC 采用恒温操作，不能通过增加柱温显著地改善传质。改变洗脱液组成、极性等是改善分离的最直接因素。

(5) 其他影响柱效率的途径：进样时间会影响柱效率，要求进样时间短一些；不可逆的吸附可导致严重的峰增宽和拖尾；为减小柱外谱带增宽，进样系统、检测器和连接管道各连接处的死体积虽不可避免，但是要求尽量小。

2.4.3 速率理论的要点

(1) 组分分子在色谱柱内运行的多路径与涡流扩散、浓度梯度所造成的分子扩散及传质阻力使流动相和固定相间的分配平衡不能瞬间达到等因素是造成色谱峰增宽和柱效率下降的主要原因。

(2) 通过选择适当的固定相颗粒粒度 d_p、适当的流动相种类(与 D_m、D_g 有关)、液膜厚度 d_f 及流动相流速 u 等操作条件可提高柱效率。

(3) 速率理论为色谱分离和操作条件的选择提供了理论指导。阐明了 u 和柱温对色谱柱柱效率及分离的影响，但是各种因素相互制约。例如，u 增大，分子扩散项 B/u 的影响减小，使柱效率提高，但同时传质阻力项 Cu 的影响增大，又使柱效率下降；又如，柱温升高，有利于传质，传质阻力变小，使柱效率提高，但又加剧了分子扩散的影响，柱效率降低。选择最佳的实验条件才能使柱效率达到最高。

2.5　分　离　度

分离度、塔板理论和速率理论称为色谱的三大理论，是色谱理论的基础。分离的可能性取决于试样混合物中各组分在流动相和固定相间的分配系数(或分配比)的不同。塔板理论和速率理论都难以描述物质对的实际分离程度。分离度解释了在什么情况下，相邻两组分能够被完全分离。

分离度受色谱分离过程中两种因素的综合影响：保留值之差和区域宽度。保留值之差受色谱热力学的控制，区域宽度受色谱动力学的控制。分离度概念的提出把色谱动力学因素(柱效率——塔板数 n)和色谱热力学因素(溶剂效率——相对保留值 r_{21})结合在一起，用它来表示色谱柱在一定色谱条件下对混合物综合分离能力的指标。

2.5.1　分离度的定义

分离度是指相邻两组分色谱峰保留值之差与两个组分色谱峰峰底宽度总和的一半的比值，以 R 表示。说明分离度定义的示意图如图 2-16 所示。

$$R = \frac{t_{R_2} - t_{R_1}}{\frac{1}{2}(Y_1 + Y_2)} = \frac{2(t_{R_2} - t_{R_1})}{Y_1 + Y_2} \quad (2\text{-}21)$$

式中：t_R——某组分色谱峰的保留时间；

Y——某组分色谱峰的峰底宽度。

两组分保留值之差主要反映了色谱热力学的因素。色谱峰宽窄主要反映的是色谱动力学的因素。

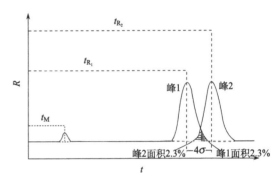

图 2-16　色谱分离度 R 的定义

若峰形对称且满足正态分布条件，当 $R<1$ 时，两峰有部分重叠，两峰的分离程度不理想，两峰不能完全分离；当 $R=1$ 时，假定峰 1 和峰 2 的 Y 相等，即 $Y_1=Y_2=4\sigma$，则 $t_{R_1}-t_{R_2}=4\sigma$，如图 2-16 所示。若相邻两峰(峰 1 和峰 2)外侧无其他组分的峰干扰，且两峰的峰高和峰面积相等，分离后各峰露出(与其他峰不重叠)的面积为各自峰全部面积的 95.4%，峰内侧重叠约为 4.6%。即分离后，峰 1 有 2.3% 的面积与峰 2 重叠，而峰 2 有 2.3% 的面积与峰 1 重叠，且这两个重叠区域是分开的，所以峰 1 和峰 2 以各有 4.6% 的面积相互重叠(图 2-16)，两峰基本完全分离；当 $R=1.5$ 时，各峰露出的面积可达到各自峰全部面积的 99.7%，达到完全分离。通常以 $R \geqslant 1.5$ 作为相邻两色谱峰完全分开的指标。

色谱分离过程中关于分离度的四种情况如图 2-17 所示。

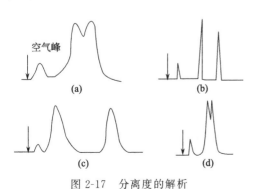

图 2-17　分离度的解析

图 2-17(a)的分离度很低，柱效率低(n 小)；图 2-17(b)的分离度高，柱效率高，选择性好；图 2-17(c)的分离度高，选择性好，但柱效率不高；图 2-17(d)的分离度低。

2.5.2　分离度方程

在色谱分析中，一般选一对难分离的物质来考察分离度。对于难分离物质对，可近似认为两组分的峰底宽相同，即 $Y_2 = Y_1 = Y$，可推导出 R 的表达式。

$$R = \frac{2(t_{R_2} - t_{R_1})}{Y_1 + Y_2} = \frac{t'_{R_2} - t'_{R_1}}{Y} = \frac{\left(\frac{t'_{R_2}}{t'_{R_1}} - 1\right) \cdot t'_{R_1}}{Y} = \frac{(r_{21} - 1)}{\frac{t'_{R_2}}{t'_{R_1}}} \cdot \frac{\frac{t'_{R_2}}{t'_{R_1}} \cdot t'_{R_1}}{Y}$$

$$= \frac{(r_{21} - 1)}{r_{21}} \cdot \frac{t'_{R_2}}{Y} = \frac{(r_{21} - 1)}{r_{21}} \sqrt{\frac{n_{eff}}{16}} \tag{2-22}$$

分离度的表达式给出了柱效率和相对保留值为多大时能有效分离物质对的问题。

由于有效塔板数 n_{eff} 与理论塔板数 n 和分配比 k 有关，有

$$n_{eff} = n\left(\frac{k}{k+1}\right)^2 \tag{2-23}$$

依据 R 的表达式可以导出：

$$n_{eff} = 16R^2\left(\frac{r_{21}}{r_{21} - 1}\right)^2 \tag{2-24}$$

由式(2-23)和式(2-24)可以推导出 R 与 n、k 和 r_{21} 之间的关系。由于 R 的表达式作了近似处理，n_{eff} 与第二个组分的保留时间 t_{R_2} 和峰底宽 Y_2 有关，也隐含了分配比 k 为 k_2，n 为 n_2 的事实。将 k_2、n_2 以 k 和 n 表示，R 与 n、k、r_{21} 的关系如下：

$$n = 16R^2\left(\frac{r_{21}}{r_{21} - 1}\right)^2\left(\frac{k+1}{k}\right)^2 \tag{2-25}$$

导出：

$$R = \frac{\sqrt{n}}{4}\left(\frac{r_{21} - 1}{r_{21}}\right)\left(\frac{k}{k+1}\right) \tag{2-26}$$

这是在假定 $Y_2 = Y_1$ 的情况下近似得出的分离度方程。式(2-25)中影响分离度的三项可分别称为柱效项、柱选择性项和柱容量项。

多数书中都采用上述方法推导分离度公式。式(2-22)是利用 $\frac{t'_{R_2}}{Y} = \sqrt{\frac{n_{eff}}{16}}$ 得到的，这里 n_{eff} 应为 n_{eff2}，因为 n_{eff} 与第二个组分的保留时间 t_{R_2} 和峰底宽 Y_2 有关，也隐含了式(2-25)中分配比 k 为 k_2 的事实。若将式(2-22)中的 $\frac{t'_{R_1}}{Y}$ 用 $\sqrt{\frac{n_{eff}}{16}}$ 代入，则会得到 $R = (r_{21} - 1)\sqrt{\frac{n_{eff}}{16}}$，此时的 n_{eff} 应为 n_{eff1}。也有的书假定 $n_1 = n_2$，不是假定 $Y_1 = Y_2$，推导出的方程当然也不同。

2.5.3   分离度的影响因素

从分离度方程可以看出影响分离度的因素有分配比、理论塔板数、相对保留值，如图 2-18 所示。

分配比 k 影响峰位，k 变大，R 变大。k 与组分及两相的性质有关，也与柱温有关。

理论塔板数 n 影响峰的宽窄，n 增大，峰变窄，R 变大。影响 n 的因素很多，增加 n，需从 Van Deemter 方程入手。

相对保留值 r_{21} 影响两峰间距，r_{21} 变大，R 变大。增加 r_{21}，需要考虑固定相、流动相和温度。

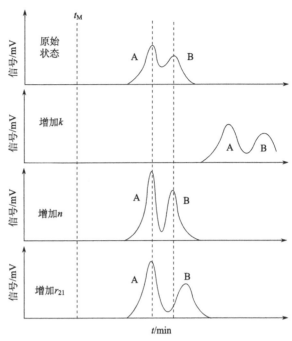

图 2-18   分离度的影响因素

2.5.4   提高分离度的途径

1. 理论塔板数 n

R 与 n 的平方根成正比，r_{21} 一定时，增加 n，可提高 R。设法使 H 降低才是增加 R 的有效办法。在其他条件相同的情况下，增加 L 致 n 增加可使色谱峰变窄，但 t_R 增加；如果采用高效能的色谱柱填料，不仅可以提高 R，还可以使峰形变窄而提高灵敏度。

2. 相对保留值 r_{21}

增大 r_{21} 是提高 R 的有效方法。增大 r_{21} 的有效方法是选择合适的柱温、固定相和流动相。对于 GC，流动相与组分之间没有相互作用力，r_{21} 只与柱温和固定相的性质有关，与其他色谱操作条件无关。对于 LC，r_{21} 除与柱温和固定相的性质有关外，还与流动相的性质有关。如果改变固定相，需要用具有不同固定相的色谱柱，则不如改变流动相的性质方便。由式(2-26)可知，R 与 $\dfrac{r_{21}-1}{r_{21}}$ 成正比，r_{21} 对 R 的贡献见表 2-3。从表 2-3 可见，r_{21} 从 1.01 改变 10% 到 1.10，R 随之改变 10 倍。因此，提高 r_{21} 是改变分离度 R 最有效的途径。HPLC 常采用连续改变流动相极性的梯度洗脱法增加 r_{21}。

表 2-3   相对保留值 r_{21} 对 R 的贡献

r_{21}	1.01	1.10	1.20	1.30	1.40	1.50	1.60	2.0
$(r_{21}-1)/r_{21}$	0.0099	0.091	0.17	0.23	0.28	0.33	0.38	0.50

3. 分配比 k

增大 k 可以提高 R，但是分析时间显著加长。由于 R 与 $\dfrac{k}{k+1}$ 成正比，见表 2-4，随 k 增加，R 也有增加；当 $k>10$ 时，R 提高不明显；当 $k<2$ 时，分析时间较短。对于 LC，正相色谱降低流动相的极性，k 增加，R 会提高。k 过大，不但 t_R 很长，而且峰形变宽，影响检测的分辨率和灵敏度。k 与组分及两相的性质有关，也与柱温有关。k 改变 10 倍，R 的改变不显著，所以不如改变 r_{21} 有效。

表 2-4　分配比 k 对 R 的贡献

k	0.25	0.5	0.8	1.0	2	5.0	10	20	50	80	100
$k/(k+1)$	0.20	0.33	0.44	0.50	0.67	0.83	0.91	0.95	0.98	0.99	≈ 1

改善 LC 的分离度 R 的途径见表 2-5。

表 2-5　改善分离度 R 的途径

参数	目的	途径
n	增大	降低流动相流速；填充物的粒度要小；粒度均匀；增加柱长等
r_{21}	增大	改变固定相；改变流动相；改变柱温等
k	增大	降低柱温；降低流动相的流速；降低流动相的洗脱强度；增加柱长等

由表 2-5 可知，为了达到高效、高速分离的目的，最好选用高效填料以增加 n 并采用梯度洗脱法以适当增加 r_{21}。所以，高效填料(化学键合相)和梯度洗脱是提高 HPLC 分离度的两大特点。

2.5.5　分析时间的估算

未知样品的分析时间是可以估算的。其分析时间大致等于最后一个组分离开色谱柱时的时间。分析时间受很多因素的影响，要想缩短分析时间可以从以下公式中的各个因素入手。

$$t_R = t_M(1+k) = \frac{L}{u}(1+k) = \frac{H \cdot n}{u}(1+k) = 16R^2 \frac{H}{u}\left(\frac{r_{21}}{r_{21}-1}\right)^2 \frac{(1+k)^3}{k^2} \qquad (2\text{-}27)$$

习　　题

1. 色谱柱理论塔板数 n 由哪些因素决定？

2. 一个组分的色谱峰可用哪些参数描述？这些参数各有何意义？受哪些因素影响？

3. 塔板理论的基本假设和主要结论是什么？

4. 说明填充柱气相色谱速率理论方程中各项的意义及影响因素。

5. 影响分离度的因素是什么，其中哪一因素的影响最大？

6. 组分的保留时间为何不同？色谱峰为何变宽？

7. 什么是死时间，如何测定死时间？

8. 色谱图上的色谱流出曲线可说明什么问题?

9. 在色谱流出曲线上,两峰间的距离取决于相应两组分在两相间的分配系数还是扩散系数? 为什么?

10. 某人制备了一根填充柱,用组分 A 和 B 作为测试样,测得该柱的理论塔板数为 4500,因而推断 A 和 B 在该柱上一定能得到很好的分离,此推断正确吗?

11. 试预测 N_2 代替 He 后对下列物理量的影响:①保留体积;②塔板高度。

12. 提高 HPLC 分离度最有效的途径是什么?

13. 简述提高柱效率的途径。

第3章　气相色谱法

气相色谱法是用气体作为流动相的色谱法。作为流动相的气体称为载气，它对样品和固定相呈惰性，专门用来载送样品。气相色谱分析的过程可以简单地概括为载气载送样品经过色谱柱中的固定相，使样品中的各组分分离，然后再分别检测。

3.1　气相色谱仪的基本类型

3.1.1　实验室通用型

实验室通用型气相色谱仪是实验室和科学研究常规分析所用的多功效分析仪器，是厂家的主导产品，产量多，销售量大。检测器越多，使用温度越高，可以分析的对象越广，价格越昂贵。

实验室通用型气相色谱仪具有多种备用的进样器、色谱柱、检测器及附件，所以具有用途广泛、灵敏度高和自动程序操作等性能。

3.1.2　简易型

简易型气相色谱仪适用于中小单位如实验室、工厂车间。产品特点：结构简单，由较小的单元组成，一般只备用一两种检测器，价格便宜。

3.1.3　携带型

携带型气相色谱仪主要用于现场、野外巡回检测。携带型气相色谱仪结构紧凑、体积小、质量轻、便于携带。仪器自带电源和气源，至少可供8小时工作需要。

3.1.4　专用型

专用型气相色谱仪用于特定的分析目的，其分析对象为既定的某种或某几种成分。专用型气相色谱仪对某种特定的使用场合和环境条件的适应性强。为此，根据不同的情况对仪器有不同的要求，其结构简繁不一。

3.1.5　工业用

工业用气相色谱仪是供工业流程自动连续测定使用的气相色谱仪。随着各国工业生产的快速发展以及对环境污染的自动监测的要求，这类产品迅速增加。产品特点：单元组合化水平较高。多路自动采样，一般为6～8路。进样阀可输送气体和液体。采用程序控制器，能发出采样、进样、校正调零、切换、信息处理等各种指令。采用可以输入多种形式信号的信息处理器。

气相色谱仪的各种类型不是绝对的，一台仪器也可同时具有实验室通用型、简易型和专用型气相色谱仪的特点。

3.2　气相色谱仪的基本组成

气相色谱仪包括气路系统、进样系统、分离系统、检测系统、数据处理系统和温度控制系统。图 3-1 为典型的基于热导检测器（TCD）的气相色谱仪。

载气由气体钢瓶或气体发生器产生。气体钢瓶的压力为 $1.5 \times 10^4 \sim 2.0 \times 10^4$ kPa，气体发生器的压力为 $300 \sim 400$ kPa。载气经减压、净化以及进一步的减压、调流，在进入色谱柱前调整柱前压和载气流量。控制检测器、气化室和色谱柱的温度，分离后的组分经过检测器，信号被放大并记录下来。

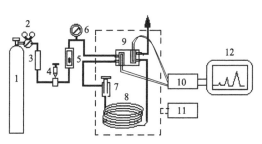

图 3-1　基于热导检测器的气相色谱仪结构示意图
1. 气体钢瓶；2. 减压阀；3. 净化干燥管；4. 针形阀；5. 流量计；6. 压力表；7. 进样口；8. 色谱柱；9. 热导检测器；10. 放大器；11. 温度控制器；12. 记录仪

3.2.1　气路系统

气路系统由载气及其所流经的管路组成。它是一个载气连续运动、管路密闭的系统，供给色谱分析所需要的载气、燃气、助燃气。气路系统要求载气纯净、系统密闭性好、载气流量稳定和流量的测量准确。它包括气体钢瓶（气体发生器）、减压阀、净化干燥管等。下面从七个方面介绍气路系统。

1. 载气和辅助气体

载气的作用是携带组分在气路系统中移动以达到分离混合物的目的。它从气源流出后依次经减压阀、净化干燥管、针形阀、流量计、进样口、色谱柱、检测器，最后放空。为了分离和检测的需要，一般选择不干扰样品分析的气体作为载气。

载气应具有惰性、纯度高、价廉的特点并应适合所使用的检测器。常用的载气有 N_2、H_2、Ar、He、CO_2 等，最常用的载气是 H_2 和 N_2。N_2 的相对分子质量大，扩散系数小，柱效率相对高，常用作火焰离子化检测器（FID）的载气。但是在使用 TCD 时，由于其导热系数（λ）低，灵敏度差，定量线性范围较窄，所以除分析 H_2 外，一般不用它做载气。使用工厂出售的钢瓶或气体发生器来获得载气。H_2 的相对分子质量小、导热系数大、黏度小。而 TCD 的工作原理表明：载气的导热系数与组分的导热系数相差越大，灵敏度越高，所以 TCD 几乎普遍采用 H_2 做载气，其定量线性范围也较宽。从表 3-1 中可以看出各物质的导热系数。H_2 还可用作 FID 的燃烧气。但是，H_2 易燃、易爆。

表 3-1　某些气体与蒸气的导热系数

气体或蒸气	$\lambda/[\times 10^{-4} J/(cm \cdot s \cdot ℃)]$	
	0℃	100℃
空气	2.17	3.14
氢气	17.41	22.4

气体或蒸气	$\lambda/[\times 10^{-4} J/(cm \cdot s \cdot ℃)]$	
	0℃	100℃
氢气	14.57	17.14
氧气	2.47	3.18
氮气	2.43	3.14
二氧化碳	1.47	2.22
氨气	2.18	3.26
甲烷	3.01	4.56
乙烷	1.80	3.06
丙烷	1.51	2.64
正丁烷	1.34	2.34
异丁烷	1.38	2.43
正己烷	1.26	2.09
环己烷	—	1.80
乙烯	1.76	3.10
乙炔	1.88	2.85
苯	0.92	1.84
甲醇	1.42	2.30
乙醇	—	2.22
丙酮	1.01	1.76
乙醚	1.30	—
乙酸乙酯	0.67	1.72
四氯化碳	—	0.92
氯仿	0.67	1.05

常用的辅助气体有空气、O_2 等。辅助气体的用量较大，所以最常用的辅助气体是空气。

2. 载气的净化

气相色谱法中采用何种载气和要求多高的纯度主要取决于所用检测器的种类、色谱柱中填料的特性以及分析项目的要求。

当使用 FID 做检测器时，要求除去载气中的烃类等有机物质，而一些永久性气体对检测的影响不大；当使用 HeID 做检测器时，要求 He 的纯度在 99.99% 以上，水的含量应小于 $30 \sim 50 \mu g/mL$；当使用电子捕获检测器(electron capture detector，ECD)做检测器时，要求载气中电负性较强的组分如 O_2、H_2S 的含量尽可能的低。

载气中的水分影响气固色谱中固定相的活性、寿命和气液色谱的分离效率。当使用分子筛做填料时，一定要除去 CO_2 和 H_2O，因为分子筛对 CO_2 和 H_2O 的吸附性很强，会降低柱效率甚至使柱失效。

载气中不应含有待测物质。

在净化干燥管内填装净化剂，串联在气源与稳压阀间可以对载气进行净化。常用的净化剂如图 3-2 所示。

(a)　　　　　　　　　　(b)　　　　　　　　　　(c)

图 3-2　常用的净化剂

(a)硅胶；(b)活性炭；(c)分子筛

硅胶用于除去大量水。

活性炭用于除去气源中相对分子质量较大的有机杂质，对一般有机化合物杂质有一定的吸附能力。

分子筛是一种具有立方晶格的硅铝酸盐化合物，主要由硅铝通过氧桥连接组成空旷的骨架结构，在结构中有很多孔径均匀的孔道和排列整齐、内表面积大的孔穴。此外还含有电价较低而离子半径较大的金属离子和化合态的水。由于水分子在加热后连续地失去，但晶体的骨架结构不变，形成了许多大小相同的空腔，空腔又由许多直径相同的微孔相连，这些微小的孔穴直径大小均匀，能把比孔道直径小的分子吸附到孔穴的内部，而把比孔道大的分子排斥在外，因而能把形状和直径大小不同的分子、极性程度不同的分子、沸点不同的分子、饱和程度不同的分子分离开来，即具有"筛分"分子的作用，所以称为分子筛。分子筛的种类很多，用作分析的有 4A、5A、13X 三种。A、X 表示类型，A、X 的化学组成不同。分子筛具有均一的孔径和极高的比表面积、热稳定性好、吸附能力强、内表面积大、强度高等特点，宜用于除去载气中的微量水、CO_2 以及相对分子质量小的有机杂质。目前分子筛在电子、化工、石油、天然气等工业中广泛使用。分子筛的吸湿能力极强，可用于气体的纯化处理，保存时应避免直接暴露在空气中。存放时间较长并已经吸湿的分子筛使用前应进行再生。分子筛忌油和液态水。使用时应尽量避免与油或液态水接触。工业生产中需干燥处理的气体有：空气、氮气、氧气、氢气、氩气等。用两只净化干燥管并联，一只工作，同时另一只进行再生处理，相互交替工作和再生，以保证设备连续运行。净化干燥管工作时在常温状态下，再生时需升温至 350℃。

钯做净化剂用于除去 H_2 中的 O_2；Cu 做净化剂用于除去 N_2 中的 O_2。

净化干燥管在使用前应该清洗烘干。方法：用热的 100g/L NaOH 溶液浸泡半小时，而后用自来水冲洗干净，最后用蒸馏水荡洗后烘干。图 3-3 为常用的净化干燥管。净化干燥管内可以装填 5A 分子筛和变色硅胶，有时还可以在净化干燥管中装入一些活性炭，具体装填

图 3-3　常用的净化干燥管

什么物质取决于对载气纯度的要求。净化干燥管的出口和入口应加上标志，出口用少量纱布或脱脂棉轻轻塞上，严防净化剂粉尘流出净化干燥管进入色谱仪。当硅胶变色后，应重新活化分子筛和硅胶(活化的方法是 130℃下烘干 4h)后，再装入使用。

3. 气流的控制

载气流量的变化对样品的分离、保留值等有很大影响，对于填充柱，载气流量范围常选用 30～100mL/min，稳定度要小于 1%[50mL/min 的实际流量为(50±0.5)mL/min]。

由于整个系统在一定操作条件下的阻力是不变的，而一般柱出口处均保持为大气压。所以只要控制载气在入柱时的压力稳定，载气的流量也就稳定了。通常将高压瓶内 $1.0×10^4$～$1.5×10^4$kPa 的压力通过减压阀降至 200～400kPa 的压力。

图 3-4　减压阀外观图

减压阀俗称氧气表，装在高压气体钢瓶的出口，用来将高压气体调节到较小的压力，如图 3-4 所示。减压阀的作用是减压、稳压。实验室常用的减压阀有氧气减压阀、乙炔减压阀和氢气减压阀三种。每种减压阀只能用于规定的气体物质，不能混用。打开气体钢瓶总阀之前应检查减压阀是否已经关好，否则容易损坏减压阀。

由于气相色谱分析所用的载气流量较小，单靠减压阀控制较困难，一般还需串联一个波纹管式稳压阀，用以稳定气体的压力，如图 3-5 所示。出气口压力一般为 100～300kPa 时稳压效果最好。稳压阀不工作时，应使阀关闭，以防止波纹管、压簧长期受力疲劳而失效；所用气源应干燥、无腐蚀性、无机械杂质。

图 3-5　稳压阀外观图　　　　　图 3-6　针形阀外观图

针形阀用来调节载气流量，也可以用来控制空气和燃烧气的流量，如图 3-6 所示。当进样口压力发生变化时，处于同一位置的阀针，其出口的流量也发生变化，所以用针形阀不能精确地调节流量。针形阀常用于控制调节较大的流量。针形阀不工作时，应使针形阀关闭，以防止压簧长期受压而失效。

当进行色谱分析时使用程序升温方法，由于色谱柱的柱温不断升高引起色谱柱阻力的变化，使载气流量发生变化。为了在气体阻力发生变化时也能维持载气流量的稳定，需要使用稳流阀自动控制载气流量的稳定，如图 3-7 所示。稳流阀的输出流量为 5～400mL/min。当柱温从 50℃升到 300℃时，若流量为 40mL/min，此

图 3-7　稳流阀外观图

时的流量变化小于±1%。使用稳流阀时，应使针形阀处于"开"的状态，从大流量调到小流量。稳流阀不是开关，不用时关闭其前端的气路，不要通过稳流阀关闭流量。

气相色谱的气路需要认真地进行检漏，气路不密封将使实验出现异常现象，造成数据不准确。使用氢气做载气时，氢气若从柱出口漏进恒温箱，可能会发生爆炸事故。从气源到各个阀件以及整个气路系统，都不应该漏气。

气路检漏常用的方法有两种：一是皂膜检漏法，即将皂液涂在各接头上检漏，若接口处有气泡产生，则表示该处漏气，应重新拧紧，直到不漏气为止。检漏完毕应将皂液擦净。二是堵气观察法，即用死口螺栓封住气体出口，转子流量计的指示为零，同时关闭稳压阀，压力表压力不下降，则表示不漏气；反之，若转子流量计的指示不为零，或压力表的压力缓慢下降(在半小时内压力下降大于 0.5kPa)，则表示该处漏气，应重新拧紧各接头，直至不漏气为止。

载气流量是指单位时间内通过色谱柱的气体的体积，以 mL/min 计。它是气相色谱分析中一个重要的操作条件，正确选择载气流量，可以提高色谱柱的分离效能，缩短分析时间。现在，大多数的仪器系统配备电子流量计。在校正流量时，需要使用转子流量计或皂膜流量计测量。

转子流量计如图 3-8(a)所示，是由一个上宽下窄的锥形玻璃管和一个能在管内自由旋转的转子组成，其上、下接口处用橡胶圈密封。当气体自下端进入转子流量计，又从上端流出时，转子随气体流动的方向而上升，转子的上浮高度与载气流量有关，因此根据转子的位置就可以确定载气流量的大小。对于一定的气体，载气流量和转子高度并不呈直线关系，转子流量计上的刻度只是等距离的标记而不是流量数值。因此实际使用时，必须先用皂膜流量计来标定，绘出载气流量与转子高度的关系曲线图。

皂膜流量计如图 3-8(b)所示，用其测定载气流量是目前用于测量气体流量的标准方法。它是由一根带有气体进口的量气管和橡皮滴头组成，使用时先向橡皮滴头中注入皂液，挤动橡皮滴头就有皂膜进入量气管。当气体自流量计底部进入时，气体吹动皂膜沿着管壁自下而上移动。用秒表测定皂膜移动一定体积时所需的时间就可以算出气体的流量(mL/min)，测量精度达 1%。

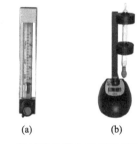

图 3-8 转子流量计和皂膜流量计外观图
(a) 转子流量计；(b)皂膜流量计

用皂膜流量计测出的色谱柱柱后流量经过校正就可以得到载气在柱内的平均流量，从而获得死体积及调整保留体积等数据。

$$F_c = \frac{p_0 - p_w}{p_0} \cdot \frac{3}{2} \left[\frac{\left(\frac{p_i}{p_0}\right)^2 - 1}{\left(\frac{p_i}{p_0}\right)^3 - 1} \right] \frac{T_c}{T_r} F_r \qquad (3-1)$$

式中：F_c——操作条件下柱内载气的平均流量；

F_r——皂膜流量计测量的色谱柱柱后载气流量；

p_0——柱后压，即大气压；

p_i——柱前压；

p_w——饱和水蒸气压；

T_c、T_r——分别为柱温和室温。

4. 气路类型

气路类型指载气运动的管路形式。常见的有单柱单气路系统、多（双）柱单气路系统、双柱双气路系统。选择何种形式的气路系统要依据分析项目的要求。

（1）单柱单气路系统为一根色谱柱、一条气路的色谱系统，较为简单多用。适于恒温分析。

（2）多（双）柱单气路系统为两根装有不同固定相的色谱柱串联起来的色谱系统，目的是解决单柱单气路系统不易解决的问题。双柱可以采用不同极性的色谱柱，如二维 GC，适用于程序升温和痕量分析。

（3）双柱双气路系统是将经过稳压阀之后的载气分成两路进入各自的色谱柱和检测器，其中一路用于分析，另一路用于补偿。这种结构可以补偿载气气流不稳或固定液流失对检测器产生的影响，提高了仪器工作的稳定性，因而特别适用于程序升温和痕量分析。新型双气路仪器的两个色谱柱可以分别装入性质不同的固定相，供选择进样，具有两台气相色谱仪的功能。

5. 载气种类的选择

载气种类的选择应考虑其对柱效率的影响、对检测器的要求以及载气性质。

载气流速较小时，采用相对分子质量大的载气可抑制试样的纵向扩散，提高柱效率。载气流速较大时，传质阻力项起主要作用，采用相对分子质量小的载气（如 H_2、He）可减小传质阻力，提高柱效率。

TCD 需要使用导热系数较大的 H_2，这有利于提高检测的灵敏度。在 FID 中，N_2（扩散系数小，柱效率高）是首选的载气。

选择载气时，还应综合考虑载气的经济性、安全性及来源是否广泛等因素。

6. 载气流速的选择

载气流速是指单位时间内载气通过色谱柱的距离，以 mm/s 计。最佳载气流速 u_{opt} 的推倒如下：

$$H = A + \frac{B}{u} + C \cdot U$$

$$\frac{dH}{du} = -\frac{B}{u^2} + C = 0$$

$$u_{opt} = \sqrt{\frac{B}{C}}$$

应用时要综合考虑分析速度和塔板高度的实际情况，实际流速通常稍大于最佳流速，以缩短分析时间。所采用的载气流速称为实用载气流速。实用载气流速比最佳载气流速高 1 倍左右。对于填充柱，使用 N_2 做载气时，载气流量可选取 20～60mL/min，使用 H_2 做载气时，

流量可取 $40\sim90$ mL/min。对于毛细管柱，N_2 作载气时，载气流量可选取 $2\sim4$ mL/min。依据实验中获得的保留时间和区域宽度的实验数据，可以协助优选出最佳载气流速。

7. 日常维护

一名合格的仪器管理员应该对仪器系统定期地维护和保养。

1）气路系统的维护

色谱仪器长时间使用后会造成管路的污染和堵塞，所以要对气路系统进行维护。

清洗气路的连接金属管时，应首先将该金属管的两端接头拆下，然后将该段管从色谱仪中取出，这时应先把管外壁的灰尘擦洗干净，以免清洗管内壁时再产生污染。

清洗管内壁时首先用无水乙醇进行疏通处理，这样可除去管路内大部分颗粒状堵塞物及易被乙醇溶解的有机化合物和水分。在此步骤中，若发现管路仍然不通，可用洗耳球加压吹洗，若加压后仍无效果，可考虑用细钢丝疏通管路。若此法还不能使管路畅通，可使用酒精灯加热管路使堵塞物高温碳化而达到疏通的目的。

用无水乙醇清洗完气体管路后，再考虑管路内壁是否有不易被乙醇溶解的污染物。若没有，可加热该管路并用干燥气体对其进行吹扫，将该管路装回原气路待用。如果通过分析样品过程判定气路内壁可能还有不易被乙醇溶解的污染物，可针对具体物质的溶解特性选择其他清洗液。选择清洗液的顺序应为先使用高沸点溶剂，而后再使用低沸点溶剂浸泡和清洗。可供选择的清洗液有萘、甲醇、蒸馏水、氟利昂、乙醚、丙酮、石油醚等。

2）阀的维护

针形阀、稳压阀和稳流阀的调节需缓慢进行。稳压阀不工作时，必须放松调节手柄；针形阀不工作时，应将阀门处于"开"的状态；对于稳流阀，当气路通气时，必须先打开稳流阀的阀针，流量的调节应从大流量调到所需的流量；针形阀、稳压阀和稳流阀均不可做开关使用，不工作时要关闭；各种阀的进、出气口不能接反。

3）流量计的维护

使用转子流量计时应注意气源的清洁，若因载气中含有微量水分，在玻璃管壁吸附一层水雾造成转子跳动，或因灰尘落入玻璃管中造成转子卡住等现象，应对转子流量计进行清洗。旋松上下两只大螺钉，小心地取出两边的小弹簧及转子，用热风把锥形管吹干，重新安装好，安装时应注意转子和锥形管不能放倒，同时要注意锥形管应垂直放置，以免转子和管壁产生不必要的摩擦。

使用皂膜流量计时应注意保持流量计的清洁、湿润，肥皂水要用澄清的肥皂液，或其他能起泡的液体(如烷基苯磺酸钠等)，使用完毕应洗净，然后晾干或吹干放置。

3.2.2　进样系统

通过进样系统将样品快速、定量地加到柱头，然后进行色谱分离。进样系统包括进样装置和将样品瞬间气化的气化室两部分。

1. 进样装置

1）气体进样装置

六通阀是较理想的阀件，使用温度高、寿命长、耐腐蚀、死体积小、气密性好。结构由阀底和阀盖组成。首先使试样充满定量管，然后转动阀瓣 60°切入后，载气携带定量管中的试样气体进入分离柱，完成进样，如图 3-9 所示。定量管的规格有 1μL～10mL，进样误差小于 0.5%。

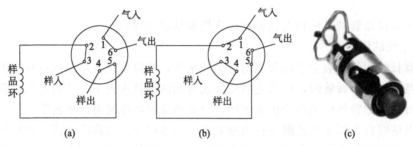

图 3-9　六通阀采样、进样示意图以及六通阀实物图
(a)采样；(b)进样；(c)六通阀实物图

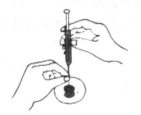

图 3-10　进样操作示意图

2）液体进样装置

对于液体样品，一般采用微量注射器进样。微量注射器具有不同的规格，0.5μL、1μL、5μL、10μL、50μL、100μL、500μL。填充柱色谱常用 0.5～10μL 的微量注射器；毛细管柱色谱常用 1μL 的微量注射器。微量注射器的进样操作如图 3-10 所示。微量注射器使用的注意事项如下：

（1）在正式抽取注射前，首先将注射器针头浸在试液中，抽动注射器活塞以便试液润湿注射器和活塞表面，抵消液相的毛细管作用，减小取样误差。

（2）先抽取样品量应大于要注入的样品量，然后将针头抽出液面，排出过量样品，如果针头在没过液面时就把过量样品排出，可能会引起样品量偏少。

（3）每次都应从同样的角度读取注射器的刻度值。

（4）在进样前用无毛的绢绸擦去针头外面附着的样品。

（5）为了保证样品的最大精确性，不应使用注射器的最大容量。

（6）当使用带可拆针头的注射器时，针头的安装要紧密，必须注意针头中死体积的影响。同时注意排出注射管内的气泡。

（7）每次的进样条件应一致，即在同样的时间、以同样的方式、用同样的样品，且操作过程要平稳，注射既要迅速又要准确。

（8）尽可能地拿注射器的非刻度区，尽量防止手接触针管、针头时的热传递。

3）全自动液体进样器

全自动液体进样器是将清洗、润冲、取样、进样、换样等过程自动完成，一次可同时放置数十个试样。

2. 进样方式

1）分流进样

样品在加热的气化室内气化，气化后的样品大部分经分流管道放空，只有极小一部分被载气带入色谱柱，称为分流进样。分流进样适用于组分浓度较高的样品，不适用于组分沸程宽、浓度差异大的样品。

一般气相色谱仪的气化室体积为 0.5～2.0mL，常用毛细管柱的载气流量为 0.5～2.0mL/min。如果载气以理想的层流方式流过气化室，并把样品推入色谱柱中需要 0.25min（15s）～4min 完成进样的全过程，这样色谱峰会大大变宽，以至于无法应用。此外现有的微量注射器也无法准确、重复地注入低于 1μL 的样品。因此，在毛细管色谱法发展的初期就采用分流的办法解决上述问题。

分流比是指进入毛细管柱的混合气体的体积与放空载气的体积之比，即分流比为柱流量和分流出口流量之比。管径大的、液膜厚的色谱柱允许的进样量大，分流比可以小一些。对于常规毛细管柱（0.22～0.32mm 内径），分流比一般为 1∶50～1∶500；对于粗内径、厚液膜毛细管柱，其分流比较低，一般为 1∶5～1∶50；对于细内径毛细管柱，其分流比超过 1∶1000。但是，分流造成沸程宽的样品中低沸点物质以及浓度差异大的样品中浓度小的物质的损失大。也就是进入色谱柱的组成含量与实际组成含量有差异，在分流进样中产生非线性分流，称为进样歧视。进样歧视使进入色谱柱的样品的组成不同于原始样品，从而引起测定误差。产生进样歧视的原因是样品中沸点不同的各组分气化的快慢不同，在载气中的扩散速度不同等。同时进样歧视也与分流器的设计、气化室的温度、色谱柱的安装以及分流比的大小等有关。

2）不分流进样

为了满足定性和定量分析的要求，避免进样歧视，发展了不分流进样和冷柱头进样。

不分流进样是在进样时，关闭分流进样系统的分流阀，所有样品在气化室内气化，并被载气带入毛细管中。经过一段时间，大部分溶剂和溶质蒸气进入色谱柱后，打开分流阀，将气化室中剩余的溶剂和溶质蒸气吹走以达到净化气化室的目的。不分流进样可以把全部样品注入色谱柱，比分流进样的灵敏度大大提高，所以它适用于痕量分析。但是，其进样时间长，会造成初始谱带的增宽。

典型的分流/不分流进样器如图 3-11 所示。

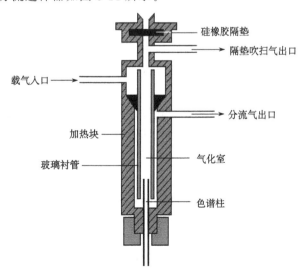

图 3-11　分流/不分流进样器示意图

分流进样时,样品经预热的载气进入进样系统,载气分为两路,一路向上冲洗注射隔垫,另一路以较高的流速进入气化室,在气化室内装有一个玻璃或石英的衬管,在此处样品与载气混合,混合后的气流在毛细管入口处以一定的分流比进行分流。

不分流进样时,样品在进样时分流口关闭,但注射隔垫处的吹扫气流一直保持,经过一段时间,大部分溶剂和溶质蒸气进入色谱柱,分流阀打开,在气化室中剩余的溶剂和溶质蒸气被吹走。吹扫气能把过多的溶剂和溶质吹出气化室。吹扫气流量一般为 0.5~10mL/min,具体要根据定量的重复性和程序升温基线漂移的情况而定。吹扫气流量太小时,吹扫作用不显著,溶剂峰拖尾或程序升温基线漂移严重;吹扫气流量太大,将影响定量的重复性。进样量大或不分流会造成玻璃衬管的污染,要及时清洗。

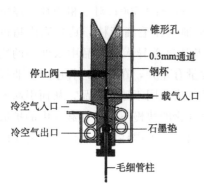

图 3-12　冷柱头进样装置示意图

（锥形孔、0.3mm通道、停止阀、钢杯、冷空气入口、载气入口、冷空气出口、石墨垫、毛细管柱）

3）冷柱头进样

为了防止分流带来的非线性,将样品直接注射到色谱柱柱头上,避免气化后在整个气化室内的扩散,引入了冷柱头进样的方式。如图 3-12 所示。

冷柱头进样器是 1977 年提出的,目的是避免分流带来的非线性,1979 年改进了这种柱头进样器,在进样器底部装上第二冷却系统,通入冷空气,使色谱柱入口处温度下降到溶剂沸点以下。在进样的过程中,色谱柱柱头进样区应保持温度恒定。注射器针头穿过石墨垫直接将样品注入毛细管柱入口端,进样部分温度很低,防止溶剂气化;样品在冷的柱壁上形成液膜并在液膜上气化。冷柱头进样适用于受热不稳定的物质和宽沸程样品,保持了样品的真实性。使用冷柱头进样多在程序升温条件下进行,因此选择适当的溶剂和与之相适应的柱箱初温较为重要。

4）程序升温进样

为了改善大体积物质进样的色谱峰形和避免进样歧视,把进样口的温度控制和柱箱的温度控制隔离开,使进样口温度可以独立地进行程序升温,称为程序升温进样。

进样口可以进行自动线性升温,从室温到 350℃,对低沸点的样品使用慢速升温,对宽沸程的样品使用快速升温,以便减小色谱峰的加宽和拖尾。因为进样口的温度独立于色谱柱柱箱的温度,其温度可以低于柱箱的温度,配合色谱柱恒温或程序升温分析。程序升温进样器要使用电子流量控制系统,以便在程序升温时保持载气流量的稳定,如图 3-13 所示。

5）溶液直接进样

这种进样方式最为常用。进样溶液应为制备好的溶液,采用微量注射器、微量进样阀或有分流装置的气化室进样。溶液直接进样时,进样口温度应高于柱温 30~50℃,进样量一般不超过数微升。柱径越细,进样量应越少。溶液直接进样常用于填充柱色谱法。

6）顶空进样

将固态或液态样品置于密闭容器中,在恒温控制的加热室中加热至样品中挥发性组分在非气态和气态之间达平衡后,由进样器自动吸取一定体积的顶空气体而后进行分析,称为顶空进样。

顶空进样采用气态进样,避免了固体和液体样品中大量基体对柱系统的影响。它适于固体和液体样品中挥发性组分的分离和测定,如血中毒物、酒和饮料中的挥发性香精、食品添

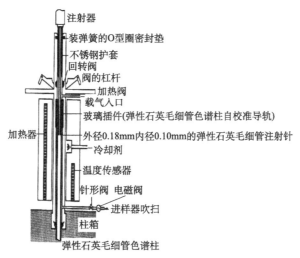

图 3-13 程序升温进样装置示意图

加剂的残留溶剂、植物的芳香成分、聚合物中的挥发性组分等。

顶空气相色谱技术的详细内容见第 3 章第 3.4 节。

7）裂解进样

裂解进样的核心装置是裂解器，裂解进样适用于高分子聚合物样品的进样。裂解气相色谱技术的详细内容见第 3 章第 3.5 节。

3. 气化室

气化室的作用是使瞬间进入的较大体积（0.1～10mL）的液体或固体样品迅速气化，呈"塞子状"被载气带入色谱柱内进行分离。气化室多由不锈钢构成，外面由加热炉加热，装有玻璃或不锈钢填料以增加传热面积，如图 3-14 所示。气化室要满足以下要求：①密封性好，进样口采用厚度为 5mm 左右的硅橡胶隔垫密封，让其注射器针头方便穿过，又能起很

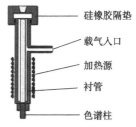

图 3-14 气化室示意图

好的密封作用以及承受一定的工作温度和压力；②热容量大，以便使样品瞬间气化，而气化室本身的温度却无明显下降；③无催化效应，以免样品变质，可在气化室内衬以石英玻璃等；④死体积小，载气能及时把气体的样品组分一起带入柱内，防止样品变质，又能减少谱带扩张等现象；⑤为了防止污染，清洗要方便。

衬管是石英玻璃的，长时间使用会有吸附，取下后应清洗。

气化温度的选择取决于试样的沸点、稳定性和进样量。气化温度可等于试样的沸点或稍高于沸点，热不稳定的试样气化温度低一些，进样量大时气化温度要高一些。气化室温度应高于柱温 30～50℃或 30～70℃，以保证气化效果。

程序升温即为气化室的程序升温。

4. 进样量和进样速度

色谱柱有效分离的样品量随色谱柱内径大小、固定液用量的不同而不同。柱内径大，固定液用量高，可适当增加进样量。但是进样量不要过大，应控制在峰高或峰面积与进样量呈线性关系的范围内。若进样量过大会引起色谱柱超负荷，柱效率下降、峰形扩张、保留时间改变甚至出现重叠峰、平顶峰等畸形峰；若进样量太小，择优的组分不能出峰。对于填充柱而言，气体进样量应为 0.1～10mL，液体进样量应为 0.1～5μL。对于毛细管柱而言，进样量要小于 1μL。对于微量组分分析，有时需适当增加进样量。色谱柱越粗、越长、固定液含量越高，允许的进样量就越大。在实际分析中最大允许的进样量应控制在峰面积或峰高与进样量呈线性关系的范围内。

进样速度要快，须在 1 秒内完成，形成浓度集中的样品"塞子"。如果进样时间短，样品在载气中扩散程度小，则有利于分离；如果进样时间长，试样的起始宽度相应增加，峰增宽，则影响分离效果甚至不出峰。进样时间以不超过色谱峰半峰宽的 1/3 为宜。也有人认为，当进样量小于 1μL 时，进样速度应控制为 0.5～1μL/s。

3.2.3　分离系统

分离系统涉及色谱柱和柱内的固定相。固定相有两种：一是固定液涂敷在载体上，载体的作用是提供一个大的惰性表面，以承载固定液，使其形成液膜薄层；二是固体吸附剂。

1. 载体的种类和选择原则

载体(担体)的表面和孔结构决定了固定液在载体上的分布和样品分子在载体孔中的扩散。要求载体具有多孔、比表面积大、孔径分布均匀的性质；化学惰性、表面没有吸附性或吸附性很弱、不允许与待分离物质起化学反应；热稳定性好；有一定的机械强度；粒度细小、均匀。载体的粒度一般为柱内径的 1/20～1/25 为宜。分析柱常用 60～80 目、80～100 目、100～120 目的载体；当需要长柱或制备色谱柱时，为了减小柱压降，采用 3～6mm 内径的色谱柱，载体目数以 60～80 目为宜。

目数是指网眼数或孔目，是表示物料的粒度或粗细度的数量单位，一般定义是指在 1 英寸×1 英寸($6.4516cm^2$)的面积内有多少个网眼数，表示筛网的网孔数、一个筛子的尺寸或一个筛子能通过的材料的尺寸。例如，60 目就是该物料能通过 1 英寸×1 英寸面积内有 60 个网孔的筛网。目数越大，说明物料粒度越小；目数越小，说明物料粒度越大。60 目≈0.250mm；80 目≈0.180mm；100 目≈0.150mm；120 目≈0.125mm。粗算方法为 25.4/目数×0.65，可由目数转变为以 mm 为单位的粒度。

1) 硅藻土型载体

单细胞海藻(植物)骨架，由无定形 SiO_2 与少量无机盐(Fe 盐、Al 盐)组成。

a. 红色载体

天然硅藻土型载体，机械强度高，表面积大(约 $4m^2/g$)，孔径较小(约 $2μm$)，能涂较多的固定液，色谱分离效率高；但红色载体的表面存在吸附中心 Fe_2O_3，同时催化活性也强，所以分析极性物质时有拖尾现象。红色载体用于分析非极性或弱极性物质。6201 型红色载体较为常见。

b. 白色载体

天然硅藻土型载体以 Na_2CO_3 处理，将活性 Fe_2O_3 转变为无色铁硅酸钠，即得白色载体。与红色载体相比，白色载体表面孔径较粗（$8\sim9\mu m$），表面积较小（约 $1m^2/g$），机械强度差，柱效率低；但表面活性中心显著减少，对极性物质的吸附和催化活性小，用于分析极性物质。白色载体用得更多，101 型、102 型白色载体较为常见。

c. 硅藻土型载体的处理

普通硅藻土型载体的表面存在 Si—OH，呈现一定的 pH，因此载体表面有活性中心，与样品分子容易形成氢键。分析极性组分时，其会导致色谱峰的拖尾。载体中含有矿物杂质 Fe、Al_2O_3 等，会使样品分子催化降解。为此，载体使用之前必须进行钝化处理，以改进其孔隙结构，屏蔽活性中心，以便提高柱效率。以酸洗法除 Fe、碱洗法除 Al、硅烷化除羟基等措施降低载体的吸附活性和催化活性，提高柱效率。

酸洗：用 3mol/L HCl 或 6mol/L HCl 溶液浸煮载体 2h，过滤后用去离子水洗至中性，于 110℃烘干 16h。载体经酸洗后能除去 Fe_2O_3 等金属氧化物，减少一些活性中心。

碱洗：在酸洗之后，用 10%NaOH 的甲醇溶液回流或浸泡载体，然后以甲醇和水洗至中性，干燥。碱洗的目的是除去表面的 Al_2O_3 等酸性作用点。

硅烷化：用硅烷化试剂与载体表面的硅醇、硅醚基团反应，以消除载体表面的羟基的氢键结合能力，改进载体的性能。常用的硅烷化试剂有二甲基二氯硅烷。硅烷化处理如图 3-15 所示。

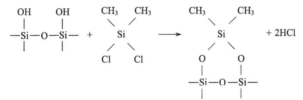

图 3-15　载体的硅烷化处理

釉化（表面玻璃化、堵微孔）：将待处理的载体在 20g/L 的硼砂水溶液中浸泡 48h，间歇搅拌数次后，吸滤，并于 120℃烘干，再在 860℃高温下灼烧 70min，在 950℃下保持 30min，最后再用开水煮沸 20~30min，过滤烘干，过筛备用。处理过的载体吸附性能低，强度大，可用于分析强极性物质。对一般极性和非极性样品，可不必用此法处理。

涂减尾剂：由于吸附剂的表面积较大，微孔多，分离过程中的扩散阻力大，使色谱峰拖尾，涂减尾剂可以堵塞微孔，覆盖活性中心，使吸附性减弱并趋于均匀，因而可改善色谱峰峰形、提高柱效率。减尾剂有两类：一是高沸点有机固定液。例如，氧化铝涂 1%~2% 液体石蜡或硅油用于分离 $C_1\sim C_6$ 烃。或某些表面活性剂，如司盘 80——山梨醇酐油酸酯、吐温 60——聚氧乙烯山梨醇酐硬脂酸酯、吐温 80——聚氧乙烯山梨醇酐油酸酯、聚二醇类等。二是无机化合物，如 KOH、NaOH、磷酸、$AgNO_3$、$CuCl_2$、Na_2MoO_4 等。例如，氧化铝加 5%~10%KOH，使 OH^- 与载体表面上的羟基形成氢键，以饱和活性中心，减少极性试样色谱峰的拖尾现象。应该注意，虽然减尾剂可使色谱峰趋于对称，提高柱效率并减少保留时间，但选择性却降低了。

凡是用化学反应来除去活性作用点或用物理覆盖以达到钝化载体表面的方法都可以使用。

2）非硅藻土型载体

a．氟载体

用聚四氟乙烯制成的多孔型载体，其特点是吸附性小，耐腐蚀性强，用于分析极性物质和强腐蚀性气体，如 SO_2、Cl_2、HCl 等气体。但是湿润性差，表面积较小，强度低，柱效率不高。

b．玻璃微球载体

一种有规则的颗粒小球，能分析高沸点样品，分析速度快。但是表面积小，涂渍困难，只能用于低含量固定液，且表面也有吸附性，柱效率不高。

c．高分子多孔微球载体

苯乙烯与二乙烯苯的共聚物既能直接作为气相色谱的固定相，又可作为载体涂上固定液后再使用。高分子多孔微球载体的分离机理多认为具有吸附、分配和分子筛三种作用。它较耐高温，最高使用温度为 $200\sim300℃$，峰形好，一般不拖尾，无柱流失现象，柱寿命长，一般按组分相对分子质量的大小顺序分离，是一种较好的固定相。在药物分析中应用较广。涂少量固定液，如 2% 的固定液，则可分离气体、液体烃、含氧化合物、卤化物和芳香烃等。用于分析多元醇、脂肪酸等极性化合物。醇、水分析选用高分子多孔小球。

常用的气相色谱载体见表 3-2。

表 3-2　常用的气相色谱载体

载体名称		特点	用途
硅藻土型红色载体	6201 载体	孔径较小($0.4\sim1\mu m$)，机械强度较高，比表面积较大(约 $4m^2/g$)，有较多的活性吸附中心	分析非极性、弱极性组分
	201 载体	同上	同上
	202 载体	同上	同上
	301 载体	经釉化处理，性能介于红色载体与白色载体之间	分析中等极性组分
硅藻土型白色载体	101 载体	孔径较大(约 $9\mu m$)，机械强度较差，比表面积较小($1m^2/g$)，表面活性吸附中心较少	分析极性、高沸点组分
	102 载体	同上	同上
	101/102 硅烷化	氢键作用减弱，比表面积减小，使用温度降低	分析水、醇、酚、胺、酸等极性组分
	405 载体	具有白色载体的共性，吸附性低，催化活性小	分析高沸点、极性和易分解组分
非硅藻土型载体	玻璃微球载体	热稳定性好，形状规则，大小均一，机械强度高，比表面积小(约 $0.02m^2/g$)，固定液涂量低	分析高沸点、易分解组分
	氟载体	耐腐蚀，热稳定性好，形状规则，大小均一，比表面积大的达 $12m^2/g$，小的仅 $0.2m^2/g$	分析强极性组分、腐蚀性气体以及具有化学活性的组分
	高分子多孔微球载体	比表面积大，耐腐蚀，热稳定性好，为多孔聚合物，极性不同	分析强极性组分

3）载体选择的原则

（1）红色硅藻土型载体：用于分析烷烃、芳香烃等非极性、弱极性组分。

（2）白色硅藻土型载体：用于分析醇、胺、酮等极性组分。

（3）当固定液的含量＞5%时，可选用表面积大的硅藻土型载体。

(4) 当固定液含量< 5%时，应选用表面积小的载体，如果拖尾可加减尾剂。

(5) 对于高沸点组分，可选用玻璃微球载体。

(6) 对于强腐蚀性组分，可选用氟载体。

2. 固定液的种类和选择原则

气相色谱的固定液主要是由高沸点有机化合物组成，在操作温度下呈液态，有特定的使用温度范围。不是所有的高沸点有机化合物都可以做固定液。固定液应满足蒸气压低、不流失；热稳定性好、在操作柱温下呈液态、不分解、不聚合；化学稳定性好、不与待测组分起化学反应；对载体有好的浸润性、能形成均匀的液膜，对待测物质组分有适当的溶解能力；选择性好，对两个沸点相同或相近但属于不同类型的组分有尽可能高的分离能力。固定液的最高温度决定了色谱柱的最高使用温度。

1) 组分与固定液之间的作用力

组分之所以能够分离，是因为它们在固定液中的溶解力不同，在柱中的分配比 k 不同，组分与固定液分子间的作用力不同。GC 的载气为惰性分子，组分与载气之间的作用力很小，组分间作用力可忽略。主要作用力源于组分与固定液间的相互作用，包括静电力、诱导力、色散力和氢键。这四种作用力的强弱顺序：氢键>静电力>诱导力>色散力。

a. 静电力

在极性固定液上分离极性组分时，静电力起主要作用。

b. 诱导力

在极性固定液上分离非极性和可极化物质的混合物时，诱导力就突出地表现出来，如苯（沸点为 80.1℃）与环己烷（沸点为 80.8℃）的分离。

c. 色散力

在非极性固定液上分离非极性组分时，色散力起主要作用。

d. 氢键（X—H ……Y）

在含有—OH、—COOH、—COOR、—NH$_2$、=NH 等官能团的固定液上分离含氟、含氧、含氮化合物时，氢键起主要作用。

2) 固定液的分类

固定液的分类有两种方式：按照极性分类和按照化学类型分类。

a. 按照极性分类

非极性的固定液角鲨烷的相对极性为 0，极性固定液 β,β'-氧二丙腈的相对极性为 100。以苯和环己烷为被测物，分别测定它们在角鲨烷、β,β'-氧二丙腈以及待测固定液色谱柱上的调整保留时间（或调整保留体积），然后取对数，则被测固定液的相对极性 P_x 可表示为

$$P_x = 100 - 100\frac{q_1 - q_x}{q_1 - q_2} \qquad (3-2)$$

式中：$q = \lg \dfrac{V'_{R(环己烷)}}{V'_{R(苯)}}$；

q_1——环己烷和苯在 β,β'-氧二丙腈上的调整保留体积比的对数；

q_2——环己烷和苯在角鲨烷上的调整保留体积比的对数；

q_x——环己烷和苯在待测固定液上的调整保留体积比的对数。

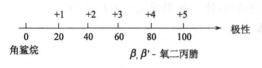

图 3-16　固定液的相对极性

相对极性的测定结果从 0 到 100 分为五级，每 20 为一级。例如，β,β'-氧二丙腈为 +5 级，聚乙二醇为 +4 级，属于极性固定液；相对极性为 +2~+3 级的属于中等极性固定液；相对极性为 0~+1 级的属于非极性固定液。如图 3-16 所示。按极性分类的优点是直观、简单，缺点是 P 有时出现负值。

b. 按照化学类型分类

(1) 烃类。

极性最弱，如角鲨烷、液体石蜡、聚乙烯等。适用于非极性物分析。样品基本上按沸点顺序出峰。

(2) 聚硅氧烷类。

极性较弱，固定液的种类多，应用最广，温度范围宽(50~350℃)。引入不同的取代基可改变极性，如甲基聚硅氧烷、苯基聚硅氧烷等。

(3) 醇、醚类。

极性较强，易形成氢键，选择性取决于氢键作用力。聚乙二醇用得最多。常见的有"PEG"、"WAX"或"FFAP"系列色谱柱。聚乙二醇的稳定性、使用温度范围都比聚硅氧烷要差一些。以聚乙二醇为固定液的色谱柱的寿命较短，而且容易受环境(有氧环境等)和温度的影响。但由于它的极性较强，对极性物质有特殊的分离效能，因此仍是常用的固定相之一。为了提高分离效能，对聚乙二醇固定液进行改性。用酸性化合物改性的聚乙二醇固定液用于分离酸类化合物，用碱性化合物改性的聚乙二醇固定液用于分离碱类化合物。

(4) 酯类。

极性较强，含有极性和非极性基团，如邻苯二甲酸二壬酯(DNP)、聚丁二酸二乙二醇酯(DEGS)。

(5) 其他。

耐高温固定相：能耐 325℃以上柱温的称为高温色谱柱。澳大利亚 SGE 公司在 1995 年推出了三种耐高温毛细管柱 BPX-5(370℃)、BPX-35(360℃)、BPX-70(290℃)。美国 Chrompack 公司的不锈钢高温柱 ST-SIMDIST CB 可达 430℃。

液晶固定相：用于多环芳烃和位置异构体的分离，但是这种固定相在提纯和热稳定性方面还有一些问题，固定相易流失，柱寿命欠佳，只有极少数商品柱。曾成功用于二元取代苯异构体的分离。

手性固定相：应用最多的是环糊精的各种衍生物。α、β、γ -环糊精分别是 6、7、8 个 D(+)-吡喃型葡萄糖组成的环状低聚物，其分子呈上宽下窄、两端开口、中空的筒状物，腔内部呈相对疏水性，而所有羟基则位于分子外部，环糊精的结构如图 3-17 所示。环糊精具有极性的外侧和非极性的内侧，能选择性地和一些有机化合物形成包合物，它能包合大小与其孔径尺寸相当的分子或分子的一部分。α、β、γ -环糊精的孔径分别为 0.6nm、0.8nm 和 1.0nm。它的空间深度都是 0.7~0.8nm。图 3-18 是 β-环糊精的分子结构及其骨架表面。其自身有手性，外侧的羟基还可以被不同的物质取代，以测定不同的组分。有机皂土固定相是另一类手性固定相，皂土是一种以蒙脱石为主的黏土矿物。用其分离芳香烃，特别是二甲苯的邻、对、间异构体有很高的选择性。组分在有机皂土上的分离依赖于其在展开的皂土各层之间的穿透能力，可穿透皂土层的组分易被皂土吸附，在柱内的保留时间比不能穿透的组分长。而组分在皂土各层间的穿透能力取决于其形状，而不是沸点，因此有机皂土对某些空间异构体的分离特别有效。

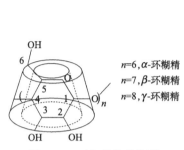

$n=6,\alpha$-环糊精
$n=7,\beta$-环糊精
$n=8,\gamma$-环糊精

图 3-17　环糊精的结构图

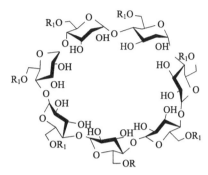

图 3-18　β-环糊精的分子结构及其骨架表面

键合固定相：利用化学反应的方法，使固定液和载体以化学键的形式牢固地结合在一起，以便控制固定相的表面特性，又不会产生固定液的流失，明显提高柱效率、分离效能和热稳定性，并且使峰形对称。通常将固定液键合到多孔玻璃微球、球形多孔硅胶等的表面，也可将固定液键合到开管毛细管柱的内表面。

表 3-3 为常用的气相色谱固定液。

表 3-3　常用的气相色谱固定液

名称	相对极性	分子式或结构式	最高使用温度/℃	参考用途	型号
角鲨烷（异三十烷）	0	$C_{30}H_{62}$	140(100～150)	标准非极性固定液	SQ
液体石蜡	+1	$CH_3(CH_2)_nCH_3$	100	分析非极性化合物	
甲基硅橡胶（二甲基聚硅氧烷）	+1	$(CH_3)_3-Si-O-(Si-O)-Si-(CH_3)_3$ $(n>400)$ （侧基 CH_3）	300(350)	分析高沸点、非极性化合物	SE-30 OV-1
邻苯二甲酸二壬酯	+2	$C_6H_6(COOC_9H_{19})_2$	100	分析中等极性化合物	DNP
苯基甲基聚硅氧烷	+2	在 SE-30 中苯基数目占甲基与苯基总数目的 10%～50%	350(375)	分析中等极性化合物	OV-3，OV-7，OV-17 DC-710，SP-2250
三氟丙基甲基聚硅氧烷	+2	在 SE-30 中三氟丙基数目占三氟丙基和甲基总数目的 50%	300(250)	分析中等极性化合物	QF-1
氰乙基甲基硅橡胶	+3	在 SE-30 中氰乙基数目占氰乙基和甲基总数目的 25%	275(250)	分析中等极性化合物	XE-60

名称	相对极性	分子式或结构式	最高使用温度/℃	参考用途	型号
聚乙二醇-20M	+4	$\leftarrow CH_2CH_2\text{-}O\rightarrow_n$	250(225)	分析氢键型化合物	PEG-20M,Carbowax-20M
聚丁二酸二乙二醇酯	+4	丁二酸与乙二醇生成的线型聚合物	200	分析极性化合物如酯类	DEGS
$\beta，\beta'$-氧二丙腈	+5	$CN(CH_2)_2O(CH_2)_2CN$	100	标准极性固定液	

Rxi-5ms、HP-1、HP-5 等为常用的色谱柱。

3) 固定液配比

固定液配比也称为液载比,是指固定液在载体上的涂渍量,一般指固定液与载体的质量比,配比通常为 5%～25%。

固定液配比主要影响传质阻力。降低配比可降低传质阻力,提高柱效率。但是固定液配比过低,会导致覆盖不了载体表面,也会由于载体吸附效应引起柱效率降低。液膜越薄,允许的进样量越小,以至于必须采用高灵敏度的检测器。载体的表面积越大,固定液的含量可以越高,允许的进样量也就越大。分析工作中通常倾向于使用较低的固定液配比。配比越低,载体上形成的液膜越薄,传质阻力越小,柱效率越高,分析速度也越快。

4) 固定液的选择原则

对于已知样品,利用"相似相溶"原则,即固定液的性质和待测组分的性质(官能团、极性)有某些相似性时,其溶解度大,分配系数大,选择性高。分离非极性组分时,通常选用非极性固定液,各组分按沸点顺序出峰,低沸点的组分先出峰,高沸点的组分后出峰。分离极性组分时,通常选用极性固定液,各组分按极性大小顺序出峰,极性小的组分先出峰。分离非极性和极性(或易被极化的)混合组分时,通常选用极性固定液,非极性组分先出峰,极性(或易被极化的)组分后出峰。分离醇、胺、水等强极性和易形成氢键的组分时,通常选用极性或氢键型固定液,不易形成氢键的先出峰。分离组成复杂、较难分离的试样时,通常选用特殊固定液或混合固定液,如果样品中各组分间的主要差别为沸点(ΔT_b),选用非极性固定液;如果主要差别为极性,选用极性固定液。

对于未知样品,首先使用不同极性的毛细管柱初分离,可以确定样品中组分的峰数、极性范围等。目前,被优选的次数最多、性能好、有代表性的几种最佳色谱柱有:SE-30,二甲基聚硅氧烷,非极性色谱柱;OV-17,50%苯基甲基聚硅氧烷,中等极性色谱柱;QF-1,50%三氟丙基 50%甲基聚硅氧烷,中等极性色谱柱;PEG-20M,聚乙二醇-20M,极性色谱柱;DEGS,聚丁二酸二乙二醇酯,极性色谱柱。极性依次增大,未知样品先在 QF-1 上分离,而后换成 OV-17,若分离度有所改善,再减小到 SE-30。若由 QF-1 到 OV-17,分离度变小,可增加极性。确定极性后再细分选择何种固定液的色谱柱。

3. 固体吸附剂的选择

固体固定相分为固体吸附剂和聚合物固定相,固体吸附剂的应用较多。虽然固体吸附剂的种类很多，但是可作为气固色谱固定相的却不多，一般仅限于非极性活性炭、弱极性氧化铝、强极性硅胶以及分子筛。由于吸附剂的性能与制备、活化条件等有很大关系，不同来源的同种吸附剂，甚至同一来源的不同批次的吸附剂，其色谱分离效能均不相同。

固体吸附剂的吸附容量大、k 值比气液色谱的大、适合分析永久性气体和气态烃；热稳定性好、柱温上限高、价格便宜；柱效率低、吸附活性中心易中毒。使用前要进行活化处理，方可装柱使用。一般情况下，吸附等温线不呈线性，峰不对称。固体吸附剂的表面结构不均匀，重现性不好。

固体吸附剂适于 FID 测不好的气体或对 TCD 响应差的惰性气体和低沸点有机化合物的分析，如 H_2、O_2、N_2、CO、CO_2 和 CH_4 等。表 3-4 为气相色谱常用的固体吸附剂。

表 3-4　气相色谱常用的固体吸附剂

吸附剂	使用温度/℃	分析对象	使用前活化处理方法
活性炭	<200	惰性气体、N_2、CO_2 和低沸点碳氢化合物	装柱，在 N_2 保护下加热到 $140 \sim 180℃$，活化 $2 \sim 4h$
硅胶	<400	$C_1 \sim C_4$ 烃类，N_2O、SO_2、H_2S、SF_6、CF_2Cl_2 等气体	装柱，在 200℃下通载气活化 $2 \sim 4h$
氧化铝	<400	$C_1 \sim C_4$ 烃类异构体	粉碎过筛，600℃下烘烤 4h。装柱，高于柱温 20℃下活化
分子筛	<400	惰性气体、H_2、O_2、N_2、CO、CH_4、NO、N_2O 等	粉碎过筛，在 $550 \sim 600℃$ 下烘烤 4h

4. 色谱柱的选择

1）柱材料

a. 不锈钢柱

具有良好的耐腐蚀、抗压力性能，机械强度好，有一定惰性，具有好的传热性能，柱寿命长，能满足常见样品分析的要求。但是，内壁较粗糙，有活性，较难清洗干净。适于分析烃类和脂肪酸类物质，不适于分析活性较高的物质。

b. 玻璃柱

易获得、价格低廉、化学惰性好、光滑而易于填充成密实的高效柱，制备的色谱柱柱效率高，外观透明而便于观察柱内的填充情况，但是能承受的压力很小、易碎。适于分析活性较高的物质。

c. 石英柱

石英柱以熔融二氧化硅拉制而成，也称弹性石英毛细管柱。其金属杂质含量极少，与玻璃柱相比具有天然惰性。它具有渗透性好、传质阻力小等特点，因此柱子可以做得很长，一般几十米，最长可到三百米。与填充柱相比，其分离效率高，分析速度快，样品用量小。但是，样品负荷量小，因此经常需要采用分流技术。柱制备法较复杂，因此色谱柱价格高。其检测灵敏度高，使用广泛。

d. 聚四氟乙烯柱

聚四氟乙烯柱耐腐蚀，但是不耐高温、高压。

e. 有机玻璃柱

耐腐蚀、抗压力；与不锈钢柱相比，有机玻璃柱是半透明的，可以看到液体的运行状态，对有色物质进行分析，其特点就更为突出。

2）柱形

弯曲的色谱柱不易使固定相填充均匀，气流路径复杂、曲折、流速变化大，使柱效率降低，分离效果差。一般而言，色谱柱的曲率半径越小，分离效果越差。柱外径应比柱内径大 15 倍。

填充柱多使用 U 形柱，毛细管柱多使用螺旋形柱。

3）柱长

分离度 R 正比于柱长 L 的平方根，增加柱长可以提高分离度。但是，增加柱长使组分的保留时间 t_R 加长，且柱阻力变大，不利于操作。因此，在满足分离目的的前提下，尽可能缩短柱长，这有利于减少分析时间。

4）柱内径

柱内径太大，不易填充均匀，导致柱效率下降；柱内径太小，固定相填充太少，分离效果差，填充柱的内径一般取 3～4mm 为宜。毛细管柱的柱内径以 0.25mm、0.32mm 和 0.53mm 最为多见。

表 3-5 为各种类型色谱柱的柱参数对比。表 3-6 为毛细管柱和填充柱的柱参数对比。

表 3-5　各种类型色谱柱的柱参数对比

规格	内径/mm
一般	2～6
高效	2～3
毛细管	0.1～0.5
制备	8～20

表 3-6　毛细管柱和填充柱的柱参数对比

	填充柱	毛细管柱
内径/mm	2～6	0.1～0.5
长度/m	0.5～6	20～200
相比 β	6～35	50～1500
总塔板数 n/块	$\approx 10^3$	$\approx 10^6$

5. 色谱柱的制备

2009 年起，新型色谱柱的研究受到国家自然科学基金委员会（National Nature Science Foundation of China，NSFC）的关注和资助。关于色谱柱的制备方法，目前还无规范化的操作，一般应遵守以下基本原则：①尽可能筛选粒度分布均匀的载体或固定相填料；②使固定液在载体表面涂渍均匀；③使固定相填料在色谱柱内填充均匀，不允许柱管内存在死体积；④避免载体颗粒破碎和固定液的氧化。

色谱柱的制备过程通常包括以下程序：根据样品选择固定液、载体；根据固定液选择溶剂，溶剂对固定液有足够的溶解能力和适宜的挥发性，常用的溶剂有氯仿、丙酮、乙酸乙酯、乙醇、苯、甲苯等；根据配比和所需固定相的量计算所需固定液的量、载体的量，一般以固定液与载体的质量比表示；低沸点样品的固定液用量为 20%～30%、高沸点样品的固定液用量为 1%～10%；固定液用量高时，采用红色载体；固定液用量低时，采用白色载体；强极性、热不稳定的高沸点化合物采用玻璃微球载体涂渍固定液，固定液用量为小于 1%。

固定液在载体上的涂渍方法有两种：一种是蒸发法。将称好的固定液放入烧杯中，加入略大于载体体积的溶剂，使固定液溶解在溶剂中。将称好的载体倾入溶解好固定液的烧杯中，在适当的温度下，轻轻摇动烧杯，让溶剂均匀挥发。如果溶剂沸点高，可在红外灯下烘干，直至载体呈颗粒状、没有溶剂气味为止。另一种是过滤法。把载体与已知浓度的固定液溶液混合，然后过滤掉过量溶液，测定过滤前后固定液溶液的体积，可计算出载体中固定液的含量。然后让溶剂慢慢挥发，使固定液涂渍在载体表面。

固定相填充入色谱柱之前，色谱柱要用自来水、5% NaOH、蒸馏水、丙酮、蒸馏水清洗，最后烘干。柱的填充方式因色谱柱形状不同而异。一般采用抽吸、振动或敲击柱管的方式填充。在色谱柱一端塞上少量硅烷化玻璃棉，然后接上真空泵，另一端装上漏斗，将填料分批装入柱内，并轻轻敲击管壁，装满后在另一端塞上玻璃棉，柱两端的玻璃棉能防止柱中填料漏出。装柱过程中应防止填料破碎，要求填充均匀、紧密。

填充后的色谱柱需要老化，老化的目的是除去色谱柱内的残余溶剂以及挥发性杂质，使固定液液膜均匀、牢固地附着在载体上。老化时，将装填好的色谱柱接入色谱系统中，但柱出口不与检测器相连，以防止加热时从柱内挥发出的杂质污染检测器。在操作温度低于色谱柱的最高使用温度下，通入载气，缓慢升温，将柱加热几小时，这一过程为老化。老化步骤如下：①较低载气流量（5～10mL/min），不接检测器，放空；②高于操作温度 10～20℃；③低于固定液最高使用温度 20～30℃；④老化 4～8h；⑤老化后，将色谱柱与检测器连接，待基线平直后即可进样分析。

对于长期使用的色谱柱也要进行老化处理。色谱柱的老化处理较为常见。尤其是出现鬼峰或难以解释的现象时，首先选择老化处理。有些分析任务可能带来老化也去除不了的问题，其是对色谱柱的直接破坏。

6. 柱温的确定

(1) 柱温要控制在固定液的最高使用温度（超过此温度，固定液将流失）和最低使用温度（低于此温度，固定液将固化）范围之内。

(2) 柱温升高，被测组分的挥发度增大，即被测组分在气相中的浓度增加，分配系数降低，分析时间缩短，分离度降低，低沸点组分峰易产生重叠。

(3) 柱温降低，分析时间加长，分离度增大。对于难分离物质对，降低柱温虽然可在一定程度内使分离得到改善，但是不可能使之完全分离，这是由于两组分的相对保留值增大的同时，两组分的峰宽也在增加，当峰宽的增加速度大于相对保留值时，两峰的交叠将更为严重。

（4）柱温一般选择在接近或略低于组分平均沸点的温度。

（5）组分复杂、沸程宽的试样，需要采用程序升温。程序升温能兼顾高、低沸点组分的分离效果和分析时间，使具有不同沸点的组分基本上都在其较合适的柱温下进行分离。

表 3-7 为不同试样分析的柱温和固定液配比的选择。试样沸点较高时，选择较低的固定液含量为宜。图 3-19 为系列烷烃的分离谱图。以分离沸程较宽的烷烃和卤代烃为例，可见程序升温的优越性。

表 3-7　柱温和固定液配比的选择

试样沸点	柱温/℃	固定液配比
气体	室温～100	15%～25%
100～200℃	150	10%～15%
200～300℃	150～200	5%～10%
300～400℃	200～250	1%～3%

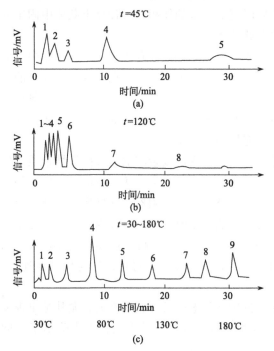

图 3-19　系列烷烃的分离谱图

1. 丙烷；2. 丁烷；3. 戊烷；4. 己烷；5. 庚烷；6. 辛烷；
7. 氯仿；8. 间氯甲苯；9. 间溴甲苯

图 3-19(a) 为色谱柱采用恒温 45℃ 时的分离情况，30min 内只有 5 个组分流出色谱柱，低沸点组分的分离较好。

图 3-19(b) 为色谱柱采用恒温 120℃ 时的分离情况，因柱温升高，保留时间缩短，低沸点组分峰密集，分离度不好。

图 3-19(c) 为色谱柱程序升温时的分离情况。由 30℃ 起，升温速率为 5℃/min，直至 180℃。结果表明，低沸点和高沸点组分都能在各自适宜的温度下分离，峰形及分离度较好。

3.2.4　检测系统

如果将色谱柱比作色谱仪的心脏，检测器应当看作色谱仪的眼睛。实际上，如果没有检测器，色谱法只是一种分离方法，当有检测器时，才是色谱分析法。检测器能及时、准确地把从色谱柱流出的组分检测出来，不但可以证明其存在，而且可以以一定量的信号大小（如峰高 h 或峰面积 A）表示其存在量的多少。

1. 检测器的分类

1）按响应值与时间的关系

a. 积分型检测器

积分型检测器测量的是各组分积累的总量，其检测器的响应值与流出组分的总质量成正比，即从色谱柱流出的组分将停留和积累。如图 3-20 所示，当载气通过检测器时，信号显示一条直线，当组分通过检测器时，信号按照与组分的总质量成正比的方式增加，之后又为载气通过检测器时的直线。当另一组分再通过检测器时，信号又进一步增加。这样，相邻两台阶之间的距离 h 与相对于这一台阶的组分总质量成正比，体积色谱属于此类检测器。积分型检测器连续测定柱后流出物总量，色谱图为一台阶形曲线。直线图中直

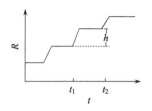

图 3-20　积分型检测器响应值
与时间的关系曲线

接显示出物质的含量，但它不能显示出保留时间。这种类型的检测器已经很少使用。

b. 微分型检测器

微分型检测器测量的是各组分及其浓度瞬间的变化，检测器的响应与流出组分的浓度或质量流速成正比，试样只是流过而不积累。所以信号只反映流过检测器的载气中所含组分量随时间的变化。色谱图为一系列色谱峰，每个色谱峰所包含的面积与该组分的总质量成正比。FID、TCD 属于此类检测器。微分型检测器检测柱后流出组分及浓度的瞬间变化，色谱图为峰形；灵敏度高，适于痕量组分的测定；可同时得到各组分的峰面积及其保留数据；具有使用方便、准确等优点。

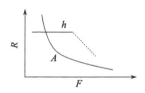

图 3-21　浓度型检测器响应值
与载气流量之间的关系曲线

2）按响应值与浓度和质量的关系

a. 浓度型检测器

浓度型检测器测量的是载气中通过检测器的组分浓度瞬间的变化，检测信号值（用 R 表示）与组分的浓度成正比。TCD、ECD 属于此类检测器。浓度型检测器是非破坏性检测器，峰面积 A 随载气流量 F 的增大而减小，峰高 h 不随 F 变化，而半峰宽 $Y_{1/2}$ 随 F 增大而变小，如图 3-21 所示。

b. 质量型检测器

质量型检测器测量的是载气中某组分进入检测器的质量变化，即检测信号值与单位时间内进入检测器的组分的质量成正比。FID、火焰光度检测器（flame photometric detector，FPD）属于此类检测器。质量型检测器的峰面积 A 不随载气流量 F 变化，峰高 h 随载气流量 F 的增大而增大，如图 3-22 所示。

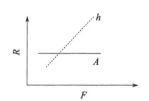

图 3-22　质量型检测器响应值
与载气流量之间的关系曲线

3）按不同类型化合物响应值大小

对各类化合物的灵敏度之比小于 10 的检测器为通用型检测器，如 TCD、FID。对某类化合物的灵敏度比其他化合物的灵敏度大 10 倍以上的为选择型检测器，如 ECD、FPD。

2. 检测器的性能指标

性能优良的检测器应具备对各种化合物（或特定化合物）有较高的灵敏度；能在较宽的样品浓度范围内响应快且线性关系好；因操作条件变动而产生的噪声和漂移较小；定量方便、结果准确；牢固耐用、安全性好，且结构简单、价格便宜。评判检测器性能的指标有灵敏

度、检出限、最小检测量、测定限、线性范围、响应时间和精密度。

1) 灵敏度

检测器的灵敏度又称响应值或应答值，是评价一个检测器的好坏及与其他类型检测器相比较的重要指标之一。它是指一定浓度或一定质量的物质通过检测器时所给出信号的大小，用符号 S 表示。

a. 浓度型检测器的灵敏度

浓度型检测器的响应信号 R 与载气中组分的浓度 c 成正比，即 $R \propto c$，$R = S_c c$，$S_c = R/c$。其中，S_c 为比例常数，即检测器的灵敏度；下标 c 表示浓度型。此处，R 是色谱峰的峰高 h，所以也可表示为 $S_c = h/c$。

当使用色谱工作站时，S_c 可用以下公式表示：

$$S_c = \frac{F_0 A}{m} \qquad (3-3)$$

式中：A——峰面积，mV·min；

F_0——柱出口的载气流量，mL/min；

m——进入检测器中组分的质量，mg；

S_c——每毫升载气中有 1mg 被测物通过检测器时所能产生的信号 mV 值。

浓度型检测器的进样量与峰面积成正比，当进样量一定时，峰面积与载气流量成反比，这就要求在定量时一定要保证载气流量恒定。虽然公式中 S_c 随 F_0 的增大而增加，但 A 随 F_0 的增大而减小，所以 S_c 不随 F_0 的变化而变化。

b. 质量型检测器的灵敏度

对于质量型检测器，其灵敏度与单位时间内进入检测器的某组分的质量有关，即 $R \propto dm/dt$，$R = S_m dm/dt$。其中，S_m 为比例常数，即检测器的灵敏度；下标 m 表示质量型。R 是色谱峰的峰高 h，$S_m = R/(dm/dt) = h/(dm/dt)$。

当使用色谱工作站时，S_m 可用以下公式表示：

$$S_m = \frac{A}{m} \qquad (3-4)$$

式中：A——峰面积，mV·s；

m——进入检测器中组分的质量，g；

S_m——每秒钟有 1g 物质进入检测器时所能产生的信号 mV 值。

质量型检测器的进样量与峰面积 A 成正比。当进样量一定时，峰面积与流量无关。

2) 检出限

灵敏度只能表示检测器对某物质产生信号的大小，有时，基线波动也会随着响应信号的增大而成比例增大。所以只用灵敏度 S 不能很好地评价一个检测器的质量。为此引入检出限 D。

国际纯粹与应用化学联合会(International Union of Pure and Applied Chemistry, IU-PAC)1997 年通过，1998 年发表的《分析术语纲要》(*Compendium of Analytical Nomenclature*)中规定："检出限以浓度(或质量)表示，是指由特定的分析步骤能够合理地检测出的最小分析信号求得的最低浓度或质量。"检出限过去也称为检出极限、检测限、测定极限和波动浓度极限等，建议统一称检出限，其名称简短且较直观。文献中检测极限、检测限、检测器检测限实际上都是检出限。本节所讨论的检出限应当属于仪器检出限。

检出限一般有仪器检出限、分析方法检出限之分。仪器检出限(IDL)是指分析仪器能检出与噪声相区别的小信号的能力,而方法检出限(MDL)不但与仪器噪声有关,而且还取决于方法全部流程的各个环节,如取样、分离富集、测定条件优化等,即分析者、环境、样品性质等对检出限也均有影响,实际工作中应说明获得检出限的具体条件。

通常认为,检出限是指产生大小等于三倍噪声的信号 R 时进入检测器单位体积流动相中被测物的量(D_c,mg/mL)或单位时间进入检测器的量(D_m,g/s)。此处噪声表示噪声的大小,用 R_N 表示,信号(R)是指色谱峰高 h。如图 3-23 所示,检出限是依据噪声指标计算出来的。无论仪器条件是否最佳,都可以求得一个相应的检出限。当 $h=3R_N$ 时,$D=3R_N/S$。当 S 为 S_c 时,$D_c=3R_N/S_c$,单位为 mg/mL(或 mL/mL)。当 S 为 S_m 时,$D_m=3R_N/S_m$,单位为 g/s。一般来说 D 值越小,仪器越敏感。常用检测器的检出限见表 3-8。

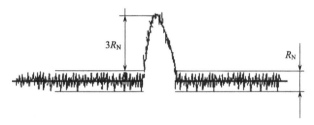

图 3-23　检出限

表 3-8　常用检测器的检出限

检测器	检出限	代表组分
TCD	5×10^{-10} g/mL	丙烷
FID	10^{-12} g/s	丙烷
ECD	10^{-12} mol/mL	六六六
FPD	10^{-12} g/s(硫)	噻吩
	2×10^{-12} g/s(磷)	三丁基磷酸酯

3) 最小检测量

最小检测量是指产生三倍噪声信号时所需进入色谱柱的该物质的质量,用 m^0 表示,单位是质量单位。

由于

$$S_c = \frac{F_0 A}{m}$$

则

$$m = \frac{F_0 \times 1.065 Y_{1/2} h}{S_c}$$

由于

$$S_m = \frac{A}{m}$$

则

$$m = \frac{1.065 Y_{1/2} h}{S_m}$$

因为

当 $h = 3R_N$ 时，$\dfrac{h}{S_c} = D_c$，此时　　$m = m_c^0$；

$$\frac{h}{S_m} = D_m，此时　　m = m_m^0$$

则

$$m_c^0 = F_0 \times 1.065 Y_{1/2} D_c \left(\text{单位：} \ \frac{\text{mL}}{\text{min}} \cdot \text{min} \cdot \frac{\text{mg}}{\text{mL}} = \text{mg} \right) \tag{3-5}$$

$$m_m^0 = 1.065 Y_{1/2} D_m \left(\text{单位：} \ \text{s} \cdot \frac{\text{g}}{\text{s}} = \text{g} \right) \tag{3-6}$$

　　检出限 D 是用来表征检测器性能的指标，而最小检测量 m^0 是产生的色谱峰高等于三倍噪声时引入色谱仪的被测物的质量。检出限 D 只与检测器的性能有关，而最小检测量 m^0 不仅与检测器的性能有关，还与半峰宽 $Y_{1/2}$ 和操作条件 F_0 有关。色谱峰的半宽度越窄，m^0 就越小。

　　4) 测定限

　　测定限是指定量范围的两端，分为测定上限和测定下限。测定下限是指在测定误差能满足预定要求的前提下，用特定方法能够准确地定量测定待测物质的最小浓度或质量；测定上限是指在限定误差能满足预定要求的前提下，用特定方法能够准确地定量测定待测物质的最大浓度或质量。

　　与检出限不同，测定限不仅受到测定噪声的限制，还受到空白背景绝对水平的限制，只有当分析信号比噪声和空白背景大到一定程度时才能可靠地分辨与检测出来。噪声和空白背景越高，实际能测定的浓度就越高，说明高的噪声和空白背景值会使测定限变差。

　　检出限是指产生一个能可靠地被检出的分析信号所需要的某物质的最小浓度或质量，而测定限是指定量分析实际可以达到的极限。测定限在数值上总应高于检出限。1997 年，IU-PAC 通过的《分析术语纲要》中指出，测定限(determination limit; limit of determination)改称为定量限(quantification limit)或最小定量值(minimum quantifiable value)。建议今后使用"定量限"一词。

　　5) 线性范围

　　检测器的线性范围是指信号与进样量(被测物质的浓度或质量)的关系呈线性的范围，通常以线性范围内被测物最大 c_{max}(或 m_{max})与最小 c_{min}(或 m_{min})的比值来表示。它表示检测器对不同浓度样品的适应性，此范围越宽越好。一般情况下，TCD 和 FID 的线性范围分别是 10^5 和 10^7。使用毛细管柱时，由于毛细管柱的柱容量小，线性范围多为 10^2。

　　6) 响应时间

　　以一个恒定浓度(或质量)的样品连续通过检测器，可得到一个信号强度，当样品浓度(或质量)突然变到另一值时，信号达到新平衡条件下信号强度的 63% 时所需的时间就是响应时间(response time)。也就是从组分进入检测器到产生 63% 的响应信号时所需要的时间。

它主要是指检测器对输出信号所产生的滞后时间。响应时间越小越好，FID 和 ECD 的响应时间为 $10^{-3}s$，而 TCD 的响应时间为 0.5s。

对于一个性能良好的检测器，要求它能迅速而真实地反映通过它的物质的浓度变化情况，即需要响应速度快。为此，除了检测器对信号的响应要快以外，检测器的死体积要小，电路系统的滞后时间应尽可能的短（一般应小于 1s）。同时，记录仪的全行程时间也要短（1s）。

7）精密度

精密度是指多次重复测定同一量时各测定值之间彼此相符合的程度，表征测定过程中随机误差的大小。精密度是表示测量的再现性，是保证准确度的先决条件。一般说来，测量精密度不好，就不可能有良好的准确度。精密度一般用相对标准偏差（RSD）来表示。

$$\text{RSD} = \frac{\sqrt{\dfrac{\sum (x_i - \bar{x})^2}{n-1}}}{\bar{x}} \tag{3-7}$$

对于检测器性能的研究，要求 $n=11$，计算 RSD；对于实验方法的研究，要求 $n=6$；对于实验条件的选择，要求 $n=3\sim5$。

3. 检测器的选择

气相色谱法常用的检测器有热导检测器（TCD）、火焰离子化检测器（FID）、电子捕获检测器（ECD）、火焰光度检测器（FPD）、热离子化检测器（thermionic detector，TID）、光离子化检测器（photoionization detector，PID）、氩离子化检测器（AID）等。

1）热导检测器

1921 年，热导池仅被用来检测气体的导热系数。1954 年，Ray 首先将热导池用于气相色谱仪，使色谱法产生了质的飞跃，热导池使气相色谱仪成为既能分离混合物，又能进行定性、定量的现代分析仪器。TCD 的结构简单、稳定性好、线性范围宽、操作方便、灵敏度适宜，对无机化合物和有机挥发物均有响应，且不破坏样品，是通用型检测器。

a. TCD 的结构

一般用不锈钢制成，采用热敏元件，其电阻率高、电阻温度系数大，由价廉且易于加工的钨丝、铼-钨丝、铁-镍丝制成；参比臂仅允许载气通过，通常连接在进样装置之前；测量臂允许携带被分离组分的载气流过，连接在分离柱出口处。

双臂热导池由两根热丝组成，一臂测量，一臂参比；四臂热导池由四根热丝组成，两臂测量，两臂参比，且必须使用双柱系统，如图 3-24 所示。双臂和四臂热导池检测器的好处是可以扣除载气流速不均匀和固定液流失等带来的基线不稳定的问题，获得的基线非常稳定、噪声小、不漂移。

b. TCD 的检测原理

TCD 的检测原理是惠斯通电桥结构。TCD 的示意图如图 3-25 所示。

其主要由 4 个热敏元件组成，这些热敏元件的电阻值（R）随温度而变，即 R 是温度的函数，即 $R=f(T)$，无样品通过时，$T_1=T_4$，$R_1=R_4$，$T_2=T_3$，$R_2=R_3$，A、B 点的电位相同，$\Delta E_{AB}=0$。当样品通过 R_1 时，因导热系数不同，引起散热不同、电阻丝温度不同，

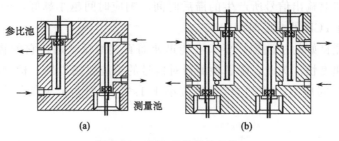

图 3-24　TCD 的热导池结构

(a)双臂热导池结构；(b)四臂热导池结构

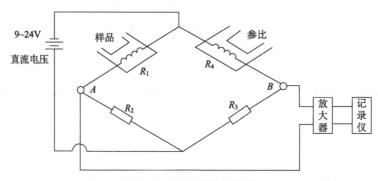

图 3-25　TCD 结构示意图

$T_1 \neq T_4$、$R_1 \neq R_4$，A、B 点电位不同，$\Delta E_{AB} \neq 0$。A、B 两点间有电流通过时，信号经放大处理后被记录器记录下来。如果信号过大，超过了记录仪的满量程，可以将输出的信号进行衰减，衰减的信号可以是检测器中响应信号的 $1/2$、$1/4$、$1/8$、$1/16$、$1/32$…。根据记录器上获得原始信号的大小逐级衰减，直到获得的记录信号大小合适为止。也可以调整色谱工作站的量程，直至信号大小合适为止。

c. 影响 TCD 灵敏度的因素

(1) 桥路工作电流的选择。

桥路工作电流增加，使热丝温度升高，热丝和热导池体的温差加大，气体就容易将热量传递出去，灵敏度提高。

增加桥路工作电流能使灵敏度迅速增加。但桥路工作电流过大，将使热丝处于灼烧状态，使噪声增大，检测器稳定性下降，缩短热丝的寿命甚至烧坏热丝。

实践证明，热丝电阻的桥路工作电流控制为 $150 \sim 500 \mathrm{mA}$，热敏电阻的桥路工作电流以控制为 $10 \sim 20 \mathrm{mA}$ 为宜。

(2) 热敏元件的选择。

选择阻值高、电阻温度系数较大的热敏元件。当温度有变化时，能引起电阻明显变化的，灵敏度就高。一般选铼-钨丝或其他热敏电阻。

(3) 热导池池体温度的选择。

当桥路工作电流一定时，热丝温度一定。如果池体温度低，池体和热丝的温差就大，能使灵敏度提高。但池体温度不能太低，否则待测组分将在检测器内冷凝。一般池体温度应不低于柱温。

（4）载气的选择。

热导检测器的灵敏度与气体的导热系数之差成正比，即载气与组分的导热系数相差越大，则灵敏度越高。由于一般物质的导热系数都较小，因此选择导热系数大的气体，如 H_2 或 He 做载气，灵敏度就较高。另外，由于载气的导热系数大，在相同的桥路工作电流下，热丝温度较低，因此桥路工作电流可升高，从而使热导池的灵敏度大大提高。考虑到 He 价格高，因此通常用 H_2 做载气。

2）火焰离子化检测器

FID 最早出现在 1957 年。FID 是典型的质量型检测器、通用型检测器；对有机化合物具有很高的灵敏度，适宜于痕量有机化合物的分析；对无机气体（CO、CO_2、NH_3、N_2、SO_2）、水、四氯化碳等含氢少或不含氢的在氢焰中不电离的物质的灵敏度低或不响应；FID 具有结构简单、灵敏度高、稳定性好、响应迅速等特点；比 TCD 的灵敏度高出 2～4 个数量级，检出限达 10^{-12} g/g。

a. FID 的结构

（1）在极化极和收集极之间加一定的直流电压（100～300V）构成一个外加电场。

（2）需要用到三种气体：N_2 为载气，H_2 为燃烧气，空气为助燃气。使用时需要调整三者的混合比例，使检测器灵敏度达到最佳。FID 常用流量为载气 2～4mL/min，尾吹气 20～30mL/min，氢气 30～40mL/min，空气 300～450mL/min。FID 的结构如图 3-26 所示。

b. FID 的原理

有机化合物 C_nH_m 在氢焰中进行化学电离

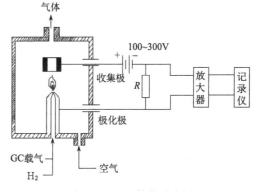

图 3-26 FID 结构示意图

而不是热电离，其电离机理如下。FID 的火焰各层如图 3-27 所示。

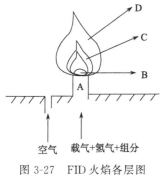

图 3-27 FID 火焰各层图
A. 预热区；B. 点燃区；
C. 热裂解区；D. 反应区

（1）当含有机化合物 C_nH_m 的载气由喷嘴喷出进入火焰时，在 C 层发生裂解反应产生自由基：

$$C_nH_m \longrightarrow \cdot CH$$

（2）产生的自由基在 D 层火焰中与外面扩散进来的激发态原子氧或分子氧发生以下反应：

$$2 \cdot CH + O_2 \longrightarrow 2CHO^+ + 2e$$

（3）生成的正离子 CHO^+ 与火焰中大量水分子碰撞而发生分子-离子反应：

$$CHO^+ + H_2O \longrightarrow H_3O^+ + CO$$

（4）化学电离产生的正离子和电子在外加恒定直流电场的作用下分别向两极定向运动，产生微电流（10^{-6}～10^{-14} A），

经放大后，信号被记录下来。

组分在氢焰中的电离效率很低,大约只有五十万分之一的碳原子被电离。离子的电流信号输出到记录仪,得到峰面积与组分质量成正比的色谱流出曲线。在一定范围内,微电流的大小与进入离子室的被测组分的质量成正比,所以 FID 是质量型检测器。

c. 影响 FID 灵敏度的因素

(1) 各种气体流量和配比的选择。

一般用 N_2 做载气。燃烧气 H_2 的流量低时,火焰温度低,易熄灭,灵敏度低。H_2 的流量太高,噪声大。H_2 流量:N_2 流量 = 1:1~1:1.5;空气为助燃气,提供 O_2,空气流量低,灵敏度低,高于一定量后,在一定范围内对测定无影响。H_2 流量:空气流量 = 1:10~1:20;N_2、H_2、空气的流量分别为 30mL/min、40mL/min、400mL/min 较为常用。

(2) 极化电压。

信号随极化电压的增加而增加,到一定值后,达到稳定。正常极化电压选择为100~300V。

(3) 检测器温度。

检测器温度不是主要的影响因素。温度为 80~200℃ 时,灵敏度几乎相等,但在 80℃ 以下,灵敏度下降,这是因为水蒸气的冷凝。

使用 FID 时,注意防止因氢气漏入柱箱而引起爆炸;防烫伤;点火时需要将 FID 升温到 120℃ 以上,点火困难是由气流不妥所致,可按说明书调节;适当增加 H_2 流量有利于点火;定期清洗喷嘴和电极,电极要绝缘,否则需再次点火;注意 FID 的线性范围,使用填充柱时高浓度的样品会超出线性范围上限造成误差,使用毛细管柱时,进样量小,线性范围会很窄,这可能带来分析误差。

3) 电子捕获检测器

ECD 是具有高选择性的浓度型检测器。只对电负性大的物质有很高的灵敏度,如对含有卤素、硫、磷、氧等元素的化合物,检测下限为 10^{-14} g/mL。物质的电负性越强,ECD 的灵敏度越高。ECD 对大多数烃类没有响应。农药多为有机化合物的卤素、磷、硫取代物,ECD 较多应用于农副产品、食品和环境中农药残留量和水中、大气的痕量污染物的测定。

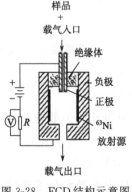

图 3-28　ECD 结构示意图

a. ECD 的结构

在检测器池体内有一圆筒状 β 放射源(^{3}H-Ti、^{3}H-Sc、^{63}Ni 等,多为 ^{63}Ni)作为负极,一个不锈钢棒作为正极,如图 3-28 所示。在正、负极之间施加一直流或脉冲电压,电压控制在 50V 以内,电压太大电子不易被捕获。正极和负极用不锈钢制成。

b. ECD 的原理

(1) 当载气(常用 N_2)进入检测器时,在放射源的 β 射线作用下发生电离。生成的正离子和慢速、低能量的电子在恒定电场作用下向极性相反的电极运动,形成恒定的基流。

$$N_2 \longrightarrow N_2^+ + e$$

(2) 当具有电负性的组分进入检测器时,它捕获了检测器中的电子而产生带负电荷的分子离子并放出能量。

$$AB + e \longrightarrow AB^-$$

$$AB + e \longrightarrow A + B^-$$

$$AB + e \longrightarrow A^- + B$$

（3）因负离子的质量比电子的质量大，在电场作用下其运动速度比电子慢得多，它与正离子的复合速率是电子与正离子复合速率的 $10^5 \sim 10^8$ 倍，因此带负电荷的分子离子和载气电离产生的正离子很容易复合形成中性化合物，被载气携带至检测器外。

$$AB^- + N_2^+ \longrightarrow AB + N_2$$

（4）由于被测组分捕获电子，这使基流降低，产生负信号而形成倒峰。组分浓度越高，倒峰越高。

c. 影响 ECD 灵敏度的因素

（1）载气纯度。常采用超纯 N_2 或 Ar 做载气，若载气中含 O_2、H_2O 等含电负元素的物质，会大大降低基流，减小灵敏度。通常载气纯度要求在 99.99％以上。

（2）载气流量。为保证良好基流，载气流量应为 $50 \sim 100 \text{mL/min}$，若分离时需要较低流量（$30 \sim 60 \text{mL/min}$），则应在柱后通入补加气。

（3）进样量。ECD 的线性范围较小，为 $10^2 \sim 10^4$。为获得良好的分析效果，进样量的选择必须适当，要求组分产生的峰高不超过基流的 30％，高浓度样品须经稀释后进样。

（4）检测器温度。由于受放射源的最高使用温度的限制，使用氚-钛源时，ECD 的温度应低于 150℃，使用氚-钪源时应低于 325℃，使用镍源时应低于 400℃。放射源在高温下会分解熔化或称为热解。

使用 ECD 时，注意每六个月进行放射源的泄漏检查。

4）火焰光度检测器

FPD 是一台简单的发射光谱仪。FPD 是一种对含磷、含硫化合物有高度选择性和高灵敏度的质量型检测器。它适用于含磷、含硫的农药等有机化合物的测定。

a. FPD 的结构

FPD 主要由火焰喷嘴、滤光片、光电倍增管三部分组成，如图 3-29 所示。

b. FPD 的原理

当含有硫（磷）的试样进入氢焰离子室，在富氢-空气焰中燃烧时，有机硫化物先被氧化成 SO_2，然后 SO_2 被氢还原成硫原子。有下述反应：

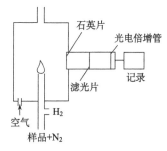

图 3-29　FPD 结构示意图

$$H_2 \longrightarrow H + H$$

$$RS + O_2 \longrightarrow SO_2 + CO_2$$

$$SO_2 + 4H \longrightarrow S + 2H_2O$$

硫原子在适当温度下生成激发态的 S_2^*。当其跃迁回基态时，发射 $350 \sim 430 \text{nm}$ 的特征分子光谱，最大为 394nm 波长的特征光。反应如下：

$$S + S \longrightarrow S_2^*$$

$$S_2^* \longrightarrow S_2 + h\nu$$

含磷的试样主要以 HPO 碎片的形式发射出 $460 \sim 600 \text{nm}$ 的特征分子光谱，最大为 526nm 波长的特征光。反应如下：

$$PO + H \longrightarrow HPO^*$$
$$HPO^* \longrightarrow HPO + h\nu$$

这些发射光通过滤光片而照射到光电倍增管上。在光电倍增管上，光被转变为电信号，经放大器放大并在记录仪上记录下来。

　　c. 影响 FPD 灵敏度的因素

　　FPD 具有 FID 和原子发射检测器（atomic emission detector，AED）的特点，所以影响 FPD 灵敏度的因素也与之有关。火焰温度随 H_2 流量的增大而升高；空气流量较低时，对响应信号有较大影响，可调至一最佳值；检测器的温度应大于 $100\,^\circ\mathrm{C}$，以防内部积水而增大噪声；光电倍增管不能接受强光，否则灵敏度降低；FPD 的喷嘴、石英玻璃窗使用一段时间会被沾污，灵敏度会降低，需清洗。

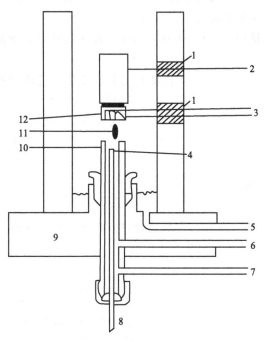

图 3-30　TID 结构示意图

1. 绝缘体；2. 信号收集极；3. 碱金属加热极；4. 毛细管柱末端；5. 空气；6. 氢气；7. 补充气；8. 毛细管柱；9. 检测气加热块；10. 火焰喷嘴；11. 火焰；12. 玻璃/陶瓷珠加热线圈

　　5）热离子化检测器

　　TID 早期也称为碱焰离子化检测器（alkali flame ionization detector，AFID）、氮磷检测器（nitrogen phosphorous detertor，NPD），其结构与 FID 极为近似，不同之处是在 TID 的喷嘴和收集极之间放置了一个含有碱金属硅酸盐的陶瓷或玻璃珠。化合物受热分解会产生大量电子，使信号值比没有碱金属玻璃珠时大大增加，因而提高了检测器的灵敏度。所用的碱金属有 Na、Rb 和 Cs。这种检测器对 N 比对 P 的灵敏度大 10 倍，比对 C 的灵敏度大 $10^4 \sim 10^6$ 倍，比 FID 的灵敏度大 $50 \sim 500$ 倍，多用于含微量氮、磷化合物的分析中，如农药和杀虫剂等。TID 是高灵敏度、高选择性、宽线性范围的检测器。

　　a. TID 的结构

　　与 FID 不同的是，在火焰喷嘴和信号收集极之间加上了碱金属加热极和碱金属加热线圈。TID 的结构如图 3-30 所示。加热的碱金属盐形成温度为 $600 \sim 800\,^\circ\mathrm{C}$ 的等离子体。

样品在等离子体中电离，信号被记录下来。

　　b. 影响 TID 灵敏度的因素

　　(1) TID 的灵敏度与 H_2 的流量有关。TID 在本质上是氢火焰离子化检测器，产生电流的大小与火焰的温度有关，火焰的温度又与 H_2 的流量有关，所以必须很好地选择和控制 H_2 的流量。厂家对 TID 所用 H_2 的流量有严格的规定，研究表明，H_2 流量变化 0.05% 将使 TID 离子流改变 1%。

　　(2) TID 的灵敏度和基流与空气和载气的流量有关。一般来说，它们的流量增加，碱金属盐温度下降，灵敏度降低。载气的种类对灵敏度也有一定的影响，N_2 做载气比 He 做载气可使灵敏度提高 10％。原因是 He 使碱金属盐过冷，造成样品分解不完全。

（3）与 FID 一样，极化电压在 300V 左右时才能有效地收集正、负电荷。TID 的收集极必须是负极，收集极位置需要优化调整。

（4）碱金属盐的种类影响检测的精密度和灵敏度，对精密度的优劣次序为 K＞Rb＞Cs，对 N 的灵敏度优劣次序为 Rb＞K＞Cs。

6）光离子化检测器

a. PID 的结构

光离子化检测器（PID）的核心部件是光源紫外灯和热离子化室。利用光源辐射的紫外光使激发解离电位较低的化合物被电离而产生电信号。PID 的结构如图 3-31 所示。

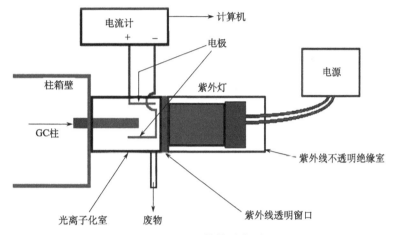

图 3-31　PID 结构示意图

b. PID 的原理

电离电位等于或小于紫外光能量的组分进入光离子化室时，即发生直接或间接电离。在外加电场作用下，正离子和电子分别向负、正极流动，形成微电流，即产生电信号。PID 的灵敏度比 FID 高 50～100 倍，线性范围为 10^7，是一种非破坏性的浓度型检测器。但是，紫外灯寿命短，为 1000h，而且不能分析永久性气体。目前，PID 已经成为常用的气相色谱检测器，尤其是便携式 GC 仪，并广泛用于环境监测、商品检验和石油化工等领域。

c. 影响 PID 灵敏度的因素

（1）载气种类、纯度和流量。

电离电位大于 12eV 的气体均可作为 PID 的载气，如 He、Ar、H_2、N_2 等。通常应将载气净化，载气纯度要求大于 99.99％ 以上，以防止有机杂质产生噪声。由于 PID 为浓度型检测器，其峰面积会随载气流量的增加而减小，操作时通过柱的载气流量和尾吹气流量应尽量小。尾吹气流量增加，其峰高的响应值会降低。

（2）检测器温度。

PID 的温度选择应高于柱温，但 PID 的响应值会随温度升高而下降，当用 10.2eV 的氪灯时，PID 的使用温度不要超过 100～120℃。

(3) 检测器承受的压力。

低压操作，峰形好，可提高分离度。

7) 氩离子化检测器

a. AID 的结构

与 ECD 类似，AID 的结构如图 3-32 所示。高纯 Ar 为载气(99.99%)，在放射源照射下，经高压电离，产生的电子流(称作基流)将趋于饱和，同时产生大量被激发的亚稳态氩原子 Ar*。激发氩原子的是氢的放射性同位素氚，其物理、化学性质与氢极相似，可以用金属钪或钛进行固定，制成氚-钪或氚-钛 β 射线放射源，最高使用温度分别为 325℃ 和 225℃；否则有释放氚气的危险。氢的放射性同位素氚属 β 衰变，半衰期为 12.4 年，粒子能量为 18.2keV。

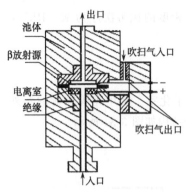

图 3-32　AID 结构示意图

当载气中混有一定量有机化合物时，它们会与 Ar* 碰撞并产生电子。通过这种"雪崩方式"产生大量电子，离子流增加。在高压电场作用下，经放大后输出信号。

b. AID 的原理

Ar 有两个共振能级(11.83eV 和 11.62eV)和两种亚稳态(又称激发态，11.72eV 和 11.53eV)。不仅可检测 PID 可检测的化合物，还能检测电离电位为 10.6～11.7eV 的化合物。AID 适用于测定高纯气体中的 CH_4、O_2、H_2、N_2、CO、CO_2 等，但是要求载气的纯度要高。

c. 影响 AID 灵敏度的因素

(1) 载气种类、纯度和流量。

电离电位大于 12eV 的气体均可作为 AID 的载气，对载气的纯度要求达 99.99% 以上。AID 为浓度型检测器，其峰面积响应会随载气流量的增加而减小，所以应尽量减小载气流量。

(2) 检测器温度。

AID 的温度应高于柱温，但 AID 的响应值会随温度升高而降低。

8) 定性检测器

气相色谱-质谱联用仪(通过分子分离器连接)、气相色谱-傅里叶变换红外光谱联用仪、气相色谱-原子发射光谱联用仪等可以作为气相色谱的定性检测器，可以对分离后的组分进行定性，弥补 GC 定性的不足。气相色谱定性检测器的具体情况见第 7 章。

常用检测器的性能见表 3-9。

表 3-9　常用检测器的性能

检测器	检测对象	噪声	检出限	线性范围	适用载气
TCD	通用	0.01mV	5×10^{-5} mg/mL	10^4	H_2、He
FID	含 C、H 化合物	10^{-4} A	10^{-10} mg/s	10^7	N_2
ECD	含电负性基团	8×10^{-12} A	5×10^{-11} mg/mL	5×10^4	N_2
FPD	含 S、P 化合物	—	3×10^{-10} mg/s	10^5	N_2、He
TID	含 N、P 化合物	—	10^{-12} mg/s	10^5	N_2、Ar

3.2.5　数据处理系统

数据处理系统最基本的功能是将色谱图记录下来。

（1）电子电位差计，也称记录仪，在数据处理系统中属于最早的产品。有 0～5mV 和 0～10mV 两种满标量程。实验数据要手工测量，误差大。

（2）积分仪，也称积分放大器，是 20 世纪 80 年代的产品。可直接打印出保留时间、峰面积、峰高等数据。

（3）色谱数据处理机为功能较多的积分仪，是 20 世纪 80 年代的产品，可存储、打印数据，对色谱仪有控制功能。

（4）色谱工作站为 2000 年以后的产品，利用计算机实时控制色谱仪、进行数据采集和处理。色谱工作站的硬件是电子计算机，软件为程序。色谱工作站的数据处理功能有色谱峰的识别、基线的校正、重叠峰和畸形峰的解析、计算峰参数、定量计算组分含量等。现在的色谱工作站还具有批处理功能，可以对大量数据进行分析等。

3.2.6　温控系统

1. 柱箱

恒温时，要求柱箱内高低温度差在 1℃ 以内，控制点的控制精度为 ±(0.1～0.5)℃；程序升温时，升温速率为 1～30℃/min。越是高端的仪器，温控系统越独立，升温阶数越多，可实现更好的分离。

2. 检测器和气化室

检测器和气化室要有各自独立的温控装置。

3. 维护

一般来说，温控系统的校准检验按操作说明书操作，每月检查一次。

3.3　毛细管柱气相色谱法

气相色谱柱有填充柱和毛细管柱之分。毛细管柱是在填充柱的基础上发展起来的，图 3-33 为弹性石英毛细管柱的外观图。柱上有标签标明型号、柱长、柱内径、液膜厚度等信息。

图 3-33　弹性石英毛细管柱外观图

3.3.1　发展历史

1955 年，Golay 发现使用毛细管柱可大大提高柱效率。1957 年，他将柱内壁涂渍一层极薄而且均匀的固定液膜，以塑料或不锈钢等材料拉制成细内径的毛细管，使分离能力大大提高。毛细管柱解决了填充柱中因载体颗粒不均匀而造成的色谱峰增宽、柱效率降低的问题。这种色谱柱的固定液涂渍在柱内壁上，中心是空的，所以称开管柱。1958 年，他阐述了各种参数对柱性能的影响。1960 年，玻璃毛细管拉制机问世，玻璃成为主要的毛细管柱材料。1979 年，Zerenner 制备出二氧化硅毛细管气相色谱柱，称为弹性石英毛细管柱，这种毛细管柱成为主流。该柱柔韧性好、易安装、机械强度较高；柱壁惰性好、吸附和催化性小；涂渍出来的色谱柱柱效率高、热稳定性好。20 世纪 70 年代末，出现了交联或键合固定相的毛细管柱。1983 年，大口径毛细管柱出现，该柱融合了高效和柱容量大的特点。20 世纪 90 年代中期，集束毛细管柱出现，集束毛细管柱综合了填充柱与石英毛细管柱的优点，弥补了两者的不足，是一种柱容量较大且分离效能好、可以在高载气流量下操作的新型气相色谱柱。曾有报道称，919 支内径为 40μm 的毛细管组成的毛细管束适用于工业分析。

从最初 Golay 制作的聚乙烯柱（活性高），发展了不锈钢柱（柱效率低、活性高），又出现了玻璃毛细管柱（性能大大优于不锈钢毛细管柱，但是它的活性和易碎的特性不能令人满意），直至制作出性能良好的毛细管柱，毛细管柱发展的历史是制备工艺的发展史。目前所用的多是化学键合的弹性石英毛细管柱。

3.3.2　毛细管柱的类型

1. 填充型毛细管柱

填充型毛细管柱为 1962 年以后发展起来的，最初的柱材料为玻璃。在粗的厚壁玻璃管中装入松散的载体和吸附剂，拉制成毛细管柱，现已不多见。填充型毛细管柱也称为微填充柱。

2. 开管型毛细管柱

通常所说的毛细管柱指开管型毛细管柱（open tubular capillary column），色谱柱是中空的。

依据固定相的填充方式，开管型毛细管柱分为固定液直接涂在毛细管壁上的，称为壁涂毛细管柱；在内壁上附着多孔层固体（一般采用硅藻土载体）的，称为多孔层毛细管柱；在内壁附着的多孔层固体上涂渍固定液的，称为载体涂层毛细管柱。

依据毛细管柱的尺寸，开管型毛细管柱分为常规毛细管柱、小内径毛细管柱（microbore capillary column）和大内径毛细管柱（megabore capillary column）。内径为 250μm 的玻璃或弹性石英柱为常规毛细管柱，最为常用。内径小于 100μm 的弹性石英柱为小内径毛细管柱，用于快速分析。内径为 320μm 和 530μm 的弹性石英柱，以做成厚液膜柱（5～8μm）为大内径毛细管柱，它可代替填充柱使用。

3.3.3　基本理论

色谱的基本理论指出提高色谱分离能力的途径。从塔板理论得知，增加柱长，可以增加柱效率；从速率理论得知，减小涡流扩散项 A 和传质阻力系数 C，可以降低 H。Golay 提出的毛细管柱色谱法就是在这些理论的指导下实现的。填充柱和毛细管柱的速率方程在形式上相似，都符合 $H=A+B/u+Cu$。毛细管柱的速率方程如式（3-8）所示：

$$H = \frac{2D_g}{u} + \left[\frac{1+6k+11k^2}{24(1+k)^2} \cdot \frac{r^2}{D_g} + \frac{2k}{3(1+k)^2} \cdot \frac{d_f^2}{D_1} \right] u \tag{3-8}$$

毛细管柱的速率方程与填充柱速率方程相比，有以下三处不同：

（1）涡流扩散项表现为气流穿过色谱柱时碰到固定相后改变流动方向。由于固定相颗粒不均匀，组分分子所走的路径不同，产生色谱带增宽现象。在毛细管柱中，只有一个流路，所以不存在多路径，$A = 0$。

（2）分子扩散项是由于填充柱内载体的存在，其使分子不能自由扩散，并且扩散距离减小。一般硅藻土载体的弯曲因子 γ 为 0.5～0.7，而毛细管柱中因没有载体，无扩散的障碍，所以弯曲因子 γ 为 1。

（3）气相传质阻力项是指待测试样组分从气相移动到固定相表面的过程中受到的传质阻力。使用毛细管柱时，因为液膜很薄，而且液膜厚度 d_f 与柱半径 r 有关，所以用 r 代替填料颗粒粒度 d_p。而且由于液膜很薄，液相传质阻力系数 C_l 也降低了。

因此，毛细管柱色谱在结构上具有以下特点：不装填料阻力小，柱长可达百米；气流单路径通过色谱柱，消除了组分在柱中的涡流扩散；固定液直接涂在管壁上，总柱内壁面积较大，涂层很薄，d_f 小，则液相传质阻力系数 C_l 大大降低，甚至可以忽略。

毛细管柱的这种结构特点决定了毛细管柱色谱的分离效率高，比填充柱高 10～100 倍；其中空的柱结构可以加快分析速度，用毛细管色谱分析比用填充柱色谱速度快；色谱峰窄、峰形对称，较多采用程序升温方式，毛细管色谱柱的柱效率高达 3000～4000 块/m；需要灵敏度高的检测器，一般采用 FID。

3.3.4　毛细管柱的操作

1. 柱效率

H-u 曲线也是一条双曲线，存在一最低点 H_{min}。一般毛细管柱的液膜薄，则传质阻力项不起控制作用。H_{min} 可简化为

$$H_{min} = 2\sqrt{B(C_g + C_l)} \approx 2\sqrt{BC_g} = r\sqrt{\frac{1 + 6k + 11k^2}{3(1 + k)^2}} \qquad (3\text{-}9)$$

曲线给出了最小塔板高度 H_{min} 与柱半径 r 之间的关系。由以上公式可知，最小板高近似与柱半径成正比。当 $k = 0$ 时，$H_{min} = 0.58r$；当 $k = \infty$ 时，$H_{min} = 1.9r$。毛细管柱的最小塔板高度 H_{min} 的范围为 $0.58r$～$1.9r$。k 相同时，柱半径越小，H_{min} 越小、柱效率越高。所以，操作时选用细径柱获得的柱效率高。

2. 载气流速

双曲线的最低点 H_{min} 对应的流速为最佳载气流速，以 u_{opt} 表示。最佳载气流速 u_{opt} 可由式(3-10)表示：

$$u_{opt} = \sqrt{\frac{B}{C_g + C_l}} \approx \sqrt{\frac{B}{C_g}} = \frac{4D_g}{r}\sqrt{\frac{3(1 + k)^2}{1 + 6k + 11k^2}} \qquad (3\text{-}10)$$

由式(3-10)可知，最佳载气流速 u_{opt} 反比于柱半径 r。柱半径 r 越大，最佳载气流速 u_{opt} 越小。而且 u_{opt} 与 k 有关。当 $k = 0$ 时，$u_{opt} = 6.9D_g/r$；当 $k = \infty$ 时，$u_{opt} = 2.1D_g/r$。最佳流速的范围为 $2.1D_g/r$～$6.9D_g/r$。

实际操作时的载气流速 u 多为 $2u_{opt}$ 左右，这时的流速称为最佳实用流速，此时柱效率

降低。由速率方程可知，增加柱长或减小柱半径可以弥补柱效率的降低。

1) 增加柱长

采用长度为 30m、内径为 0.53mm 的毛细管柱，以 H_2 做载气，对正庚烷的最佳载气流速 u_{opt} 为 8cm/s。由 H-u 曲线可知，当采用最佳实用流速($2u_{opt}$)时，柱效率降低了 25%。以增加 25% 的柱长弥补柱效率的损失，则此时的调整保留时间 t'_R 为

$$t'_R = \frac{L'}{u'} = \frac{(1+25\%)L}{2u} = \frac{5}{8}\frac{L}{u} = \frac{5}{8}t_R$$

当采用增加柱长以弥补柱效率损失时，分析时间并未增加。

2) 减小柱半径

当 u' 为 $2u_{opt}$ 时，B/u 项可忽略，$H \approx (C_g + C_l)u \approx C_g u$。$C_g$ 正比于 r^2，减少柱半径 r 就可以提高柱效率。但柱半径减小，柱容量也降低，给操作带来不便。因此，柱半径不宜太小。

当提高载气流速时，增加柱长和减小柱半径都可以弥补柱效率损失，但是减小柱半径不如增加柱长提高柱效率的效果好。所以，稍大的载气流速、较长和细内径的毛细管柱为毛细管柱优选的操作条件。

3. 载气种类

从速率方程得知，载气种类影响组分气相扩散系数 D_g 的大小。D_g 正比于 B 反比于 C_g，所以选择载气主要取决于所用的载气流速。

在最佳实用流速以上，即 $u \geqslant u_{opt}$ 时，B 项可以忽略，则 H 受 C_g 控制。应选择低相对分子质量的载气(He、H_2)。

在最佳实用流速以下，即 $u < u_{opt}$ 时，C 项可以忽略，B 项为控制柱效率的因素，应选择较大相对分子质量的载气(Ar、N_2)。

4. 液膜厚度

液膜厚度影响色谱柱的保留特性和柱容量。

d_f 降低，C_l 减小，分析时间减少，使柱容量减小，则进样量必须少。进样量少对分流提出更高的要求，而且一些低含量的物质不一定能检测出来。d_f 越大，分配过程延长，增加了分析时间。d_f 一般为 $0.5 \sim 2.5\mu m$，而 $d_f > 2.5\mu m$ 时，液膜不稳定，固定液容易脱落。

对低沸点气体、溶剂、清洁剂等，选择 $3 \sim 5\mu m$ 超厚液膜柱，具有较高的试样容量，但在高温下流失严重；对 $100 \sim 200℃$ 流出的组分，选择 $1 \sim 1.5\mu m$ 中厚液膜柱；对 $300℃$ 以下流出的组分，选择 $0.25 \sim 0.5\mu m$ 薄液膜柱；对 $300℃$ 以上高相对分子质量的组分，选择 $0.1\mu m$ 薄液膜柱；质谱等高灵敏度检测器通常选择 $0.1 \sim 0.2\mu m$ 薄液膜柱。

为了进行快速和高效分析，往往采用小内径的薄液膜柱；为了增大柱容量，采用大口径的厚液膜柱。

5. 温度

选择适宜的柱温是一个复杂的问题，要兼顾柱效率和分析时间。选择柱温还要根据混合物的沸点范围、固定液的配比和检测器的灵敏度。

柱温降低，K 和 k 增大，对既定分离所需的塔板数将减少；所以要在尽可能低的柱温下操作。例如，当完全分离（$R=1.5$）相对保留值 r_{21} 为 1.05 的两组分时，25℃柱温下所需的理论塔板数为 57 300，50℃柱温下则需 128 900。

虽然低柱温对分离有利，但柱温不能太低。柱温降低，分析时间加长，分析效率低；而且在 u_{opt} 下，H 与 C_l 有关，C_l 中 D_l 随柱温降低，黏度加大，D_l 降低，液相传质阻力增加，对提高柱效率不利。

提高柱温可缩短分析时间；降低柱温可使色谱柱选择性增大，有利于组分的分离和色谱柱稳定性的提高，柱寿命延长。柱温一般选择等于或高于样品组分的平均沸点较为合适，对易挥发样品组分使用低柱温运行，对不易挥发的样品组分采用高柱温运行。毛细管柱色谱法多采用程序升温获得各组分分离的良好峰形。

6. 进样量

进样量也称样品容量，取决于色谱柱固定液的含量，每根色谱柱都有一定的样品容量。最大允许进样量是指柱效率降低不大于 10% 时的进样量。当进样量超过最大允许进样量后色谱峰峰宽扩张，出现不对称色谱峰。最大允许进样量 V_k 可用式（3-11）表示：

$$V_k = \alpha_k \frac{\pi r^2 L (1+k)}{\sqrt{n}} \qquad (3\text{-}11)$$

式中：V_k——气化后样品的体积（不包括载气）；

L——柱长；

n——理论塔板数；

α_k——常数。

理论塔板数 n 与保留时间和半峰宽有关。

此式表明，最大允许进样量与柱半径平方 r^2、柱长 L、分配比 k 成正比；与塔板数的平方根 $\sqrt{n}$ 成反比。柱内径 r 越大、柱越长、分配比 k 越大的组分，允许的进样量越大；需要的塔板数越小的组分，允许的进样量越大。

当进样量超过最大允许进样量时，峰高 h 不再与进样量呈线性关系，表示色谱柱已超负荷；当峰面积 A 不再与进样量呈线性关系时，表示检测器已超负荷。实验结果表明，A 的线性范围比 h 大得多，也就是检测器的样品容量比色谱柱的大。

一般来说，进样速度快、进样量小、进样温度高时分离效果好。气化温度应高于样品中高沸点组分的沸点。快速进样，样品一次气化，保证色谱峰峰形不增宽，柱效率高。

7. 柱内径

柱内径直接影响柱效率、保留特性和样品容量。

由于最佳塔板高度正比于柱半径 r，因此内径越细的色谱柱柱效率越高。内径过小（小于 0.25mm）的色谱柱很少使用，主要因为管径太细，液膜很薄，样品容量太小，操作不方便。内径增加，相比 β（$\beta = r/2d_f$）变大，k 变小，分离度变差，对既定分离所需的塔板数要多，意味着柱长需要增加。粗内径的色谱柱阻力小，可以使用长柱、高流速，对仪器结构、管路连接要求不严。柱内径与理论塔板数及柱长的关系见表 3-10。

表 3-10　柱内径与理论塔板数及柱长的关系

柱内径/mm	理论塔板数/(块/m)	达 10^5 块理论塔板数所需的柱长/m
0.1	11 000	9
0.25	4 500	22
0.32	3 400	29
0.53	2 100	48

0.25mm 内径的毛细管柱适合于复杂多组分试样分析，与大口径毛细管柱相比，柱容量低，必须采用分流或无分流进样，适合与质谱等高灵敏检测器联用。

0.32mm 内径的毛细管柱柱效率略低于 0.25mm 常规柱，柱容量大于常规柱 60%。可采用柱头进样、分流和不分流进样，有些情况下还可使用直接进样。

0.53mm 内径的毛细管柱是广泛使用的毛细管柱，它可以替代大部分填充柱，具有近似填充柱的柱容量，与小口径毛细管柱相比使用更简便，可直接进样。

3.3.5　毛细管柱与填充柱的比较

1. 柱容量

毛细管柱固定液的含量只有 $X0$mg，比填充柱要少 $X0 \sim X00$ 倍。因此，毛细管柱的柱容量比填充柱小 $X0 \sim X00$ 倍。毛细管柱的进样量必须极其微小，要把这样微量的样品重复、定量地引入毛细管柱中进行定量分析，毛细管柱的操作比填充柱的要复杂得多，对仪器结构性能的要求也严格得多。因此，对一般常规分析，用填充柱解决要简单些，重现性、稳定性也好。

2. 柱效率

毛细管柱的柱效率比填充柱高得多，其理论塔板数比填充柱高 $X0 \sim X000$ 倍。毛细管柱与填充柱的本质差别是相比 β 不同，毛细管柱的 β 为 $50 \sim 1500$，填充柱的 β 为 $6 \sim 35$。在同样条件下，用同一物质测得的毛细管柱的理论塔板数比填充柱高得多。

用填充柱难以实现的分离可用毛细管柱解决。填充柱只能分离相对保留值 r_{21} 大于 1.10 的物质，而用毛细管柱，相对保留值 r_{21} 为 1.03 的也可分离。

3. 柱渗透率

柱渗透率用比渗透率(B_0)表示，B_0 反应的是色谱柱对气流的阻力。阻力越小，B_0 越大。其是色谱柱的特性，与固定液无关。填充柱的 B_0 正比于载体颗粒的有效直径，对于填充柱，$B_{0(填充柱)} = d_p^2/1012$；毛细管柱的 B_0 正比于柱内径，对于毛细管柱，$B_{0(毛细管柱)} = d_p^2/32 = r^2/8$。$B_0$ 还与色谱柱的柱压降 Δp 有关：

$$\Delta p = \frac{\eta L u}{B_0} \tag{3-12}$$

式中：Δp——柱压降；

　　　η——载气在柱温下的黏度；

u——载气流速;

L——柱长。

柱压降 Δp 反应的是色谱柱承载压力的情况。当 η、L、u 一定时，毛细管的比渗透率 B_0 比填充柱高得多，所以毛细管柱的柱压降 Δp 比填充柱的柱压降 Δp 小，因此在相同压力下，毛细管柱的柱长比填充柱长。填充柱的渗透性小，柱子不能太长，因此分离效能受到限制。填充柱的柱压降 Δp 随 d_p 的减小和柱长 L 的增加而增加；毛细管柱的柱压降 Δp 随 r 的减小和柱长 L 的增加而增加，实际的毛细管柱长取决于柱压降 Δp。

由 $t_R = \dfrac{L}{u}(1+k)$ 可知，柱子越长，分析时间越长，但是毛细管柱的分配比 k 比填充柱的 k 小，且采用相对较大的载气流速 u 来缩短分析时间，以提高分析效率。

毛细管柱以长柱、高流速和快速分析获得较好的分离效果。

填充柱与毛细管柱的比较见表 3-11。

表 3-11　填充柱与毛细管柱的比较

		填充柱	毛细管柱
色谱柱参数	内径/mm	2~6	0.1~0.5
	长度/m	0.5~6	20~200
	比渗透率 B_0	1~20	$\sim 10^2$
	流量/(mL/min)	10~60	0.5~3
	柱压降 Δp/kPa	10~40	3~40
	液膜厚度/μm	1~10	0.1~5
	相比 β	6~35	50~1500
	总塔板数 n/块	$\sim 10^3$	$\sim 10^6$
动力学方程式	方程式	$H = A + \dfrac{B}{u} + (C_g + C_l)u$	$H = \dfrac{B}{u} + (C_g + C_l)u$
	涡流扩散项	$A = 2\lambda d_p$	$A = 0$
	分子扩散相	$B = 2\gamma D_g; \gamma = 0.5 \sim 0.7$	$B = 2D_g; \gamma = 1$
	气相传质相	$C_g = \dfrac{0.01 k^2 d_p^2}{(1+k)^2 D_g}$	$C_g = \dfrac{(1+6k+11k^2) r^2}{24(1+k)^2 D_g}$
	液相传质相	$C_l = \dfrac{2k d_f^2}{3(1+k)^2 D_l}$	$C_l = \dfrac{2k d_f^2}{3(1+k)^2 D_l}$
其他	进样量/μL	0.1~10	0.01~0.2
	进样器	直接进样	附加分流装置
	检测器	TCD、FID	FID
	柱制备	简单	复杂
	定量结果	重现性较好	与分流器设计性能有关

3.3.6　毛细管色谱柱的制备方法

毛细管色谱柱的制备方法在实验室很少使用，主要的应用对象是公司的研发部门和固定

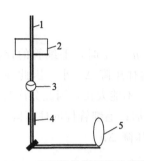

图 3-34　毛细管拉制机的示意图
1. 石英管；2. 高温电炉；3. 聚酰亚胺保护
绝缘作用槽；4. 管式电炉；5. 转鼓

相的研发者。

1. 毛细管色谱柱的拉制

毛细管的拉制在拉制机上进行。简易的毛细管拉制机示意图如图 3-34 所示。

要求管柱的内径适合、均匀恒定；内表面惰性、表面无孔；有足够的机械强度。可用塑料、玻璃、金属制成不同内径、不同长度的毛细管。

1）塑料毛细管

材质主要是尼龙，一般是低温涂非极性固定液较好，但不耐高温，对样品有溶解作用，并对样品和水蒸气有渗透性，现已不常用。

2）玻璃毛细管

价廉、具有非催化表面，表面惰性很好，易观察，早期使用较多，但易折断，安装较困难。

根据原料玻璃管的尺寸，控制适当的拉伸比，由玻璃管拉制成任意内径、长度的毛细管。许多仪器带有拉制机附件，也可自己安装。软质玻璃（Na 含量＞14％）以腐蚀法处理内表面，或先装载体或吸附剂后再拉伸成形；硬质玻璃常用于经典的壁涂毛细管或先拉制成形后再涂固定液。

a. 原料玻璃管的选择

内径为 2～3mm，外径由拉制机套管内径决定，长 1.5～2.0m。

b. 原料玻璃管的处理

用洗液浸泡过夜，再用水、乙醇、丙酮洗，吹干以获得一个清洁的内表面。

c. 送料、熔化、拉伸弯曲成形

拉制毛细管时控制熔化温度、拉伸比以及成形管的温度，拉成后的毛细管圈径为 12cm 左右，两端封死备用。

3）金属毛细管

Al、Ni、Au、Cu、Ti、不锈钢毛细管已成功拉制，并在实践中得到应用。Al 毛细管易生成氧化膜；Cu 毛细管在 150～175℃以上易引起固定液和样品分解；Ti 毛细管是一种高端产品，具有良好的使用价值，高强度、耐腐蚀、有记忆性；Au、Ni 毛细管较稀少。常用不锈钢柱，易涂渍，但内壁较粗糙，惰性差，有一定的催化活性，较难清洗干净，不适于分析较高活性的物质，现已很少使用。

由 6×1 不锈钢管（外径为 530mm、壁厚为 30mm）可拉制成内径为 0.25～0.53mm、长度为 50～200m 的毛细管柱。不锈钢毛细管拉制好后，先用 50kPa 压力试漏，然后用各种溶剂清洗。溶剂清洗的顺序为：己烷、二氯甲烷、丙酮、乙醚、溶解固定液的溶剂，以外力使有机溶剂通过色谱柱，洗好后用载气吹干待用。

4）石英毛细管

1979 年出现熔融石英毛细管柱，由于这种色谱柱具有化学惰性且热稳定性和机械强度好，并具有弹性，因此占据了主要地位。

制作石英毛细管柱要求石英材料杂质含量小，拉制温度为 $1800 \sim 2200\,℃$，拉制后必须立即在其表面涂上一层耐高温的聚酰胺或聚酰亚胺的保护层以增加机械强度；同时还需要对毛细管的内表面进行酸、碱腐蚀或固体盐类沉着等处理，以增加粗糙度和湿润性，从而有利于固定液涂渍成膜。

2. 毛细管色谱柱的涂渍

拉制后的毛细管必须由各种溶剂反复洗涤，以除去拉制时留下的油污、杂质，然后涂上一层薄而均匀的液膜。涂渍方法有动态法和静态法。

1) 动态法

以干燥的惰性气体推动固定液溶液通过毛细管柱，则在其内壁留下一层固定液溶液，继续通气吹走溶液中的溶剂，留下纯固定液。不需特殊设备、易于涂渍，所以广泛应用。但是，液膜厚度不易测得。

涂渍液的流速要在通过整个柱管时恒定，避免快到终点时流速突然变化，吹坏液膜。为此，在柱出口接一段废毛细管，流速为 $2 \sim 10\,cm/s$。这就要求严格控制涂渍液的流速，一般由调节柱口压力来控制流速。涂渍液必要时要过滤，防止固体颗粒堵死毛细管柱。柱出口插入盛水的小烧杯中，以气泡指示涂渍液的移动速度。

液膜厚度 d_f 取决于涂渍液的性质和流速，一般说来，d_f 随涂渍液浓度以及溶剂的黏度、极性的增加而增加，随流速、柱直径的增加而降低。

a. 载气加压涂渍

载气加压涂渍毛细管的示意图如图 3-35 所示。涂渍前先用载气压入各种清洗溶剂洗净毛细管柱的内表面，然后吹干。配制 $10\% \sim 20\%$ 的固定液溶液（$10 \sim 20\,g/100mL$）。毛细管一端串联一根废毛细管，另一端插入涂渍液中。用惰性 N_2 以 $100 \sim 300\,kPa$ 加压控制涂渍液的流速，将固定液吹入毛细管柱中，涂完后吹干即可。此法称为全充法。此法简单，但是不易测得 d_f、β 值。只能从涂前、涂后毛细管柱的质量之差求出涂渍固定液的质量。

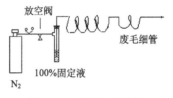

图 3-35 载气加压涂渍
毛细管的示意图

液膜厚度 d_f 可用式（3-13）表达：

$$d_f = \frac{W}{2\pi r L \rho_1} \qquad (3\text{-}13)$$

式中：W——涂渍前、后毛细管柱的质量之差；

ρ_1——固定液密度；

r——柱半径；

L——柱长。

由 d_f 可计算出相比 β，计算过程如式（3-14）所示：

$$\beta = \frac{V_m}{V_s} = \frac{\pi r^2 L}{2\pi r d_f L} = \frac{r}{2d_f} \qquad (3\text{-}14)$$

b. 电解池"塞子法"涂渍

一般用占柱体积 $5\% \sim 7\%$ 的涂渍液以"塞子"形式，由电解气推动以恒定的速度通过毛细管色谱柱。例如，在长为 30m、内径为 0.53mm 的毛细管柱两端各串联一根透明刻度的毛细

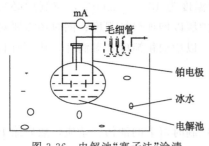

图 3-36　电解池"塞子法"涂渍

管，一端吸入固定液形成固定液液柱，以 2～5cm/s 的流速涂渍毛细管柱，然后以 1mL/min 流量的 N_2 吹干毛细管柱。柱前、柱后透明毛细管中指示的涂渍液的体积之差（$V_{s_1}-V_{s_2}$）为涂渍到柱内的固定液体积，由固定液浓度（c，体积分数）、柱直径 d 可求出液膜的厚度。电解池"塞子法"涂渍固定液的示意图如图 3-36 所示。

液膜厚度 d_f 可用式（3-15）表达：

$$d_f = \frac{c\,(V_{s_1}-V_{s_2})}{100\pi dL} \tag{3-15}$$

式中：c——固定液的体积浓度（体积分数）；

　　　$V_{s_1}-V_{s_2}$——柱前、后透明毛细管指示的固定液体积之差；

　　　d——毛细管柱的直径；

　　　L——柱长。

2）静态法

a. 静态加热涂渍法

此方法是 Golay 发明的一种方法。首先使毛细管柱完全充满涂渍液，把柱子一端封死，然后柱子的开口端慢慢通过一个加热到一定温度的炉子，以便把溶剂从色谱柱开口端蒸发出来，留下薄而均匀的液膜。静态加热涂渍法可由固定液的（体积）浓度直接计算出 d_f。

例如，用体积分数为 1% 的固定液涂渍内径为 0.25mm 的毛细管柱。$\beta=V_m/V_s=99/1=99$，则 $d_f=r/2\beta=125/198=0.63\mu m$。显然 β 与内径无关，只受固定液浓度的控制。当浓度相同时，d_f 正比于柱径 r。d_f 的范围若为 0.5～1μm，则溶液浓度应小于 2%。该涂渍法的设备较复杂，费时很长，而且毛细管柱只有涂好后才能弯成最后形状，适用于金属毛细管柱的涂渍。同时该涂渍法适于涂渍黏度大的固定液。

常用溶解固定液的溶剂有乙醚、甲醇、丙酮、苯和氯仿等。一些溶解性差的固定液如硬脂酸酯、氟橡胶、山梨醇等，需要采用回流法涂渍。

b. 抽空蒸发法

将涂渍液充满毛细管柱，将一端以手温热使溶液略有溢出，立即插入装有封口胶（水玻璃或赛璐珞溶于乙酸乙酯中调成黏稠状）的小瓶中，几分钟后除去小瓶，1～2h 后封口胶完全干结。然后将柱置于恒温箱中，箱温比溶剂沸点低 10～15℃。柱的另一端与真空系统相连，柱内溶剂在减压下慢慢气化被抽走，固定液则均匀地涂在柱壁上。柱内溶剂完全蒸发的时间与柱长有关。抽空蒸发法的固定液涂渍速度虽慢，但成功率很高。

3. 毛细管色谱柱的制作技术

上面描述的是基本的拉制和涂渍的简单方法，但是在具体的毛细管柱制作过程中还有一些技巧。

液体在固体表面有两种存在形式，液体在固体表面形成液滴或液体均匀地分散在固体表面。以何种形式存在取决于液体和固体的比表面自由能。当液体的比表面自由能小于固体的比表面自由能时，液体会在固体表面分散开；当液体的比表面自由能大于固体的比表面自由能时，液体会在固体表面形成液滴。多数情况下，固定液（和溶剂）的比表面自由能（或表面张力)大于管材的比表面自由能(或表面张力),形成液滴。为了避免液体在管材表面形成液滴,需要加大固体的比表面自由能或减小液体的比表面自由能。具体措施有四种:使管柱内壁表面的临界表面张力变大;加添表面活性剂使管柱的表面张力变大、固定液和溶剂的表面张力变小;将固定液与管柱内壁进行键合反应或使固定液在柱内进行化学交换;固体表面粗糙化处理。在各种类型毛细管柱的制作工艺中采取不同的措施使固定液在毛细管柱上分散开。

1) 经典壁涂毛细管柱

用动态或静态法将固定液涂在毛细管内壁上,称为经典壁涂开管柱(wall coated open tubular,WCOT)。柱制作相对简单,但由于管壁的表面光滑、润湿性差,直接涂渍的重现性差、柱寿命短。现在的 WCOT 柱,内壁经表面处理,增加表面的润湿性和减小表面的接触角后再涂固定液。

a. 不锈钢毛细管柱

不锈钢毛细管柱为非极性表面,涂非(弱)极性固定液时,柱效率较高,理论塔板数可达 1000 块/m,柱寿命长。但是涂极性固定液时,柱效率很低,理论塔板数小于 500 块/m,柱寿命较短。

当采用极性固定液时,提高柱效率的方法之一是在不锈钢毛细管柱上加表面活性剂。在非极性的不锈钢柱的内表面加表面活性剂分子,在表面活性剂的极性基团上涂敷极性固定液。表面活性剂大致分为两类:非离子型和离子型。非离子型表面活性剂为一侧有极性基团(如羟基),可与极性固定液牢固吸附,另一侧为表面活性剂分子,可与非极性不锈钢柱表面结合。使极性组分分子接触不到管柱的活性中心,这样即使是强极性物质,也能得到对称的色谱峰。离子型表面活性剂包括阳离子型和阴离子型两种。固定液浓度为 10% 时,表面活性剂的浓度为 0.1%~0.2%。

提高柱效率的方法之二是在固定液中加碱性或酸性添加剂,使固定液的表面吸附变小。分析某些具有酸性或碱性的样品时,常在固定液溶液中加入少量无机酸或碱使固定液对酸和碱的吸附达到饱和,减小色谱峰的拖尾。例如,分析吡啶类氮化物时,可在 10% 固定液里加 0.1%~0.2% KOH;分析酚类化合物时,加入少量 H_3PO_4,能得到较好的对称峰。

提高柱效率的方法之三是在不锈钢毛细管内壁上镀银或涂载体。镀银的目的是在非极性表面加上极性物质,利于极性固定液的涂敷。用化学法在不锈钢内壁上镀上一薄层海绵状银,再涂上固定液,柱效率较高;也可将极细的载体悬浮液涂到不锈钢内壁上,待管柱干燥后形成一薄层载体,然后再涂固定液,柱效率较高。

这三种方法解决了在不锈钢非极性内壁表面涂极性固定液柱效率差的问题。

b. 玻璃毛细管柱

玻璃毛细管柱的内表面具有硅羟基,为极性表面,涂极性或中等极性固定液,柱效率较高,理论塔板数达 2000 块/m。但是因玻璃表面的亲和效应,该种柱对极性物质产生严重的拖尾峰。玻璃毛细管柱涂非极性固定液时,柱效率低,理论塔板数为 500~700 块/m,柱寿命短。因此,对玻璃毛细管柱的内表面进行硅烷化处理,硅烷化试剂与玻璃表面的硅醇反应生成硅醚,消除了氢键作用力,降低了对极性物质的吸附性,这样处理后的玻璃毛细管柱本身对不同极性的物质都能得到对称峰。而且,硅烷化处理使玻璃毛细管柱的极性表面变成非极性表面,使非极性固定液的柱效率较高。

以体积比为 5∶1 的六甲基二硅烷和三甲基氯硅烷作为硅烷化试剂。将洗净吹干的玻璃毛细管先用 N_2 充满硅烷化试剂，然后将溶剂大部分吹洗出来，在柱内壁留下一薄层硅烷化试剂；将柱两端封死，置于炉中于 200℃下加热 40h，以使试剂与柱壁进行硅烷化反应；最后在同样温度下，通 N_2 将未反应的试剂吹洗出来。

2）新型壁处理毛细管柱

经典壁涂毛细管柱（WCOT）虽然柱效率高，但制备技术不易掌握，重现性差，且因其内表面小，固定液涂渍量小，β 值很大，致使有效塔板数和实际分离能力不高；在 WCOT 柱上涂渍与柱壁极性相反的固定液很困难，并且热稳定性差，柱寿命短，因而限制了它的应用和发展。为克服 WCOT 的缺点，增加毛细管柱的表面积，改变其表面性质，近年来出现了几种新型壁处理的高效毛细管柱，性能良好。

a. HCl 腐蚀处理的毛细管柱

玻璃毛细管在腐蚀处理前，需在 100℃左右通干燥 N_2 1h，以赶走吸附在毛细管内壁上的水汽，以便进行腐蚀操作。

用干燥的 NaCl 与浓 H_2SO_4 在 50mL 的圆底烧瓶内反应，生成 HCl 气体。经 $CaCl_2$ 干燥后，引入玻璃毛细管内。当用 pH 试纸检查毛细管另一端有 HCl 气体时，再继续通气 0.5h。立即用酒精灯封死毛细管的两端，将充满 HCl 气体的毛细管放入马弗炉内灼烧，200℃下保持 2h。然后继续升温到 350℃保持 2h。冷却到 150℃，取出毛细管，打开一端，通干燥 N_2，管内从负压逐渐变为正压。再打开另一端，通 N_2 约 2h（通 N_2 的过程中要始终保持高于 100℃的环境温度）。干燥后，将毛细管两端封死。HCl 腐蚀后的玻璃表面可呈现出白色均匀不透明状，是由 HCl 与硅酸钠在高温下反应生成 NaCl 微晶体所致，大大增加了内表面积，改善固定液的铺展性。

b. 涂 NaCl 的毛细管柱

将洗净吹干的玻璃毛细管柱以流速为 10cm/s 的 N_2 做载气，动态法充入 10% NaCl 水溶液。溶液通过后，通入 N_2 直到色谱柱内表面形成均匀的白色 NaCl 晶体并置于 200℃下 10h 以除去 NaCl 微晶中吸附的水。

玻璃毛细管柱由 HCl 腐蚀后生成 NaCl 微晶，或涂上 NaCl 后，毛细管柱的表面积增加了，可涂覆较多的固定液。

玻璃毛细管柱硅烷化后涂非极性固定液的柱效率与不锈钢柱类似，理论塔板数达 1000 块/m；玻璃毛细管柱涂上 NaCl 增加表面积后再硅烷化或加表面活性剂处理，最后涂渍非极性固定液，就可得到高效毛细管柱，板高达 3000 块/m。

c. 载体涂层开管柱

在玻璃毛细管内壁涂细颗粒的多孔材料，再在多孔层上涂固定液，构成载体涂层开管柱（support coated open tubular，SCOT）。

将载体粉末粘在事先涂有有机胶的管壁上，再在 600～700℃下将玻璃管拉制成毛细管，结果有机胶因受热而分解跑掉，则在柱壁上留下薄而均匀的载体层，可用于涂渍各种极性、非极性的固定液。SCOT 使玻璃表面粗糙，增大了表面积和固定液的涂渍量。这种毛细管柱液膜很厚，柱容量比 WCOT 柱高。SCOT 具有较高的分离效能，热稳定性好、柱寿命长。

d. 吸附型多孔层毛细管柱

采用有机胶做中间黏合剂，在毛细管内壁上粘上吸附型多孔层物质，如活性炭、分子筛、SiO_2、Al_2O_3 等，构成吸附型多孔层毛细管柱(porous layer open tubular，PLOT)。

3）填充型毛细管柱

填充型毛细管柱的性能介于填充柱和毛细管柱之间，载体粒度和柱径的比值 $d_p/d_c=0.2\sim0.5$，是一种性能良好的新柱型。它是将粒状固体(如载体吸附剂 Al_2O_3)装入玻璃管中，然后拉制成毛细管，使固定相熔入毛细管内壁制成的。这种填充型毛细管柱既可充当吸附柱也可再涂上固定液使用。如图 3-37 所示，使用 Al_2O_3 为固定相的填充玻璃毛细管分析 $C_1\sim C_4$ 烃，13 个组分可以很好地分离。

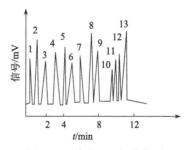

图 3-37　填充型毛细管柱对
$C_1\sim C_4$ 烃的分离

1. 甲烷；2. 乙烷；3. 乙烯；4. 丙烷；5. 环己烷；6. 丙烯；7. 乙炔；8. 异丁酸；9. 正丁烷；10. 正丁烯；11. 反丁烯；12. 异丁烯；13. 2-顺丁烯

将 $100\sim120$ 目的 Al_2O_3 在 400℃下活化 8h，放入干燥器中保存；取洗净烘干的长约 1m，内径为 2.8mm，外径为 7.5mm 的软质玻璃管。类似于填充柱的制备，预先在管中放入一根长约 1m，外径为 1mm 干净的玻璃丝，然后装入已活化的 Al_2O_3，填充密度为 $0.2g/cm^3$；将此玻璃管水平地放在毛细管拉制装置上，缓慢取出玻璃丝后进行拉制；折取一定长度和内径的填充毛细管作为色谱柱。它是将粒状固定相熔入毛细管内壁制成的。

使用前在实验条件下老化 24h，为调节 Al_2O_3 的活性和提高柱效率，载气预先通过含水结晶的盐(28～30℃时，用 $CuSO_4\cdot5H_2O$ 较好，15～23℃时，用 $Na_2SO_4\cdot10H_2O$ 较好)。

4）微型填充柱

微型填充柱即细直径填充柱，其直径一般小于 1mm，$d_p/d_c\leqslant0.2$。制备方法同填充型毛细管柱。填料上可涂固定液，因固定液含量较小，颗粒间的空隙度也小，柱效率高，理论塔板数可达 30 000 块/m。

微型填充柱的载气流速对柱效率的影响不大，故可提高载气流速，进行快速分析；因柱内径细，所需填料少，可用较昂贵的固定相；柱效率高；样品容量较大，可以不分流进样。但是，比渗透率小，柱前压大，因而柱长受到限制，一般为 1～1.5m。填充物的筛目应尽可能窄，并需一端抽空，另一端加压。

5）化学键合柱或交联柱

将具有特殊官能团的固定液分子通过化学反应，由交联引发剂将固定液交联或键合到毛细管柱表面或经表面处理的毛细管内壁上，称为化学键合柱或交联柱。这类色谱柱具有耐高温、液膜稳定、抗溶剂洗脱、柱效率高、柱寿命长等特点，因此发展迅速。键合的方式主要有以下四种类型。

a. 硅氧碳键型($\equiv Si—O—C\equiv$)

石英毛细管内壁有许多硅羟基，其密度大约为 4 个/nm^2。将醇与石英毛细管内壁的硅羟基进行酯化反应，在毛细管内壁形成单分子层硅酸酯键合相。

$$—Si—OH + ROH \longrightarrow —Si—O—R + H_2O$$

b. 硅氧硅碳键型(≡Si—O—Si—C≡)

将硅胶与有机氯硅烷或烷氧基硅烷反应制成硅氧烷型键合相。这类键合相具有相当大的耐热性和化学稳定性，是目前应用最为广泛的键合相。当载气中含有水或样品中含有醇类物质时，化学键易分解、热不稳定，柱寿命降低。

$$—Si—OH + R_3SiCl \longrightarrow —Si—O—SiR_3 + HCl$$

c. 硅碳键型(≡Si—C≡)

将硅胶表面氯化后，使 Si—Cl 键转化为 Si—C 键，制备成硅碳型键合相。这类键合相耐高温，可以在较高的温度条件下使用，但是因 Si—C 键易发生断裂，不适于分析酸性物质。

$$—Si—OH \xrightarrow{SOCl_2} —Si—Cl(+SO_2+HCl) \xrightarrow{RMgCl} —Si—R + MgCl_2$$

d. 硅氮键型(≡Si—N=)

如果用 SOCl$_2$ 将毛细管内壁表面的硅羟基卤化，再与各种有机胺反应，可以得到带有各种不同极性基团的硅氮型键合相。当载气中含有水时，柱寿命降低。

$$—Si—OH \xrightarrow{SOCl_2} —Si—Cl(+SO_2+HCl) \xrightarrow{H_2N—R} —Si—NHR + HCl$$

3.3.7 毛细管柱的结构和性能指标

1. 柱尺寸

柱内径 d_c(mm)可用放大 80 倍的显微镜测量，柱长 = π×管柱的圈径×圈数。

2. 液膜厚度 d_f 与相比 β

毛细管柱的 d_f 数据是描述毛细管柱的重要性能指标，毛细管出厂前或使用自制的毛细管柱，应检查核对。根据固定液涂渍的方法，可以求出 d_f 与 β。

用静态法涂渍的管柱，先求 β 值，再计算出 d$_f$ 值。例如，将每毫升 CH$_2$Cl$_2$ 含 7mg SE-30的涂渍溶液于 25℃ 涂渍管柱，此时 SE-30 的相对密度为 0.96，则 $\beta=\dfrac{V_m}{V_s}=\dfrac{1000}{\frac{7}{0.96}}=137$，再依公式 $d_f=d_c/4\beta$ 求得 d_f。

用动态全充法涂渍的管柱，先求 d$_f$ 值，再计算出 β 值。此时，$d_f=\dfrac{W}{\rho\pi d_c L}$，然后依 $\beta=\dfrac{r}{2d_f}=\dfrac{d_c}{4d_f}$，求得相比 β。

3. 管柱渗透性

对于内壁光滑的空心柱，$B_0=d_p^2/32$。

4. 柱容量

当进样量超过管柱的最大允许量时，柱效率下降，柱效率下降 10% 时的样品量为最大柱容量。

5. 塔板数

考察柱效率时，可选择峰形对称和 $K=3$ 的单组分。

6. 分离度

选择难分离物质对，如间、对二甲苯来考察分离度。

7. 分离数

在毛细管气相色谱法中，除塔板数外，常用分离数（TZ）来评价柱效，分离数是两个相邻的碳原子数为 z 和 $z+1$ 的同系物色谱峰之间所能容纳组分峰的数目。同系物可选用正构烷烃或脂肪酸酯。

$$TZ=\frac{t_R(z+1)-t_R(z)}{Y_{1/2}(z+1)+Y_{1/2}(z)}-1=\frac{t_R(z+1)-t_R(z)}{0.5885[Y(z+1)+Y(z)]}-1$$
$$=\frac{2\times[t_R(z+1)-t_R(z)]}{2\times0.5885[Y(z+1)+Y(z)]}-1=\frac{R_s}{1.177}-1 \tag{3-16}$$

8. 涂渍效率

涂渍效率（CE%）标志着一根毛细管柱达到"理想性"的程度，WCOT 的涂渍效率为 20%～60%，SCOT 的为 60%～80%。涂渍效率可用式（3-17）表示：

$$CE\%=\frac{H_{min}}{H}\times100\%=\frac{r\sqrt{\dfrac{1+6k+11k^2}{3(1+k)^2}}}{\dfrac{L}{n}}\times100\% \tag{3-17}$$

式中：r——管柱半径；

H_{min}——最小塔板高度，可由 r 和 k 计算得到；

H——理论塔板高度，可由实验求得；

H_{min}、H——指定 k 值的塔板高度。

9. 柱惰性

1）拖尾因子

为了考察组分从色谱柱洗脱时色谱峰的对称情况，引入拖尾因子（tailing factor，TF）。从色谱峰顶向基线作垂直线，把 10% 峰高处的峰宽分成两部分，前半部分峰宽为 e，后半部分峰宽为 f，$TF=\dfrac{f}{e}\times100\%$。TF$>$100% 为拖尾峰，TF$<$100% 为前伸峰。

2）管柱酸碱性

用 2,6-二甲基苯胺和 2,6-二甲基苯酚可测定管柱的酸碱性。由于这两个组分在不同极性色谱柱上的相对保留值相似，在 FID 上的响应值相同，因此在中性管柱流出时，两组分色谱峰的响应值之比相等。若二甲基苯胺色谱峰的响应变小、拖尾，表明管柱呈酸性，不宜分析碱性组分；反之，管柱呈碱性，不宜分析酸性组分。

3）管柱的活性

主要有三种原因引起管柱的活性。一是制备过程中管柱内壁残留了酸性基团，二是管柱的 Lewis 酸中心与某些组分的电子给予体相互作用，三是管柱的硅羟基与某些组分形成氢键。管柱的活性可造成管柱对组分的催化或吸附。当柱温升高时，色谱峰的拖尾变小表明管柱有活性。

4）管柱的热稳定性

依据最高允许使用温度和管柱寿命来考察管柱的热稳定性。观察前者时，将色谱仪器调到最高灵敏度，检测不同柱温时固定液流失所增大的本底信号；观察后者时，在条件不变的情况下，检测 k 值和柱效率是否下降。

5）管柱极性

管柱的极性采用极性混合物进行测量。极性混合物的组成见表 3-12。

表 3-12　极性混合物的组成

	乙醇	丁酮	苯	环己烷
沸点/℃	78.5	79.6	80.1	81.4
体积份数	8	4	2	1

极性混合物的极性顺序与沸点相反，组分体积份数差别大，可由峰面积识别各组分。从极性混合物色谱图上可判定以下内容：

（1）固定液的极性。在非极性柱上，按沸点顺序出峰，出峰顺序依次是乙醇、丁酮、苯、环己烷；在弱极性柱上，出峰顺序依次是乙醇、丁酮、环己烷、苯；在极性柱上，出峰顺序依次是环己烷、丁酮、苯、乙醇。

（2）管柱内壁吸附效能。乙醇、丁酮等极性物质若有拖尾，乙醇的拖尾更严重，说明管柱内壁有吸附活性。

（3）若环己烷、丁酮有拖尾，表明系统死体积太大或液膜太厚。

3.3.8　毛细管柱色谱系统

毛细管柱和填充柱色谱系统基本上是一样的。不过由于毛细管柱内径很细，柱容量很小，色谱峰峰形很窄、出峰很快，因此对色谱仪本身如进样系统、检测系统、记录系统等都有特殊的要求。

与填充柱色谱相比，毛细管柱色谱用作定性分离是毫无疑问的，但在定量上还存在一些问题。如果能使分流后进入毛细管柱的样品组成不失真，就能解决定量的准确度和重现性问题。毛细管柱和填充柱色谱仪的流路比较如图 3-38 所示。

毛细管柱色谱仪的结构基本与填充柱的一致，但是由于毛细管柱内径很细，在结构上有三点不同。由于毛细管内径小，允许通过的载气流量很小，毛细管柱色谱仪对死体积的限制很严格；由于柱容量很小，允许的进样量小，需要在进样口采用分流技术；分流后，柱后流

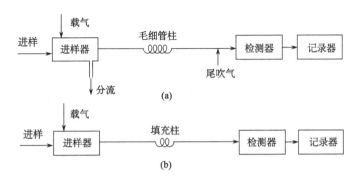

图 3-38　毛细管柱色谱仪和填充柱色谱仪流路比较

(a)毛细管柱色谱仪；(b)填充柱色谱仪

出的试样组分量少、流速慢，需要采用灵敏度高的检测器，并且为了防止柱后扩散，在毛细管柱出口到检测器流路中增加尾吹气，以增加柱出口到检测器的载气流量，减小柱外谱带增宽。

1. 进样系统

由于毛细管柱内径很细，液膜厚度只有 $0.2\sim1\mu m$，相应的固定液只有 X0mg，因此进样量必须极少。多数情况下，液体样品进样量为 $10^{-2}\sim10^{-3}\mu L$，气体样品为 $10^{-7}mL$。所以只能采用分流进样，对分流器的要求很高。

要求分流器具有以下功能：分流后样品混合物中各峰的相对大小在同一检测器上应与未分流的一致；分析浓度不同的混合物时，峰面积必须正比于浓度；当柱温、分流比、流速改变时，各色谱峰的相对大小要保持恒定。

不同仪器上的分流器的结构不同。为使分流后样品的组成不变，要求整个分流器要保持在气化室的温度下，以防止样品冷凝；分流前要有一定的混合体积，使试样、载气完全混合，放空管体积至少要等于样品气化后体积加载气体积。各种分流器的结构如图 3-39 所示。(a)、(b)分流器的重现性不好，(c)、(d)分流器的重现性较好，但对宽沸程样品的分流存在失真。在分流器的放空处接一针形阀，通过调节针形阀流量来调节分流比。

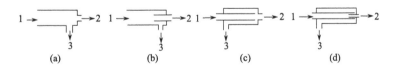

图 3-39　各种分流器的结构

(a)T 形旁通管分流器；(b) 同心管分流器；(c) 返流 T 形旁通管分流器；(d)改进同心管分流器

1. 注射头；2. 进毛细管柱；3. 放空

分流比是指进入毛细管柱的混合气体的体积与放空载气的体积之比。常规毛细管柱（$0.25\sim0.32mm$ 内径）的分流比为 $1:50\sim1:500$；大内径厚液膜毛细管柱的分流比为 $1:5\sim1:50$；小内径毛细管柱的分流比超过 $1:1000$。

毛细管柱色谱的进样系统需要经常清理。气化室密封垫使用前要加热处理，使污染成分挥发；进样系统引入隔垫吹扫气也能有效地消除密封垫所产生的污染。

2. 分离系统

毛细管柱色谱分离系统的核心部件是毛细管柱。具有惰性表面、高效分离性、低流失性、好的峰对称性和重现性，有一定强度的色谱柱为理想的毛细管柱。在面对不同分析任务时，毛细管色谱柱的选择具有一定的原则。

1) 柱极性的选择原则

非极性样品选择非极性毛细管色谱柱；中等极性样品选择中等极性毛细管色谱柱；强极性样品选择强极性毛细管色谱柱；未知样品选择中等极性毛细管色谱柱，按照峰形和峰个数鉴定柱选择的优劣。

2) 柱长的选择原则

少于 10 个组分且不含难分离物质对的分离选择 5～15m 毛细管色谱柱；含 10～50 个组分、中等至复杂混合物的分离选择 25～30m 毛细管色谱柱；大于 50 个组分或含难分离物质对的分离以及需要程序升温操作时，选择更长的毛细管色谱柱。

3) 柱内径的选择原则

内径越大，固定液含量越多，允许的样品容量越大；对于复杂样品要使用小内径柱，但是样品中存在不同浓度的组分时，为了增加样品容量必须使用大内径柱。柱内径对仪器的系统方式要适应。例如，当 GC-MS 使用的毛细管柱内径为 0.25mm 时，真空泵不会超负荷；当仪器带有吹扫-捕集、顶空进样和气体阀进样等装置时，气体流量大，内径用 0.32mm 和 0.53mm 为宜。

3. 检测系统

毛细管柱内径很细，允许的进样量小，因此要求高灵敏度的检测器。另外，毛细管柱色谱分析获得的组分峰形很窄，峰宽甚至小于 1s，要求检测器的响应快。FID 是毛细管柱色谱系统中最常用的检测器之一。AID 和 ECD 也较为常见。特制的微型热导检测器也可用于毛细管柱色谱系统。为了减小柱外谱带增宽，需要在毛细管柱的出口到检测器的流路中加尾吹气。

4. 记录系统

毛细管柱分析获得的色谱峰非常窄，因此要求快速记录。如果记录器反应太慢，则快速出现的色谱峰将追踪不上，使色谱峰的峰面积减小，特别是对于宽沸程混合物中的低沸点组分，定量分析结果将偏低。

如今，毛细管柱色谱系统均采用色谱工作站作为快速记录系统。

5. 毛细管色谱柱的安装

1) 检查气路和进样口

检查进样垫和气体净化器，保证辅助气和检测器用气通畅有效。如果以前做过沸点较高的化合物的测试，需要将进样口衬管清洗或更换。

2）毛细管柱的切割

在色谱柱的一端装上相应的螺母和卡套，此时色谱柱端口无前后之分，将色谱柱端口切平，并用放大镜进行检查，确认切口和管壁成直角，并且没有残留的碎屑，没有毛边或不平的切割面。切口不整齐会出现活性点，导致样品吸附。此时应卸下色谱柱，使用安全的毛细管熔融石英切割工具（如陶瓷片或色谱柱切割器）将色谱柱切成垂直的齐口，然后重新装入色谱柱。色谱柱支架的支撑部分应总是朝向柱箱门。

3）接通进样口

从色谱柱架上取出需要连接的足够的长度，并按步骤 2）切割色谱柱，连接到进样口。色谱柱的顶端应保持在进样口衬管的中下部，当进样针穿过隔垫完全插入进样口后，如果针尖与衬管中的色谱柱顶端相差 $1\sim2cm$，这就是较理想的状态。避免用力弯曲挤压毛细管柱，并小心不要让标记牌等有锋利边缘的物品与色谱柱接触摩擦，以防柱身断裂或受损。将色谱柱正确地嵌入进样口后，用手把连接螺母拧上，用手拧紧后再用扳手拧 $1/4\sim1/2$ 圈。

当色谱峰拖尾、灵敏度降低、保留时间改变时，可切去色谱柱前端的 $0.5\sim1m$。必要时，更换进样口内衬管、隔垫，并清洗进样口。

4）接通载气

载气必须为高纯气体，使用极性柱时，最好将载气进行脱氧处理，这样可延长柱子的使用寿命。当色谱柱与进样口连接好后，接通载气。调节柱前压力以得到合适的载气流量。将色谱柱的另一端插入装有己烷的样品瓶中，正常情况下，可以看见瓶中产生持续稳定的气泡。如果没有气泡，就需要重新检查载气装置和流量控制器等是否安装完全或设置正确，并检测整个气路有无泄漏。当所有问题解决后，将色谱柱端口从样品瓶中取出，擦拭干净，保证柱端口无溶剂残留，再进行下一步安装。

5）接通检测器

其安装和所需注意的事项与步骤 3）所述的大致相同。安装时要注意色谱柱末端要高于尾吹点。毛细管柱插入检测器的深度要参照色谱仪说明书安装。

6）系统检漏

在色谱柱加热前，要对 GC 系统进行检漏。

7）色谱柱的老化

色谱柱安装和系统检漏完成后，就可以对色谱柱进行老化了。将色谱柱程序升温至最高使用温度以下 $30℃$，恒温 $30min$，使柱内吸附的组分挥发出去，以免影响分析。然后将色谱柱的温度降低至所需要的温度，即可进行实际样品的分析。

查询相关网站，学习进样口的拆与装、色谱柱的切割、色谱柱的安装和检测器的拆卸与清洗等视频内容。

对毛细管柱色谱的特点总结如下：毛细管柱的相比大，有利于实现快速分析；渗透性好，载气流动阻力小，可使用较长色谱柱；柱容量小，允许进样量少，需分流；分离复杂混合物的能力强，总柱效率高；载气流量低，需引入尾吹气，以避免柱后谱带增宽；稳定性好，信噪比高；液膜薄，固定液用量少，固定液流失少；载气流量低，较易于维持质谱仪离子源的高真空度，易实现气相色谱-质谱联用；应用范围广；在填充柱上难以分离的色谱峰，在毛细管柱中可以得到很好的分离效果，可以解决填充柱色谱法不能解决或很难解决的分离问题。

3.4　顶空气相色谱法

顶空气相色谱法(headspace-gas chromatography，HS-GC)是一种间接分析液体、固体样品中挥发性组分的方法。将具有挥发性的样品置于恒温的密闭系统中，使其上部顶空的气体与样品中的组分达到气液或气固两相热力学平衡时，取上部的气体进行色谱分析，由检测的结果得知组分的定性结果，并可间接得到样品中挥发性组分的含量。该法省略和简化了样品预处理的步骤，大大减少了复杂样品的基体成分对分析的干扰，也避免了样品基体对色谱柱的污染，还能提高检测灵敏度；拓宽了气相色谱分析的应用范围；适用于液体或固体试样中的挥发性成分分析。不仅可用于分析液体、半固体(血、黏液、乳浊液等)样品，还可用于固体样品中痕量易挥发组分的分析，在药物分析、卫生检验和临床检验中具有广阔的应用前景。

3.4.1　理论基础

顶空分析法的原理基于拉乌尔(Raoult)定律。将样品置于有一定顶端空间的密闭容器中，在一定的温度和压力下，待测的挥发性组分将在气液或气固两相中达到动态平衡，当待测组分 i 在气相中的浓度相对恒定时，其蒸气压 p_i 可由拉乌尔定律表示：

$$p_i = \gamma_i X_i p_i^0 \tag{3-18}$$

式中：p_i——组分 i 在气相中的蒸气压；

p_i^0——组分 i 的饱和蒸气压；

X_i——组分 i 在该溶液中的物质的量；

γ_i——组分 i 的活度系数。

顶空气相色谱法以热力学平衡状态下的气体取样进行色谱分析，测得气相中组分 i 的峰面积 A_i 与该组分的蒸气压 p_i 成正比，以式(3-19)表示：

$$A_i = k_i p_i = k_i \gamma_i X_i p_i^0 = KX_i \tag{3-19}$$

式中：k_i 为组分 i 的校正系数，测定条件固定时为常数；当温度和其他实验参数固定以及试样中待测组分浓度较低时，γ_i、p_i^0 均为常数，可与 k_i 合并为常数 K。当用组分 i 的浓度 c_i 代替式中物质的量 X_i 时，则有

$$A_i = Kc_i \tag{3-20}$$

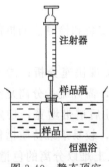

图 3-40　静态顶空分析示意图

式(3-20)为顶空气相色谱法的定量分析基础。如果待测样品和标准样品在相同的操作条件下进行顶空分析，则 K 值相同，待测组分的浓度可由式(3-21)计算：

$$c_i = \frac{A_i}{A_s} c_s \tag{3-21}$$

式中：c_i——待测样品中组分 i 的浓度；

c_s——标准样品中组分 i 的浓度；

A_i 和 A_s——分别为待测组分和标准样品中组分 i 的峰面积。

图 3-40 为静态顶空分析示意图。

3. 4. 2　顶空取样的方式

顶空取样方法包括静态顶空法和动态顶空法。静态顶空法是在恒温密闭系统达平衡时，测定气相组成；恒温温度、恒温时间是要选择的主要操作条件。动态顶空法采用吹扫-捕集技术进行加热解吸进样和分析。吸附时间和解吸时间是选择的主要操作条件。

静态顶空法(static headspace)是将液体或固体待测物置于恒温密闭系统中，当达到气液或气固平衡后，在容器顶部空间吸取气体成分进行GC 分析，测定气相组成的一种分析技术。近年还发展了全蒸发顶空技术、化学反应顶空技术、示踪顶空技术、多次顶空抽提技术等。

动态顶空法(dynamic headspace)是在容器中连续地通入惰性气体，让样品中的挥发性组分随惰性气体一起逸出，然后用捕集器将惰性气体中的样品成分浓缩富集，再解吸进样分析，因此又称吹扫-捕集(purge and trap)分析法。此法可将挥发性待测组分全部吹出，浓缩富集，因此灵敏度比静态顶空法高。

图 3-41 为超声雾化-动态顶空单滴微萃取装置的示意图。采用的惰性气体是氮气，悬挂在微量注射器出口处的有机溶剂液滴作为富集溶剂，超声雾化器上方的雾室作为萃取瓶；打开超声雾化器，样品被雾化成细小的雾滴；关闭超声雾化器时，打开吹扫气，样品中不易挥发的组分逐渐沉降到萃取瓶的底部，挥发性组分在氮气的吹扫下逐渐转移并富集在有机溶剂液滴上；含有挥发性组分的单滴再移至气相色谱进样口进行解吸进样和分析。

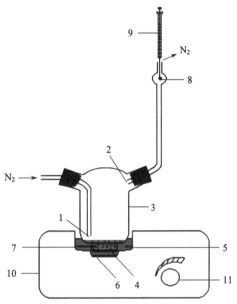

图 3-41　超声雾化-动态顶空
单滴微萃取装置的示意图

1. 吹扫气入口；2. 吹扫气出口；3. 萃取瓶；4. PVC膜；5. 耦合水；6. 压电晶片；7. 固体粉末或液体样品和去离子水；8. 液滴；9. 微量注射器；10. 超声雾化器；11. 功率控制器

3. 4. 3　影响灵敏度的因素

1. 温度

操作温度是主要的影响因素，升高温度将使待测组分的蒸气压 p_i 增大，有利于提高灵敏度。但是温度过高，待测组分与相邻色谱峰的分离度可能变差，而且顶空瓶密封垫中的杂质可能逸出，容器的气密性也会相对降低。升温达到一定值后，气相中痕量组分的浓度不会再增大。

2. 溶剂

在试样能充分溶解的前提下，宜采用沸点较高、蒸气压较低的溶剂，使组分在溶液中的相对挥发度增大。顶空气体中溶剂的浓度较小，有利于痕量组分的测定。

3. 添加剂

在水溶液中加入电解质如盐类可降低被测组分的溶解度(盐效应),增加其在气相中的浓度,进而提高检测的灵敏度。

3.4.4　应用

1. 体液中有毒成分的分析

在职业病和法庭分析中,经常要测定体液中的苯、甲苯、二甲苯等有毒成分,顶空分析法是一种有效、快速、方便的方法。司法部司法鉴定科学技术研究所制订了分析水、尿、血中苯类化合物的静态顶空分析方法。方法如下:

取 1.00mL 试样加入 5mL 小瓶中,加入内标物,加盖密封,置于 80℃ 的恒温器中恒温 30min,取 0.6mL 顶空的气体进行气相色谱分析。色谱柱规格为 2m×2mm,载体为 80~100 目;固定液为 PEG-20M;柱温为 110℃,以 10℃/min 程序升温至 110℃。

2. 固体样品中残留溶剂的分析

劣质塑料袋主要以废品回收塑料为原料,因来源复杂,盛放物品不详,附有的一些污染物不易洗刷,易将杂质带入再生制品中,所以常加入大量的深色染料以掩盖色泽上的缺陷;在塑料薄膜印刷过程中使用一些溶剂助剂,如甲苯、乙苯、丙酮等;在涂料和油墨中添加苯、甲苯、二甲苯、丙酮等溶剂。以上途径使用的有机溶剂都是有害的,如果使用不当都可能直接和间接污染食品。可采用顶空分析法测定塑料和食品包装袋中的甲苯(沸点为 110℃)残留量。

将塑料食品包装袋剪成 30mm×10mm 碎片,装入 100mL 玻璃注射器中,在 80℃ 下预热 20min,用空气稀释为 100mL,恒温 10min 后进样分析。色谱柱规格为 5m×3mm,载体为 80~100 目;固定液为质量分数为 20% 的 PEG-20M;柱温为 80℃。

3.5　制备气相色谱法

按照应用领域不同,色谱分为分析色谱、制备色谱和工业生产流程用色谱。一个分析化学工作者除了应该会使用分析色谱外,基于定性和定量的需要,也需熟悉制备色谱技术。

制备色谱与分析色谱极为相似,不同的是制备色谱通常要增大色谱柱容量,以获得较大量样品。制备色谱的目的是分离制备一种或多种纯物质,用于进一步的定性鉴别。制备色谱的内容包括有机合成产物的纯化和天然药(产)物的分离。

一些先进分析色谱仪常带有制备附件。本节讨论制取纯组分、用于定性分析、制备量在 mg 至 ng 级的实验室小型制备色谱法。

3.5.1　制备气相色谱法的基本理论

1. 速率方程

速率理论能很好地表示色谱仪器的性能,但是从分析柱的角度看,忽略了许多影响制备柱塔板高度的因素。

适于填充柱的速率方程对大直径制备色谱柱适应性较差。制备柱的最大特点是柱径较大，固定相在填充的过程中，较大的颗粒聚集于大直径管壁附近，小颗粒集中于柱管中心。柱径的增加导致固定相颗粒在柱截面上形成一粒度梯度，进而形成载气的流速梯度，色谱峰增宽、塔板高度增加、柱效率变差，由此引起的塔板高度以制备项（H'）表示。这是制备色谱柱比填充色谱柱的塔板高度增加的主要根源。H' 由式（3-22）表示：

$$H' = \frac{Cr^2}{D_g} u \tag{3-22}$$

式中：C——制备项系数；

r——制备柱半径。

由此，制备气相色谱法的速率方程如下：

$$H = 2\lambda d_p + \frac{2rD_g}{u} + \left[\frac{0.01k^2}{(1+k)^2} \cdot \frac{d_p^2}{D_g} + \frac{2kd_f^2}{3(1+k)^2 D_1} \right] u + \frac{Cr^2}{D_g} u \tag{3-23}$$

式中：C 为常数，理论值为 0.75；其余参数的意义同分析柱。

从制备气相色谱法速率方程可以看出，与填充柱的速率方程相比，除了涡流扩散项、分子扩散项、传质阻力项以外，还多出了制备项。柱半径 r 是制备色谱中塔板高度的控制因素。

除了载体粒度 d_p、固定液液膜厚度 d_f、载气种类 D_g、柱半径 r 及载气流速 u 以外，柱长、进样方法、进样量、载体的性质和柱温也直接影响塔板高度。

2. 操作条件的选择

1）最佳塔板高度的选择

随着 d_p 减小，H 降低，但柱的渗透性也降低，需要增加柱压才能保持一定的流速。兼顾渗透率和柱效率，所以在长柱中用较粗的载体。粗柱引起柱效率降低，可用增加柱长 L 来弥补。

低流速下的控制因素是分子扩散项，需用 D_g 小的载气，如 N_2 或净化空气；高流速下 C_g 为控制因素，需用 D_g 大的载气，如 He、H_2。

随 r 增加，H 增加；r 较小时，u 随 r 增加而增加；r 较大时，u 随 r 增加而减小；对相同的 r，达到同样的 H，低载气密度载气的 u 快，但廉价 N_2 或净化空气做载气更经济。

C_g 为控制因素时，增加 d_f 对柱效率影响较小，但可增加样品容量。

柱温对板高的影响较为复杂，在程序升温时，绝热性载体往往在柱内存在温度梯度，影响塔板高度。

2）制备效率

制备效率（E）是指单位时间内回收到的具有一定纯度某组分的质量。制备效率受以下三个因素的影响。

进样量增加，E 增加。为了分离大量样品，常增加 d_f，E 随 d_f 增加而增加，超过某合理量就无效了。

E 与 r^2 成正比，r 增加，E 增加，超过某合理值，E 不再增加。

为了提高制备效率，可增加 u，缩短时间，使实用流速大于最佳塔板高度对应的流速。实用流速随 r、L 的增加而降低。

3.5.2　制备色谱柱的制备

制备色谱柱与分析用色谱柱的制备方法和技术类似，但要制备一根样品容量大，分离效能高的制备柱，还有些技术问题必须解决。

1. 柱容量

增加柱容量是制备色谱首先要面临的问题。增加柱容量的方法如下：

(1) 柱容量基本上与柱中固定液的含量成正比，增加柱长是增加柱容量的途径之一，限于难分离组分或其他增加柱容量的方法不易实现时。但同时带来两个问题：柱长增加，柱压降升高，需使用粗载体增加渗透性；分析时间延长，需适当增加柱温，缩短分离时间。

(2) 采用多柱并联平行柱，使固定液的含量增加，柱容量增加。

(3) 增加柱内径是提高柱容量的主要方法之一。

随着样品量的增加，进样时间加长，柱效率很快降低，为了避免这一缺点，可采用每次进少量样品并反复多次分离，直到收集到所需量的纯物质为止。整个分离过程由仪器自动控制来完成。

2. 载体

制备柱所装的载体较多，而且在载体上涂覆的固定液含量较高，因此要考虑其成本、消耗和粒度范围。大都用易于取得的廉价载体，硅藻土型的载体较为常用，如 6201 载体、101 载体。载体的粒度范围主要影响到柱压降(Δp)和柱效率(H)。塔板高度与 d_p^2 成正比，而压差与 d_p^2 成反比。制备色谱应选用长柱(增加柱容量)、较细柱(减小塔板高度，提高柱效率)并填装粗粒度(常用 30～60 目)的载体。

3. 固定液

制备色谱固定液的选择原则与分析色谱一样，但热稳定性一定要好，而且经济并易于获得。达不到这两点，可以是一根好的分析柱，但不是一根好的制备柱。

稳定性的上限为最高使用温度，下限为有效分离的最低使用温度，一般是液相凝固点。所以，制备色谱常在低于固定液最高使用温度上限约 15℃ 下进行。若柱温高于使用温度上限，则固定液流失严重。一方面保留时间变短，使按时间控制的自动化不可行；另一方面，收集到的组分被固定液污染。

固定液的种类繁多，但是由于制备色谱所用的固定液的量大，只有少数固定液适用于制备色谱。非极性 SE-30 二甲基聚硅氧烷(温度上限为 300℃)，分析对象按沸点顺序分离；中等极性的酯类如磷酸二甲酚酯、聚乙二醇酯；极性 PEG-20M(温度上限为 200℃)，分离极性物质；高分子多孔小球，如 GDX-101(温度上限为 250℃)作为固定相的样品容量大、不流失、收集的组分纯度高且可分离含水样，但是目前价格较贵。当然，对于难分离的物质，如 $r_{21} < 1.10$，只能使用分析柱的固定液。

每一种载体都有其最高允许固定液涂量。固定液含量越高，制备容量越大，保留时间也越长。兼顾制备容量和分析时间，红色 6201 载体的固定液含量为 15%～20%，白色 101 载体为 10%～15%。

3.5.3　制备色谱系统

制备色谱与分析色谱十分相似，尤其是小型实验室制备色谱，只要增加少量附件，就可以在一般分析色谱仪上进行制备。

制备色谱系统包括载气系统、进样系统(气化室、进样方式、进样量等)、检测系统、收集系统和程序控制系统五个部分。

1. 载气系统

制备色谱的载气消耗量很大，不宜采用价格贵的 H_2 或 He 做载气，而多用 N_2 或空气做载气。

特殊情况下的制备要特殊处理。例如，在制取易氧化的烯、炔烃时，不能使用空气，必须改用 N_2 做载气。

2. 进样系统

1) 气化室

制备色谱的进样量很大，为减少谱带增宽，载气进入气化室后需经单向阀进入气化室。

单向阀的作用是在大量样品气化、体积突增时，关闭气化室载气入口，防止气化后的样品反冲；在样品进入色谱柱后，压力降低，打开载气入口。

2) 进样方式

进样方式有人工进样和自动进样之分，自动进样用于程序自动控制系统。采用的进样方式有闪蒸进样法和柱上进样法。

闪蒸进样法采用转动喷射技术以提高样品气化的速度。将微量注射器的针头插入气化室后推出样品，一边注射，一边转动 360°，样品在一定时间内以射流状态喷射到气化室的内壁上，使样品瞬间气化，提高柱效率。

柱上进样法是指将微量注射器中的低沸点样品直接注入色谱柱的顶端，然后被预热的载气气化并带入色谱柱进行分离。该法可提高柱效率。

3) 进样量

制备色谱的分析速度、分离效能和样品容量要协调并全面考虑。分析色谱的进样量为 $X\mu L$ 液体或 $X mL$ 气体，而制备色谱的进样量高达 $0.1\sim10mL$ 液体或气体。在不影响产品纯度的前提下，尽量加大进样量，提高产量。这就意味着进样时间加长，导致柱效率降低。实际上制备色谱为了制取纯物质，通常在超负荷下工作，而不管峰形前伸或后拖。

色谱柱的塔板高度 H 与进样量 Q_m 成正比、与柱效率 n 成反比，表达式为

$$H = a + bQ_m = \frac{L}{n} \tag{3-24}$$

式中：a、b——常数；

$\qquad L$——柱长。

由式(3-24)可见，当分离能力强、所需 n 小时，进样量可以加大；当固定相的选择性好、所需 n 小时，进样量可以加大；当分析保留时间长、k 大、分离所需 n 小的组分时，进样量可以加大。在不影响产品质量时，可牺牲柱效率(峰宽)来加大进样量。

4）进样时间

进样时间对柱效率影响的一般规律为：进样时间≤色谱峰半峰宽的 1/3 时，进样时间对峰宽没有明显影响。

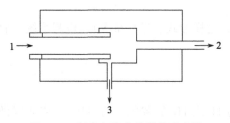

图 3-42　制备色谱分流器的示意图

1. 接制备柱；2. 接检测器；3. 接收集器

3. 检测系统

制备色谱的检测器不是用来定量，而是用来定性的，常用 FID。因制备柱进样量较多，所以柱后必须安装分流装置，使大部分样品分流后进入收集系统收集，极少部分样品进入检测器进行定性检测。制备色谱分流器的示意图如图 3-42 所示。分流比的大小没有固定值，以不超过检测器的线性范围为准，分流比可调。分流器要置于恒温箱内，以防止流出物冷凝。分析柱是柱前分流，制备柱是柱后分流，分流后直接收集产品。

4. 收集系统

制备色谱的收集系统包括组分的切割和收集两部分。组分的切割采用组分分配器，组分的收集采用产品分配器。

色谱柱分离后的各组分经分流器后进入组分分配器，最常用的组分分配器为转动阀。

产品分配器也称冷阱，是最终收集产品的器皿。根据进样量的大小和产品在冷阱中冷凝的状态，冷阱分为液体产品冷阱和固体产品冷阱，如图 3-43 所示。

样品由 A 处进入冷阱后，在冷冻剂的作用下立即冷凝成液体或结晶状物而留在冷阱的底部。冷阱的柱管内

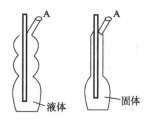

图 3-43　液体和固体产品冷阱

装有冷冻剂。常用的冷冻剂有：冰-水（0℃）、冰-盐（-3～-7℃）、干冰-丙酮（-77℃）、干冰-乙醇（-75℃）、干冰-乙醚（-100℃）和液氮（-196℃）等。为了提高冷凝效果，必须使冷冻剂的温度大大低于产品的冷凝温度或熔点。随着温差的增大，产品的回收率成比例增加。冷阱的收集效率常可大于 90%。也可根据产品的宽沸程特点选用一种或几种适当的冷冻剂。对于大量样品，可将几个冷阱并联使用。

5. 程序控制系统

制备气相色谱或带有制备附件的分析色谱通常带有程序控制装置。程序控制分为时间控制和浓度-时间控制两种模式，其中时间控制模式较为常用。

在分析色谱中，保留时间是鉴定某一组分的定性指标；在制备色谱中，依据保留时间设定的时间控制程序将样品的注入、打开和关闭某一冷阱以收集产品等自动控制完成。但是，时间控制模式对保留时间的改变非常敏感，要求系统稳定性高、保留时间不变。时间控制模式的程序控制系统示意图如图 3-44 所示。

时间控制系统包括一个计数器，其以接收脉冲器的指令开始计数，其输出端连接一系列预选开关。程序开始前，计数器清零；当第一个时间 t_D 到达时，控制单元就给自动进样器

一个指令开始进样；达到 t_{1a} 时，第一个转动阀打开，同时冷阱 B_1 打开，达到 t_{1b} 时，第一个转动阀关闭，停止收集；……；达到 t_E 时，计数器回零，并开始新的循环。各段时间可预先由实验色谱图来确定。这种技术可用一个非常简单的程序来控制。

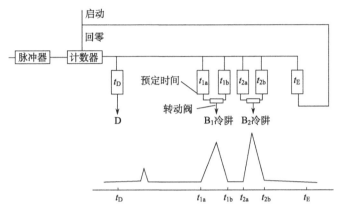

图 3-44 时间控制模式的程序控制系统示意图

3.6 裂解气相色谱法

随着石油化工的迅速发展，橡胶、塑料和纤维等高聚物的组成和结构分析日益重要。为了保证产品的质量，几乎使用了各种近代仪器，其中最有效的是红外光谱、质谱、核磁共振波谱和裂解色谱。裂解色谱和红外、质谱、核磁相比，由于分析速度快、灵敏度高、造价低，而且能通过裂解图确定高聚物的组成和结构，因此获得极为迅速的发展。目前，裂解色谱已在高分子、生物医学(氨基酸)、考古学、环境科学、矿物燃料、地球化学、火药炸药等领域得到广泛的应用。

裂解气相色谱法(pyrolisis gas chromatography，PyGC)是在热裂解和气相色谱两种技术基础之上发展起来的，是研究高聚物的重要手段之一。裂解气相色谱是一种反应气相色谱，是在严格控制的操作条件下，使高相对分子质量化合物裂解成低相对分子质量化合物的过程，裂解产物用气相色谱分离和分析。裂解器是裂解色谱的核心部件。

本节涉及的裂解气相色谱的裂解方式为热裂解。热裂解是在热能作用下，物质发生化学降解过程，使一些相对分子质量较大、结构复杂、难挥发、难溶解的物质降解为相对分子质量较小、结构简单、易挥发、易溶解的物质的过程。

3.6.1 发展历史

1862 年，William 曾把裂解技术与化学分析结合，确定了天然橡胶的单体为异戊二烯。由于当时没有先进的仪器设备，人们很难从非常复杂的裂解产物中获得满意的信息，裂解技术发展缓慢，直至气相色谱仪的出现。1954 年，Davison 首次对高聚物的裂解产物进行 GC 分离和鉴别，记录了谱图。但是离线分析只能检测到室温下具有良好挥发性的稳定产物，丢失了许多聚合物结构和热裂解过程组分的信息。1959 年，Martin 等把高聚物的裂解装置直接同 GC 联机分析聚合物获得了成功，发展了一种新型的裂解气相色谱，是分析裂解技术的重大突破。1966 年，Sinnmon 等实现裂解气相色谱与质谱的联用，鉴定了氨基酸的裂解碎片，为进一步研究聚合物的结构和热裂解机理奠定了基础。20 世纪 80 年代，裂解气相色谱的理论研究更加深入，化学计量学方法在裂解气相色谱中获得应用，裂解气相色谱获得的信息量大为增加。裂解气相色谱与傅里叶变换红外光谱（FTIR）、核磁共振（NMR）和质谱（MS）等的联用技术日益成熟，成为研究高分子微观结构的强有力方法。

3.6.2　特点和局限性

裂解气相色谱除具有气相色谱的特点外，还有它的独特之处。

对于结构相似或同类高聚物之间的微小差异、材料中的微量组分，能在裂解图上灵敏地反映出来，可找到相应的特征，结果易于解释，数据处理简单；一般采用 FID 检测器，灵敏度高、样品用量少；快速裂解的分析速度快；获得的信息能反映裂解条件与裂解产物的关系、样品组成与裂解产物的关系，用于裂解机理和反应动力学研究；适合于各种形态样品的分析，如黏稠液体、粉末、纤维及弹性体、固化树脂、涂料、硫化橡胶、塑料等不溶（或不熔）材料等，广泛用于塑料、橡胶、尼龙、树脂、涂料、细胞、微生物等高分子及中西药、茶叶、烟草、衣料等样品的分析；设备简单、易于普及。

但是，裂解反应十分复杂，影响因素很多，尤其是定量分析，实验条件的变化将影响裂解产物的分布，不同实验室之间的重现性较差，给定性工作带来困难。色谱柱流出的产物只是热稳定的、相对分子质量相对较小的一些碎片，这在研究高聚物结构和降解机理时往往导致重要信息的丢失。因此，裂解色谱多和红外、核磁、质谱联用，获得高聚物的组成和结构信息。

3.6.3　基本原理

高聚物及非挥发性有机化合物遵循一定的裂解规律，即特定的样品能够产生具有特征性的裂解产物及产物分布，将高聚物裂解成易挥发的较小分子，然后依据气相色谱分离得到高聚物的特征色谱图，与已知物对照鉴定高聚物的结构和组成。

裂解器置于进样口和气化室之间，裂解器的温度可达 1500℃。将样品置于裂解器中，在严格控制的条件下，快速加热，使之迅速分解成为可挥发的小分子化合物，然后直接将裂解产物送入色谱柱中进行分离，获得定性和定量数据。裂解色谱的流程如图 3-45 所示。

1. 裂解机理

裂解色谱主要通过加热或光照，使样品获得能量进行热裂解。在一定条件下，虽然高聚物分子的结构不同，但裂解时都遵循着某些规律。因此，裂解产物具有特征性和统计性，是裂解色谱法分析高聚物的基础。有效裂解的温度一般比高聚物热降解温度高。高聚物按某种方式裂解，产生一定的小分子，而裂解产物不仅反映原来高聚物的特点，而且也和高聚物在量上保持对应关系，许多高聚物裂解产生单体，这就直接代表了高聚物的链节结构。有些高聚物除产生部分单体外，还产生其他特征产物，如聚丁二烯裂解时产生乙烯基环己烯。我们往往通过分析这些特征产物达到对高聚物的定性和鉴定。

2. 裂解规律

1）解聚或毁聚

凡是 α-取代基单体聚合的高聚物，大都趋向于这种裂解，如聚 α-甲基苯乙烯，裂解产

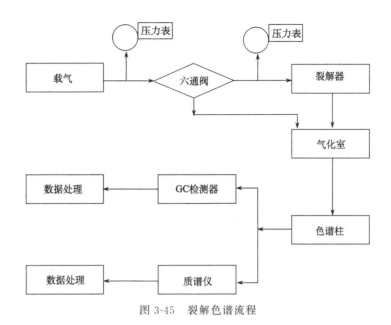

图 3-45 裂解色谱流程

物主要是单体。由于伴随着其他方式的裂解以及最初形成的裂解产物发生二次反应等，裂解产物还有其他化合物。裂解产物除与高聚物结构有关外，还与裂解技术、温度、样品量等因素有关，在一定程度上与相对分子质量大小也有关。

2）无规断链

如聚乙烯、聚丙烯、聚丁二烯等，其裂解产物按碳数分布较宽，发生没有固定点的链断裂。一种解释是单体与其他产物发生分子间和分子内链转移反应。

3）非断链

当聚合物的消除反应容易进行时，容易出现非断链，如聚乙酸乙烯。由于所生成的挥发性产物乙酸的量与该聚合物或共聚物的单体浓度有关，因此这类反应在定量研究中特别有用。

4）主链上存在杂原子的高聚物

由于杂原子和碳原子之间的键能比碳原子-碳原子的键能小，因此裂解时首先在此断裂，如尼龙、涤纶、聚砜等。它们分子的主链上分别含有 C—N、C—O 和 C—S 键，裂解时首先在此断裂。例如，尼龙-6 在 C—N 键上断裂，生成单体己内酰胺。

3.6.4 裂解器

裂解器的结构和性能直接影响裂解反应的结果。裂解器不宜选择易老化材料，其使升温速率及裂解温度改变。铁和石英在热解过程中起催化作用，使裂解产物的分布发生变化，难以了解其规律，不宜作为裂解器的材料；金和铂的催化作用较小，为裂解室经常使用的材料。大体积的裂解室将妨碍样品以"塞子"形式进入 GC 柱，因此减小裂解室的体积，可防止色谱峰变宽。裂解器的裂解温度要精确控制，裂解温度不同，裂解产物不同；裂解器可重复使用；裂解温度范围应可调，不同物质需要不同的裂解温度。以下为四种裂解器的结构原理和优缺点。

1. 管式炉裂解器

管式炉裂解器是使用较早的裂解器，由石英管和外围加热的电炉组成。样品放在铂舟中，利用推杆将样品推进电炉内进行裂解。炉温由电阻控制，温度可调可控，用热电偶测量温度。如图 3-46 所示。

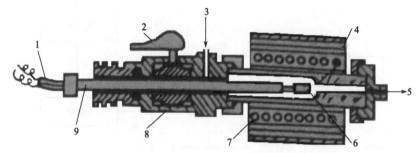

图 3-46　管式炉裂解器示意图

1. 热电偶；2. 手柄；3. 载气；4. 石英管；5. 色谱柱；6. 铂舟；7. 电热丝；8. 球阀；9. 推杆

裂解温度为 300～1000℃，能分析各种样品，设备较简单。但是，重现性不好，死体积大，多用于定性。

2. 热丝裂解器

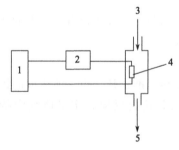

图 3-47　电阻升温热丝裂解器示意图

1. 电源；2. 计时器；3. 载气；

4. 铂丝线圈(样品)；5. 色谱柱

热丝裂解器分为电阻升温热丝裂解器和电容升温热丝裂解器两种。

电阻升温热丝裂解器如图 3-47 所示。样品放在金属加热丝的线圈上，热丝通过电流发热，使样品裂解。热丝线圈的几何形状、样品引入线圈的方式、样品量等影响裂解产物。样品不应"悬浮"在线圈两环之间，这样样品易产生巨大温差。热丝裂解器价格便宜、设备简单，但是升温时间（temperature rise time，TRT）较长，为 5～20s，热丝材质和热丝的位置影响重现性。

电容升温热丝裂解器如图 3-48 所示。TRT 为 2～10ms。该裂解器的结构复杂，但是重现性好。

3. 居里点裂解器

铁磁性材料在高频电场中会吸收射频的能量而迅速升温，达到居里点温度时，铁磁性变为顺磁性，则不再吸收射频能量，温度将稳定在该点上。切断电源，铁磁性又恢复。

将铁磁性材料作为加热元件，把样品附着在加热元件上，置于高频磁场中，样品在居里点温度下裂解。不同的铁磁性材料的居里点温度不同，通过不同组成的铁磁性材料的合金调节裂解温度。这种装置称为居里点裂解器，也称高频感应加热裂解器，如图 3-49 所示，样品涂在铁磁丝上。温度可控，裂解产物重现性好。一些铁磁性材料及其居里点见表 3-13。

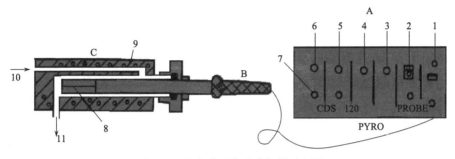

图 3-48　电容升温热丝裂解器示意图

A. 控制器；B. 带（或热丝）式裂解器探头；C. 接口

1. 裂解开关；2. 最终温度控制；3. 裂解时间选择；4. 升温速率选择；5. 接口温度控制；6. 功能选
择；7. 电源开关；8. 铂带（或铂丝线圈）；9. 加热丝；10. 载气入口；11. 连接色谱仪进样口

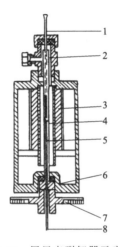

图 3-49　居里点裂解器示意图

1. 铁磁丝；2. 石英管；3. 高频线圈；4. 样品；5. 锥形连接管；6. 密封圈；7. 连接环；8. 接色谱柱

表 3-13　一些铁磁性（亚铁磁性）材料及其居里点

物质	居里点/K
Co	1388
Fe	1043
$FeOFe_2O_3$	858
$NiOFe_2O_3$	858
$CuOFe_2O_3$	728
$MgOFe_2O_3$	713
MnBi	630
Ni	627
MnSb	587
$MnOFe_2O_3$	573
$Y_3Fe_5O_{12}$	560
CrO_2	386
MnAs	318
Gd	292
Dy	88
EuO	69

4. 激光裂解器

激光裂解器由激光器和裂解室构成。从脉冲激光器发射出来的光束，经过透镜聚焦后照射到裂解室内样品的表面上，样品获得激光能后，即升温裂解。激光裂解器如图 3-50 所示。

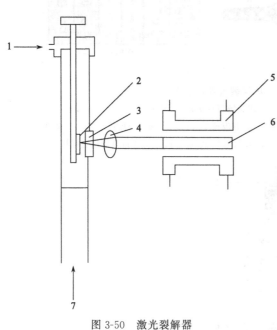

图 3-50　激光裂解器
1. 载气；2. 样品；3. 窗片；4. 透镜；
5. 氙灯；6. 红宝石；7. 色谱柱

激光裂解器的裂解温度为 1200～1500K，由于激光束具有极大的能量密度，加热样品速度为 10^6℃/s，TRT 仅 100～500μs，比任何裂解方式都快，是唯一能与高聚物裂解速度相适应的加热方式。裂解色谱图简单，色谱图结果很好。但是激光裂解器的温度难以测定、输出光的能量不易控制、操作复杂、设备庞大、重现性差。

3.6.5　影响裂解反应的因素

1. 裂解温度

裂解温度不同，裂解产物分布也不同。温度过低，裂解速度慢、裂解产物少、高沸点产物多。温度过高，非特征产物增多、重现性差。正确地控制裂解温度是裂解技术的关键之一。例如，聚苯乙烯裂解：425℃时，生成单体苯乙烯及二聚体；850℃时，生成单体和少量苯、甲苯及乙烯、乙炔；1025℃时，生成大量苯、乙烯、乙炔和一定量的苯乙烯。

2. 升温时间

升温时间(TRT)影响裂解过程。一般裂解器的 TRT 为 s 或 ms 级。但是高聚物的裂解速度是十分迅速的，这使得裂解产物复杂，造成分析结果不重复。因此，TRT 越短越好，如 TRT 对裂解产物分布的影响：某产物裂解的 TRT 为 1.5s 时，生成的重组分较多；TRT 为 1.5ms 时，生成的低相对分子质量组分较多。

3. 裂解时间

为了减少次级反应或将次级反应降低到最低程度，在保证样品裂解完全的前提下要求裂解时间尽可能短。

4. 样品用量

样品用量要尽可能的少，一般以能满足检测器的灵敏度为限。样品量太大会导致加热不均匀，在样品中产生较大的温度梯度，影响裂解产物的分布。样品形成液膜的厚度以小于 25nm 为宜。

3.6.6　应用

1. 操作条件的选择

操作条件包括裂解条件和一般色谱条件。

1）裂解温度的选择

将样品依次在不同裂解温度下裂解，比较所得的色谱图，找出特征峰的最佳裂解温度。

2）特征峰的确定和鉴别

特征峰应与样品的组成和结构有明显的对应关系，其浓度和该组分（或结构）的含量有简单的函数关系。许多高聚物裂解时产生单体，因此单体的色谱峰常作为特征峰以进行定性和定量分析。此外，还可以从实验中找到其他特征峰。例如，环戊酮可用来表征尼龙-66；对聚丁二烯进行定量分析时，4-乙烯基环己烯的峰面积与丁二烯的量呈线性关系。

2. 高聚物的定性和定量

利用已知物和未知物的裂解色谱图对照定性或以裂解色谱图中的特征峰对照定性。适于测定各种类型的聚合物，与其所处的状态（如未加工的、交联的、含有多种填料的）无关；只要从裂解图的许多峰中识别出其中 3～5 个主要峰的面积百分数或峰高比，就可以用于定性。但是，必须使用相同类型的裂解器、明确规定的固定液和惰性载体、相同和精确测量的柱温、相同类型的检测器等。

混合物或共聚物的组成同裂解产物单体的色谱峰或其他特征峰间呈线性关系。因此，可用已知含量的标样作出工作曲线，然后对未知样品进行简便、快速定量。要求严格控制实验条件，才能获得重复性的结果。

1）丙烯酸塑料中苯乙烯含量的测定

许多塑料，特别是在苯乙烯、聚氯乙烯、聚乙酸乙酯和丙烯酸酯等塑料中，残留的微量单体会产生难闻的气味。苯乙烯为可疑致癌物，具有刺激性。

样品在管式炉中于 600℃进行裂解，主要生成甲基丙烯酸甲酯（MMA）和苯乙烯（St）（特征峰），产物在苯二甲酸二异癸酯柱上分离。定量采用苯乙烯和甲基丙烯酸甲酯峰面积比对苯乙烯含量作校正曲线（图 3-51）。测定其中苯乙烯的含量，以峰面积比为纵坐标，可扣除裂解条件变化对色谱峰的影响。

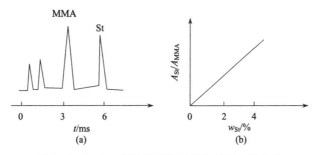

图 3-51　丙烯酸塑料的裂解色谱图及其定量曲线

(a)裂解色谱图；(b)定量曲线

2) 聚碳酸酯的端基和平均相对分子质量的测定

将聚合物置于管式炉中裂解，测定聚合物的裂解产物。使用长为 2m，内径为 3mm 的色谱柱，固定相为 10%PEG-20M，检测器为 FID，程序升温初温为 50℃，以 20℃/min 升温到 220℃，载气 N_2 的流量为 40mL/min，H_2 为 40mL/min，空气为 700mL/min，样品量为 0.1~0.5mg，裂解温度为 580℃，在 N_2 气流中进行。

依据色谱图中的特征峰对照鉴定聚合物的端基；特征峰的相对含量与相对分子质量有关，依据特征峰的相对含量可测定出聚碳酸酯的平均相对分子质量。

3.7　程序升温气相色谱法

程序升温气相色谱的重要技术在于"程序升温"，现代色谱仪大都带有程序升温控制器。

分析宽沸程多组分混合物时，通过选择适当的柱温，混合物中各组分在最佳柱温（保留温度）下流出色谱柱，各组分获得良好的分离和理想的峰形，称为程序升温色谱法。

样品中各组分最高沸点和最低沸点之差大于 80~100℃ 时需使用程序升温技术。程序升温技术用于制备色谱、痕量组分分析和毛细管柱分析等。

3.7.1　概述

样品的每一个组分都有一个色谱分析的最佳柱温。如果样品组分较少，沸程窄，一般采用恒温操作的效果好。如果组分数目较多，沸程宽，柱温选择在各组分的平均沸点左右。对于低沸点的组分因柱温太高，很快流出，色谱峰尖而重叠，拥挤在一起，测量误差很大；而对于高沸点的组分则因柱温太低，流出时间较长，色谱峰宽且矮平，有的甚至在一次分析中不能流出，而在随后的分析中作为基线噪声出现，或作为无法说明的"鬼峰"出现，增加了测量鉴定的困难。

采用足够低的初始温度，低沸点的组分能得到良好的分离；随着柱温的程序升高，每一个较高沸点的组分将被升高的柱温逐渐"推出"色谱柱，高沸点组分也能较快地流出，并和低沸点组分一样能得到良好的分离和色谱峰形。

1. 程序升温的方式

程序升温的方式大都按柱温随时间变化的关系来分类，分为线性和非线性程序升温两种（图 3-52）。

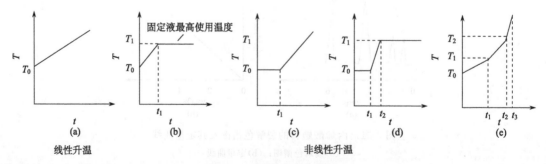

图 3-52　程序升温方式图

线性程序升温[图 3-52(a)]是指柱温随时间延长成比例增加,即

$$T = T_0 + rt$$

式中：T_0——初始温度,℃；

　　　r——升温速率,℃/min。

线性升温方法适于同系物的分离。

非线性程序升温有以下四种方式：

(1) 线性-恒温加热。首先线性升温到固定液的最高使用温度,然后恒温到最后几个高沸点组分冲洗出来,再使柱温恢复到 T_0,适于高沸点组分的分离,如图 3-52(b)所示。

(2) 恒温-线性加热。当样品中低沸点溶质较多而且沸点较接近时,先恒温分离低沸点组分,再线性升温到分离完成,如图 3-52(c)所示。

(3) 恒温-线性-恒温加热。先恒温分离低沸点组分,然后线性升温,再恒温把高沸点组分冲洗出来,适于宽沸程样品的分离,如图 3-52(d)所示。

(4) 多种速度升温。变换 r 的目的是改变色谱峰距离,使色谱峰在最短时间内完全分开。若某一区间的色谱峰间距离过大,则可提高 r 以缩短 t_R；若距离太小甚至不能完全分开,则可减小 r。开始以 r_1 速度升温,然后再以 r_2、r_3 速度升温,如图 3-52(e)所示。

2. 程序升温与恒温的比较

程序升温与恒温的比较见表 3-14。

表 3-14　程序升温与恒温的比较

比较内容	恒温	程序升温
样品组分沸点之差	限于 100℃	80～100℃
测量精密度	随峰形而变	很小偏差
检出限	随峰形而变	很小偏差
样品注射	必须很快	不需快速
固定相	选择范围宽	选择范围窄
载气纯度	不苛刻	高纯度
柱温、检测器	一般要求	单独检测加热
流量检测	恒压	要求用稳流阀
操作	简单	复杂
稳定性	好	差
重现性	好	差

3.7.2　基本理论

程序升温的基本理论包括保留温度、初期冻结、有效柱温、柱效率、分离度和操作条件的选择。保留温度、初期冻结和有效柱温可以说明组分在程序升温色谱柱内的保留行为,了解它们对操作条件的选择有益。

1. 保留温度

在程序升温色谱中，某组分从色谱柱流出的柱温称为该组分的保留温度，以 T_R 表示，它是程序升温的基本参数。它的重要性可与恒温色谱中的 V_R 或 t_R 相比，对每一个组分在一定的固定液体系中，T_R 是一个特征数据或定性数据。

吉丁斯在一些假定的基础上，从理论上阐述了保留温度与其他参数的关系。随柱半径 r 和柱长 L 的增加，T_R 有增加趋势，而载气流速 u 和气相与液相截面积之比 A_g/A_1 增加，T_R 有降低趋向。影响 T_R 的主要因素为蒸发热，T_R 大致与蒸发热成正比，蒸发热大的组分保留温度就高。

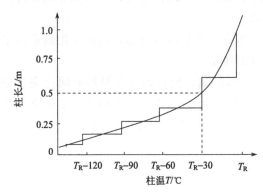

图 3-53　程序升温气相色谱初期冻结示意图

2. 初期冻结

在程序升温中由于 T_0 较低，其适合于分离低沸点组分。宽沸程样品进入色谱柱后，只有低沸点组分在初始温度下气化并随载气迁移，而高沸点组分几乎停留在柱端不动，这种现象是程序升温中所特有的，称为初期冻结或初期凝聚。随柱温升高，较高沸点的组分蒸气带开始移动，温度越高移动速度越快，柱温到达 T_R 时，组分从色谱柱洗出。组分在柱内的位置与柱温的关系如图 3-53 所示。

从图中可见，柱温从 $T_R-30℃$ 升到 T_R，色谱带通过柱长的后半段，大约在 $T_R-30℃$ 时，色谱带恰好位于色谱柱的中央。

根据组分蒸气压与柱温的关系和一些近似处理可以证明柱温在 $T_R-30℃$ 时，色谱带恰好位于柱中央。证明如下。

如果柱温从 T_1 升高到 T_2，色谱带的蒸气压从 p_1 增加到 p_2，蒸发热为 ΔH，由克拉贝龙-克劳修斯方程：

$$\ln\frac{p_2}{p_1}=\frac{\Delta H}{R}\left(\frac{1}{T_2}-\frac{1}{T_1}\right)=\frac{\Delta H}{R}\left(\frac{T_2-T_1}{T_1T_2}\right)$$

令 $T_2-T_1=\Delta T$；$T_1T_2=T^2$；且令 $p_2/p_1=2$，则

$$\ln2=\frac{\Delta H\Delta T}{RT^2}=0.693\Longrightarrow\Delta T=0.693\frac{RT^2}{\Delta H}$$

组分的 T_R 一般与 T_b 接近，则可用 T_R 代替 T_b。根据特鲁顿规则：$\dfrac{\Delta H}{T_b}=23$，则：$\dfrac{\Delta H}{T_R}=23$，$\Delta H=23T_R$。若选一代表性组分，$T_R=227℃(500K)$，代入 ΔT 公式中，则

$$\Delta T=0.693\frac{RT^2}{\Delta H}=0.693\times\frac{1.987\times500^2}{23\times500}=30℃ \tag{3-25}$$

式(3-25)说明：当柱温升高 30℃ 时，色谱带的蒸气压增大 1 倍，色谱带的移动速度增加 1 倍。显然这是一个近似值，因为 T、T_b 皆用 T_R 代替，但是可以认为不会产生很大的误差。即当 $p_2=2p_1$，$\Delta T=30℃$ 时，移动速度 u 增加 1 倍。因此，一个柱长为 L 的程序升温色谱

柱，柱温每升高 30℃，色谱带的移动速度 u 就增加 1 倍。

选择柱上节点：

选择柱温点：　　　　　　　　T_R　　$T_R-30℃$　$T_R-60℃$　$T_R-90℃$　……

在柱温点组分的移动速度为：　u　　　$1/2u$　　　$1/4u$　　　$1/8u$　……

在柱温点间组分的平均移动速度为：$\dfrac{3u}{4}$　　　$\dfrac{3u}{8}$　　　$\dfrac{3u}{16}$　……

在柱温点间的移动时间为：$t=\dfrac{T_R-(T_R-30)}{r}=\dfrac{30}{r}$

各柱温点间的长度为：$\dfrac{3u}{4}\times\dfrac{30}{r}$　　$\dfrac{3u}{8}\times\dfrac{30}{r}$　　$\dfrac{3u}{16}\times\dfrac{30}{r}$　……

则柱长 L 为各柱温点间长度相加，故

$$L=\frac{3u}{4}\times\left(1+\frac{1}{2}+\frac{1}{4}+\cdots\right)\times\frac{30}{r}=\frac{3u}{4}\times 2\times\frac{30}{r}=\frac{3u}{2}\times\frac{30}{r}=\frac{45u}{r}$$

从 $T_R-30℃$ 到 T_R 的区间长 L' 为

$$L'=\frac{3u}{4}\times\frac{30}{r}=\frac{1}{2}\times\frac{3u}{2}\times\frac{30}{r}=\frac{1}{2}\times\frac{45u}{r}=\frac{1}{2}L \tag{3-26}$$

以上公式说明：$T_R-30℃$ 到 T_R 的区间内，组分的色谱带通过色谱柱的后半部分；柱温为 $T_R-30℃$ 时，色谱带位于 $\dfrac{1}{2}L$ 处，为 $T_R-60℃$ 时位于 $\dfrac{1}{4}L$ 处，为 $T_R-90℃$ 时位于 $\dfrac{1}{8}L$ 处……。该证明解释了不同时间组分在色谱柱中所处的位置，可见在初始柱温下，组分的色谱带几乎固定不动，解释了初期冻结的含义。

3. 有效柱温

某组分的保留温度为 T_R，当柱温为 $T_R-30℃$ 时，组分的色谱带位于色谱柱 $\dfrac{1}{2}L$ 处，可以认为色谱带以 $\dfrac{1}{2}(T_R+T_R-30℃)=T_R-15℃$ 的平均温度移动了柱长的后半段，依此类推。

选择柱上节点：

选择柱温点：　　　　　　T_R　　$T_R-30℃$　$T_R-60℃$　$T_R-90℃$　……

在柱温点间的平均柱温为：$T_R-15℃$　$T_R-45℃$　$T_R-75℃$　　　……

各柱温点间的长度为：　　$\dfrac{1}{2}L$　　$\dfrac{1}{4}L$　　$\dfrac{1}{8}L$　　……

各柱温点间的平均柱温乘以各柱温点间的长度占全柱长的分数之和，以 T' 表示。

$$
\begin{aligned}
T' &= (T_R-15℃)\frac{1}{2}+(T_R-45℃)\frac{1}{4}+(T_R-75℃)\frac{1}{8}+\cdots \\
&= T_R\left(\frac{1}{2}+\frac{1}{4}+\frac{1}{8}+\cdots\right)-15℃\left(\frac{1}{2}+\frac{3}{4}+\frac{5}{8}+\cdots\right) \\
&= T_R-45℃
\end{aligned}
\tag{3-27}
$$

T' 为有效柱温，有效柱温可以理解为平均温度，它是一个能获得理论塔板数和分离特

征的色谱参数。在此柱温下，恒温色谱分离两个相邻组分能达到与程序升温色谱相同的柱效率和分离度。有效柱温总是低于保留温度，可从恒温色谱的柱温预测程序升温色谱的保留温度。此数据可以与恒温操作进行比较，如恒温 104℃ 可以达到程序升温 149℃ 的分离效果。

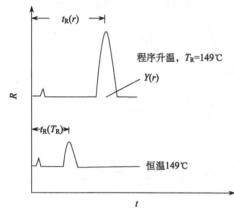

图 3-54　程序升温与恒温色谱图的对比

4. 柱效率

理论塔板数是评价程序升温色谱柱效的指标。

$$n = 16\left[\frac{t_R(T_R)}{Y(r)}\right]^2 \qquad (3-28)$$

式中：$Y(r)$——程序升温色谱条件以保留时间表示的组分的峰底宽；

　　　$t_R(T_R)$——相同色谱条件下以 T_R 为柱温，恒温条件下的保留时间，如图 3-54 所示。

由于程序升温色谱初期冻结的存在，对于较高沸点的组分，如果以程序升温下的保留时间 $t_R(r)$ 代替恒温下的保留时间 $t_R(T_R)$，因 $t_R(r)$ 比 $t_R(T_R)$ 大，计算的理论塔板数比实际值偏大，所以需要用 $t_R(T_R)$ 代替 $t_R(r)$。实验证明，以此计算的塔板数与以 T_R 为恒温测得的塔板数很好地符合。

5. 分离度

分离度与恒温色谱的定义一样。

由于 $n = 16\left[\dfrac{t_R(T_R)}{Y(r)}\right]^2 \Longrightarrow Y(r) = \dfrac{4t_R(T_R)}{\sqrt{n}}$，程序升温色谱峰的峰宽大致相等，故取平均峰宽 $Y(r)$，得出程序升温色谱的分离度公式如下：

$$R = \frac{2\left[t_{R_2}(r) - t_{R_1}(r)\right]}{Y_2(r) + Y_1(r)} = \frac{2\left[t_{R_2}(r) - t_{R_1}(r)\right]}{2Y(r)} = \frac{\sqrt{n}\left[t_{R_2}(r) - t_{R_1}(r)\right]}{4t_R(T_R)} = \frac{\sqrt{n}}{4}R_i$$

$$(3-29)$$

式中：$t_{R_2}(r)$、$t_{R_1}(r)$——程序升温色谱中组分 2、1 的保留时间；

　　　$Y_2(r)$、$Y_1(r)$——组分 2、1 的峰底宽；

　　　$t_R(T_R)$——组分 2 的恒温保留时间；

　　　R_i——真正分离度，为程序升温保留值之差与恒温（T_R 柱温）保留值之比，R_i 只与组分与固定液的相互作用，也就是柱子的选择性有关。

分离度 R_i 可评判固定相选择的好坏；从 $\dfrac{\sqrt{n}}{4}$ 的大小可评价操作条件的选择是否恰当。

6. 操作条件

操作条件的选择对程序升温气相色谱的分离效果影响很大。根据程序升温的特点和样品的性质，选择的操作条件包括：柱长、起始温度、升温速率和载气流量。

1）柱长

在能使样品完全分离的前提下，应尽可能地使用短柱。选用长柱改善分离，其效果往往不如降低升温速率，而且增加柱长会使分析时间加长。

2）起始温度

根据样品中组分的最低沸点选择起始温度，选择低沸点组分的沸点附近作为起始温度，T_0 的高低对高沸点物质的分离基本无影响。T_0 太低，会不必要地加长分析时间；T_0 太高，则低沸点物质不能完全分离。

3）升温速率

升温速率过低，高沸点组分的分析时间太长，会引起谱带扩张，降低分离效能；升温速率过高，会使组分的峰间距变小，分离度降低。只要满足分离的需要，可选更高的升温速率。

4）载气流速

在程序升温气相色谱中，载气流速对初始柱温下低沸点组分的分离有影响，但是载气流速对分离的影响比温度对分离的影响要小得多。因此，载气流速的影响相对来说不太重要，一般选择等于或高于恒温色谱中的最佳载气流速。

从以上操作条件的选择可以看出，起始温度和升温速率比柱长和载气流速的选择更为重要。

3.7.3　程序升温气相色谱系统

1. 流程

因柱温随时间延长从低温向高温线性或非线性增加，所以，气化室温度和检测器温度要与柱温分开控制。

采用双柱双气路系统时，分析柱和参考柱装有同样的固定相，它们各有一个流量控制器、一个气化室放在同一色谱炉中并分别接至热导池检测器的测量臂和参比臂；气化室、柱箱、检测器有独立的温控；配备稳流阀以调节各气路的载气流量。程序升温气相色谱的示意图如图 3-55 所示。

双柱也可以装填两种性质不同的固定相，以分析不同类型的样品，使应用更广。但这两种固定液的热稳定性要相同，即最高使用温度要相同。否则，无法补偿固定液的流失，使稳定性变差。

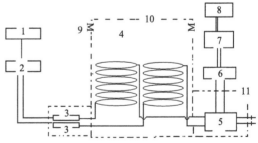

图 3-55　程序升温气相色谱的示意图

1. 气源；2. 流量控制器；3. 进样；4. 色谱柱；5. 检测器；6. 电桥；7. 记录仪；8. 程序升温控制器；9. 炉丝；10. 色谱炉；11. 检测器

目前，程序升温气相色谱多采用毛细管色谱柱、FID 检测器；柱温可采取程序升温，配备稳流阀稳定载气流量；一些高端的仪器还可对气化室进行程序升温；系统中其他各部件与毛细管色谱系统相同。

2. 载气纯化及流量控制

程序升温气相色谱中，要仔细纯化载气以除去微量氧和有机杂质。载气中的微量氧，高温时会使固定液分解，使柱寿命缩短；载气中的有机杂质，低温时能保留在固定液里，在升温后会流出，使基线漂移。采用活性铜脱氧装置、分子筛、活性炭净化能除去上述杂质。

程序升温气相色谱中，要求整个升温过程中载气流量恒定。从气体的性质可知，温度增加会引起气体黏度增大、液体黏度减小。例如，温度从 20℃ 升至 100℃，空气黏度增加 23%。随着柱温的升高，载气黏度增大，色谱柱的阻力增大。此时，如果进样口压力恒定，则流量就随柱温的升高而降低。为此，常采用流量控制器-稳流阀来控制载气的流量稳定。

3. 气化室、检测室和柱箱加热系统

若将气化室与色谱炉的温控连接在一起，就会在升温后期使气化室温度过高，破坏硅橡胶垫；若采用冷柱头进样，需要气化室温度很低，将样品就地"冻结"，避免进样歧视、提高柱效率。因此，气化室与色谱柱分开单独加热。

检测器需置于检测室内，保持或略高于柱温。因此，检测室要与色谱炉分开单独加热，精密控温。例如，为了防止冷凝和积水，FID 随温度升高，讯号略有增强；TCD 使用的是热敏电阻，更需精密的温控才能发挥其性能。

4. 色谱炉

程序升温需要色谱炉快速地线性升温，达到最终温度后快速地冷却到初始温度。因此，色谱炉的炉结构、加热器布置、鼓风设备要满足这一要求。

在炉结构上，需要炉膛热容量低、保温性和绝热性好。炉膛体积要求能容纳长短不同的单柱、双柱以及小型制备色谱柱。色谱炉门应便于手动或自动打开，以便降温或装卸色谱柱。

色谱炉内要有一个功率较大的加热器和一个强力鼓风装置，以满足达到最大升温速率（>20℃/min)和使炉内温度分布均匀的需要。同时，加热丝在炉膛中的位置要适当，避免热辐射；加热丝在炉膛中要均匀分布，以防止产生温度梯度。炉内温度的重复性要在 1℃ 以内，温度梯度要小于 2℃。因加热器功率消耗较大，在接电源时要和放大器、记录器等分开。

5. 程序升温控制器

对以保留时间定性或以峰高做定量分析而言，重复的升温速率十分重要。因此，精密重复是程序升温控制器的性能指标。升温控制器分为单极和多级两种。

单极升温控制器可以控制初始温度、初温恒温时间（0~60min)、升温速率（0.2~50℃/min)、终止温度、终温恒温时间（0~60min)，然后切断可控硅电源进行冷却。

多极升温控制器在升温过程中自动改变升温速率，其他与单极升温控制器相同。

3.7.4　应用

正构烷烃在恒温和程序升温下获得的色谱图如图 3-56 所示。

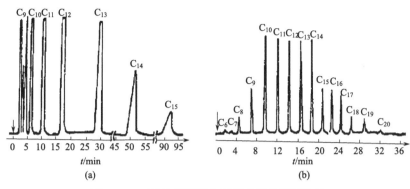

图 3-56　正构烷烃恒温和程序升温色谱图比较

(a)恒温 150℃；(b)程序升温 50～250℃，8℃/min

含 C_6～C_{15} 的正构烷烃样品，在柱温 150℃下分离。其中 C_6、C_7、C_8 三个溶质的色谱峰相互重叠，其色谱峰宽而矮，不能完全分开，而 C_{15} 的保留时间已超过 90min。采用恒温气相色谱法分析这类样品，难以得到满意的分离结果。

当采用程序升温，从 50℃升高到 250℃（8℃/min）时，可见 C_6～C_8 在较低柱温下完全分开，C_{15} 的保留时间由恒温分析时的超过 90min 缩短到 22min，沸点最高的 C_{20} 的保留时间仅为 33min。

3.8　气相色谱法的定性与定量

3.8.1　定性

色谱定性主要依据每种组分的保留值，一般需要标准品。如果没有已知纯物质，单靠色谱法本身对每一种分离后的组分进行定性鉴定是较困难的，这是气相色谱分析法的不足之处。但近年来，气相色谱与质谱、光谱等联用，既充分利用了色谱的高效分离能力，又利用了质谱、光谱的高鉴别能力，加上电子计算机对数据的快速处理及检索能力，为未知物的定性开辟了广阔前景。未知化合物依据以下方法定性。

1. 利用保留值定性

在一定的色谱条件下，各种物质均有确定的保留值，故保留值可作为一种定性指标，是最常用的色谱定性方法。

1）单柱

用已知物直接和未知样品对照定性是气相色谱定性分析中最简便的定性方法。在一定的固定相和操作条件下，各组分的保留值是一定的。因此，可以用已知物的保留值（时间、体积、距离）和未知物的保留值对照进行定性。

2）双柱

将两根装有不同极性固定相的色谱柱串联起来，由保留值进行定性，比单柱所得结果更加可靠。

3）峰高增加法

如果流出曲线复杂，流出曲线中色谱峰多而密，可在样品中加入一定量的纯物质，然后将在同样条件下得到的谱图与原样品的谱图对照，若发现某组分的峰高增加，表示样品中可能有这种纯物质存在，如果出现新峰，说明样品中无此物质。

2. 利用相对保留值定性

在气相色谱中，相对保留值 r_{21} 是两种物质的调整保留值之比，它只与柱温和固定相的性质有关。许多物质的相对保留值已被记载。在样品中加入文献规定的标准物质，使用文献规定的柱温和固定相，测得组分对标准物质的相对保留值，再与文献上的数据对照，若两者相同或非常接近，便可初步确定该组分即是文献上所对应的物质。

3. 利用保留值的经验规律定性

互为同系物的物质间只相差—CH_2—。在一定温度下，同系物的 $\lg V'_R$ 值和分子中的碳数有线性关系（$n=1$ 或 $n=2$ 时可能有偏差），即

$$\lg V'_R = A_1 n + C_1 \tag{3-30}$$

式中：A_1、C_1——与固定液和待测物分子结构有关的常数；

n——未知物分子中的碳原子数；

V'_R——调整保留体积（或其他调整保留值）。

保留值的经验规律只适用于同系物，不适用于同族化合物。

4. 利用保留指数定性

保留指数又称科瓦茨指数，是把物质的保留行为用两个紧靠近它的标准物（一般是两个正构烷烃）来标定，利用它可与文献值对照定性。若两个正构烷烃中碳原子数分别为 n 和 $n+1$，待测物质出现在这两个正构烷烃之间，则保留指数计算式为

$$I_x = 100 \left[\frac{\lg t'_{R(x)} - \lg t'_{R(n)}}{\lg t'_{R(n+1)} - \lg t'_{R(n)}} + n \right] \tag{3-31}$$

式中：t'_R——调整保留值；

n、$n+1$——分别代表具有 n 个和 $n+1$ 个碳原子数的正构烷烃。

正构烷烃的保留指数人为地定义为它的碳数乘以 100。将待测物质与相邻的正构烷烃混合在一起或分别在给定的条件下进行色谱分析，然后按式（3-31）即可计算出其保留指数。同一物质在同一色谱柱上，其保留值与柱温呈线性关系，这就便于用内插法或外推法求出不同柱温下的保留值。保留指数的有效数字为四位，准确度和重现性都很好，误差小于 1 %，因此对于恒温气相色谱法只要柱温和固定液相同，就可用文献中的保留指数进行定性鉴定，不必使用标准品。但对于程序升温气相色谱法，应用文献中的保留指数定性时，除柱温和固定液外，其他的分析条件也应相同。

5. 与其他仪器分析方法结合定性

气相色谱法是分离复杂混合物的有效方法，但不能对未知物直接进行定性鉴定。某些仪

器，如质谱仪、红外光谱仪，是鉴定未知物结构的有效工具，但要求所分析的样品尽可能纯，而无法分析复杂的混合物。因此，色谱与质谱、红外光谱的联用，可以把复杂混合物中的未知物的结构鉴定出来。

6. 利用络合化学反应定性

带有某些官能团的化合物与一些特征试剂反应，导致该化合物的色谱峰从原来的位置消失或提前、延后出峰。比较反应前后的谱图，可初步确定样品中的官能团。例如，醇类、酚类与乙酸酐反应生成相应的乙酸酯，挥发性增强而提前出峰。

7. 利用色谱柱的极性定性

依据色谱柱的极性与样品的极性判定出峰顺序。对复杂混合物中相似化合物的定性较为有效。

3.8.2 定量

色谱定量的依据是在一定条件下，组分的峰面积（或峰高）与其进样量成正比，将比例系数称为绝对校正因子，以 f_i' 表示。相同质量的不同物质在同一检测器中往往会产生不同的信号，因此不能直接用信号来计算样品中各组分的含量，只能将测得的信号经校正因子校正后再用于定量。

1. 外标法

首先将待测组分的纯物质配成不同浓度的标准溶液（液体样品用溶剂稀释，气体样品用载气稀释），然后取固定量的标准溶液进行分析，从所得色谱图上测出峰高或峰面积，绘制响应信号（纵坐标）对浓度（横坐标）的标准曲线。分析样品时，取与制作标准曲线同量的试样（定量进样），测得该试样的响应信号，由标准曲线即可得出其浓度，如图 3-57 所示。可由标准曲线得到曲线的回归方程和相关系数。

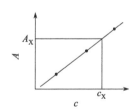

图 3-57　外标法曲线图

$$A = a + bc$$

外标法（标准曲线法）的定量操作简单、计算方便，一条曲线可测多个试样，但一定要保证进样的重现性和操作条件的稳定性，两者对分析结果的准确度有十分重要的影响。不需要知道校正因子。但是，进样精度和重现性影响定量结果。不适于多组分分析。

2. 内标法

当只需测定试样中的某几个组分，且试样中所有组分不能全部出峰时，可以采用此法。

内标物需要满足以下条件：需溶于样品中，并且能与样品中各组分分开；内标物与待测组分色谱峰位置相近，加入量也与待测组分相近；内标物与待测组分的物理化学性质相近，如化学结构、挥发性、极性以及溶解度等。当操作条件变化时，更有利于内标物及待测组分作匀称的变化。常用的内标物，对于 TCD 是苯，对于 FID 是正庚烷。

将一定量的纯物质作为内标物，加入准确称取的试样中，根据待测物和内标物的质量及其在色谱图上相应的峰面积比，求出待测组分的含量。例如，要测定试样中组分 i（质量为 m_i）的质量分数时，可于试样中加入质量为 m_r 的内标物，试样质量为 m，则

$$m_i = f_{is}A_i \frac{m_s}{A_s} \quad m_r = f_{rs}A_r \frac{m_s}{A_s} \quad \frac{m_i}{m_r} = \frac{f_{is}A_i}{f_{rs}A_r}$$

$$m_i = \frac{f_{is}A_i}{f_{rs}A_r}m_r \quad m_i\% = \frac{f_{is}A_i m_r}{f_{rs}A_r m} \times 100\%$$

式中：f_{is}，f_{rs}——相对校正因子，即物质 i 或内标物 r 与标准物质 s 的绝对校正因子之比。

f_{is} 和 f_{rs} 可用以下公式表示：

$$f_{is} = \frac{f'_i}{f'_s} = \frac{\dfrac{m_i}{A_i}}{\dfrac{m_s}{A_s}} = \frac{m_i A_s}{m_s A_i} \quad f_{rs} = \frac{f'_r}{f'_s} = \frac{m_r A_s}{m_s A_r} \tag{3-32}$$

f_{is}（f_{rs}）的测量是否准确，直接影响定量分析的准确性，所以要求称量准确。即分别准确称取待测组分和标准物的质量，将两者混合均匀，进样后得到相应色谱峰面积为 A_i 和 A_s，然后代入式(3-32)计算出待测组分的 f_{is}。由于两者均匀混合，因此无论进样量大还是小，它们的质量比 m_i/m_s 始终为一常数，因此就不必准确知道进样量是多少。f_{is} 与待测组分、标准物和检测器类型有关，而与检测器的具体结构、色谱操作条件（柱温、载气流量、固定液性质）无关；f_{is} 与 FID 的载气类型无关，与 TCD 的载气类型有关。当 TCD 使用 H_2、He 做载气时，f_{is} 可通用，但用 N_2 做载气时，其 f_{is} 与使用 H_2、He 做载气时的 f_{is} 相差很大。

内标法定量准确，消除了操作条件不稳定的影响，不像归一化法有使用限制。但是，每次分析都要称取样品和内标物的质量，不适于作快速控制分析。

3. 归一法

当试样中各组分都能流出色谱柱，并在色谱图上都出现色谱峰时，可用此法进行定量计算。

设试样中有 n 个组分，各组分的质量分别为 m_1、m_2、…、m_n，各组分质量分数的总和 w 为 100%，其中组分 i 的质量分数 w_i 可按下式计算：

$$w_i = \frac{A_i f_{is} \dfrac{m_s}{A_s}}{(A_1 f_{1s} + A_2 f_{2s} + \cdots + A_i f_{is} + \cdots + A_n f_{ns}) \dfrac{m_s}{A_s}} \times 100\% = \frac{A_i f_{is}}{\sum A_i f_{is}} \times 100\%$$

$$\tag{3-33}$$

若各组分的 f_{is} 相近或相同，如同系物中沸点接近的各组分，则式(3-33)可简化为

$$w_i = \frac{A_i}{A_1 + A_2 + \cdots + A_i + \cdots + A_n} \times 100\%$$

对于狭窄的色谱峰，当各种操作条件保持严格不变时，在一定的进样量范围内，半峰宽不变，可用峰高代替峰面积进行定量，即

$$w_i = \frac{h_i f_{is}}{h_1 f_{1s} + h_2 f_{2s} + \cdots + h_i f_{is} + \cdots + h_n f_{ns}} \times 100\%$$

归一法定量简单、准确，当操作条件(进样量、载气流量等)变化时，对结果影响小。如果知道各组分的相对校正因子，只需进样一次就可得到各组分的定量结果。但是，在实际应用中受限。例如，样品的全部组分必须流出色谱柱且出峰，某些不需要定量的组分也必须测出 A 及 f 值等。不适于多组分分析。

三种定量方法的对比见表 3-15。

表 3-15　三种定量方法的对比

项目	外标法	内标法	归一法
样品称量	需要	不需要	不需要
进样量	需准确	不需准确	不需准确
操作条件	全部分析需稳定	一次分析需稳定	一次分析需稳定
出峰要求	所测组分	内标及所测组分	所有组分
校正因子	不需要	需要	需要
适用范围	工厂常规分析	微量组分精确测定	常量分析

3.9　气相色谱法的特点和局限性

气相色谱法是先分离后检测，对多组分混合物(如同系物、异构体等)可同时得到每一组分的定性、定量结果。同时由于组分在气相中的传质速率快，与固定相相互作用次数多，加上可选择的固定液种类很多，可供使用的检测器灵敏度高、选择性好，因此气相色谱分析法概括起来有分离效率高、灵敏度高、选择性好、分析速度快、应用范围广等特点。

3.9.1　特点

1. 分离效率高

对性质极为相近的物质也可用固定相和样品组分间的不同作用力使其分配系数有较大差别而分离。例如，氢原子的三种同位素分离；有机化合物如顺式和反式异构体、旋光异构体的分离；芳香烃中的邻、间、对异构体的分离等。

2. 灵敏度高

色谱法的样品需要量极少，仅为 $\mu g \sim ng$ 级；一般能检测出 $\mu g/g \sim ng/g$ 级的待测组分，当使用高灵敏度的检测器时，气相色谱法可测定 $10^{-11} \sim 10^{-14} g$ 的物质，因此非常适于微量和痕量分析。

3. 分析速度快

气体的黏度小，扩散速度快，在两相间的传质快，有利于高效快速地分离。气相色谱法的分析速度快，一般只需几分钟至几十分钟即可完成一个试样的分析，若采用自动化操作则更为快速。例如，用毛细管柱色谱数十分钟就能确定轻油中的 150 余种组分。

4. 应用范围广

气相色谱法不仅可以测定气体，还可以测定液体、某些固体及包含在固体中的气体物质。能测定大量有机化合物和部分无机化合物，甚至能测定具有生物活性的物质。目前气相色谱法已广泛应用于石油、化工、医药、卫生、化学、生物、轻工、农业、环保、科研等许多领域，成为必需的分离分析工具。在操作温度下热稳定性能良好的气体、固体、液体物质，沸点在 500℃ 以下、相对分子质量在 400 以下的物质原则上均可用气相色谱法进行测定。

如果使用裂解气相色谱法，应用范围将更加广泛。反应气相色谱法可以利用适当的化学反应将难挥发的试样转化为易挥发的物质，扩大了气相色谱法的应用范围。

3.9.2　局限性

气相色谱法在缺乏标准样品的情况下定性较困难。如果没有已知纯物质的色谱图对照，或者没有相关的色谱数据，很难判断某一色谱峰代表什么物质。色谱联用仪器将色谱的高分离效能与其他定性、定结构性能强的仪器相结合，能有效地克服这一缺点。

沸点太高、相对分子质量太大或热不稳定的物质都难以应用气相色谱法进行分析。气相色谱法可以分析的有机化合物仅占全部有机化合物的 15％～20％。但这些有机化合物是应用很广的一部分。因此，必须全面地认识气相色谱法，掌握它的特点，充分发挥它的长处，正视它的局限性，这样才能使它发挥更大的作用。

3.9.3　气相色谱法与化学分析法的比较

化学分析法是按照物质的特殊化学反应性进行分析的。化学分析法仪器简单、价廉、操作简单，且可进行同族、同系物的总含量测定，如滴定、氧化、沉淀、络合分析。但不能测定化学性质不活泼或化学性质相近的复杂物质，有时费时过长。

气相色谱法具有高选择性、高性能、分析速度快等优点，可以分析化学性质不活泼、性质极为相近的混合物，但仪器比化学分析法昂贵。

3.9.4　气相色谱法与光谱法、质谱法的比较

气相色谱法可以分离和分析多组分混合物，这是光谱法、质谱法所不及的。而且一般来说，气相色谱法的灵敏度与质谱法接近，比光谱法要高。气相色谱法的造价比光谱法、质谱法低。但是气相色谱法难以分析未知物，如果没有已知的纯样品图和它对照，就很难判断某一色谱峰究竟代表何物。

光谱法可推测出分子中含有哪些官能团，质谱法能测定出未知物的相对分子质量，这些是气相色谱法所不及的。

把色谱与质谱、光谱结合起来就可以解决未知物的分析问题，将色谱的高分离能力与红外或质谱的快速定性、微机数据处理能力相结合，成为目前解决复杂混合物强有力的先进手段之一。色谱的各种联用技术见第 7 章。

习 题

1. 试述气相色谱法的特点。

2. 气相色谱法固定液选择的基本原则是什么? 分析极性和非极性混合物时, 选用何种类型的固定液? 被测物按什么顺序出峰?

3. 相对保留值和保留指数都可用于定性分析, 二者有什么不同?

4. 硅藻土载体在使用前为什么需经化学处理? 常用哪些处理方法? 简述其作用。

5. 用保留指数定性时, 恒温和程序升温色谱法有什么不同?

6. 使用内径为 0.2～0.32mm 的毛细管柱为什么采用分流进样, 并且安装尾吹装置?

7. 什么是程序升温气相色谱? 哪些样品适宜用程序升温分析?

8. 乙醇的沸点为 78.3℃, 丁酮的沸点为 79.6℃, 在气相色谱柱上是否一定是乙醇先出峰, 丁酮后出峰, 为什么?

9. 气相色谱采用双柱双气路流程有什么作用?

10. 用热导检测器时, 为什么常用 H_2 和 He 做载气而不常用 N_2 做载气?

11. 顶空和裂解气相色谱法各主要适用于什么物质的分析?

12. 简述气相色谱法中归一法和内标法定量的优点, 它们各适用于什么情况?

13. 利用保留值定性的依据是什么?

14. 为什么用双柱或多柱定性?

第4章 液相色谱法

4.1 纸色谱法

按照操作形式，色谱可分为柱色谱和平面色谱。其中，平面色谱又可分为纸色谱和薄层色谱，本节只介绍纸色谱法。

纸色谱法和薄层色谱法的流动相都是液体，所以是液相色谱法（LC）的一部分。纸色谱法和薄层色谱法有很多相似之处，却也有着明显的区别，即分离过程的承载体不同，一个是滤纸，一个是涂敷吸附剂的薄板。纸色谱相当于小型化的液液色谱，薄层色谱相当于小型化的液固色谱。在缺乏液相色谱仪器的情况下，这两种技术可以作为简单物质分离和分析的手段，如监测有机合成的进程和提纯的纯度等。纸色谱法的用处不及薄层色谱法多。

1944 年，Martin 等使用纤维素制成的滤纸做分配色谱的载体，建立了纸色谱法。纸色谱法是以纸作为载体的色谱法，分离原理属于分配色谱的范畴。固定液为纸上吸着的水分（滤纸能吸着等于本身质量 20% 的水分），载体为滤纸，固定相为载体上的水；流动相为有机溶剂和水的混合物。纸色谱法分离的实质是溶质在固定相（水）与流动相（可移动的水混合的有机溶剂）间进行分配。根据不同物质在两相间分配能力的不同而进行分离。

4.1.1 方法原理

将待分离的试液用毛细管滴在滤纸的原点位置，由于毛细吸附作用，流动相自下而上不

断上升，流动相上升时，与滤纸上的固定相相遇，这时，被分离的组分就在两相间一次又一次地分配，分配系数 K 大的组分上升得慢，K 小的组分上升得快，从而将它们逐一分开。

图 4-1 为纸色谱法的装置示意图。

将展开剂放在标本缸中，整个过程在密闭的层析室中进行。所用的滤纸称为层析滤纸。组分在滤纸上分离后经显色，形成组分的斑点。由组分显出的斑点可以获得重要的实验数据。与保留时间类似，该法的定性指标以比移值（R_f）表示。比移值的定义如图 4-2 所示。

图 4-1 纸色谱法的
装置示意图

$$R_f = \frac{原点到组分斑点中心的距离}{原点到溶剂前沿的距离} \qquad (4-1)$$

$$R_{f_1} = \frac{L_1}{L_0}$$

$$R_{f_2} = \frac{L_2}{L_0}$$

R_f 范围为 $0 \sim 1$，当 $L_1 = L_0$ 或 $L_2 = L_0$ 时，R_f 最大，为 1，此时组分随溶剂一起上升，

表明组分完全溶解在流动相中，不被固定相保留，也就是说 K 非常小；当 $L_1 = 0$ 或 $L_2 = 0$ 时，R_f 最小，为 0，此时组分基本上在原点不动，表明组分完全被固定相保留，不被流动相洗脱，也就是说 K 非常大。不同组分的 R_f 相差越大，分离效果越好。

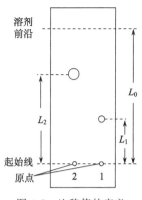

图 4-2　比移值的定义

由于影响 R_f 的因素很多，要想得到重复的 R_f，就必须严格控制色谱条件一致。要在不同实验室、不同实验者间进行 R_f 的比较是很困难的，因此采用相对比移值 R_r，计算公式如式（4-2）所示。

$$R_r = \frac{R_f(i)}{R_f(s)} = \frac{\dfrac{L_i}{L_0}}{\dfrac{L_s}{L_0}} = \frac{L_i}{L_s} \qquad (4\text{-}2)$$

式中：$R_f(i)$、$R_f(s)$——分别为组分 i 和参考物质 s 在同一纸色谱上、同一展开条件下所测得的 R_f。

由于组分和参考物质在完全相同的条件下展开，能消除系统误差，因此 R_r 的重现性比 R_f 好。参考物质可以是加入样品中的纯物质，也可以是样品中的某一已知组分。

由于 R_r 表示的是组分与参考物质的移行距离之比，显然其值的大小不仅与组分及色谱条件有关，还与所选的参考物质有关。与 R_f 不同，R_r 可以大于 1，也可以小于 1。

4.1.2　流程

1. 滤纸的选择

滤纸为特制的色层分析滤纸，按需要剪裁成长条形或筒形。为了分配过程均匀，滤纸要均匀平整，具有一定机械强度，不含有影响色谱分离效果的杂质，也不应与所用显色剂起作用，以免影响分离和鉴别效果。例如，分离无机化合物时，滤纸中不应含有这种无机化合物杂质。

2. 点样

如图 4-3 所示，用玻璃毛细管或微量注射器吸取一定量的试样点在原点上。试样点的直径一般应小于 5mm。可并排点多个试样以同时展开。

图 4-3　纸色谱法点样示意图

3. 展开

展开原理为差速迁移。将展开室预先用展开剂饱和一段时间以平衡系统，平衡后点样，点样完毕后，将滤纸一端浸入展开剂展开，展开结束后挥尽溶剂。展开剂由一种或多种溶剂按一定比例组成。例如，分离氨基酸时，展开剂常用正丁醇、乙酸和水。展开的方式有上行展开和下行展开。

1）上行展开

上行展开是比较常见的展开方式。滤纸位于展开剂上方，展开剂从下往上爬行展开。

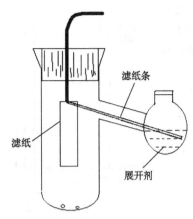

图 4-4　纸色谱的下行展开方式图

上行展开方式如图 4-1 所示。滴加样品后的滤纸置于盛有适当展开剂的标本缸中，使展开剂浸入滤纸边缘上方约 0.5cm，以接近垂直或接近水平（与水平成 5～10°角）方向放置。接近垂直方向的展开剂的爬行受重力作用，分析时间会较长；接近水平方向的可以缩短分析时间，因此对于难分离的组分可以采用接近垂直方向的上行展开方式。

2）下行展开

使展开剂由上向下流动，由于展开剂受重力作用移动较快，因此展开时间比上行展开快。如图 4-4 所示，将展开剂放在上位槽中，借滤纸的毛细管虹吸作用将展开剂转移到色层分析滤纸上。此法适于分析易分离、组分数目少的样品。

4. 干燥

以电吹风吹干挥发性溶剂。

5. 显色

有些组分在紫外光照射下产生荧光，可在紫外灯下用铅笔描出组分斑点。常用的显色方法有喷雾显色和蒸气显色等。喷雾显色是将显色剂制成一定浓度的溶液，用喷雾器把显色剂喷洒在滤纸上，组分与显色剂作用显斑；蒸气显色是利用一些物质的蒸气与组分作用显斑，置于密闭容器中的固体碘、浓氨水或液体溴等易挥发性物质常作为蒸气显色剂。显色反应多为络合反应，如多数有机化合物与固体碘的络合产物为黄棕色，能显出黄棕色斑点。图 4-5 所示为组分的显斑过程。

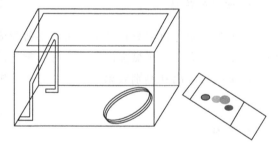

图 4-5　纸色谱法的显斑过程示意图

纸色谱法在操作过程中有几个容易被忽略的问题，要加以注意。不要用手指直接接触层析部分的滤纸，以免手上的油脂污染滤纸，改变色谱的分配。滤纸条必须剪平整，薄厚均匀，以使展开剂匀速移动。滤纸周围必须被溶剂蒸气饱和，以免滤纸上的有机溶剂挥发，改变流动相的组成。有机溶剂必须事先用水饱和，以保证滤纸上吸着的水量恒定，即固定相的组成恒定。

4.1.3　特点与局限性

纸色谱法可以是在一条滤纸上同时展开多个试样，也可以是在多条滤纸上的试样同时展开；试样一般不需要经过预处理即可分离；能分离测定无机化合物和有机化合物；方法简便、仪器价廉、操作费用低。但是，分离效率较低，费时较长；具有挥发性的组分不能定性和定量，也不适于复杂混合物的分析；定性和定量不方便。

纸色谱法常用于染料(多数偶氮类化合物)、农药、医药、有机酸碱类和糖类化合物、蛋白质、氨基酸及中草药中有效成分的分离分析中;也可以用于易溶于水的无机离子和有机化合物的分离;是一种小型的 LC,还经常作为 HPLC 的一种预试方法。

4.1.4　定性与定量

纸色谱法的定性和定量不方便。定性时以 R_f 作为定性指标,最好用标准品在相同实验条件下平行对照进行,如果两者的 R_f 相同,且显斑对照的结果也相同,方可断定是同一种物质。定量时,各斑点用有机溶剂洗脱下来,利用比色分析或分光光度法定量,也可用电荷耦合器件摄像然后利用吸光度定量。

4.1.5　应用

1. 氨基酸的测定

(1)取一张新华 1 号滤纸,新华滤纸的规格见表 4-1。用铅笔在距滤纸下边缘约 1.5cm 处画起始线,用直尺从中间折叠,点样间距约 1.8cm,样品分别为含亮氨酸的混合酸和含甘氨酸的混合酸。展开剂为体积比为 5∶4∶1 的水-正丁醇-冰醋酸,体积为 2mL。展开剂放在 15cm×1cm×1cm 的大试管中。

表 4-1　新华滤纸的规格

型号	规格/(g/m²)	厚度/mm	流速/ (mm/min)	灰分含量 /(g/m²)	展速	注
1	90	0.17	120~150	0.08	快	
2	90	0.16	90~120	0.08	中	相当于 Whatman1 号
3	90	0.15	60~90	0.08	慢	
4	180	0.34	120~150	0.08	快	
5	180	0.32	90~120	0.08	中	相当于 Whatman3 号
6	180	0.30	60~90	0.08	慢	

注:Whatman 是国际上使用的定量滤纸。

(2)展开剂上升约 7cm 时,取出滤纸,立即画出溶剂前沿线后在红外灯下烘干。

(3)干燥后喷上含 2% 茚三酮的乙醇溶液。显色剂与氨基酸生成紫色化合物,显斑定性。

(4)另取一张滤纸,分别点样亮氨酸和甘氨酸,在同样的条件下展开和显色。计算比移值,并与样品中组分的比移值对照定性。

(5)将斑点剪下,用适当溶剂将纸上的溶质淋洗下来,采用分光光度法,依据 $A = \varepsilon bc$ 测定氨基酸的含量。

2. 矿石中铌、钽含量的测定

铌(Nb)、钽(Ta)为第 VB 族的元素,性质相近,很难分离测定。将试样用 HF-HCl-HNO₃分解,使 Nb 和 Ta 分别以 NbF_6^{2-} 和 TaF_7^{2-} 形式存在。将试样蒸发至 1~2mL,点样在滤纸的原点上。干燥后将滤纸卷成圆筒状,放入层析室中进行色谱分离。分离完全后取出滤

纸，用 NH_3 熏一熏，以中和纸上的酸性物质。最后喷上显色剂显斑定性。流动相为丁酮-
HF(体积比为 6∶1)；显色剂为 2％的单宁溶液。单宁与蛋白质、维生素及矿物质可形成有
色的沉淀复合物。Nb 的复合物显示棕黄色斑点，Ta 的复合物显示浅黄色斑点。

定量有两种方法：一是坩埚恒量法，剪下 Nb、Ta 色带，干燥后分别放入瓷坩埚中，灼
烧后称量，即可测得 Nb_2O_5 和 Ta_2O_5 的含量；二是比色分析法，用溶剂丁酮洗脱残渍后进
行比色分析。

4.2　薄层色谱法

薄层色谱法(thin layer chromatography，TLC)的流动相均为液体，固定相为固体吸附
剂时，为吸附薄层色谱法；固定相为液体时，为分配薄层色谱法，前者常用。本节重点讨论
吸附薄层色谱法，不加特别说明均指吸附薄层色谱法。这是一种将细粉状吸附剂或载体作为
固定相，均匀涂布于表面光滑的平板(玻璃板、塑料或铝片)上，进行色谱分离和分析的方
法。与纸色谱法类似，待点样、展开后，与适宜的对照物按同法所得的色谱图作对比，用以
进行药物的鉴定、杂质的检查或含量测定。

薄层色谱法既适于分析少量样品，也适于分离大量样品以达到制备目的。例如，把薄层
板的宽度加大到 30～40cm，样品溶液点成一条线，把薄层板的厚度加厚到 2～3mm，可分
离出质量达到 X～X00mg 的某一成分。

与 GC 比较，薄层色谱法更适于分析对热不稳定、难以挥发的样品。目前，薄层色谱法
的自动化程度不及 GC 和 HPLC，并且分离效果也不及后者，因此成分太复杂的混合物样品
用薄层色谱法分离还是较困难的。

4.2.1　概述

1. 发展历史

1938 年，Izmailov 等首先利用氧化铝薄层分离了多种植物酊剂中的成分，他们将这种
技术称为点滴色谱法。1951 年，Kirchner 以煅石膏为黏合剂，将硅胶作为吸附剂涂布于玻
璃载板上制成了硅胶薄层，对石油进行了分离，进而发展了薄层色谱法。1965 年，Stahl 在
薄层色谱标准化、规范化及扩大应用等方面进行了大量工作，出版了《薄层色谱手册》，薄层
色谱法在分析领域被广泛重视和应用，Stahl 对薄层色谱法的贡献很大。薄层色谱法具有简
单、低耗、快速、直观、分离效果好的特点，成为了定性和半定量分析法。但是，当时的涂
板技术都是人为手工制板，重现性较差。20 世纪 70 年代中后期，随着高效薄层层析硅胶板
和预涂板及相应技术的发展，制出的硅胶板平整光滑、荧光翠亮、无任何斑点，出现了高效
薄层色谱法(HPTLC)。20 世纪 80 年代后期，薄层色谱光密度扫描仪出现，薄层色谱法各
步操作实现了仪器化，使定性、定量更准确，误差更小。

2. 薄层色谱法与纸色谱法的比较

(1) 薄层色谱法的设备简单、操作方便，只需一块薄层板和一个层析缸即可进行复杂混
合物的定性与定量分析。既可用于有机化合物又可用于无机化合物分析，这是薄层色谱法和

纸色谱法共有的特点。

（2）薄层色谱法的实验操作（如点样、展开及显色等）与纸色谱法相同，但比纸色谱法快速，一般纸色谱法需要几十分钟至几个小时，而薄层色谱法只需几分钟至几十分钟。

（3）由于广泛采用硅胶、氧化铝做吸附剂，薄层色谱法可以采用腐蚀性的显色剂，如浓硫酸，然后小心加热，使有机化合物碳化，显出棕色斑点，适于难以检出的化合物。在同样情况下，纸色谱法则无法检出。

（4）薄层色谱法扩散作用小，斑点比较密集，检出限较低。纸色谱法由于纤维的性质引起斑点的扩散作用严重，降低了单位面积内样品的浓度，从而提高了检出限。

（5）薄层色谱法可以广泛地选用各种固定相，如硅胶、氧化铝、硅藻土、聚酰胺等，同时又可广泛地选用各种流动相，比纸色谱法有显著的灵活性。

3. 薄层色谱法与 HPLC 的比较

1）固定相和流动相

薄层色谱法的吸附剂性质和流动相的运动情况影响分离效率；薄层色谱是定时展开色谱，分离后的组分均能被检测，分析时间可控；薄层板一次使用，分离过程不发生交叉污染，多个样品可同时分离。

HPLC 的固定相和流动相的性质影响分离效果；HPLC 是定距（柱长一定）洗脱色谱，分离后的所有组分并非均能被检测，分析时间不可控；色谱柱可反复使用。

2）样品的预处理

样品的预处理包括固体样品溶解、样品溶液稀释和浓缩、均相溶液制备和化学衍生化。薄层色谱法分析的样品经过浓缩后可直接点样，样品预处理较简单。

HPLC 分析的样品需要过滤，有的为了得到信号还需要衍生化等，预处理复杂而严格。

3）溶剂

薄层色谱法的溶剂可以任意选择，点样体积是唯一需要准确控制的参数。

HPLC 对溶解样品的溶剂和样品的浓度要求严格。溶剂的极性要调节，样品的浓度要适中。

4）色谱分离

薄层色谱法可同时分析多个样品，方便灵活；适于各类物质（不同极性物质）的分离。可通过改变流动相组成和比例达到分离；纸色谱法和薄层色谱法以正相色谱占主导，流动相的极性比固定相小。

HPLC 每次进一个样品，分析和平衡时间长；恒组分洗脱适于极性范围窄的样品；梯度洗脱适于极性范围宽的样品并需更多时间；HPLC 以反相色谱常用，流动相的极性比固定相大。

5）定量

当采用吸收光度检测器时，薄层色谱法中的吸附剂使被分析样品不透明，不宜在线检测。HPLC 是匀相液体，符合比尔定律，可在线检测，检出线性范围宽。

4. 现代薄层色谱法

经典薄层色谱法的固定相一次使用；样品预处理较简单；固定相特别是流动相选择范围

宽，有利于不同性质化合物的分离；具有多路柱效应，可同时分离多个样品；分离样品所需要的展开剂用量极少，既节约溶剂又减少污染；使用不同的展开方式，适于难分离物质对的分离；在同一薄层色谱上可根据被分离化合物的性质选择不同显色剂或检测方法进行定性或定量分析。

现代薄层色谱法是在高效薄层板上进行组分分离，并以仪器代替以往手工操作，以得到分辨率极高的色谱图，再配以高质量薄层扫描仪，大大提高定性和定量分析结果的重现性和准确度。

全自动点样仪的点样方式及形状有接触式点状点样、喷雾式带状点样、方形点样；点样平台最大可放 20cm×20cm 不同厚度的薄层板，最厚至 4mm；点样体积为 100nL～1mL。

现代薄层色谱法的薄层扫描仪的测量方式有以下模式：反射吸收、反射荧光；透射吸收、透射荧光；波长范围：190～800nm；光源：氙灯、卤钨灯、高压汞灯（标准配置，自动转换）；波长准确度：优于 1nm；波长重现性：优于 0.2nm。

4.2.2　基本原理

1. 吸附

溶液中某组分的分子在运动中碰到固体表面时，分子会附着在固体表面上，在相的界面上分配，这就是说发生了吸附作用。

1）吸附作用的实质

任何一种固体表面都有一定程度的吸引力，这是因为固体表面的质点（离子或原子）和内部质点的处境不同。固体内部的质点，相互作用力是对称的，力场相互抵消；固体表面的质点，内向的一面受到固体内部质点的作用力大，而表面层所受的作用力小，所受的力是不对称的。固体表面的剩余作用力是固体可以吸附溶液组分分子的原因，也是吸附作用的实质。

2）吸附作用力

a. 物理吸附

物理吸附的作用力是分子间的一般作用力，即范德华力，没有化学键的生成和破坏，所以物理吸附具有普遍性。一般无选择性，吸附速率快，吸附过程是可逆的，分子吸附在固体表面上所放出的吸附热数值较小，为 21～42kJ/mol，被吸附的分子可以是单层或是多层。

b. 化学吸附

化学吸附作用力除分子的一般作用力外，还有类似的化学键力，如分子与固体表面共用电子或电子的转移等。由于被吸附分子与吸附剂之间有成键的可能，因此化学吸附有选择性，易吸附、不易脱附。吸附的速率慢，需要在较高温度下才能发生，吸附热数值较大，为 42～420kJ/mol，被吸附的分子一般是单层的。

物理吸附和化学吸附可以并行发生，两者不是无关的，它们在一定条件下可以转化。例如，低温时是物理吸附，在温度升高到一定程度后可转化为化学吸附。在吸附过程中，溶质、溶剂和吸附剂三者既相互联系又相互竞争，溶质在溶剂和吸附剂间竞争，溶剂与溶质和吸附剂也有吸附的竞争，吸附剂在溶质和溶剂间也竞争吸附。薄层色谱法依据不同的吸附作用力分离。

c. 吸附过程

吸附薄层色谱中，主要发生物理吸附。物理吸附具有普遍性、无选择性，所以一方面任何溶质都被吸附剂吸附，另一方面，吸附剂也可吸附溶剂分子；吸附过程是可逆的，因此被吸附了的物质在一定条件下可以被解吸下来。

解吸也具有普遍性。所以在原点上的溶质与吸附剂间的平衡就不断地遭到破坏，即吸附在原点上的物质不断被解吸。

其次，解吸出来的物质溶解于展开剂中并随之向前移动，遇到新的吸附剂表面，溶质和展开剂又会部分地被吸附而建立暂时的平衡，但立即又被不断移动上来的展开剂所破坏，因而又有一部分物质解吸并随展开剂向前移动。

吸附-解吸-吸附的变替构成了吸附色谱的分离基础。吸附力弱的组分首先被展开剂解吸下来，推向前去，R_f 大；吸附力强的组分被保留下来，解吸较难，被推移得不远，R_f 小。

d. 吸附规律

吸附规律可以帮助判定组分与吸附剂之间作用力的强弱。

类似于组分与固定液之间的作用力，组分与吸附剂之间的作用力有色散力、静电力、诱导力和氢键。前三者即一般范德华力，产生物理吸附。这四种作用力的强弱顺序为氢键>静电力>诱导力>色散力。一般认为，极性强的组分，吸附能力强。

烃与吸附剂之间不能形成氢键，饱和烃的吸附能力最小。若分子中含有—OH、—COOH、—NH₂、—NH—、—NO₂、—COOR、—CHO 等官能团时，有显著的氢键作用力存在，吸附力增强。单官能团有机化合物在硅胶或氧化铝上的亲和力大小次序为：磺酸>羧酸>酰胺>伯胺>酚>醇>醛>酮>酯>叔胺>腈>硝基化合物>醚>烯烃>卤代烷(I>Br>Cl>F)>烷烃。

随着分子中双键数目增加，特别是双键处于共轭位置时，吸附作用力就大；芳香环的影响比双键大，芳香化合物随着环的数目增加，吸附作用力增加。例如，苯环>CH₂=CH—CH=CH₂>CH₃—CH=CH—CH₃。

同系物中，相对分子质量越大，吸附力也越强。

分子中极性官能团的数目增加，一般情况下吸附作用力增加，但是若两个官能团处于邻位而发生分子内氢键缔合时，则将使它们与吸附剂形成氢键的力量削弱，其吸附作用力将小于不发生分子内氢键缔合的位置异构体。例如，对硝基苯甲醛>邻硝基苯甲醛；对羟基苯甲醛>邻羟基苯甲醛。

在薄层色谱法中，凭借上述规律判断组分与吸附剂之间的作用力强弱，估算 R_f。这里讨论的规律在气固色谱和液固色谱中也适用。依据此规律也可对相似物质进行定性鉴别。

e. 常用的吸附剂

气相色谱法中用的固体吸附剂，如硅胶和氧化铝，也可以用作液相色谱的固体吸附剂。硅胶是常用的极性吸附剂，具有表面吸附活性中心，略带酸性。氧化铝也是常用的极性吸附剂，具有表面吸附活性中心，略带碱性。聚酰胺是一种特殊的有机薄层材料，它与化合物形成氢键的能力与溶剂有关。吸附剂在水中与化合物形成氢键的能力最强，在有机溶剂中与化合物形成氢键的能力较弱，在酰胺类溶剂中与化合物形成氢键的能力最弱。硅藻土为中性吸附剂。纤维素吸附剂具有一定黏性。图 4-6 为常用吸附剂的结构。其吸附活性中心是指含有未共用电子的氧原子和能形成氢键的—OH 或—NH—等。

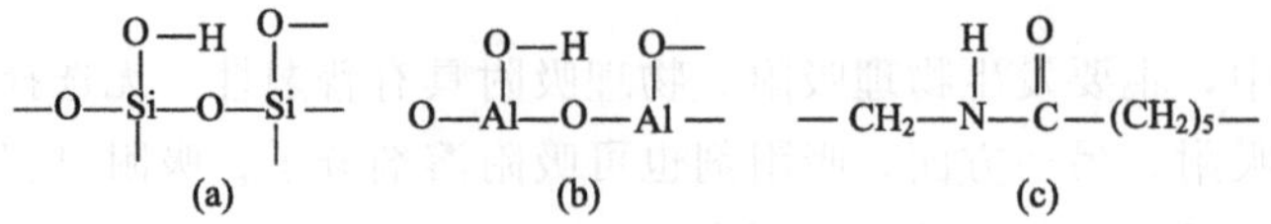

图 4-6 常用吸附剂的结构示意图
(a)硅胶；(b)氧化铝；(c)聚酰胺

2. 比移值与分配比的关系

基于第 2 章中讨论的色谱基本理论，为便于理解，此处以分配薄层色谱法为例讨论热力学常数分配比、k 与比移值 R_f 的关系。R_f 与 k 的关系式推导过程如下：

设 R' 为单位时间内 1 个分子在流动相中出现的概率，即在流动相中停留的时间分数。若 $R' = 1/3$，则表示这个分子有 1/3 的时间在流动相中，有 2/3 的时间在固定相中。对于待测组分的大量分子而言，则表示有 1/3 的分子处在流动相中，有 2/3 的分子处在固定相中。组分在固定相和流动相中的量可分别用 $c_s V_s$ 和 $c_m V_m$ 表示。因此：

$$\frac{1 - R'}{R'} = \frac{c_s V_s}{c_m V_m} = \frac{K V_s}{V_m}$$

整理上式得

$$R' = \frac{V_m}{V_m + K V_s} = \frac{1}{1 + k}$$

同理，R' 也可以表示组分分子在薄层色谱上移动的速度，若 $R' = 1/3$，则表示组分分子的移动速度 u 为流动相分子移动速度 u_0 的 1/3，即该组分分子移行至前沿的时间为流动相的 3 倍。由此可得

$$R_f = \frac{L}{L_0} = \frac{ut}{u_0 t}$$

在薄层色谱中，组分分子与流动相分子的移行时间是相同的，所以

$$R_f = \frac{ut}{u_0 t} = \frac{u}{u_0} = R'$$

推导出：

$$R_f = \frac{1}{1 + k} \tag{4-3}$$

R_f 与 k 有关，与组分性质、薄层板和展开剂的性质有关。色谱条件一定，R_f 只与组分性质有关，因此 R_f 是薄层色谱法的定性参数。对于吸附薄层色谱法也可得到类似的关系式。

(1) $R_f = 0$、$k = \infty$，表示该组分停留在原点、完全被固定相所保留、全吸附、不展开。可增加展开剂极性，使组分偏向于吸附到展开剂中。若仍不能提高 R_f，则组分极性过高，可降低硅胶板活性、减少吸附以增大 R_f。

(2) $R_f = 1$、$k = 0$，表示组分不被固定相保留、不吸附、全展开。可降低展开剂极性或增加硅胶的吸附活性以降低 R_f。

(3) 对于极性组分，当采用硅胶薄层板时，展开剂极性增大，k 降低，R_f 增大，说明容

易洗脱；展开剂极性减小，k 增大，R_f 降低，不容易洗脱。

（4）R_f 的范围为 0～1，R_f 为 0.2～0.8 最为常见，R_f 为 0.3～0.5 为最佳结果。R_f 与组分性质、薄层板和展开剂性质有关，也与溶质、固定相和流动相有关。改变展开剂的极性和吸附剂的活性可以改变被分离组分的 R_f，使其落在合适的范围内。

3. 塔板理论

薄层色谱的理论塔板数主要取决于色谱系统的物理特性，如固定相的粒度、均匀度、活性以及展开剂的流速和展开方式等。理论塔板数可用以下经验式表示：

$$n = 16\left(\frac{L}{Y}\right)^2 \tag{4-4}$$

式中：L——原点到斑点中心的距离；

Y——组分斑点的宽度。

薄层色谱的塔板高度以式（4-5）表示，从中可见影响塔板高度的因素。

$$H = \frac{a}{L-Z_0}(L^{2/3}-Z_0^{\,2/3}) + b(L+Z_0) + \frac{c}{L-Z_0}\lg\frac{L}{Z_0} \tag{4-5}$$

式中：H——平均塔板高度；

L——展开剂前沿的移动距离；

Z_0——液面与原点的距离，当 $Z_0 = 0$ 时，即原点就在展开剂液面上，这时 H 无穷大，斑点极度扩张，分离效果极差；

a、b、c 均为常数，具有一定的意义，对于一定的层析系统和一定的被分离组分而言，a、b、c 数值不变。a、b、c 各常数与很多因素有关。

第一项为填充项，H 随展开距离 L 的增加而减小。填充项常数 a 以下式表达：

$$a = \frac{3}{2}A\left(\frac{d_p^5 Q}{2D_m}\right)^{1/3}$$

第二项为扩散项，H 随展开距离 L 的增加而增大。扩散项常数 b 以下式表达：

$$b = \frac{2rD_m}{Qd_p R_f}$$

第三项为传质项，H 随展开距离 L 的增加而减小。传质项常数 c 以下式表达：

$$c = \frac{SQd_p^3}{2D_m}$$

a、b、c 各常数中，A 为随填充（涂铺情况）而定的常数值，当填充情况极好时，$A = 1$；D_m 为溶质分子在展开剂中的扩散系数；d_p 为吸附剂颗粒的平均直径；r 为溶剂的表面张力；Q 为溶剂的比速度常数；R_f 为比移值；S 为视传质情况而定的常数值，$S = 0.01$。

将 a、b、c 各常数代入，薄层色谱的塔板高度以式（4-6）表示：

$$H = \frac{3}{2}A\left(\frac{d_p^5 Q}{2D_m}\right)^{1/3}\frac{L^{2/3}-Z_0^{\,2/3}}{L-Z_0} + \frac{2rD_m}{Qd_p R_f}(L+Z_0) + \frac{SQd_p^3}{2D_m}\frac{1}{L-Z_0}\lg\frac{L}{Z_0} \tag{4-6}$$

D_m 与溶质的性质有关；d_p 与吸附剂的种类有关；R_f 与溶质、吸附剂和展开剂的性质有关；Q 与溶剂的性质有关；A 与填充情况有关。以上这些因素影响着薄层色谱的柱效率。

平均塔板高度 H 与各种参数之间的关系十分复杂,而这些参数又分别与被分离组分、展开剂、吸附剂的种类和性质及填充情况等因素有关,根据塔板理论,选择最佳层析条件十分复杂和困难。实际应用中主要考虑分离的情况,比移值 R_f 更直观。

4. 速率理论

设展开剂前沿的移动距离为 L,L 与时间 t 的平方根成正比,则 $L^2 = kt$,k 为比例系数。k 与展开剂的表面张力 γ、平均颗粒直径 d_p 有关,与黏度 η 成反比,展开剂前沿移动的速度 u 可用式(4-7)表示:

$$u = \frac{dL}{dt} = \frac{1}{2} k^{1/2} t^{-1/2} = \frac{k}{2(kt)^{1/2}} = \frac{k}{2L} \tag{4-7}$$

薄层色谱的速率理论假定薄层的组成是均匀的,这样在各点都有距离与时间的平方根成正比;展开剂的组成恒定不变,即展开剂的表面张力和黏度一定,d_p 也为一定值,k 为常数。于是,当 L 一定时,在薄层色谱中任何一点在任何时候,展开剂的流速恒定。L 与 u 成反比,所以展开剂的流速随前沿移动距离的增加而减小。所以展开距离不是可以无限增大的。

在以上假设的基础上可知,薄层色谱中任何一点在任何时候,展开剂的流速是恒定的。从薄层色谱影响塔板高度的因素也可以看出,流速不是影响塔板高度的因素,薄层色谱不像GC或LC有最佳流速。实际上,薄层色谱中展开剂的流速是空间、时间的复杂函数。

5. 分离度

1) 分离度的定义

薄层色谱的分离度(R)为相邻两斑点中心的距离和两斑点平均宽度的比值,也称为分辨率。例如,有一对难分离组分,层析时它们的移动距离分别为 L_1、L_2,两个斑点的宽度为 Y_1、Y_2,则

$$R = \frac{2(L_2 - L_1)}{Y_1 + Y_2}$$

2) 影响分离度的因素

从分离度的原始定义出发,推导出 R 与比移值 R_f、分配系数 K_D、薄层理论塔板数 n' 的关系如下:

$$R = \frac{\sqrt{n'}}{4} \left(\frac{\Delta K_D}{K_D} \right) (1 - R_f) \sqrt{R_f} \tag{4-8}$$

a. 柱效率项

柱效率项取决于吸附剂的性能。n' 主要影响斑点的分散程度。n' 越大,斑点越集中,峰宽度越小,分离度 R 越大;否则斑点扩散,R 越小。

b. 柱选择项

柱选择项取决于展开剂及吸附剂的种类与组成。若两组分 $K_1 = K_2$,$\Delta K = 0$,$R = 0$,无论 n 和 K 多大都不能得到分离;应选择适宜的流动相和适宜的薄层板活性使 $K_1 \neq K_2$,尤其以选择流动相为主,更方便;使性质相近组分的 K 产生较大差别是分离条件选择优劣

的量度。

c. 柱容量项

柱容量项取决于展开剂的极性。R_f 越大（＞0.3），分离度 R 越小。最佳分离条件是 R_f 为 0.3～0.5，可用范围是 R_f 为 0.2～0.8。调整展开剂极性或改变薄层板活性，改变吸附脱附性能，可以使被分离组分的 R_f 落在合适的区间。在薄层色谱中，要求 $R \geqslant 1$ 较适宜，此时分离度达 98％，两组分基本完全分离。

3）R 与 R_f 的关系

对一定的层析系统和被分离组分而言，n'、ΔK_D 和 K_D 是一定的，于是 R 仅与 R_f 有关。

R 与 R_f 的曲线为一开口向下的抛物线，有极大值。由图 4-7 可知，当 $R_f = 0$ 和 1 时，$R = 0$，这说明停留在原点不动或随溶剂移动到前沿的组分是得不到分离的。

4）其他影响分离度的因素

除公式描述的影响因素外，还有一些因素会影响薄层色谱的分离度。

a. 硅胶性质

分离效果的好坏和所用硅胶有很大的关系。不同厂家生产的硅胶可能含水量以及颗粒的粗细程度、酸性强弱不同，从而导致样品在某个厂家生产的硅胶中分离效果很好，在另一个厂家的分离效果不好。

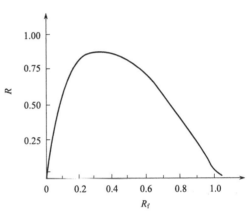

图 4-7　R 与 R_f 的关系曲线

b. 溶剂的质量

分离效果的好坏和溶剂的质量有很大的关系。溶剂的含水量和溶剂中杂质的含量对分离效果都有明显的影响。

c. 温度、湿度

温度、湿度对分离效果的影响也很明显，有时在同一展开条件下，上午和下午测得的 R_f 截然不同。

d. 溶剂强度、种类和组成

溶剂强度与溶剂的活性和极性有关，其影响 R_f 或 K。溶剂强度越强，溶剂对组分的洗脱能力越强，K 越小，R_f 越大；改变溶剂的种类和组成可以改变 R_f，进而改善分离度 R。

对于吸附色谱，只要降低溶剂极性使 K 增大，即可把薄层色谱法溶剂系统用于 HPLC。反之，适当增加溶剂极性，则可将 HPLC 的溶剂系统用于薄层色谱法。

4.2.3　仪器装置和条件选择

1. 仪器装置

1）薄层板

要求薄层板具有机械强度、化学惰性、耐一定温度、表面光滑平整、洗净后不附水珠、干燥、厚度均匀、价格便宜。多用玻璃板做基板，上面涂铺吸附剂制成薄层板。

　　薄层板规格有 5cm×10cm、10cm×20cm、20cm×20cm、2.5cm×7.5cm。薄层板有商品出售,德国 Merck 公司是全球最大的薄层板供应商。如果薄层色谱法仅作为监测的手段,也可自制薄层板(可用显微镜上的玻璃载片作为基板)。

　　2) 吸附剂

　　薄层层析用的吸附剂及其选择原则与柱层析相同。主要区别在于薄层层析要求吸附剂的粒度更细。一般薄层板吸附剂的粒度应小于 250 目,并要求粒度均匀。

　　展开距离随薄层板吸附剂的粒度粗细而定,薄层板吸附剂的粒度越细,展开距离越短,一般不超过 10cm,否则可引起色谱扩散,影响分离效果。

　　3) 黏合剂

　　为了加强固定相颗粒的附着力,增加薄层板湿润性,常于涂敷前在吸附剂中加入黏合剂,以改善色谱分离。例如,硅胶作为吸附剂的薄层板分为硅胶 H(不含黏合剂)和硅胶 G(含黏合剂)。黏合剂分为无机黏合剂和有机黏合剂。

　　a. 无机黏合剂

　　多采用煅石膏。将 $CaSO_4$ 在无烟炉火中或坩埚内煅至酥松,取出晾凉,打碎即可使用。

　　含有煅石膏黏合剂的薄层板以 G(gypsum)标识;普通硅胶 G 含有 13%～15%的煅石膏;制备型硅胶 G 含 30%煅石膏;氧化铝 G 含 9%煅石膏。

　　b. 有机黏合剂

　　多采用羧甲基纤维素钠(CMC-Na),是纤维素羧甲基醚的钠盐,为白色或乳白色纤维状粉末或颗粒,具有吸湿性,分散在水中呈澄清的胶状液,对热稳定,具有黏合作用,在半固体制剂中做凝胶基质。有机黏合剂在牙膏、纸、食品生产中广泛使用。CMC 溶液匀浆涂铺的薄层板强度高,色谱分离性能好。但是,含 CMC 的薄层板不适合用浓硫酸喷雾显色,易霉变降解。

　　煅石膏和 CMC-Na 均为制作薄层板常用的黏合剂。煅石膏是利用熟石膏吸水后凝固的性质而使吸附剂黏结为均匀、结实的薄层。CMC-Na 则为大分子有机化合物,可溶于水,借助其分子间的作用力起到黏结作用,使吸附剂在薄层板上形成坚固的薄层。

　　4) 指示剂

　　有一些化合物既无颜色、也无荧光,也没有合适的显色剂可与之显色,又无可生成荧光衍生物的条件,此时常将这类化合物点在含有无机荧光物质[如掺锰的硅酸锌(Zn_2SiO_4-Mn)或掺银的硫化锌(ZnS-Ag)、硫化镉(CdS-Ag)]的荧光板上进行分离,分离后将薄层板置于紫外光下观察,此时薄层背景呈现荧光,由于一部分光被化合物吸收,照射到薄层板上的紫外光强度有所减弱,因此产生的荧光也减弱,化合物呈暗色斑点,用这种方法可以确定化合物的 R_f 以定性,在定量时依据斑点荧光减弱的程度测定化合物的含量。也可用荧光淬灭的方法来确定被测物的位置,然后用紫外区的波长来测定其含量。

　　荧光指示剂的用量为 1.5%～2.0%。短波荧光指示剂为锰激活的硅酸锌,在 254nm 紫外光照射下发出荧光,显示阴极绿色。长波荧光指示剂为银激活的硫化锌或硫化镉,在 366nm 紫外光照射下发出荧光,显示彩蓝色。能够得到色谱的"视觉印象"是薄层色谱与所有其他色谱技术相比的主要优势。254nm 和 366nm 的紫外光照射下的荧光背景图如图 4-8 所示,图中的暗斑为组分的斑点。这种薄层板把分离和显斑的过程结合在一起,避免喷雾显色和蒸气显色带来的问题,对定性更方便,缩短了分析时间,提高了效率。

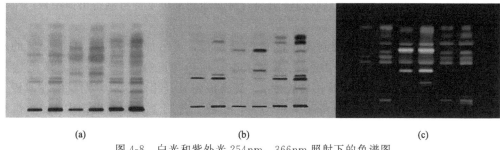

图 4-8　白光和紫外光 254nm、366nm 照射下的色谱图

(a)白光照射；(b)254nm 紫外光照射；(c)366nm 紫外光照射

含有荧光指示剂的薄层板以 F(fluorescence)标识，如硅胶 HF254(不含黏合剂，含 254nm 荧光指示剂)、硅胶 GF254(含黏合剂和 254nm 荧光指示剂)、硅胶 HF254＋366(不含黏合剂，含 254nm 和 366nm 荧光指示剂)。

5) 薄层板的活性

用于薄层层析的吸附剂一般活性不宜过高，以免过度吸附、不展开。薄层板的活化方法是在吸附剂中加入一定量的水，使其活性降低。

薄层板的活性级别的评判方法很多，一定的混合物在一定的展开剂下展开，依据对照表可确定薄层板的活性级别。

a. 赫曼尼柯法测定活性

采用五种物质，偶氮苯 30mg、对甲氧偶苯、苏丹红、苏丹黄、对氨基偶氮苯各 20mg 溶于 50mL 的四氯化碳中，配成实验溶液，在氧化铝或硅胶薄层板上以四氯化碳溶剂展开，计算各组分的比移值，对照色谱手册，可查出并确定薄层板的活性级别。

b. 布罗克曼活性级别

布罗克曼对活性级别进行了界定。吸附剂的活性与薄层材料的含水量(质量分数)有关。吸附剂的含水量越大，吸附被分析组分的能力越弱，活性越低，活性级别越高。布罗克曼活性级别对照图见表 4-2。常用Ⅱ～Ⅲ级活性级别的吸附剂制成薄层板。

表 4-2　布罗克曼活性级别对照图

布罗克曼活性级别	活性强弱	薄层材料含水量/%	
		硅胶	氧化铝
Ⅰ	强	0	0
Ⅱ		5	3
Ⅲ	↓	15	6
Ⅳ		25	10
Ⅴ	弱	38	15

6) 薄层板的制备

薄层板的制备也就是铺板，一般来说，小规模分析用薄层板可自制，大规模样品分析可以直接购买商品薄层板。

将吸附剂(硅胶、氧化铝等)、黏合剂、水(水的含量调节吸附剂的活性)在研钵中搅拌均匀调成糊状且无气泡和板结，将糊状的吸附剂材料滴加到平板上即可制备出薄层板。

　　a. 硅胶 H 的制备

　　硅胶 H 自身不含黏合剂，要制成硅胶 H 型薄层板，需另加黏合剂(0.4%～1%的水溶液)。称取 CMC-Na 0.8g，溶于 100mL 蒸馏水中，加热并充分搅拌至全溶，取上述溶液 37mL 置于研钵中，加入薄层层析用硅胶 15g，研磨成匀浆，用药匙取一定量倒在薄板上并涂布均匀，然后轻轻振动，使薄层面平整均匀，平放，待阴干后，于烘箱中 110℃烘半小时，再进行活化，活化后的薄层置于干燥器中备用。

　　b. 硅胶 G 的制备

　　硅胶 G 自身含黏合剂煅石膏，仅加一定量的水，即可制成硅胶 G 型薄层板。称取硅胶 G 5g，加蒸馏水 15mL，研磨均匀后，取三分之一倾注在预先洗净晾干的玻璃板上，迅速振动玻璃板，使吸附剂薄层均匀平整，阴干后同上法活化备用。整个操作要迅速，以免因煅石膏吸水凝固而影响薄层的均匀性。

　　7) 薄层板的选择

　　极性化合物用吸附薄层色谱分离时，宜选用吸附能力弱的(含水量大、活性级别大的)薄层板、极性强的洗脱剂展开。否则，吸附活性大的薄层板对极性化合物的吸附严重，极性化合物溶解在展开剂中的量少，R_f太小，分离效果差。

　　非极性化合物用吸附薄层色谱分离时，宜选用吸附能力强的(含水量少、活性级别小的)薄层板、极性弱的洗脱剂展开。

　　中等极性化合物宜采用中间条件展开。以感兴趣的 R_f 为 0.3～0.5($k=2.3～1$)为宜。

　　2. 条件的选择

　　1) 点样

　　与纸色谱法相同，点样分为手动点样和自动点样。点样装置为毛细玻璃管或自动薄层色谱点样仪。

　　将样品溶于氯仿、丙酮、甲醇等挥发性有机溶剂中，可用毛细玻璃管(定性分析时)或微量注射器(定量分析时)将样品点加到薄层板上。

　　点样的原点位置应在距离薄层一端 1.5cm 的起始线上，展开剂浸没薄层的一端约 0.5cm，点样原点的大小对最后斑点的面积影响很大，因此必须严格控制。点样原点应小而圆(点样器要垂直于薄层板)，点的直径一般不大于 2～3mm，点与点之间的距离一般为 1.5～2.0cm。

　　每次挥发掉溶剂后，可再次点样，防止边缘效应。点样量勿过多，防止拖尾。点样不应破坏薄层表面。

　　2) 展开

　　薄层层析中，当吸附剂活性为一定值时(如Ⅱ或Ⅲ级)，对多组分的样品能否获得满意的分离取决于展开剂的选择。按展开剂极性不同，展开剂分为弱极性、中等极性与强极性展开剂。

　　根据被分析物的化学成分类型、极性和溶解度选择展开剂。也可根据文献中报道的该类化合物使用的展开剂，不断尝试采用不同的展开剂比例，直到获得最佳的分离效果。常用的展开容器为带磨口的生物标准缸。

要求展开剂对被分析组分有良好的溶解性；可使组分间分开；使待测组分的 R_f 为 0.2～0.8，定量测定时最好为 0.3～0.5；不与待测组分或吸附剂发生化学反应；沸点适中，黏度较小；展开后组分斑点圆且集中；混合溶剂最好新鲜配制，以免影响组成比例。使用混合溶剂时，高极性溶剂与低极性溶剂的体积比多采用 1∶3 的比例。如果有分开的迹象，再调整比例（或者加入第三种溶剂），达到最佳效果；如果没有分开的迹象（斑点较"拖"），最好是换溶剂。

展开剂的极性比溶质的极性要小一些，即展开剂对被分离物质要有一定的解吸能力。否则，被分离物质就会发生对展开剂的强吸附，以致被分离物质将会随着溶剂前沿向前移动，而不能达到分离。在吸附薄层色谱中，展开剂的极性越大，对同一化合物的洗脱能力越强，R_f 增加；反之，R_f 减小。若 $R_f > 0.5$，则减小极性溶剂的比例，降低洗脱能力。若 $R_f < 0.3$，则增加极性溶剂的比例，提高洗脱能力。当 R_f 合适后，进行等强度溶剂系统的替换直到分离度符合要求。

实际工作中，经常需要利用溶剂极性对展开剂极性予以调整。

弱极性体系选用正己烷和水，甲醇、乙醇，乙酸乙酯等调节极性，适合于黄酮、萜类等化合物的分离。

中等极性体系选用氯仿和水，甲醇、乙醇，乙酸乙酯等调节极性，适合于蒽醌、香豆素以及一些极性较大的木脂素和萜类的分离。

强极性体系选用正丁醇和水，甲醇、乙醇，乙酸乙酯等调节极性，适合于极性很大的生物碱类化合物的分离。

当二元溶剂系统无法满足要求时，可选三元或四元溶剂系统或在二元溶剂系统中加入少量酸或碱改善 R。一般分析酸性物时在展开剂中加少量乙酸饱和，分析碱性物质时，在展开剂中加三乙胺、氨水、吡啶等中和硅胶的酸性。所添加的酸性和碱性物质应容易从产品中除去，氨水无疑是较好的选择。

在液固色谱中，溶剂的洗脱能力用溶剂强度系数 ε^0 来表示：

$$\varepsilon^0 = \frac{E}{A}$$

式中：E——吸附能；

A——吸附剂表面积。

对于薄层色谱，常用展开剂的洗脱能力（ε^0）见表 4-3。饱和烷烃的极性小，洗脱能力弱；乙腈的极性很强，洗脱能力也强。

表 4-3　硅胶和 Al_2O_3 薄层板上展开剂的洗脱能力

吸附剂类型 \ ε^0 \ 溶剂	戊烷	CCl₄	苯	CHCl₃	CH₂Cl₂	乙醚	乙酸乙酯	丙酮	二氧六环	乙腈
Al_2O_3	0.00	0.18	0.32	0.40	0.42	0.38	0.58	0.56	0.56	0.65
硅胶	0.00	0.11	0.25	0.26	0.32	0.38	0.38	0.47	0.49	0.50

聚酰胺是一种特殊的薄层色谱吸附材料，它与各化合物形成氢键的能力与样品成分和溶剂有关。吸附剂在水中与化合物形成氢键的能力最强，吸附最强，水的洗脱能力最弱；在有

机溶剂中与化合物形成氢键的能力较弱；在酰胺类溶剂中与化合物形成氢键的能力最弱，吸附最弱，酰胺类溶剂的洗脱能力最强。聚酰胺薄层板上展开剂的洗脱能力顺序为：水＜乙醇＜甲醇＜丙酮＜稀氨水＜甲酰胺＜二甲基甲酰胺。

展开过程和展开方式与纸色谱法相同。

3）洗脱与定位

洗脱的目的主要是为了定量。洗脱的方法是取下薄层色谱上分离的斑点，用溶剂将化合物从吸附剂上洗脱下来，收集洗脱液并用适当方法分析。

定位的目的是显斑以确定比移值并定性。常见的定位方法有利用荧光显示技术和荧光猝灭技术定位的光学检出法、利用碘蒸气（可逆反应）和浓硫酸碳化（不可逆反应）的蒸气检出法、利用显色剂喷雾和浸渍显色的试剂显色法。

4.2.4 应用

应用薄层色谱法可分离测定塑料中的增塑剂。按 35mL 质量浓度为 3g/L 的 CMC-Na 水溶液加 15g 硅胶 H 的比例，将吸附剂涂铺在薄层板上。薄层板为 15cm×10cm，层厚为 0.25mm，室温下水平放置阴干后，在 105～110℃下活化 0.5h，置于干燥器中备用。展开剂为 1 体积乙酸乙酯：4 体积乙醚：15 体积异辛烷。

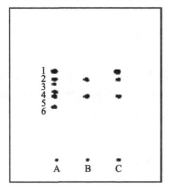

六种增塑剂分别用乙酸乙酯做溶剂配成 20g/L 的标准液，并配制混合标液。混合标液于 A 处展开。样品溶液 B 和 C 分别是蓝色和无色软塑料样品，将约 2g 的塑料制品切成小碎块，放入烧杯中，加入新蒸出的四氢呋喃或其他适宜溶剂约 25mL，放置过夜，以使塑料完全溶解。再用分液漏斗一滴滴地加入甲醇，滴加过程中不断搅拌溶液，当开始出现不再溶解的细颗粒状沉淀时，加快甲醇加入的速度，总共加入约 200mL 的甲醇。过滤沉淀，所得滤液在水浴上蒸发浓缩备用。在薄层板上点样，上行展开，展开距离为 10cm，取出薄层板，用吹风机小心吹干溶剂后置于碘缸中约 3min，显出斑点。结果表明，B 样品中含有 DOP、DBP。C 样品含有 DOS、DOP 和 DBP，如图 4-9 所示。

图 4-9 两种塑料样品的薄层色谱图
A. 混合标液；B. 蓝色软塑料样品；
C. 无色软塑料样品
1. DOS；2. DOP；3. DBS；
4. DIBP；5. DBP；6. DMP

薄层色谱法与纸色谱法都可以作为 LC 的初试，很多结论可以被 LC 采用。

4.3 高效液相色谱法

以液体作为流动相的色谱法称为液相色谱法。液相色谱法分为经典液相色谱法和现代液相色谱法。

现代液相色谱法是在经典液相色谱法的基础上，引入气相色谱的理论，在技术上采用了高压泵、高效色谱柱和高灵敏度检测器而实现分离测定的分析方法。该方法具有分离速度快、分离效率高、选择性好、灵敏度高、操作自动化程度高和应用范围广等特点，因此称为高效液相色谱法（high performance liquid chromatography，HPLC）、高压液相色谱法（high pressure liquid chromatography）、高速液相色谱法或高分离度液相色谱法。

根据分离原理的不同，HPLC 可分为液液分配色谱法、液固吸附色谱法、离子交换色谱法、排阻色谱法和离子对色谱法等。当今，高效液相色谱中高效色谱柱多采用化学键合固定相，它既不是严格意义上的液液色谱，也不是严格意义上的液固色谱，二者兼而有之。本节主要介绍液液分配色谱法（包括化学键合色谱法）。

4.3.1　概述

气相色谱法是一种良好的分离分析方法，在已知化合物中能够直接用气相色谱分析的化合物约占 15%，加上衍生的化合物，分离的物质占全部有机化合物的约 20%；为低沸点且加热不易分解的样品。

但是，占有全部有机化合物 80% 的高沸点、难挥发、相对分子质量大、受热易分解的物质，离子型化合物及高聚物，来自生物体内的对生命现象具有影响的微量或痕量的热不稳定的生物活性物质（如氨基酸和核糖核酸等）以及多种天然产物又如何分离呢？实践证明，以液体流动相替代气体流动相的液相色谱法可获得此类物质的分离和分析。

1. 发展历史

1903～1906 年，俄国植物学家 Tswett 在华沙大学研究植物绿叶色素的成分时，用 $CaCO_3$ 做吸附剂，分离了植物绿叶的石油醚萃取物，出现了经典的液相色谱法。1931 年，Kuhn 采用 Tswett 的液固色谱法，用氧化铝和碳酸钙做吸附剂，把结晶状的胡萝卜素分离成 α 和 β 两种同分异构体，而且确定了分子式，同年进一步扩大了分离的范围，制得了叶黄素晶体，并从蛋黄中分离出叶黄素。他们的成功大大鼓舞了其他研究者利用这一方法的信心。1938 年，他们从维生素 B 中分离出 B_6，因这一出色研究获 1938 年诺贝尔奖。经典液相色谱的柱效率低，未能发挥出它的潜在优势，所以发展缓慢。直到 60 年代初，GC 高速发展以后，由于它对高相对分子质量、热稳定性差的物质不适用，才又把注意力转移到 LC 的研究中。LC 涉及固定液的制备、小体积检测器的制造和高压泵的制造等问题，远比 GC 仪器复杂。60 年代后期，将比较成熟的 GC 的理论和技术应用于经典 LC，使 LC 得到了迅速发展，实现了快速分析、高效分离和操作自动化，产生了具有现代意义的高效液相色谱。1967 年，具有真正优良性能的商品高效液相色谱仪出现。

2. HPLC 与经典 LC 的对比

从速率理论得知，要提高柱效率，就要把固定相的粒度 d_p 减小；要缩短分析时间，就要把流动相的速度加快。所以研制了颗粒小的薄壳型材料作为填料、使用高压泵加快流动相的流速，发展了 HPLC。HPLC 从原理上与经典 LC 没有本质的差别，与经典 LC 相比，HPLC 有以下优点：

（1）经典 LC 的色谱柱只能进行一次分离，第二次分离须更换固定相；HPLC 的色谱柱可重复使用，柱寿命达一年以上。

（2）经典 LC 进行一次分离往往需几个小时甚至十多个小时；HPLC 使用粒度更细的固定相填充色谱柱，提高色谱柱的塔板数，以高压驱动流动相，使分离工作得以在几十分钟甚至几分钟内完成。

（3）经典 LC 需要离线检测；HPLC 为在线检测，大大提高了灵敏度。

（4）经典 LC 进样量大（X～X00mL）；HPLC 进样量小（X～X0μL）。

（5）经典 LC 在常压下操作，填料颗粒大（75～600μm），柱效率低，分析时间长，难以解决复杂混合物的分离；HPLC 在高压下操作，其压力可达 X～X0MPa，填料的粒度往往小于 10μm，柱效率高（X000 块/m），分离能力强。

3. HPLC 与 GC 的对比

GC 的许多理论与技术同样适用于 HPLC，但与 GC 相比，有一定的差别。

GC 适于沸点低、热稳定性好、中小相对分子质量的化合物；HPLC 不受此种限制。

GC 的流动相仅起运载样品的作用，不起分离作用，但无毒，易于处理；HPLC 的流动相除运载样品外，还参与分离过程，可改变流动相组成，进行有效的分离。但流动相一般有毒，处理费用高。

GC 柱特别是毛细管柱可很长（X0～X00m），柱效率很高，理论塔板数可达 10^4～10^6；HPLC 柱采用高效填料，色谱柱不必太长（10～25cm），柱效率低于 GC 柱，理论塔板数一般仅为几千至几万。

与 GC 相比，HPLC 的检测器种类较多。但 GC 有发展成熟的灵敏度高的通用型检测器（如 FID）；而 HPLC 有示差折光和蒸发光散射检测器，但灵敏度均较低。

GC 仪器制造难度小，较便宜，运行和操作容易；HPLC 仪器制造难度大，较昂贵，运行和操作比 GC 难一些。

4. HPLC 的特点

1）高压

以液体做流动相，液体流经色谱柱时，受到的阻力较大，为了能迅速地通过色谱柱，必须对载液施加高压。HPLC 中供液压力和进样压力一般为 15～30MPa，甚至达 50MPa。

2）高速

HPLC 所需要的分析时间一般都小于 1h，载液在色谱柱内的流量一般可达 1～10mL/min，甚至达 100mL/min，已近似于 GC 的流量。

3）高效

由于采用了新型固定相（如化学键合固定相），HPLC 的柱效率很高，有时一根色谱柱可分离 X0 种以上的组分。

4）高灵敏度

HPLC 已广泛采用高灵敏度的检测器，如紫外检测器和荧光检测器，进一步提高了分析的灵敏度。HPLC 的高灵敏度还表现在所需试样很少，μL 级的试样就足以进行分析。

5）分析范围广

采用高压输液泵、高灵敏度检测器和高效微粒固定相，适于分析高沸点不易挥发、相对分子质量大、不同极性、热不稳定的有机及生物试样。

4.3.2　高效液相色谱仪

20 世纪 80 年代，高效液相色谱仪得到了迅速的发展，与其所具有的高速、高效、高灵敏度、适用范围广、易于大量制备分离等固有特点分不开。一方面，它反映了科研、生产部门对于 HPLC 这一技术的迫切需求；另一方面也反映了液相色谱技术本身的进步，尤其是各种材料。例如，高效填料和微电子技术的进步和应用有力地推动了高效液相色谱仪产品本身不断地完善和更新。同时，对高效液相色谱仪的研制和生产也提出了越来越高的要求。

现代高效液相色谱仪必须具备以下特点，这些特点也是评价 HPLC 仪器好坏的标准。为了保证样品组分得到高效分离，除仪器必须具备高柱效率色谱柱外，还必须保证仪器的进样装置、柱结构、检测池及各部分连接管道具有尽可能小的死体积以减小柱外效应造成的谱带增宽；仪器能准确并重复地给出测量结果，为此必须精确地控制工作条件，如流动相的压力、流速、色谱柱和检测器的温度、梯度洗脱的化学成分变化的比例，这些条件应能够得到精确的控制和再现；为了使载液高速地通过色谱柱和检测器流通池，要求仪器必须具有高压输液装置；为了保证分析数据的快速处理，要求仪器配有快速记录仪和自动数据处理装置；要求仪器的输液系统采用耐酸、碱腐蚀的材料制成，而且载液和样品具有化学稳定性；具有多种检测器和不同类型、规格的色谱柱，以适应各种不同类型复杂样品的分离和分析需要；具有梯度洗脱装置，以适应复杂样品分离条件的改善和选择；要求一机多用，仪器既可作分离分析，又可作一定量样品的制备分离。

4.3.3　流程和主要部件

高效液相色谱仪最主要的功能是对液体样品组分实现分离并检测。它一般由高压输液系统、进样系统、分离系统、检测系统、数据处理和记录系统及温度控制装置等主要部件组成。高效液相色谱仪的结构如图 4-10 所示。

流动相要首先经过脱气处理，高压输液泵将流动相以稳定的流速输送至分析系统体系，在色谱柱之前通过进样器将样品导入，流动相将样品带入色谱柱，在柱中各组分进行分离，依次随流动相流至检测器，检测器的信号通过工作站记录、处理和保存。也有的仪器在分析柱的入口端装有与分析柱相同固定相的短柱(5～30mm)做保

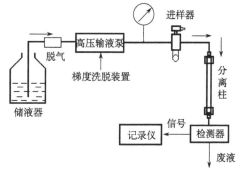

图 4-10　HPLC 结构示意图

护柱，可以经常更换且更换方便。因此虽然采用保护柱会损失一定柱效率，但起到保护分析柱，延长分析柱寿命的作用。

1. 高压输液系统

高压输液系统由储液器、脱气装置、高压输液泵、过滤器、梯度洗脱装置等部件组成，其中核心部件为高压输液泵。

1）储液器

储液器用来储存足够数量、合乎要求的流动相以满足和保证色谱分离分析工作顺利进

行。储液器应有足够的容积(0.5~2L)以连续供应流动相，流速稳定、流量可调；结构上能对溶剂方便进行脱气处理；由于高效液相色谱仪所用的色谱柱直径细，固定相粒度小，流动相阻力大，因此必须借助高压输液泵使流动相以较快的速度流过色谱柱。所以要求储液瓶耐一定压力(15~45MPa)，有一定机械强度以保证安全；耐腐蚀，容器材料对所接触的各种溶剂具有化学稳定性。在 HPLC 中，多采用溶剂瓶作为储液器。

　　2) 流动相的脱气

　　流动相中溶解的气体(主要是氧气)会有以下作用：与样品、流动相或固定相起化学反应；在系统由高压(色谱柱)进入低压(检测器)时，逸出气泡，影响泵的工作；气泡会导致柱效率的下降及严重的基线噪声、灵敏度下降，甚至导致仪器无法正常工作；引起溶剂 pH 的变化，对分离或分析结果带来误差；某些溶剂如甲醇、四氢呋喃与溶解的氧可形成紫外吸收络合物，使背景吸收增加，灵敏度降低；梯度洗脱时造成基线漂移或形成鬼峰；荧光检测中引起对芳香烃、脂肪醛、酮的淬灭现象，荧光响应甚至降低达 95%；用电化学方法检测氧化还原时，氧的影响更大。因此，需要将溶解的氧脱去。

　　除去流动相中的溶解氧将大大提高 UV 检测器的性能，也将改善荧光检测的灵敏度。常用的脱气方法有在线脱气法和离线脱气法。离线脱气法不能维持溶剂的脱气状态，在停止脱气后，气体逐渐溶解到溶剂中，在 1~4h 内，溶剂又将被环境气体所饱和。在线脱气法更为实用。

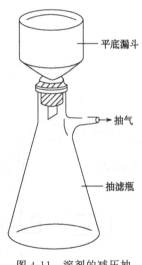

图 4-11　溶剂的减压抽真空过滤脱气装置

（图标注：平底漏斗、抽气、抽滤瓶）

　　a. 低压脱气

　　采用电磁搅拌、水泵减压抽真空或加热的方法来提高抽气效率进行脱气。但低沸点溶剂易损失而影响溶剂的组成，不适于多元流动相的脱气。

　　图 4-11 所示为减压抽真空过滤脱气，目的是在溶剂进入储液器之前对溶剂进行脱气和过滤。

　　b. 顶替法脱气

　　以 He 彻底吹扫流动相脱气被认为是较好的脱气方法。He 在液体中的溶解度最小，可排除痕量氧，即在色谱操作前和进行时，将惰性气体 He 吹入溶剂中。严格地说，此法不能将溶剂脱气，只是用低溶解度的惰性气体将空气替换出来。一般说来，有机溶剂中的气体易脱去，而水溶液中的气体难以脱去。在溶液中吹入 He 是相当有效的脱气方法，这种连续脱气法在电化学检测时经常使用。但 He 较昂贵，难以普及。

　　c. 超声波振荡脱气

　　将溶剂储瓶置于超声波水浴中，对 500mL 液体脱气 15~20min，此法不影响溶剂的组成。超声时应注意避免溶剂瓶与超声槽底部或内壁接触，以免玻璃瓶破裂。溶剂瓶内液面不要高出水面太多，以保证脱气效果。

　　d. 在线真空脱气

　　在线真空脱气装置将脱气系统与输液系统串联，流动相流经脱气单元内的塑料膜管线，由于塑料膜管线的膜可允许气体透过，而液体无法透过，因此通过微型真空泵将脱气单元降压而实现在线脱气。在线真空脱气是常用的在线脱气方法。脱气时流动相的流量不能太大，以3mL/min为宜。图 4-12 为在线真空脱气原理示意图，图中所示为高压输液泵将在线真空脱气后的流动相送入色谱柱。

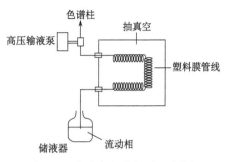

图 4-12　在线真空脱气原理示意图

3）高压输液泵

高压输液泵是高效液相色谱仪的重要部件，高压输液泵的作用是将流动相以恒定的压力或流速连续地送入色谱系统并携带样品通过色谱柱完成分离过程。对高压输液泵有以下要求：

(1) 为了获得较高的定性定量分析的精密度，要求流量恒定、无脉动。流动相流量恒定是色谱分离的最基本要求。因为流量的恒定直接影响到峰面积的重复性和定量的精度，流量的变化也将影响组分的保留值和分辨率，导致检测器噪声加大，灵敏度下降。一般流量的相对标准偏差应小于 0.5%。

(2) 为了使分离条件更灵活，要求高压输液泵有较大的调节范围，在 0.1～100mL/min 任意调节。对于常规分离分析，要求泵的流量范围为 0.1～10mL/min；对于制备型仪器，因色谱柱的直径和容量大，要求高压输液泵有足够大的流量输出，可达 100mL/min。

(3) 高压输液泵应能抗溶剂的腐蚀，耐酸、耐碱、耐磨损，密封性能好。因为流动相常用有机溶剂，有时还要加入缓冲盐、少量酸或碱等成分。直接接触流动相的部位都应具有良好的化学稳定性，进行离子交换分离的高压输液泵更应耐酸、碱性水溶液的腐蚀，高压下密封良好无泄漏。

(4) 为了获得高效、高速的分离目的，采用细颗粒高效填料，填料直径为 10μm、5μm 或更细(此处对比 GC 的载体，为 60～80 目，180～250μm)；柱阻力相当大，液体的流动相高速通过时将产生很高压力，要求有较高的输送压力，一般为 25～50MPa。

当碰到分析对象十分复杂时，为了找到较佳的分离条件，需要经常更换溶剂，这样就要求有尽量小的泵死体积，便于迅速更换溶剂和进行梯度洗脱。

按照输液性能不同，通常将输液泵分为两种类型，即恒压泵和恒流泵；按机械结构不同，通常将输液泵分为四种类型，即液压隔膜泵、气动放大泵、螺旋注射泵和往复柱塞泵，其中前两种为恒压泵，后两种为恒流泵。恒压泵保持泵压力不变，而流量随阻力而变化，当阻力恒定时，可以达到流量恒定。恒流泵则保持流量不变，压力随阻力而变化，当阻力恒定时，可以达到恒压。由于稳定的流量更有利于提高色谱柱的分离效能，因此现代高效液相色谱仪一般均用恒流泵，由于螺旋注射泵具有间歇式供液、更换溶剂与清洗不方便等缺点，现在最常用的是往复柱塞泵。往复柱塞泵通常分为单柱塞泵、双柱塞泵，其中双柱塞泵又分为双柱塞并联泵和双柱塞串联泵(双柱塞补偿泵)，由于双柱塞并联泵需要更多的单向阀，增加了污染的机会，因此目前应用最多的是双柱塞补偿泵。

a. 单柱塞泵

单柱塞泵通常由电机带动凸轮运动，驱动柱塞在液缸中往复运动。单柱塞泵共有两个单向阀，液体的流向由单向阀控制，如图 4-13 所示。当柱塞被推入液缸时，出口单向阀打开而入口单向阀关闭，流动相被推出缸体，流入色谱柱。当柱塞自缸内外移时，入口单向阀打

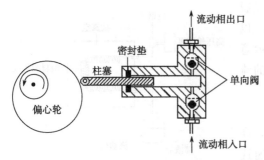

图 4-13　单柱塞泵结构示意图

开，而出口单向阀关闭，流动相自储液器吸入缸体。如此往复运动即可使流动相源源不断地从储液器进入色谱柱中，输出流量通过控制冲程和往复运动频率来完成。柱塞往复泵容积一般只有 $0.0X \sim 0.Xm L$，其优点是泵容积小，易于清洗及更换流动相，泵压较高、泵耐腐蚀性强。由于流速不受阻力的影响，在梯度洗脱中常用。缺点是脉动较大，需要有阻尼器或采用双泵来克服脉动以达到恒定的流量。

b. 双柱塞补偿泵

双柱塞补偿泵为双柱塞串联泵，由两个往复柱塞泵组成，双柱塞补偿泵的结构如图 4-14 所示。泵 1 紧靠储液器，泵 1 的缸容积是泵 2 缸容积的 2 倍，泵 1 中有一对单向阀，而泵 2 中没有单向阀，且两个柱塞杆运动方向正好相反，即泵 1 由储液器吸液时，泵 2 向色谱柱输液；而泵 1 输液时，泵 2 将泵 1 输出的流动相的一半吸入其液缸，另一半直接输到色谱柱中。可见，由于泵 2 中没有单向阀，不管其处于吸液还是输液位置，流动相都可通过此泵进入色谱

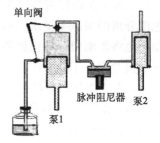

图 4-14　双柱塞补偿泵结构示意图

柱。因此，往复运动泵 2 可补偿泵 1 吸液时的压力下降，大大地减轻了输液脉动，使流量更加稳定。

c. 恒压泵

19 世纪 60 年代研制的恒压泵为气动放大泵。气动放大泵为常用的恒压泵，能保持输出液体压力恒定。恒压泵(气动放大泵)具有大小不一的两个活塞。气缸活塞面积 $A_1 >$ 液缸活塞面积 A_2。气缸压强为 p_1，液缸压强为 p_2，则 $p_2 = p_1 A_1 / A_2$。因为 $A_1 > A_2$，所以液体输出压强 $p_2 >$ 气体输入压强 p_1。因此，能在较低压强气源的情况下得到较高的液压输出。液缸体积约为 70mL。恒压泵的结构示意图如图 4-15 所示。

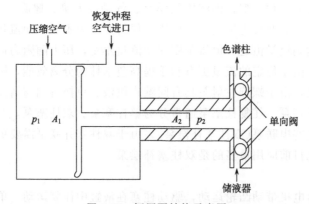

图 4-15　恒压泵结构示意图

恒压泵的压力稳定、无脉动、对检测器的噪声低，通过改变气源压力即可改变流量。结构简单、操作和换液清洗较方便。缺点是流量不稳定，随溶剂的黏度、柱阻力、环境温度等操作参数不同而改变。

恒压泵流量不稳定，难以满足 LC 的要求，为发展初期的产物，后期被恒流泵取代，现在恒压泵主要用于 LC 色谱柱的制备。

4）溶剂的过滤

溶剂中的机械杂质进入输液管道、进样阀或色谱柱易产生阻塞现象，使色谱系统不能正常运行。除非在溶剂的标签上标明"已滤过"，所用的溶剂在进入储液器之前必须经过滤膜过滤并且在进入色谱系统之后也要经过多处过滤器以除去细菌和杂质微粒，色谱纯试剂也不例外。

a. 滤膜过滤

滤膜主要用于色谱分析中溶剂及样品的过滤，对保护色谱柱、输液泵、管路系统和进样阀具有良好的作用。滤膜已被广泛应用在重量分析、微量分析、胶体分离及无菌实验中（静脉注射）。常用滤膜的直径为 13mm、25mm、50mm。

用滤膜过滤时，特别要注意分清有机相滤膜和水相滤膜。有机相滤膜为脂溶性，一般用于过滤有机溶剂，过滤水溶液时流速低或滤不动；水相滤膜为混合纤维树脂膜，具有水溶性，只能用于过滤水溶液，严禁用于过滤有机溶剂，否则滤膜会被溶解。溶有滤膜的溶剂不得用于 HPLC。对于混合流动相，可在混合前分别滤过，若需混合后滤过，首选有机相滤膜。现在已有混合型滤膜出售。

醋酸纤维素滤膜适合水溶液，具有较低的蛋白吸附；尼龙滤膜适合水溶液及多种有机溶剂，低溶解性，易吸附蛋白，可灭菌；聚四氟乙烯滤膜具有疏水性，耐所有溶剂、酸和碱，低溶解性；聚偏氟乙烯滤膜具有亲水性，耐多种有机溶剂（卤代烃类除外），具有低的蛋白吸附；聚丙烯滤膜具有亲水性，耐有机溶剂，具有极低的蛋白吸附。

b. 溶剂入口的过滤头

溶剂入口的过滤头为溶剂过滤器，目的是除去溶剂中的固体颗粒。在使用液相色谱时，经常会碰到溶剂过滤头被污染或堵塞的现象。测试过滤头是否堵塞，可以将过滤头从瓶盖组件处拔下，如果管线中充满溶剂，当过滤头没有堵塞时，溶剂会自由滴出；如果过滤头已经堵塞，则没有溶剂或只有很少的溶剂滴出。玻璃材料的过滤头发生堵塞，不推荐超声清洗，因为超声很容易破坏玻璃过滤头的过滤板，只推荐用稀硝酸（35%左右）浸泡，浸泡大约 1h 后，再用水洗净过滤头；不锈钢材料的过滤头是可以超声清洗的。

c. 高压输液泵出口球阀上的筛板

高压输液泵出口球阀上的筛板（图 4-16）可进一步除去溶剂中的杂质。

d. 高压输液泵入口球阀上的滤芯

高压输液泵的活塞和入口球阀滤芯的机械加工紧密度非常高，微小的机械杂质进入流动相会导致上述部件的损坏；同时机械杂质在柱头的积累会造成柱压升高，使色谱柱不能正常工作。因此，在高压输液泵入口和它的出口及进样阀之间设有过滤器。过滤器的滤芯由不锈钢材料烧结而成，孔径为 2～3μm，

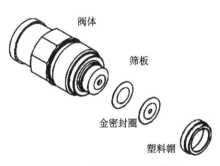

图 4-16　出口球阀上的筛板

耐有机溶剂的腐蚀。若发现载流减小的现象，可能是过滤器堵塞，可将其浸入稀硝酸溶液中，在超声波清洗器中振荡 10～15min，即可将堵塞的固体杂质洗出。若清洗后仍不能达到要求，则应更换滤芯。

　　e. 高压输液泵排气阀内部的滤芯

　　高压输液泵是单向流路，阀体都是单向阀，防止流动相倒流。排气阀内部的滤芯是溶剂的过滤纯化装置。

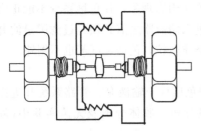

图 4-17　通用溶剂过滤器

　　f. 在线过滤器

　　高效液相色谱仪有两个在线过滤器，一个是通用溶剂过滤器，另一个是低扩散柱入口过滤器。

　　通用溶剂过滤器是溶剂的过滤纯化装置。该过滤器安装在 LC 泵和进样器之间，使溶剂在进入进样器之前除去溶剂中的颗粒物质。通用溶剂过滤器如图 4-17 所示。

　　低扩散柱入口过滤器是溶剂和样品在进行分离前的最后一道过滤装置，适用于所有的 LC。这种过滤器连接在色谱柱之前，是一种小体积的锥形插件，是直径只有 2.1mm 的筛板，可除去来自溶剂和样品的颗粒杂质，以减小柱外效应引起的谱带增宽。

　　5）梯度洗脱

　　液相色谱法洗脱方式分为等度洗脱和梯度洗脱两种，前者是指在同一分析过程中流动相的组成保持恒定不变，适合于分离性质差别小、组分数量不多的试样。而对于试样中各组分性质相差较大、组分数多的试样，若采用等度洗脱，先流出的一些组分分离不完全，后流出的一些组分分离度太大，且出峰很晚，峰形较差。为了使保留值相差很大的多种组分在各自适宜的条件下分别流出色谱柱，提高分离效率并加快分析速度，需要按一定的程序来连续改变流动相的组成，即梯度洗脱。梯度洗脱在液相色谱中所起的作用相当于气相色谱的程序升温，其对比见表 4-4。

表 4-4　液相色谱的梯度洗脱与气相色谱程序升温的对比

液相色谱	气相色谱
弱溶剂	低温
强溶剂	高温
中强溶剂	中温
梯度洗脱	程序升温

　　a. 梯度洗脱的定义和特点

　　梯度洗脱是指分离过程中连续地改变洗脱液的组成（浓度、pH、离子强度、极性），从而提高分离效果。液相色谱中常用的梯度洗脱是指流动相梯度，即在分离过程中间断或连续地改变流动相的组成，从而改变流动相的洗脱能力。

　　具有酸碱官能团的化合物，其解离度和分配系数随 pH 而改变，当洗脱液的 pH 随时间改变时，不同酸碱度的化合物按不同时间洗脱出柱，称为 pH 梯度。例如，以 H_3PO_4 作为洗脱液，可分离出 pH 小于 4.4 的物质；以磷酸二氢盐作为洗脱液，可分离出 pH 为 4.4～10 的物质(式 4-9)。

$$H_3PO_4 \xrightleftharpoons{pH4.4} H_2PO_4^- \xrightleftharpoons{pH10} HPO_4^{2-} \xrightleftharpoons{pH>12} PO_4^{3-} \tag{4-9}$$

当缓冲溶液的盐浓度增加时，离子强度增加，洗脱力也增加，此为离子强度梯度。

梯度洗脱依靠梯度混合器实现。不同的输液泵运送不同的洗脱液，自动控制泵的流量，实现梯度洗脱。

梯度洗脱对保留值较大的组分能有效缩短保留时间 t_R，提高分离度 R，改善峰形，减小拖尾，增加灵敏度。使用某些检测器时，梯度洗脱会引起基线漂移。梯度洗脱不适用于排阻色谱法。

梯度洗脱过程中，组分 k 值的变化是通过改变溶剂的极性、pH、离子强度等实现的，通过改变溶剂的混合比例，使不同极性的组分都能够在较合适的分配比 k 下通过色谱柱，使各组分都有合适的出峰时间，提高分离效果。在反相色谱中，提高选择性的一个重要方法是控制流动相的次级化学平衡，即加入少量的具有一定 pH 的缓冲溶液。这样可以通过控制被测组分的解离度来影响溶质在流动相中的溶解度，从而影响保留时间，这对分离弱酸和弱碱是一个很有效的方法。

b. 梯度洗脱的类型

梯度洗脱是为了实现两种或多种不同极性溶剂的程序混合所采用的方法和装置。依据梯度洗脱装置所能提供的流路个数，分为二元、三元、四元梯度等。依据溶液混合时所处的压力，分为低压和高压梯度。低压梯度是指在常压下预先按一定的程序将溶剂混合后再用泵输入色谱柱。高压梯度是指将溶剂用高压泵增压后输入色谱系统梯度混合室，溶剂混合后送入色谱柱。

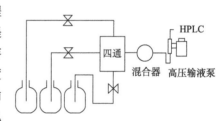

图 4-18　低压梯度洗脱示意图

梯度洗脱的溶剂混合器，也称为比例阀。无论是何种形式的梯度洗脱，都要求梯度洗脱的溶剂混合器应具备容积小、无死区、混合效率高、清洗方便等特点，这样才能获得重复、滞后时间短的洗脱曲线。

(1) 低压梯度洗脱。

低压梯度也称外梯度。溶剂在常压下混合，再用高压输液泵输入色谱柱。图 4-18 为低压梯度洗脱示意图。将三只电磁阀的混合器置于高压输液泵的吸液端，由程序控制电磁阀输流的启闭时间，以使三种溶剂按给定的程序改变混合比例，达到梯度洗脱的目的。实现低压梯度的最好方法是使用时间比例电磁阀，通过微处理机控制溶剂输入电磁阀的开关频率，以控制高压输液泵输出的溶剂组成。

(2) 高压梯度洗脱。

高压梯度也称内梯度。将溶剂用高压输液泵增压后输入色谱柱前的梯度混合室，溶剂混合后送入色谱柱。由程序控制各高压输液泵的流量以改变混合流动相的组成。高压梯度洗脱示意图如图 4-19 所示。

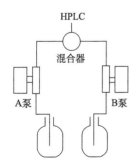

图 4-19　高压梯度洗脱示意图

先将溶剂增压，并在高压状态下按给定比例混合，这种供液方式的重复精度高，可实现线性、非线性多种形式梯度，采用计算机控制从各种梯度形式中选择最佳的梯度形式。每台高压输液泵输送一种溶剂，每台泵的溶剂流量单独控制。

（3）高压梯度洗脱和低压梯度洗脱的区别。

在混合精度上，高压梯度洗脱的精度更高；对于高压梯度洗脱多采用二元梯度，对于低压梯度洗脱可采用多元梯度；有些成分在低压梯度下测不到而在高压梯度下能检测到，是因为低压梯度的混合脉动比高压梯度的大，如果分析的是很微量或是紫外吸收不够强或是检测波长很接近流动相的背景吸收的组分，进行低压梯度洗脱时高压输液泵的脉动会导致样品的检测信号被掩盖在基线噪声中。

（4）注意事项。

在进行梯度洗脱时，由于多种溶剂混合，且比例不断变化，因此带来一些特殊问题，必须充分重视。

要注意溶剂的互溶性，不相混溶的溶剂不能用作梯度洗脱的流动相。有些溶剂在一定比例内混溶，超出范围后就不互溶，使用时要更加注意。当有机溶剂和缓冲溶液混合时，有可能析出盐的晶体，尤其在使用磷酸盐时需特别小心。梯度洗脱所用溶剂的纯度要求更高，以保证良好的重现性。若溶剂中的杂质富集在色谱柱柱头后会被强溶剂洗脱下来，因此进行样品分析前必须进行空白梯度洗脱，以辨认溶剂的杂质峰。用于梯度洗脱的溶剂需要彻底脱气，以防止混合时产生气泡。混合溶剂的黏度常随组成的变化而变化，因而在进行梯度洗脱时常出现压力的变化。例如，甲醇和水黏度都较小，当二者以相近比例混合时黏度明显增大，此时的柱压大约是甲醇或水为流动相时的两倍。因此，要注意防止梯度洗脱过程中压力超过输液泵或色谱柱能承受的最大压力。

2. 进样系统

样品在进入高效液相色谱仪前需用 $0.45\mu m$ 滤膜过滤后方可进入进样系统。样品要借助于进样系统将分析试样送入色谱柱。

要求进样装置在进样时对整个系统的压力、流量影响要小。与样品、流动相的接触部位应具有良好的化学稳定性。保证中心进样，进样重复性好，密封性能好以及尽可能小的死体积。

进样装置包括手动进样和自动进样。HPLC 普遍使用的进样装置是微量注射器、带定量管的手动六通阀进样器和自动进样器。HPLC 进样方式可分为隔膜进样、停流进样、六通阀进样和自动进样。

1）隔膜进样

HPLC 早期使用隔膜进样和停流进样将样品注入色谱柱入口处。现在常使用六通阀进样或自动进样。

隔膜进样与 GC 的手动进样相似，为了防止漏气采用双层隔膜双隔板进样器。为了防止与溶液起反应，隔膜采用硅橡胶膜表面粘覆一层聚四氟乙烯薄膜或玻璃纤维。在弹性隔膜密封片之间有一块中心孔为直径 0.7mm 的不锈钢隔板，这样使得弹性隔膜上只有很小的面积承受压力，试样用微量注射器刺过两层隔膜注入色谱柱。这种进样器可在 5～10MPa 压力下，穿刺 170 次以上。隔膜进样的操作简单、方便，进样体积易改变，谱带增宽小。但是，隔膜进样的进样量小于 $50\mu L$，重复性差，不能承受高压，隔膜的针刺部分易发生泄漏。隔膜容易吸附样品产生记忆效应，使进样重复性只能达到 $1\%\sim 2\%$，加之能耐受各种溶剂的橡胶隔膜很难找到，常规分析使用受到限制。隔膜进样的结构如图 4-20 所示。

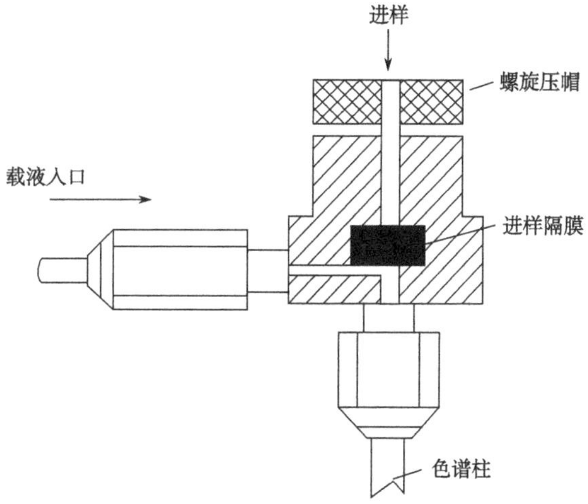

用微量注射器将样品注入专门设计的与色谱柱相连的进样头内，可将样品直接送到柱头填充床的中心，死体积几乎等于零，可以得到最佳的柱效率，且微量注射器价格便宜，操作方便。但不能在高压下使用（$>10MPa$）。

图 4-20　隔膜进样结构示意图

2）停留进样

由于在进样时要停止流动相的流动，使色谱系统泄压，因此称为停留进样。停留进样较适宜于在高压下工作，进样量容易改变，结构简单。进样后重新建立压力进行分离，因此费时较长、操作较麻烦。泄压后进样，空气有可能会进入流路中。在进样时，由于破坏了柱内流量和压力的平衡条件，因此测得的样品保留时间是不准确的，但采用内标法可以弥补此缺陷。进样后，要求系统能迅速恢复到高压状态，因此压力的冲击可能改变色谱柱的填充密度。

3）六通阀进样

HPLC 处于高压工作状态，因此进样系统要耐高压、耐腐蚀、耐磨、死体积要小、进样时对色谱系统的压力、流量影响小。一般 HPLC 常用六通阀以提高进样的重现性，其关键部件由转子和固定底座（定子）组成。不同的进样量可通过选择不同内径和长度的定量管实现。由于阀接头和连接管有死体积，柱效率低于隔膜进样（约下降 $5\%\sim 10\%$），但耐高压（$35\sim 40MPa$），进样量准确，重复性好（$<0.5\%$），操作方便。

六通阀的进样方式有部分装液法和完全装液法两种。采用部分装液法进样时，进样量应不大于样品环体积的 75%，由进样针定量注入，要求每次进样体积准确、相同。此法进样的准确度和重复性取决于取样的熟练程度，且易产生由进样引起的谱带增宽。用完全装液法进样时，进样量应不小于样品环体积的 $3\sim 10$ 倍，这样才能完全置换样品环内的流动相，以消除管壁效应，确保进样的准确度及重复性。六通阀进样适于高压、大体积（$>50\mu L$）进样，重现性好。但是，六通阀进样时需排掉一部分试样，不同的进样量需用不同的样品环，同时峰的增宽也比注射进样要大一些。同时清洗麻烦、死体积大。

先将六通阀置于取样位置，此时流动相不经过样品环，样品环与进样器相通，用微量注射器将试样注入样品环后，再转动六通阀至进样位置，此时流动相与样品环相连，并将试样带入色谱柱，完成进样。六通阀实物图和六通阀取样、进样示意图如图 4-21 所示。

使用六通阀时，样品溶液进样前必须使用 $0.45\mu m$ 滤膜过滤，以减少微粒对六通阀的磨损。转动阀芯时不能太慢，更不能停留在中间位置，否则流动相受阻，泵内压力剧增，甚至超过泵的最大压力，再转到进样位置时，过高的压力会使柱头损坏。为防止样品和缓冲盐残留在六通阀中，每次分析结束后应冲洗六通阀，通常可用水冲洗，或先用能溶解样品的溶剂冲洗，再用水冲洗。

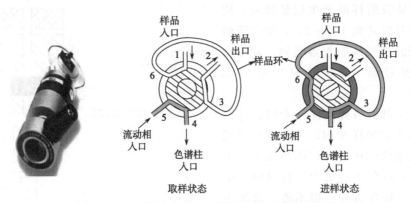

图 4-21　六通阀实物图和六通阀取样、进样示意图

4）自动进样

自动进样器是由计算机自动控制，按预先设定的程序自动完成进样的装置。自动进样器可按取样、复位、清洗、转盘等几个过程完成一次进样，能自动依次完成几十个或上百个试样的分析，其进样量可以调节，进样的重复性高，适合大量样品的常规分析，可实现自动化操作。

3. 分离系统

分离系统由色谱柱、柱温箱和连接管等部件组成，其中色谱柱是色谱仪分离系统的重要部件，由柱管和固定相组成，柱管内有流动相通过。

按照色谱柱用途的不同，可将其分为分析型和制备型两种。按照分离机制的不同，可将 HPLC 分为液固色谱法、液液色谱法、化学键合相色谱法、离子交换色谱法、分子排阻色谱法和离子对色谱法等类型。不同分离类型的分离条件不尽相同，在本章相应各节中会做出详细的介绍。这里只介绍普适的分离系统中色谱柱、固定相和流动相的选择原则。

1）色谱柱

a. 对色谱柱的要求

对色谱柱的要求是柱效率高、选择性好、分析速度快等。HPLC 的色谱柱应避免突然变化的高压冲击；色谱柱应在要求的 pH 范围和柱温范围内使用，应使用不损坏色谱柱的流动相；进样前应将样品进行必要的净化，以免进样后对色谱柱造成损伤；每次工作结束后，应用强溶剂冲洗色谱柱。

b. 柱处理

色谱柱的柱管材料常用内壁抛光的不锈钢管制成。不锈钢管具有耐腐蚀、易纯化、耐高压的特点，但其内表面光洁度对柱效率的影响很大。色谱柱内管必须仔细抛光，使其内壁特别光滑，这样便于在干法填充时保证填充均匀，提高柱效率。内壁还常用氯仿、甲醇、水依次清洗，再用 50% 的 HNO_3 对内壁进行钝化处理形成一层氧化物涂层后填装固定相。

c. 柱填装

为使色谱柱达到最佳柱效率，除柱外死体积要小外，还要有合理的柱结构及装填技术，尽可能减少填充床以外的死体积。即使是最好的装填技术，在柱中心部位和沿管壁部位的填充情况也是不一样的，靠近管壁的部位较疏松，流速较快，冲洗剂的流形受到影响，使谱带增宽，这就是管壁效应。这种管壁效应影响的范围大约是从管壁向内算起 30 倍固定相填料粒度的厚度。

色谱柱装填好坏对柱效率的影响很大。对某些填充剂，如多孔玻璃微珠等，当粒度大于 $20\mu m$ 时较容易装柱，一般都采用干法装柱。当粒度小于 $20\mu m$ 时，要采用湿法装柱。因为小颗粒表面存在着局部电荷，具有很高的比表面自由能，在干燥条件下倾向于颗粒间的相互聚集，产生较宽的颗粒范围并黏附于管壁，不利于获得较高的柱效率。湿法装柱时，以合适的溶剂或混合溶剂作为分散介质，使填料微粒在介质中高度分散，形成匀浆，然后在高压下快速将匀浆压入装有洗脱液的色谱柱管内，制成具有均匀、紧密填充床的高效柱，其经冲洗后备用。

d. 柱结构

色谱柱两端装有烧结的不锈钢过滤片或多孔的聚四氟乙烯过滤片，以阻止填料倒出或进入检测器。过滤片最好能够拆卸，以便拆洗并除去滤片内杂质。在一般的液相色谱系统中，柱外效应对柱效率的影响远远大于管壁效应。柱头死体积常是柱效率降低的重要原因，过滤片与接头螺母间不得有任何死体积。进样器到色谱柱，色谱柱到检测器连接管除耐化学腐蚀和密封性能优良外，要避免任何死体积以达到减小柱外效应，保持高柱效率的目的。使用两根以上的色谱柱时，柱与柱的连接用厚壁的聚四氟乙烯管。

在进样阀后加流路过滤器($0.5\mu m$ 烧结不锈钢片)，滤去来源于样品和进样阀垫圈的微粒；在流路过滤器和分析柱之间加"保护柱"，收集柱入口处来自于样品的易使柱效率降低的化学"垃圾"；保护柱是易耗品，实验室应有备用保护柱。

e. 柱长

增加柱长可以改变分离效果，柱长增加 1 倍，分离度增加 1.4 倍，但分析时间加长对快速分析不利。因此，可通过改变其他参数来达到不增加保留时间而改变分离的效果。

市售的用于 HPLC 的各种微粒填料如多孔硅胶以及以硅胶为基质的键合相、氧化铝、有机聚合物微球(包括离子交换树脂)、多孔碳等，其粒度一般为 $3\sim10\mu m$ 等，柱效率的理论值可达 $10^4 \sim 10^5$ 块/m。对于常规分析只需 5000 块/m的柱效率；对于同系物分析，只要 500 块/m 即

图 4-22　HPLC 用色谱柱外观图

可；对于较难分离的物质对则可采用高达 20 000 块/m 的色谱柱，因此 HPLC 一般采用 $10\sim30cm$ 的柱长就能满足复杂混合物分析的需要。色谱柱多采用直形柱。常见的色谱柱如图 4-22所示，色谱柱的结构如图 4-23 所示。

f. 柱内径

在 HPLC 中，柱内径过小，使得包括管壁效应在内的径向扩散严重，影响柱效率；因而柱内径不能太小，并尽量使样品在柱中心进入，避免样品扩散到管壁。通常分析型色谱柱的柱内径为 $1\sim6mm$，常用为 $4.6mm$(3/16 英寸)。

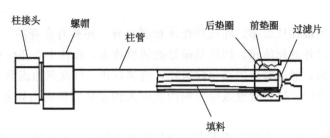

图 4-23 色谱柱的结构示意图

g. 柱温

在 HPLC 中，色谱柱的工作温度对保留时间、基线漂移、溶剂的溶解能力、色谱柱材料的反应和流动相的黏度有很大影响。一般来说，低温运行能提高分离的选择性，但适当提高柱温有利于提高样品的溶解能力、增强柱材料的活性和吸附性、降低溶剂的黏度、改善传质、提高柱效率、缩短分析时间、提高分离速度。由于多数流动相是低沸点溶剂(甲醇的沸点为 64℃，乙腈的沸点为 81℃)，因而液相色谱恒温装置的最高温度一般不超过 100℃，常用 20～50℃。控温装置有水浴式、电加热式、恒温箱式三种。常采用恒温箱式加热系统来保持和调节色谱柱的温度。例如，HP1100 型液相色谱仪的温度控制范围为 0～80℃。温度过高将造成流动相气化，使分析工作无法进行。

h. 色谱柱的再生

色谱柱的价格昂贵，再生可延长色谱柱的使用寿命。反相色谱柱可以以水、乙腈、氯仿(或异丙醇)、乙腈和水为流动相依次冲洗，顺序不能颠倒，每种流动相的冲洗体积为柱体积的 20 倍左右。正相色谱柱可以以正庚烷、氯仿、乙酸乙酯、丙酮、乙醇和水为流动相依次冲洗，顺序不能颠倒，每种流动相的冲洗体积为柱体积的 20 倍左右。离子交换色谱柱以稀酸缓冲溶液冲洗，可使阳离子交换树脂再生；以稀碱缓冲溶液冲洗，可使阴离子交换树脂再生。

i. 色谱柱柱效率的评价

硅胶柱以苯、萘、联苯及菲(用己烷配制)为样品，以无水己烷为流动相；反相色谱柱以尿嘧啶(测定 t_M)、硝基苯、萘和芴(或甲醇配制的硅胶柱样品)为样品，以甲醇-水(85∶15)或乙腈-水(60∶40)为流动相；正相色谱柱(氰基与氨基柱等)以四氯乙烯(测定 t_M)、邻苯二甲酸二甲酯、邻苯二甲酸二正丁酯及肉桂醇，或偶氮苯、氧化偶氮苯及硝基苯为样品，以正庚烷为流动相。按上述条件，测得各组分的 $W_{1/2}$ 和 t_R，求出理论塔板数 n 及相邻组分的分离度 R，依此做出色谱柱柱效率的评价。

2) 固定相

用作 HPLC 的固定相分为三类。一是采用固定液涂覆在载体上形成液液色谱，二是采用固体吸附剂形成液固色谱，三是采用化学键合相形成化学键合相色谱。化学键合相色谱既不是严格意义上的液液色谱，也不是严格意义上的液固色谱，二者兼而有之。

作为 HPLC 的固定相，要求固定相的填料粒度较小且分布均匀；机械强度高、耐压；传质速率快；化学性质稳定，不与流动相发生反应。

a. 固定液

GC 的固定液原则上都可以用于 LC，其选用原则与 GC 的一样。固定液应能很好地溶解样品而不与流动相混溶，可以是不易挥发的液体，也可以是难挥发的高聚物或者键合物质。但考虑到 LC 中流动相也影响分离，所以在 LC 中，常用的固定液只有极性不同的几种，如 β，β'-氧二丙腈、聚乙二醇、聚酰胺、羟乙基聚硅氧烷、正十八烷、角鲨烷等。其极性依次减弱。

b. 载体

凡是液固色谱用的填料(如硅胶)都可做液液色谱的载体。液相色谱的填料也称为载体或基质。要求载体不能与样品组分起作用；样品在流动相与固定相之间是真正的分配分离，而不能是既有分配又有吸附的混合机理，若存在吸附，常会引起色谱峰拖尾；载体应不具有活性，可用硅烷化技术掩蔽活性表面。

1960 年以前，液相色谱使用的载体的粒度大于 $100\mu m$，使提高柱效率较困难。后来的研究采用微粒载体突破了这一瓶颈。1970 年以后，Kirkland 制备出全多孔球形硅胶，由纳米级的硅胶微粒堆聚成 $5\mu m$ 或稍大的全多孔型小球，平均粒度只有 $7\mu m$，适合于分离生物大分子的载体成为研究的热点。最近几年随着高通量液相色谱技术的不断进步，色谱柱的直径与长度在向更小的规模发展，载体颗粒的粒度也逐渐减小，由原来的 $5\mu m$ 向 $3\mu m$ 以下发展，更高的柱效率得以实现，提高了分离的效率和分析的速度。现在，载体颗粒的粒度一般为 $3\sim10\mu m$。

载体按其性质可分为非极性与极性两种，非极性载体最常见的就是活性炭，其次为高分子多孔微球；极性载体主要包括硅胶、氧化铝、氧化镁、硅酸镁、分子筛、聚酰胺等。

(1) 无机化合物载体。

硅胶和氧化铝常作为无机化合物载体。它具有刚性大、类似陶瓷、在溶剂中不容易膨胀的特点。硅胶载体除具有以上特点外，还具有可硅烷化键合上各种配基的表面，可制成反相色谱、离子交换色谱或分子排阻色谱的填料。硅胶载体广泛适用于极性和非极性溶剂。但是，在 pH 大于 8.5 的碱性水溶性流动相中不稳定，会引起硅胶载体溶解；pH 太小，会使键合的烷基脱落。推荐硅胶载体的常规分析范围为 pH＝2～8。氧化铝载体具有与硅胶相同的良好物理性质，但不同的是，氧化铝载体在水性流动相中不稳定。硅胶载体是 HPLC 中最普遍的载体，可制备出可控孔径、粒度、形状和表面性能均一的全多孔硅胶。其不同批次柱与柱之间的性能相同。最早采用 $100\mu m$ 大颗粒，表面涂渍固定液，其性能不佳已不多见。目前常用的硅胶类型分为表面多孔型硅胶、无定形全多孔硅胶、球形全多孔硅胶及堆积硅珠等类型(图 4-24)。

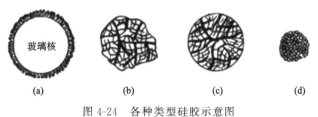

图 4-24　各种类型硅胶示意图

(a)表面多孔型硅胶；(b)无定形全多孔硅胶；(c)球形全多孔硅胶；(d)堆积硅珠

全多孔型载体(图 4-25)是由氧化硅、氧化铝、硅藻土等制成的直径为 $100\mu m$ 的多孔球体；大颗粒凹陷是停滞流动相的深孔，为柱效率不高的原因。现采用粒度小于 $10\mu m$ 的小颗

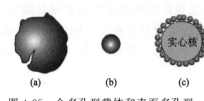

图 4-25　全多孔型载体和表面多孔型
载体结构示意图
(a)大颗粒全多孔型载体；(b)小颗粒全多孔
型载体；(c)表面多孔型载体

粒，孔径为 2～100nm。大孔孔径大于 50nm，中孔孔径为 2～50nm，微孔孔径小于 2nm，其中中孔、大孔孔径多用。进行低含量物质分析时，选择中孔 6～15nm 孔径；进行生物大分子分析时，选择大孔 15～100nm 孔径(如果使用微孔，色谱峰会拖尾)。球形全多孔硅胶为近似球形颗粒，粒度一般为 5～10μm，比表面积较大，可达 500m²/g，具有载样量大、涡流扩散相小、柱渗透性好等优点。它是目前广泛使用的固定相载体。

表面多孔型载体由 Kirkland 等制备成功，因薄壳型微珠载体表面附着一层多孔硅胶得名，也称薄壳型微珠载体。表面多孔型硅胶也称薄壳玻珠，是在 30～40μm 的实心玻璃微球上用有机胶粘上数层硅溶胶，再经烧结而成，一般硅胶的厚度为 1～2μm，比表面积仅为 10m²/g。因为比表面积小，所以柱容量低；因为粒度小，所以柱效率高。

无定形全多孔硅胶的粒度一般为 5～10μm，比表面积约为 300m²/g，但柱渗透性差，涡流扩散项也较大。

堆积硅珠由二氧化硅溶胶加凝结剂聚结而成，又称其为堆积硅珠硅胶，粒度一般为 3～5μm，具有球形全多孔硅胶的全部优点，且传质阻力更小，样品容量更大，是较理想的高效载体。

(2) 有机化合物载体。

有机物载体多使用交联苯乙烯-二乙烯苯、聚甲基丙烯酸酯、聚酰胺等。它们的刚性小，易压缩，溶剂或溶质易渗入聚合物载体内部，致使载体颗粒膨胀，以利于传质。

c. 固定液的涂渍

一般通过两种方法在惰性载体表面涂渍固定液。一种方法是将固定液称好后，使其溶于挥发性的溶剂中，置于圆底烧瓶，再投入一定量的载体，转动烧瓶，同时通 N₂ 使溶剂挥发，除去全部溶剂，固定液就固定在载体上，此法涂渍在载体表面的固定液较均匀。另一种方法是先将载体填装在色谱柱中，再用含固定液的流动相通过色谱柱，使固定液吸附在载体上，该法时间长且固定液分布不容易均匀。固定液的涂渍量一般为每克载体 0.1～1g。

涂渍的固定液是物理附着，很不牢固，特别是经不起流动相的冲洗。为了使固定相流失得慢一些，一是用固定液预先饱和流动相。选择适宜的流动相(尤其是 pH)，在流动相中加入一些固定液"饱和"，避免分析柱中的固定液流失。二是在分离用色谱柱之前加一根与分离柱差不多的前置柱，以补偿色谱柱流失的固定相。

d. 化学键合相

硅胶作为载体可以直接涂覆一层固定液。固定液机械涂覆在表面多孔或全多孔型硅胶上做固定相有许多缺点：流动相的机械冲击使固定相易流失、流动相不能采用高速载液(否则因载液冲洗的剪力将固定液从载体上剥落下来)、机械涂覆的不均匀性影响色谱柱的分离、不能采用梯度洗脱、流失的固定相会污染分离后的组分、使保留值减小、柱效率和分离选择性变差、给基线带来噪声、降低灵敏度。为了避免机械涂覆带来的固定液流失，引入化学键合相。人们将各种不同的有机基团通过化学反应以共价形式键合到硅胶表面的游离羟基上，代替机械涂覆的固定相，即将固定液与载体以化学键的形式键合在一起，以键合方法把活性基团接枝到载体上，从而产生了化学键合相和化学键合相色谱法(是指在化学键合相上进行物质分离的一种液相色谱方法）。化学键合相多选用硅胶作为载体，可以用的载体类型为表面多孔型和全多孔型硅胶。

20 世纪 70 年代末以来，液相色谱的分析工作大都在化学键合相上进行。化学键合相成为应用最广、性能最佳的固定相。液液色谱法也逐渐被化学键合相色谱法所取代。它不仅用于反相、正相色谱，也用于离子色谱、离子对色谱等技术。特别是反相化学键合相色谱法，由于操作方法简单、色谱分离过程稳定，加之分离技术灵活多变，成为高效液相色谱法中应用最广泛的一个分支。

（1）化学键合方式。

化学键合相的键合方式分为四种类型。

硅醇酯键合相（≡Si—O—C）由醇酯化硅酸表面的硅羟基所得。键合的单分子层牢固，但酯化表面易水解，流动相水量要少；高醇流动相易发生酯交换，会改变固定相的性能，不宜使用。硅醇酯键合相可用硅胶基质与氧二丙腈、聚乙二醇键合而成。

硅氧烷键合相（≡Si—O—Si—C）为微粒多孔硅胶基质与二甲基氯硅烷或烷氧基硅烷反应，形成 Si—O—Si—C 键型的单分子膜而制得。其可制成不同极性的固定相，从疏水的烷基，到极性的氨基、醚基、氰基等。醚基键合相既可用于正相色谱法，也可用于反相色谱法。反相 C_8、C_{18} 柱即为此键合方式。残余的硅羟基对分析的稳定性和重复性有影响，可"封尾"。

硅碳键合相（≡Si—C）为氯化硅胶与格氏试剂反应所得。其稳定性高，但是金属有机化合物会包藏在有机层内不易清洗出来，影响柱性能，应用不多。

硅氮键合相（≡Si—N—C）为伯胺和氯化硅胶反应所得。其键合牢固，对有机溶剂和 pH 为 3～8 的水溶液稳定。正相氨基、氰基键合相即为此类型，适于糖类分离。

（2）化学键合相的类型。

按键合官能团的极性分为极性、弱极性、非极性和离子型键合相四种。

极性键合相基于极性键合基团与溶质分子间的氢键作用而分离，强极性组分的保留值较大。极性键合相含有的极性基团有：氰基（—CN）、氨基（—NH_2）、二醇基、丙氨基（—$C_3H_6NH_2$）、乙基氰（—C_2H_4CN）。

弱极性的醚基键合相、二羟基键合相，应用较少。它们可作为正相或反相固定相，视流动相的极性而定。

非极性键合相的应用最为广泛，尤其是 C_{18}（octadecylsilyl，ODS）反相键合相，在反相液相色谱法中发挥着重要作用，它可以完成高效液相色谱分析任务的 70%～80%。其性能主要体现在它的含碳量、覆盖度和碳链的长度。含碳量为覆盖在硅胶表面的"毛刷"烷基所含碳的质量分数，随键长增长，含碳量从 3% 增至 22%。覆盖度为硅胶被键合后，在硅胶中的有效羟基与硅烷化试剂反应的程度。通过发生反应，羟基被覆盖而不起作用。碳链的长度有 C_1～C_{18}，碳链的长度与溶质的保留值大小有关。非极性键合相的烷基链长对样品容量、溶质的保留值和分离选择性都有影响。一般来说，样品容量随烷基链长的增加而增大，且长链烷基可增大溶质的保留值，并可能改善分离的选择性；但短链烷基键合相具有较高的覆盖度，分离极性化合物时色谱峰的对称性较好。苯基键合相、苯甲基键合相与短链烷基键合相的性质相似。C_{18} 柱的稳定性较高，这是因为长的烷基链保护了硅胶基质。但带有疏水基团的饱和碳氢化合物 C_{18} 基团的空间体积较大，作用的有效位点小，分离高分子化合物时柱效率较低。C_{18} 的反应方程式和结构如图 4-26 所示。

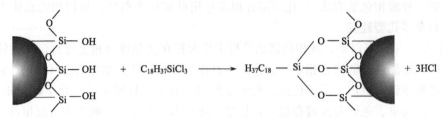

图 4-26　C_{18} 的反应方程式和结构

从图 4-26 的结构可以看出：硅胶表面可以键合不同的官能团，应用于各种类型色谱和试样的分析；由于暴露在外的是疏水性基团，因此分析的是疏水性、非极性物质。当短链键合基团的覆盖度较高时，也可以分析极性稍大一些的组分。

当硅胶基质键合上各种离子交换基团，如阴离子交换基团—NR_3Cl、阳离子交换基团—SO_3H 等，即可形成离子型化学键合固定相，适于分离试样中的离子型组分。

（3）化学键合相的特点。

化学键合相的表面无深度凹陷的液坑，比一般液体固定相传质快。由于采用化学键合的方式固定到硅胶的表面，无固定液流失，增加了色谱柱的稳定性和寿命，耐流动相冲击。化学键合相耐光、耐水、耐有机溶剂，较稳定。可键合不同官能团，提高选择性。利于梯度洗脱，也利于匹配灵敏的检测器和馏分收集器。这些特点是化学键合相色谱柱效率高的原因。

（4）化学键合相的分离机制。

硅胶基质的含水量不能太高，含水量高相当于载体表面覆盖一层水，此水可看作固定液，分离的机理是液液分配色谱；含水量低时，分离的机理为液固吸附色谱原理。化学键合相既不是全部吸附的过程，也不是典型的液液分配过程，而是双重机制兼而有之，按键合量的多少而各有侧重。化学键合相存在着双重分离机制，即由键合基团的覆盖率决定分离机理。键合基团覆盖率高时，以分配机理为主；键合基团覆盖率低时，以吸附机理为主。

（5）化学键合相色谱的应用。

化学键合相的色谱类型和应用实例见表 4-5。

表 4-5　化学键合相色谱的应用

试样种类	键合基团	流动相	色谱类型	实例
低极性、可溶解于烃类	—C_{18}	甲醇-水 乙腈-水 乙腈-四氢呋喃	反相	多环芳烃、甘油三酯、类脂、脂溶性维生素、甾族化合物、氢醌
中等极性、可溶于醇	—CN	乙腈、正己烷	正相	脂溶性维生素、甾族、芳香醇、胺、类脂止痛药
	—NH_2	氯仿、正己烷、异丙烷		芳香胺、脂、氯化农药、苯二甲酸
	—C_{18}	甲醇、水、乙腈	反相	甾族、可溶于醇的天然产物、维生素、芳香酸、黄嘌呤
	—C_8			
	—CN			

试样种类	键合基团	流动相	色谱类型	实例
高极性、可溶于水	—C$_8$ —CN	甲醇、乙腈、水、缓冲溶液	反相	水溶性维生素、胺、芳香醇、抗生素、止痛药
	—C$_{18}$	水、甲醇、乙腈	反相离子对	酸、磺酸类染料、儿茶酚胺
	—SO$_3^-$	水和缓冲溶液	阳离子交换	无机阳离子、氨基酸
	—NR$_3^+$	磷酸缓冲溶液	阴离子交换	核苷酸、糖、无机阴离子、有机酸

3）流动相

在气相色谱中，可供选择的流动相的种类有限，且其性质相差不大，因此改变柱效率，主要考虑选择合适的固定相。而在液相色谱中，不同种类的流动相能显著地改善柱效率，所以，选择流动相是非常重要的。1980 年以后，改善分离的选择性成为色谱工作的主要问题，人们越来越多地认识到提高选择性的关键是改变流动相的组成，其是色谱分离的主要影响因素。

液相色谱的流动相又称淋洗液或洗脱液。改变流动相的组成，流动相的极性也发生改变，可显著改变组分的分离状况。

a. 对流动相的要求

选择流动相时应尽可能使用高纯度试剂做流动相，防止微量杂质长期累积损坏色谱柱，使检测器噪声增加或在制备色谱中收集馏分的纯度降低。要求流动相的价格便宜、毒性小、易于纯化。黏度小的流动相好，否则会降低试样组分的扩散系数，减慢传质速率，柱效率下降。避免使用会与固定相发生作用、引起柱效率损失或保留特性发生变化的溶剂。例如，在液固色谱中，硅胶吸附剂不能用碱性胺类溶剂或含有碱性杂质的溶剂，氧化铝吸附剂不能使用酸性溶剂。在液液色谱中，流动相与固定相应不互溶。试样在流动相中应有适宜的溶解度，防止产生沉淀并在柱中沉积。缓冲溶液的浓度范围为 $0.005\sim0.5\text{mol/L}$，应尽量使用稀溶液。在水和有机溶剂的混合溶剂系统中，应注意盐的存在会改变溶剂的可混合性。在色谱分离中，绝不能发生相的分离和盐的沉淀。在 HPLC 中，常用的缓冲溶液是乙酸盐和磷酸盐的缓冲溶液。流动相同时还要满足检测器的要求，当使用紫外检测器时，流动相不应有紫外吸收。例如，采用水-乙腈体系时，要求乙腈的纯度很高，以免乙腈的紫外吸收。溶剂不应与柱填充材料产生不可逆的变化。例如，吸附、脱附是可逆的，但如果有化学键力，就会变得不可逆。

b. 流动相的类别

按照流动相的组成将流动相分为单组分流动相和多组分流动相。

按照流动相的极性将流动相分为极性、弱极性和非极性流动相。在许多情况下，使用混合溶剂作为流动相比单一溶剂效果好。当采用两种或多种溶剂按照一定体积比混合作为流动相时，可以调整合适的溶剂强度，以灵活调节流动相的极性、增加选择性、改进分离或调整保留时间。调整溶剂强度的溶剂通常是一种非选择性溶剂。

按照色谱的用途，流动相分为正相色谱流动相和反相色谱流动相。在使用亲水性固定液时，常采用疏水性流动相，即流动相的极性小于固定液的极性，称为正相色谱。在分离极性很大的化合物时，也可以采用极性很大的氨基和氰基等极性键合固定相，正相色谱的流动相通常采用低极性烷烃(如环己烷、庚烷、苯、氯仿等)加入少量的极性改性剂(如 1-氯丁烷、异丙醚、二氯甲烷、四氢呋喃、氯仿、乙酸乙酯、乙醇、乙腈等)。若流动相的极性大于固定液的极性,则称为反相色谱。反相色谱最常用的是硅胶键合的 C_8、C_{18}固定相。反相色谱的流动相通常以强极性的水做基础溶剂,再加入一定量的能与水互溶的具有较强极性的调整剂,如二甲基亚砜、乙二醇、甲醇、乙腈、丙酮、对二氧六环、乙醇、四氢呋喃、异丙醇等。大多数流动相都是水或缓冲溶液与极性有机溶剂乙腈或甲醇的混合物。甲醇的毒性比乙腈小 5 倍,且价格比它便宜 6~7 倍,因此反相色谱中应用最广泛的流动相是甲醇-水。

　　c. 流动相的选择

　　应根据被分析物的特点选择流动相。

　　采用正相液液分配色谱分离时,溶剂的极性是选择的重要依据。正相色谱法常用极性来表示溶剂的洗脱能力,而极性有多种描述方法,其中最实用的是 Snyder 提出的溶剂极性参数(P')。常见溶剂的 P' 见表 4-6,P' 越大,溶剂的极性越强,在正相色谱中的洗脱能力越强。混合溶剂的极性系数($P'_混$)用式(4-10)进行计算。

$$P'_混 = \sum_{i=1}^{n} P'_i \varphi_i \tag{4-10}$$

式中:P'_i——某种纯溶剂的极性参数;

　　　　φ_i——某种纯溶剂的体积分数。

表 4-6　常用溶剂的极性参数

溶剂	正戊烷	正己烷	苯	乙醚	二氯甲烷	正丙醇	四氢呋喃	氯仿
P'	0.0	0.1	2.7	2.8	3.1	4.0	4.0	4.1

溶剂	乙醇	乙酸乙酯	丙酮	甲醇	乙腈	乙酸	水
P'	4.3	4.4	5.1	5.1	5.8	6.0	10.2

　　正相色谱法选择流动相时,常以极性较小的己烷或戊烷做底剂,配以一定比例的乙醚、氯仿或二氯甲烷作为流动相。若组分的保留时间太长,可提高溶剂的极性或在低极性溶剂中逐渐增加极性溶剂的比例来缩短保留时间。反之,降低溶剂极性可延长保留时间。

　　常用溶剂的极性顺序为:水>甲酰胺>乙腈>甲醇>乙醇>丙醇>丙酮>二氧六环>四氢呋喃>甲乙酮>正丁酮>乙酸乙酯>乙醚>异丙醚>二氯甲烷>氯仿>溴乙烷>苯>甲苯>四氯化碳>二硫化碳>环己烷>己烷>庚烷>煤油。

　　反相色谱法常用溶剂强度因子(S)来表示溶剂的洗脱能力,表 4-7 中列出了几种常用溶剂的 S 值。该值越大,溶剂强度越大,洗脱能力越强。在最常用的四种溶剂中,S 的大小顺序为:四氢呋喃>乙腈>甲醇>水。混合溶剂的强度因子($S_混$)用式(4-11)进行计算。

$$S_混 = \sum_{i=1}^{n} S_i \varphi_i \tag{4-11}$$

式中:S_i——某种纯溶剂的强度因子;

　　　　φ_i——某种纯溶剂的体积分数。

　　根据计算,乙腈-水(体积比为 49:51)与 四氢呋喃-水(体积比为 35:65)具有同样的溶剂强度。例如,计算甲醇-乙腈-水(体积比为 30:20:50)的溶剂强度因子为 $S_混 = 30\% \times$

$3.0+20\%\times3.2+50\%\times0=1.54$。

表 4-7　反相色谱法常用溶剂的强度因子

溶剂	水	甲醇	乙腈	丙酮	乙醇	异丙醇	四氢呋喃
S	0.0	3.0	3.2	3.4	3.6	4.2	4.5

反相色谱法在选择流动相时，常以溶剂强度最小的水作为底剂，配以一定比例的甲醇、乙腈或少量四氢呋喃作为流动相。若组分的保留时间太长，可增加溶剂强度或在水中逐渐增加高溶剂强度溶剂的比例，使保留时间缩短。反之，减少溶剂强度，使保留时间延长。

d. 流动相的储存

流动相一般储存于玻璃容器内，不能储存于塑料容器中。因为许多有机溶剂如甲醇、乙酸等可浸出塑料表面的增塑剂，导致溶剂受污染。这种被污染的溶剂若用于 HPLC 系统，会造成色谱柱的堵塞或柱效率的降低。

储存容器一定要盖严，防止溶剂挥发引起流动相组成的变化，也可防止氧和二氧化碳溶入流动相中。

流动相的储液容器要定期清洗，特别是盛水、缓冲溶液和混合溶液的容器，以除去底部沉淀的杂质和可能生长的微生物。因为甲醇能够防腐，所以盛甲醇的容器无此现象。

磷酸盐、乙酸盐缓冲溶液很易霉变，应尽量新配制使用，不要储存。如确需储存，可在冰箱内冷藏，并在 3 天内使用，用前要重新过滤。

卤代溶剂可能含有微量的酸性杂质，能与 HPLC 系统中的不锈钢材料发生反应。另外，卤代溶剂与水的混合物较容易分解，不能存放太久。卤代溶剂(如 CCl_4、$CHCl_3$ 等)与各种醚类(如乙醚、二异丙醚、四氢呋喃等)混合后，可能会反应生成一些对不锈钢有较强腐蚀性的产物，这种混合流动相应尽量不采用，或新配制。卤代溶剂(如 CH_2Cl_2)与一些反应性有机溶剂(如乙腈)混合静置时，还会产生结晶。总之，卤代溶剂最好新配制并使用。若是与干燥的饱和烷烃混合，则不会产生类似问题。

e. HPLC 用水

进行 HPLC、GC、电泳和荧光分析以及涉及组织培养时，没有有机化合物的污染是很重要的。总有机碳(total organic carbon，TOC)分析仪(把有机物氧化成 CO_2，测游离的 CO_2)用于水中低浓度有机化合物的测定。美国药典 2000 年版要求分析用水的 TOC 要小于 0.5mg/L，电导率在室温、pH6 时小于等于 $2.4\mu S/cm$(大于等于 $0.42M\Omega\cdot cm$)。HPLC 用水还增加了吸收特性，在 1cm 吸收池中，用超纯水做空白，在 190nm、200nm 和 250～400nm 处的吸光度应分别小于或等于 0.01、0.01 和 0.05；不挥发物的浓度 $\leqslant3\mu g/mL$。

HPLC 要求使用超纯水，杂质越少，电导率越小，电阻越大，检测越灵敏。超纯水用于溶液的配制、基线的校正和反相柱的洗脱。

4. 检测系统

检测器是高效液相色谱仪的三大关键部件之一，其作用是得到与色谱洗脱液中被测组分相关的、实际可测量的电信号，用于定性和定量分析。

在检测器的结构上，由于流动相的流动速度慢，检测器和色谱系统中的死体积和结构不当易造成色谱峰增宽现象，比 GC 严重得多；如果色谱检测池的体积较大，被分离后的各组分和流动相在池内可能再次混合；另外，检测池的空腔也应是光滑无死区，以免造成峰形拖尾。一台理想的高效液相色谱仪的检测器应具备灵敏度高、低噪声、对温度和流量变化不敏感、线性范围宽、响应速度快、重复性好、适应范围广等特点。迄今为止，在 HPLC 中尚没有一种理想的真正通用的检测器。在实际应用中，只能按需要，结合各种检测器的特点加以选择应用。

按照响应值与浓度或质量之间的关系，液相色谱的检测器分为浓度型检测器和质量型检测器。紫外、荧光、质谱检测器为浓度型检测器；电导检测器、示差折光检测器、蒸发光散射检测器为质量型检测器。

按照适用范围和对不同化合物响应信号的大小，液相色谱的检测器分为两类。一类是测量样品和流动相的共有性质的，采用差分法测量总体特性的微小差别的通用型检测器，如示差折光、电导、蒸发光散射检测器；另一类是测量样品中组分特有性质的专用型检测器，如特定波长下的紫外检测器、荧光检测器和安培检测器。

1）紫外检测器

紫外检测器是高效液相色谱仪中最常用的检测器，约有 80％用液相色谱分析的样品可以使用紫外检测器。紫外检测器是浓度型、选择型检测器。

紫外检测器的工作原理是基于待测组分对特定波长的紫外光有选择性的吸收，被测物浓度与吸光度服从比尔定律。样品浓度越大，产生的信号越强。其工作原理和结构与一般分光光度计相似，实际上就是装有流通池的紫外-可见分光光度计。氘灯和钨灯发射出紫外-可见区范围的连续波长的光，通过一个光栅型单色器分光，其波长的选择范围宽（190～800nm）。光源发出的紫外光通过透镜和滤光片进入流通池，流动相中各组分被特征吸收后通过狭缝、透镜汇聚光线照射到光电转换元件，将光信号转变成电信号，被检测记录下来。

紫外检测器的灵敏度高（检出限可达 10^{-8}g/mL），线性范围宽，流通池小，且对温度和流动相的流速不敏感，可用于梯度洗脱，波长可选、易操作、噪声低、结构简、应用广。不足之处是只能用于对紫外光有吸收的组分的测定，同时流动相的选择也受到一定的限制，一般要求流动相的截止波长应小于检测波长。

紫外检测器只能检测含有共轭双键的有机化合物，即一个单键两边有两个双键，实际上这三个键是一样的，是介于单键、双键的一种键，较典型的就是苯环或含有苯环的化合物。紫外吸收光谱与物质的结构密切相关，是进行结构分析的基础。例如，苯在 175～200nm 处有吸收，如果有—NR_2、—OR、—SR—以及—Cl 等基团存在，则产生红移，且吸收强度增加，如果含共轭双键，吸收带也红移（向长波移动）。

紫外检测器主要分为固定波长、可变波长和光电二极管阵列检测器三种类型，其中固定波长型一般将波长固定为 254nm，不能调节波长，除有些制备色谱外，固定波长型检测器已经基本不用。

a. 可变波长检测器

可变波长检测器实际上是一台紫外-可见分光光度计，其波长可按需要任意选择，一般选择被测物的最大吸收波长，这种检测器与紫外-可见分光光度计的区别是用流通池代替了吸收池，光源一般采用氘灯，其发出的光通过单色器分光后照射到流通池上，因此单色光强度相对较弱，对光电转换元件及放大器都有较高的要求。可变波长紫外检测器光路示意图如

图 4-27 所示。

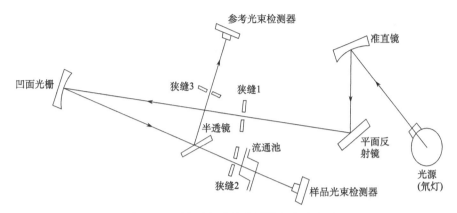

图 4-27　可变波长紫外检测器光路示意图

　　紫外检测器的流通池在设计上要求尽量减少紊流、光散射、死体积、流量变化、温度变化等因素对紫外检测器的影响，一般采用 H 型和 Z 型流通池(图 4-28)，其中 H 型流通池有利于补偿因流量变化引起的噪声和漂移，是一种较好的结构类型。H 型流通池一般体积只有 $8\mu L$，光程为 10mm，直径为 1mm。由于体积小，流通池引起的色谱峰增宽基本可以忽略。

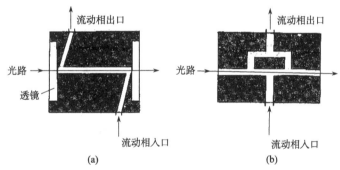

图 4-28　可变波长紫外检测器流通池示意图
(a)Z 型；(b)H 型

b. 光电二极管阵列检测器

　　光电二极管阵列检测器是 20 世纪 80 年代研发出的一种多通道检测器。光电二极管阵列检测器是紫外检测器的一个重要进展。在晶体硅上紧密排列一系列光电二极管，当光照射时，光电二极管将光信号转变成电信号且信号强度与光强度成正比。每一个光电二极管相当于一个单色仪的输出狭缝，这样光电二极管的数量越多，分辨率越高。一般高效液相色谱仪光电二极管阵列检测器上共有 1024 个光电二极管，因此在 190~950nm 波长范围内，相当于每 0.74nm 就对应一个光电二极管。

　　双光束光电二极管阵列检测器光路示意图如图 4-29 所示。以氘灯 1 或钨灯 3 作为光源，从光源发出的光经反射镜 4 通过狭缝 5 后进入分光系统，当光束照到切光器 6 的扇形镜上

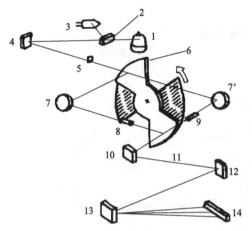

图 4-29　双光束光电二极管阵列检测器光路示意图
1. 氘灯；2. 光源转换镜；3. 钨灯；4. 反射镜；5. 入射
狭缝；6. 切光器；7、7′. 环形镜；8. 参比池；9. 样品
池；10. 准直镜；11. 分光器入口狭缝；12. 平面反射
镜；13. 凹面光栅；14. 光电二极管阵列检测器

时，被反射到环形镜 7 上，从而进入参比池 8，透过参比池的光经准直镜 10 和平面反射镜 12 照到凹面光栅 13，通过分光后照射到光电二极管阵列检测器 14 上。当光束从切光器 6 的扇形镜空白处通过并经环形镜 7′反射后，进入样品池 9，透过样品池的光经准直镜 10 和平面反射镜 12，通过凹面光栅 13 分光后照射到光电二极管阵列检测器 14 上。可见，参比光束和样品光束可以快速交替照射到凹面光栅上，经凹面光栅分光后，又交替照射到光电二极管阵列检测器上。

近 30 多年来，光电二极管阵列检测器已成为高效液相色谱紫外检测器的最好选择。由于二极管阵列可在很短时间内（最短可达 0.1s）获得 190～950nm 范围内的全部光谱信息，因此可及时地对流出色谱柱的各组分作光谱分析，除保留值外，还可获得更详细的定性信息。将每个组分的吸收光谱（包括波长 λ 和吸光度 A）与保留时间 t_R 结合，得到吸光度 A 是保留时间 t_R 和波长 λ 函数的三维色谱-光谱图，如图 4-30 所示。由此可观察与每一组分的色谱图相对应的光谱数据，从而迅速确定出具有最佳选择性和灵敏度的波长。可由不同波长区间选择一最佳吸收波长、由吸光度确定纯度、由保留时间定性。可利用紫外光谱识别并进行纯度分析，还可以画出保留时间、波长和吸光度的三维立体谱图。HP1100 型 HPLC 采用的光电二极管阵列检测器的波长范围为 190～950nm。

2）示差折光检测器

示差折光检测器是利用不同物质折光率的差异对物质进行检测的装置。在稀溶液中，溶液的折光率等于组成溶液各组分的折光率乘以各自的摩尔分数的和，若溶液中只有一种溶剂和一种溶质（被测物），则

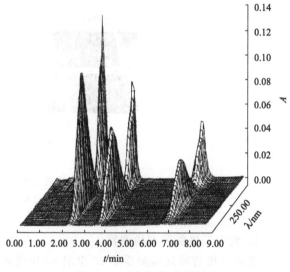

图 4-30　三维色谱-光谱图

$$n = x_0 n_0 + x_i n_i$$

式中：n、n_0、n_i——分别为溶液、溶剂和被测物的折光率；
　　　　x_0、x_i——分别为溶剂和被测物的摩尔分数。

由于 $x_0 + x_i = 1$，所以

$$n = (1-x_i)n_0 + x_i n_i = n_0 + (n_i - n_0)x_i$$
$$n - n_0 = (n_i - n_0)x_i$$

上式说明，$n-n_0$ 相当于示差折光检测器的响应信号 R，而 n_i 和 n_0 为常数，所以

$$R = kx_i \tag{4-12}$$

式(4-12)是示差折光检测器定量分析的基础。通过连续检测参比池和样品池中溶液对光的折光率之差来测定试样中被测物的浓度。因为每种物质都具有自身的折光率值，因此示差折光检测器属于通用型检测器，但其灵敏度低于紫外检测器和荧光检测器，一般检出限达 10^{-5} g/mL。某些不能用选择性检测器检测的组分(如糖类、脂肪烷烃、高分子化合物等)可用示差折光检测器检测。示差折光检测器灵敏度适宜，操作简单，不破坏样品。但是，其对温度的变化敏感，由于洗脱液组成的变化会使折光率变化很大，而且梯度洗脱中黏度变化引起温度的改变，因此不能用于梯度洗脱，这使其应用范围受到限制。

示差折光检测器按其工作原理不同分为偏转式、反射式及干涉式三种。干涉式价格昂贵，反射式应用较麻烦，均不如偏转式示差折光检测器应用广泛。

a. 偏转式示差折光检测器

偏转式示差折光检测器的光路示意图如图 4-31 所示。光源发出的光经聚焦、滤光、反射等过程，再通过透镜聚焦后分别进入参比池与样品池，经参比池及样品池折射后，由平面反射镜 8 反射，最后再通过平面细调透镜 9 成像于棱镜 10 的棱口上，然后光束分成均匀的两束，分别照射到两个对称的光电倍增管 11 上。如果样品池 6 与参比池 7 均通过纯流动相，则照在两个光电倍增管上的光强度相等，由两个光电倍增管输出的电流大小相等，方向相反，输出信号为零。如果有样品通过样品池，由于折光率的变化使光路发生偏转，在棱镜口上的成像偏离棱镜的棱口，照在两个光电倍增管上的光强度不相等，即有信号输出。信号的强弱与成像的偏离程度有关，偏离越大，信号越强。

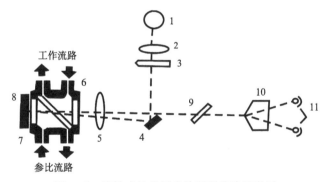

图 4-31　偏转式示差折光检测器光路示意图

1. 钨灯光源；2. 透镜；3. 滤光片；4. 反射镜；5. 透镜；6. 样品池；
7. 参比池；8. 平面反射镜；9. 平面细调透镜；10. 棱镜；11. 光电倍增管

偏转式示差折光检测器的线性范围宽，检测池不及反射式小，但是对池窗污染不敏感。

b. 反射式示差折光检测器

当一束光透过折光率不同的两种物质时，此光束会发生一定角度的偏转，其偏转程度正比于两物质折光率之差。因为检测到的信号为折光率的差值，所以对池窗污染不敏感。其工

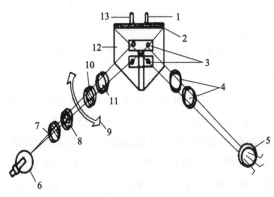

图 4-32　反射式示差折光检测器光路图

1. 流通池参比通道；2. 检测池底板；3. 流通池；4. 透镜
2；5. 检测原件；6. 光源；7. 狭缝1；8. 红外滤光片；
9. 投射器旋转机构；10. 狭缝2；11. 透镜1；12. 棱镜；
13. 流通池样品通道

作原理为直接的反射原理，如图 4-32 所示。该检测池体积为 3μL，流动相可清扫整个池腔，易清洗。但是，测量液体折光率的范围较窄，线性范围不宽。

c. 干涉式示差折光检测器

光在两种不同物质界面的反射率与入射角和两种物质的折光率成正比，当入射角固定时，光线反射率仅与这两种物质的折光率成正比。光通过仅有流动相的参比池时，由于流动相的组成不变，因此其折光率是固定的；但光通过工作池时，由于存在待测组分而使折光率改变，从而引起光强度的变化，测量光强度的变化即可得出组分浓度的变化。基于分配干涉原理，由分光镜将光源的光分为两束光线，由透镜聚焦照射到样品池和参比池，此两束光线通过样品池后合并产生光的干涉，干涉信号射到光电倍增管上。样品池与参比池间的折光率差转换为光程长度的差，该差值可以通过干涉计测量，如图 4-33 所示。该检测器的响应是线性的。

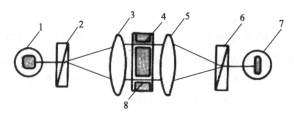

图 4-33　干涉式示差折光检测器光路图

1. 光源；2. 分光镜；3. 透镜；4. 样品池；5. 透镜；6. 分光镜；7. 光电倍增管；8. 参比池

3）荧光检测器

物质的分子或原子经光照射后，有些电子被激发至较高的能级，这些电子从高能级跃迁到低能级时，物质会发出比入射光波长长的光，这种光称为荧光。

产生荧光的第一个条件是该物质的分子必须具有能吸收激发光的结构，通常是共轭双键结构；第二个条件是该分子必须具有一定程度的荧光效率，即荧光物质吸收激发光后所发射的荧光量子数与吸收的激发光的量子数的比值。有苯环或具有多个共轭双键的体系以及具有刚性平面结构的有机化合物分子易产生荧光；大多数无机盐金属离子不产生荧光；而一些金属螯合物能产生很强的荧光。取代基的性质、溶剂的极性、体系的 pH 和温度都会影响荧光体的荧光特性或荧光强度。

许多物质能自身产生荧光，也有的物质自身不产生荧光，但可以通过衍生的方法使其发出荧光。很多生物活性物质、药物产品、环境污染物等自身能发出荧光，具有天然荧光活性。其中，带有芳香基团的化合物的荧光活性很强。另外，有些化合物可以利用柱后反应法或柱前反应法加入荧光试剂，转化为具有荧光活性的衍生物。在紫外光激发下，荧光活性物质产生荧光。

荧光检测器实际上是带有流通池的荧光光谱仪，是利用某组分在溶液中受光激发后能发射荧光的性质来进行检测的，其检出限可达 10^{-10} g/mL。荧光检测器比紫外检测器的灵敏度高 2～3 个数量级，适用于痕量分析，是体内药物分析常用的检测器之一，用于分析可产生荧光的物质(如多环芳烃、维生素 B、黄曲霉素、卟啉类化合物、农药、药物、甾族化合物)或衍生后可产生荧光的物质。由于多数氨基酸无荧光，需用柱前或柱后衍生。常用异氰硫基苯(PICO-TAG)或邻苯二甲醛(OPA)作为衍生化试剂，是分析氨基酸的常用方法之一。荧光检测器属于高灵敏度、高选择性的检测器。其对有些物质的动态线性范围小，一般为 10^4；适于梯度洗脱，但适用范围有一定局限性。

荧光检测器光路示意图如图 4-34 所示，其光源常用氙灯，发射波长为 250～600nm，属于连续波长的激发光源。光源发出的光经透镜、激发光单色器后产生激发单色光，聚焦在流通池上，使池内样品组分受激发后产生荧光，光电倍增管在与激发光相垂直的位置检测荧光强度。荧光强度(I_f)与激发光强度(I_0)及被测物质浓度(c)之间的关系如下式：

$$I_f = a I_0 c \qquad\qquad (4\text{-}13)$$

式中：a——常数。

可见荧光强度 I_f 与 I_0 和 c 成正比关系，当 I_0 一定时，I_f 与 c 呈线性关系。所以，荧光检测器为浓度型检测器。

近年来，以激光作为荧光检测器的光源的激光诱导荧光检测器极大地增强了荧光检测的信噪比，因而具有更高的灵敏度，在痕量和超痕量分析中得到广泛应用。

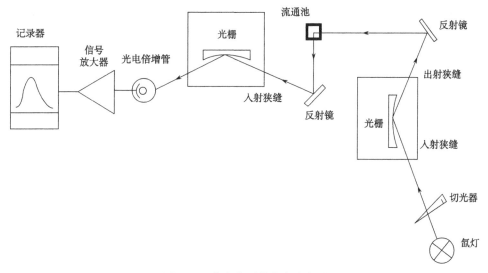

图 4-34　荧光检测器光路示意图

4）蒸发光散射检测器

蒸发光散射检测器是 20 世纪 90 年代研制出的新型通用型检测器。这种检测器适用于挥发性低于流动相的所有样品组分。通常认为蒸发光散射检测器可以代替通用型的示差折射检测器，主要用于测定不产生荧光又无紫外吸收的有机化合物，如糖类、高级脂肪酸、磷脂、

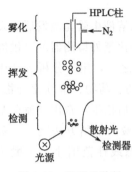

图 4-35　蒸发光散射
检测器原理示意图

维生素、甘油三酯、甾体皂苷类等化合物。

蒸发光散射检测器的构造分为雾化器、加热漂移管和光散射池三部分。雾化器与分析柱出口直接相连，柱洗脱液进入雾化器针管，在针的末端，洗脱液和充入的气体(高纯 N_2)混合形成均匀的微小液滴，改变气体和流动相的流速以调节液滴大小。漂移管使气溶胶中的易挥发溶剂挥发，流动相中的不挥发组分的干气溶胶经漂移管进入光散射池。光散射池中的样品颗粒产生的散射光被检测器检测产生光电信号。光源为 670nm 激光二极管和卤素灯。检测器为光电倍增管或硅晶体光电二极管。检测过程分为惰性气体雾化流出物、漂移管中流动相挥发、样品颗粒的光散射三个步骤，如图 4-35 所示。

待测组分的质量(m)与所产生的散射光强度(I)之间的关系为

$$I = Km^b \tag{4-14}$$

式中：K、b——均为与蒸发室温度、雾化体积、压力及流动相性质等有关的常数。

将式(4-14)取对数，得到：

$$\lg I = b\lg m + \lg K \tag{4-15}$$

式(4-15)说明散射光强度的对数与被测物质量的对数呈线性关系，斜率为 b，截距为 $\lg K$。散射光强度常用峰面积来表示。

散射光的强度与进入检测器的气溶胶中组分的质点质量有关。响应值仅与光束中溶质颗粒的大小和数量有关，而与溶质的化学组成无关。该种检测器的最大优点在于能检测不含发色基团的化合物，蒸发光散射检测器的通用检测方法消除了常见于传统 HPLC 检测方法中的难点，不同于紫外和荧光检测器，蒸发光散射检测器的响应不依赖于样品的光学特性，任何挥发性低于流动相的组分均能被检测，在低温下也能使用。目前蒸发光散射检测器广泛用于 HPLC，其适于梯度洗脱。但是，检测灵敏度比紫外检测器低，只适用于流动相能挥发的色谱洗脱。例如，乙腈-水和甲醇-水就不能用于含有缓冲盐的流动相。因为盐不易挥发，形成高背景，影响检测。若需进行离子抑制色谱，则只能选择能挥发的抑制剂，如氨水及乙酸等。还用于排阻色谱、超临界流体色谱和逆流色谱的检测。在分子排阻色谱中，可用蒸发光散射检测器检测聚合物。

5) 红外检测器

红外检测器为选择型、质量型检测器。

大多数流动相都有红外吸收，因而只能在有限范围内利用官能团的红外吸收进行检测，如在 3000cm^{-1} 的 C—H 吸收，1665～1750cm^{-1} 的 C=O 吸收，1680～1645cm^{-1} 的 C=C 吸收等。可供选择的流动相有 CCl_4、$CHCl_3$、CH_2Cl_2、CH_3CN 等。吸收池的窗口采用 NaCl 和 CaF_2 等红外透明材料，通过吸收池的红外光能以热电检测器接收，转变成电信号放大。其灵敏度与示差折光检测器相似，对温度不敏感，适于大分子化合物，适于梯度洗脱。但是，洗脱液不应有红外吸收。

6) 安培检测器

安培检测器为一种电化学检测器，根据化合物在工作电极上所发生的氧化还原反应，通过电位、电流和电荷量的测量确定化合物在溶液中的质量。安培检测器为选择型、质量型检测器。

依据法拉第定律,溶液中的分子在工作电极表面被氧化或还原而产生电流。通过对电化学反应过程中传递电量的测量,即可求得被测物的质量。适用于电活性物质,如硝基、氨基等有机化合物及无机阴、阳离子等。流动相也应具有电活性。电活性流动相多采用极性溶剂和水的混合物;非电活性流动相需要衍生处理。

安培检测器的灵敏度高、噪声低;最小检测量为 ng 级,有的可达 pg 级;选择性好,可测大量非电活性物质中极痕量的电活性物质;线性范围宽,一般为 4～5 个数量级;设备简单,成本较低;池体积小,易于自动操作。但是,安培检测器的玻碳电极表面不能更新;对温度和流速的变化敏感。其适用于生物化学、生物医学及临床检测中测定生物体液、组织中的儿茶酚胺、多巴胺等胺类化合物、维生素(C、E、B_6)、各种药物及代谢产物。

7) 电导检测器

电导检测器用于连续测定色谱流出液(洗脱液)的电导值,电导值与洗脱液中的溶质浓度成正比。根据溶液的导电性质,通过测量离子溶液电导率的大小来测量离子浓度。电导检测器为通用型、浓度型检测器。

当有电流通过电解质溶液,溶液中电阻为 R 时,电导率 S 为

$$S = \frac{1}{R} \cdot \frac{L}{A} = \frac{K}{R} \tag{4-16}$$

式中:K——电导常数。

当电阻长度 L 和电阻截面积 A 固定时,K 为定值,溶液的电导率 S 仅与溶液的电阻 R 有关。R 与溶质的质量或浓度有关,因此测量溶液的电导率就可知溶液的浓度 c。

液相色谱的常用检测器的性能对比见表 4-8。

表 4-8　高效液相色谱仪常用检测器的主要性能指标

	紫外	荧光	示差折光	蒸发光散射	安培	电导	质谱
检测信号	吸光度	荧光强度	折光率	散射光强度	电流	电导率	离子流强度
类型	选择型	选择型	通用型	通用型	选择型	通用型	通用型
梯度洗脱	可以	可以	不可以	可以	不可以	不可以	可以
检出限(g/mL,进样 $10\mu L$)	$10^{-8} \sim 10^{-7}$	$10^{-10} \sim 10^{-9}$	$10^{-5} \sim 10^{-4}$	$10^{-8} \sim 10^{-6}$	$10^{-10} \sim 10^{-9}$	$10^{-6} \sim 10^{-4}$	$< 10^{-10}$
流速敏感度	不敏感	不敏感	不敏感	不敏感	敏感	敏感	不敏感
温度敏感度	不敏感	不敏感	敏感	不敏感	敏感	敏感	不敏感
试样破坏性	无	无	无	无	无	无	有

5. 数据处理和记录系统

HPLC 多采用色谱工作站。日本岛津公司早期采用的是 LC Solution 的设计平台,后期发展为 Lab Solution 的操作平台,适于多种分析仪器,如 HPLC、LC-MS、GC 和 GC-MS。它具有 Windows Office 的编辑功能,自动化程度非常高,自动控制调节功能强,可自动控制梯度洗脱时间、流速、柱温等参数。色谱工作站除控制仪器外,还可自动完成色谱数据的

处理并给出所需要的信息。通常可给出标准的色谱图，给出各组分的峰高、峰面积、峰宽、峰形、对称因子、分配比、选择性因子、分离度、理论塔板数等色谱参数，也可给出标准曲线、回归方程并计算出分析样品中相关组分的含量。此外，利用色谱工作站还能在使用光电二极管阵列检测器时绘制出三维图谱、峰纯度图谱等其他复杂的图谱，便于分析者了解全面的分析信息。一些色谱工作站设有自我诊断、自动开关机、联网可接受远方控制等功能，这些都为使用者带来很大的便利。随着电子计算机技术的迅速发展，色谱工作站的功能也日益完善。

4.3.4　应用

苯是一种无色、具有特殊芳香气味的液体，能与醇、醚、丙酮和四氯化碳互溶，微溶于水。苯具有易挥发、易燃的特点，其蒸气有爆炸性。经常接触苯，皮肤可因脱脂而变干燥、脱屑，有的出现过敏性湿疹。长期吸入苯能导致再生障碍性贫血。苯对环境有危害，对水体可造成污染，为致癌物。

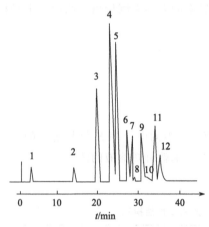

图 4-36　HPLC 对致癌物质的测定谱图
1. 苯；2. 萘；3. 联苯；4. 菲；5. 蒽；6. 荧蒽；7. 芘；8、10. 未知；11. 苯并芘(e)；12. 苯并芘(a)

目前已经检查出的 400 多种主要致癌物中，一半以上属于多环芳烃类化合物。其中，苯并芘则是一种强致癌物质。吸烟产生的烟雾、经过多次使用的高温植物油、煮焦的食物或油炸过火的食品都会产生苯并芘。对于苯并芘，曾将其在兔子身上做过实验。实验表明，将苯并芘涂在兔子的耳朵上，40 天便长出了肿瘤。研究证明，生活环境中的苯并芘的含量每增加 1%，肺癌的死亡率即上升 5%。苯并芘的分子式为 $C_{20}H_{12}$，沸点为 495℃。煤、褐煤、石油、页岩等燃烧或蒸馏时都能产生 1,2-苯并芘，被煤烟污染的空气和吸烟产生的烟雾中也可以检查出 1,2-苯并芘。1,2-苯并芘有强烈的致癌作用。4,5-苯并芘是 1,2-苯并芘的同分异构体，无致癌作用。任何烟熏火烤的肉食，

如火腿、烤羊肉串、烤肉，都会受到苯并芘的污染。研究发现，维生素 B_2 可以分解苯并芘。

以高效液相色谱法对 12 种致癌物质的测定谱图如图 4-36 所示。实验条件如下：固定相为十八烷基硅烷键合相；流动相为 20%甲醇-水～100%甲醇；线性梯度洗脱，2%/min；流量为 1mL/min；柱温为 50℃；柱压为 700kPa；检测器为紫外检测器。

分子极性的大小也可用偶极矩来度量。它是分子中各个共价键偶极矩的向量和。多原子分子的极性不仅取决于键的极性，还取决于各键在空间分布的方向。偶极矩的值越大，分子的极性也越大。同类型的物质，结构越复杂的极性越小，萘和联苯比较，联苯连接两个苯环的键要旋转，不如萘的对称性好，所以萘的极性要小些，这样极性顺序从大到小应该是苯＞联苯＞萘＞蒽。非极性 C_{18} 柱用于分析非极性物质，流动相为极性。非极性样品中极性大的组分（苯）与固定相的作用弱，先被洗脱下来；非极性的样品中极性小的组分与固定相的作用较强，后被洗脱下来。由于洗脱时间太长，因此降低极性溶剂的极性，从 20%甲醇-水降低极性到 100%甲醇，增加了洗脱能力，使分析时间缩短。结果表明，采用 C_{18} 柱，甲醇-水梯

度洗脱的流动相，在 40min 内分析了 12 种致癌物，同分异构体 11 和 12 号组分得以分离。

4.4　液固色谱法

液固色谱也称吸附色谱（adsorption chromatography），是最古老的色谱。1906 年，Tswett 发明的色谱就是这一种。不过，当时所用的填料颗粒大，现代的液相色谱改进了填料并将其仪器化，但层析机理是相同的。其固定相为固体吸附剂，是根据各组分在固体吸附剂上吸附能力的差异进行分离的，即溶质和溶剂分子在固体吸附剂表面的活性中心发生竞争吸附。以表面吸附性能为依据，常用于分离极性不同的化合物，也能分离具有相同极性基团，但基团数目不同的样品。因异构体有不同的空间排列方式，吸附能力不同，其对具有不同官能团化合物和异构体具有不同的吸附性能和较高的选择性。此外，当组分分子的结构与吸附剂表面活性中心的几何结构相适应时，组分分子也容易被吸附。因此，吸附色谱也适用于分离几何异构体。凡是能用吸附剂薄层色谱法成功分离的化合物都可用液固色谱法进行分离。其优点是分离速度快、灵敏度高、分离效果好，同时与吸附剂薄层色谱法相比，样品用量少。但是，对强极性分子或离子型化合物有时会发生非线性等温吸附，常会引起峰的拖尾现象；分离同系物的能力较差；组分分子相对分子质量不能过大或过小，相对分子质量一般为 500～2000。当分析强吸附性物质时，在吸附剂表面会发生不可逆吸附。分析强极性分子时，可采用离子对色谱；对于离子型化合物，可采用离子交换色谱。

液固色谱法与吸附剂薄层色谱法的原理相似，在本章第 4.2 节已做过讲述。本节重点介绍液固色谱法的分离原理、各种吸附剂及其表面活性和去活化的方法、线性容量和流动相的选择。

4.4.1　分离原理

液固色谱法的固定相为固体吸附剂，属于一种固体多孔性物质，表面具有活性吸附中心，利用活性吸附中心对试样中各组分吸附能力的差异实现分离。被分离组分（溶质）分子与流动相（溶剂）分子竞争吸附于吸附剂表面，流动相中的溶质分子 X_m 与吸附剂表面的 n 个溶剂分子 Y_s 竞争吸附后，置换了溶剂分子，被吸附到吸附剂表面成为 X_s，而溶剂分子回到流动相中成为 Y_m。吸附过程可表示为

$$X_m + n Y_s \rightleftharpoons X_s + n Y_m$$

式中：m——流动相；s——固定相。

当吸附过程达到平衡后，吸附平衡常数 K（也称吸附系数）可以表达为

$$K = \frac{[X_s][Y_m]^n}{[X_m][Y_s]^n} \tag{4-17}$$

溶质分子在吸附剂表面的吸附能力越强，K 越大，则保留值越大；溶剂分子在吸附剂表面的吸附能力越强，K 越小，则保留值越小。

4.4.2　吸附剂的分类

各种不同的吸附剂的分类如下。

1. 按照形状结构

当使用硅胶作为吸附剂时，按照形状将吸附剂分为表面多孔型和全多孔型硅胶。

表面多孔型硅胶的直径为 $35\mu m$，样品容量小，柱效率高，适于极性范围宽的样品。

全多孔型硅胶的直径为 $5\sim10\mu m$，比表面积大，样品容量大，柱效率高，是理想的 HPLC 的固体吸附剂。这是因为该结构的吸附剂粒度小，在柱内填充均匀，且具有大的孔径和浅的孔道，可改善传质和提高柱效率。所以，全多孔型硅胶是应用最广的极性固定相。

2. 按照极性大小

按照极性大小，将吸附剂分为极性吸附剂和非极性吸附剂。

硅胶、Al_2O_3、MgO 和 $MgSiO_3$ 分子筛、聚酰胺为极性吸附剂；活性炭、石墨化炭黑、高分子多孔硅球（GDX）为非极性吸附剂。极性吸附剂适合于分析非极性物质，非极性吸附剂对极性物质的分析效果好。

3. 按照酸碱性

按照酸碱性，将吸附剂分为酸性吸附剂和碱性吸附剂。

硅胶、$MgSiO_3$ 为酸性吸附剂；Al_2O_3、MgO、聚酰胺为碱性吸附剂。

Al_2O_3 对分离不饱和化合物（烯烃）及卤代衍生物有效；MgO 对分离多环芳烃有很强的保留；聚酰胺对分离酚类和芳香族的硝基化合物有较好的选择性。

硅胶表面有硅羟基，呈弱酸性，如果分离酸性物质，则不被吸附和保留。对碱性物质比酸性物质、中性物质有更强保留，所以适于分析碱性物质如脂肪胺和芳香胺。分析碱性物质时，由于其在硅胶这种酸性物质上易分解，在洗脱剂里往往加一些三乙胺、氨水、吡啶等碱性物质来中和硅胶的酸性，氨水无疑是较好的选择。商品化的硅胶有些已经过加碱处理使硅胶颗粒呈现中性，克服了分析碱性物质时硅胶易分解的问题。

4.4.3 吸附剂的活化

硅胶是 HPLC 最常用的固体吸附剂，此处重点介绍硅胶的表面活性和去活化的方法。

硅胶的含水量与吸附剂的表面活性成反比，含水量越大，吸附活性越低，脱附越容易。实验表明，对所有化合物来说，k 值随硅胶含水量的增加而降低。为了得到重现的分离，必须在使用过程中保持硅胶的含水量恒定，这就要求使用含有控制量水分的流动相。

将硅胶在真空条件下于 200℃ 加热，可以得到具有标准活性的硅胶。经这样处理的硅胶失去全部物理吸附水，活性最强。但是干燥和彻底活化的硅胶不适于进行高效液相色谱分离，这是因为彻底活化的硅胶可能发生不可逆吸附或反应，使样品发生变化或损失较大以及保留性质发生变化、柱效率变差。为了避免这些不利因素的发生，硅胶在装柱前要进行去活化处理。

硅胶等活性吸附材料在装柱前，需加入一定量的水或其他活性溶剂，使硅胶的吸附活性适当降低。以硅胶表面 50%～75% 的比表面积形成水单分子层作为硅胶减活的标准，相当于表面积为 $100m^2$ 的硅胶加 $0.02\sim0.04g$ 水（硅胶标签上标有比表面积大小，单位为 m^2/g）。若被分析物吸附性能差，需要较高活性的硅胶，则可适当减少水的加入量。也可在洗脱液中加入少量极性或中等极性的溶剂使吸附剂去活化，以减少色谱峰的拖尾，提高柱效率。

4.4.4　线性容量

线性容量是指在线性等温线范围内，单位质量的硅胶能够负载试样的质量，进样量不能超过线性容量。线性容量的大小取决于样品的性质、溶剂的组成、硅胶的性质和温度等。对于给定的溶质和溶剂，线性容量主要取决于硅胶的比表面积和表面活性。比表面积大，线性容量高；表面活性高，线性容量小。通过以样品量为函数的保留值的测定，可以获得某特定样品在给定吸附色谱柱上的线性容量。

吸附色谱受吸附等温线非线性和吸附剂重现性差的局限。全多孔型硅胶比表面积大，线性容量为 $10^{-4} \sim 10^{-3}$ g/g(试样量/硅胶量)，允许的进样量大；表面多孔型硅胶比表面积小，线性容量为 $10^{-6} \sim 10^{-5}$ g/g，允许的进样量少。超过线性容量，信号与进样量之间不呈线性。

4.4.5　流动相

液相色谱法流动相的性质和组成对液固色谱分离的影响极为重要。

当流动相与固定相间的作用力大于溶质与固定相间的作用力时，溶质易脱附。流动相的洗脱能力用流动相的溶剂强度系数 ε^0 表示，ε^0 以单位面积的吸附剂的吸附能表示，见表 4-3。ε^0 越大，表示溶剂的极性越强，洗脱能力越强。

流动相的选择原则：极性大的试样用强极性流动相；极性小的试样用弱极性流动相；当 k 值差异较大时，可采用多元流动相的梯度洗脱。

4.4.6　液固色谱法实验条件的选择

1. 色谱柱

应用最广的是硅胶柱，不锈钢管；柱长不能太长，应小于 30cm，10～15cm 为好。柱太长，柱压高，不易操作。如果分离不好，重新选择流动相；不能一味追求长柱或高效柱，通过改进流动相，增加 r_{21} 是改善分离的有效手段。

2. 流动相

为了提高选择性，可采用二元或多元体系溶剂为流动相来改变相对保留值 r_{21}。LC 选择多元混合流动相，流动相的选择多凭经验。

若被测组分与固定相能形成氢键，溶剂也应该易形成氢键，洗脱能力强；若溶剂的极性和组分的极性相似，作用力强，洗脱能力强；若单一溶剂分离时保留值偏大，应选择加入极性溶剂以增加洗脱能力或进行梯度洗脱；溶剂应当很好地溶解样品；如果是酸性的吸附剂，在溶剂中加入一些碱以中和吸附剂表面的酸，以免色谱峰拖尾；利用吸附剂薄层色谱来选择高效液相色谱溶剂的极性也是常用的一种实验方法。

3. 柱温

柱温会改变溶剂的黏度，而且会使组分对吸附剂的吸附热发生变化。提高柱温，有的组

分 k 值变大，有的组分 k 值变小，这是因为不同组分的吸附曲线不一致，因此当柱温变化时，没有统一的变化规律。所以作定性和定量分析时，保持一定的柱温可以获得稳定的色谱数据。

4.5　离子交换色谱法

1848 年，Thompson 在研究土壤的碱性物质交换过程中发现了离子交换的现象。20 世纪 40 年代，具有稳定交换特性的聚苯乙烯离子交换树脂问世。20 世纪 50 年代，离子交换色谱法应用于生物学领域，研制了氨基酸分析仪。1969 年，全多孔键合离子交换剂出现，产生了高压、高速、高效的近代离子交换色谱，使氨基酸的分析时间从 22h 减少到 1h。1975 年以来，离子交换色谱法克服了检测上的困难，进入以离子色谱为代表的新阶段。离子色谱对多种阴离子的测定是分析化学的一个重要进展。

离子交换色谱法(ion exchange chromatography，IEC)是以离子交换树脂作为固定相，依据试样中电离组分对固定在交换基体上带有相反电荷的解离部位亲和力的不同，对离子型化合物进行分离的色谱学方法，属于液相色谱法的重要分支。

离子交换色谱法主要用于分离离子型化合物或可解离的化合物，常用于无机离子和生物物质的分离。例如，碱金属、碱土金属、稀土金属等金属离子混合物的分离；性质相近的镧系和锕系元素的分离；食品添加剂及污染物的分析；氨基酸、蛋白质、糖类、核糖核酸、药物等样品的分离等。

4.5.1　分离原理

固定相是离子交换树脂，树脂上具有固定的基团和可交换离子基团。样品进入色谱柱后，流动相将携带样品电离生成的离子通过固定相，使组分离子与树脂上的可交换离子基团进行可逆交换。由于样品中不同离子对固定相的亲和力不同，产生了差速迁移，进而实现分离。

在离子交换过程中，流动相中的组分离子与可交换离子进行竞争吸附，阳离子交换平衡可表示为

$$R-M(s)+X^+(m) \rightleftharpoons R-X(s)+M^+(m)$$

$$K_c = \frac{[R-X]_s[M^+]_m}{[R-M]_s[X^+]_m}$$

阴离子交换平衡可表示为

$$R-A(s)+Y^-(m) \rightleftharpoons R-Y(s)+A^-(m)$$

$$K_a = \frac{[R-Y]_s[A^-]_m}{[R-A]_s[Y^-]_m}$$

式中：s、m——分别表示固定相和流动相；

K_c、K_a——分别表示阳离子和阴离子交换反应的平衡常数；

X^+、Y^-——被分离组分离子；

M^+、A^-——树脂上的可交换离子。

由此可见，组分离子与树脂的亲和力越强，平衡常数 K_c 和 K_a 值越大，保留值也越大。

凡是在溶液中能够解离的物质通常都可以用离子交换色谱法进行分离。被分析物电离后产生的离子与固定相中的带相反电荷的官能团亲和，与固定相中的同电荷离子进行交换而达到平衡。这是可逆的交换过程。

固定相为键合的功能基团，称为离子交换剂，如酸性基团磺酸基或碱性基团氨基；这些功能基团在水溶液中能够解离成可进行交换的负离子或正离子。流动相一般采用水溶液，被分析物为能电离的物质，依据亲和力的不同而分离。磺酸基或氨基树脂的交换过程如下：

$$M^+ + Na^{+-}O_3S— 树脂 \rightleftharpoons M^{+-}O_3S— 树脂 + Na^+$$

$$X^- + Cl^{-+}R_3N— 树脂 \rightleftharpoons X^{-+}R_3N— 树脂 + Cl^-$$

离子对离子交换树脂上相反电荷离子的亲和力反映了离子在离子交换树脂上的交换能力。不同离子具有的亲和力有规律可循。这种亲和能力与水合离子的半径、电荷及离子的极化程度有关。水合离子的半径越大、电荷越高、极化度越大，其亲和力越大。亲和能力越强，保留时间越长。阳离子洗脱能力的差别不及阴离子明显。

不同价态的阳离子，电荷越高，亲和力越大；同价态离子，离子半径越大，亲和力越大。水合离子半径为 Li^+ 0.068nm、Na^+ 0.095nm、K^+ 0.133nm、Ca^{2+} 0.099nm、Sr^{2+} 0.113nm、Pb^{2+} 0.12nm、Ba^{2+} 0.135nm。常见阳离子的亲和力顺序为：$Li^+ < H^+ < Na^+ < NH_4^+ < K^+ < Rb^+ < Cs^+ < Ag^+ < Mn^{2+} < Mg^{2+} < Zn^{2+} < Co^{2+} < Cu^{2+} < Cd^{2+} < Ni^{2+} < Ca^{2+} < Sr^{2+} < Pb^{2+} < Ba^{2+} < Al^{3+} < Fe^{3+} < 稀土阳离子 < Ce^{3+}$。

阴离子的半径越大，亲和力越大。水合离子半径为 F^- 0.136nm、Cl^- 0.181nm、Br^- 0.196nm、I^- 0.216nm、SO_4^{2-} 0.230nm。常见阴离子的亲和力顺序为：$HCO_3^- < F^- < OH^- < CH_3COO^- < HCOO^- < Cl^- < SCN^- < Br^- < CrO_4^{2-} < NO_3^- < I^- < C_2O_4^{2-} < SO_4^{2-} < ClO_4^- < 柠檬酸根$。

如图 4-37 所示为阳离子交换剂，其在水溶液中能解离出 H^+；当溶液中有 Na^+、Ca^{2+} 流过时，由于 Na^+、Ca^{2+} 对 SO_4^{2-} 有更强于 H^+ 的亲和力，因此把 H^+ 交换下来；Na^+、Ca^{2+} 与 SO_4^{2-} 的亲和力不同，Na^+ 的亲和力小于 Ca^{2+}，因此 Na^+ 很快被洗脱下来，Ca^{2+} 的分配比更高，后流出色谱柱。

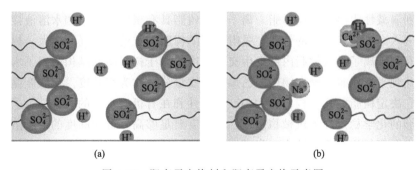

图 4-37 阳离子交换剂和阳离子交换示意图
(a)阳离子交换剂；(b)阳离子交换示意图

对于样品中的阴离子分析，组分 X^- 随洗脱液进入分离柱中，产生的离子交换反应如下：

$$树脂 - HCO_3^- + Na^+X^- \rightleftharpoons 树脂 - X^- + NaHCO_3$$

样品组分 X^- 将与洗脱液中的平衡离子 HCO_3^- 争夺树脂上的交换点，离子交换反应是可逆的，样品组分 X^- 会被洗脱下来，样品中溶质的水合离子半径越大，电荷越高，极化度越大，它对树脂交换点的亲和力越强，保留时间也越长。对于同化合价的不同样品离子，离子半径越大，亲和力越强，保留时间越长。竞争亲和与可逆解离的结果使不同组分被分离。

4.5.2　固定相

离子交换色谱法的固定相通常称为离子交换剂或离子交换填料。

1. 离子交换剂的分类

（1）按交换离子的种类分为阳离子交换剂、阴离子交换剂。

（2）按离子交换基团的性质分为强酸性阳离子交换剂、弱酸性阳离子交换剂、强碱性阴离子交换剂、弱碱性阴离子交换剂。常用强酸型阳离子交换树脂所带的基团为磺酸基（—SO_3H），组成树脂的有机聚合物与 SO_3^- 牢固地结合形成固定部分，带负电荷，而带相反电荷的 H^+ 是可流动离子，可被其他阳离子所交换。常用弱酸型阳离子交换树脂所带的基团为羧基（—$COOH$）。常用强碱型阴离子交换树脂所带的基团为季铵碱基团（—N^+R_3），—N^+R_3 将与有机聚合物牢固结合，OH^- 为可流动离子，可被其他阴离子所交换。弱碱型阴离子交换树脂所带的基团为氨基（—NH_2）。

（3）按离子交换剂的化学组成分为无机离子交换剂、有机离子交换剂、葡萄糖的衍生物离子交换剂和纤维素离子交换剂。其中，有机离子交换剂的应用最为广泛。

无机离子交换剂有硅铝酸盐、水合氧化钛、无机含氧酸盐和杂多酸盐等。无机离子交换剂的制法简单、选择性好、抗辐射、耐高热，但 pH 范围窄。

有机离子交换剂以离子交换树脂最为常用，应用最广、性质稳定，在多数有机与无机溶剂中不溶解。在苯乙烯-二乙烯苯树脂上引入离子交换基团：硫酸或发烟硫酸处理树脂引入磺酸基得到强酸性阳离子交换树脂；甲基丙烯酸和二乙烯基苯悬浮聚合而得含有羧酸或磷酸基的弱酸性阳离子交换树脂；$AlCl_3$ 存在下，苯乙烯交联聚合物与氯甲醚反应，再与叔胺反应得到强碱性阴离子交换树脂；$AlCl_3$ 存在下，苯乙烯交联聚合物与氯甲醚反应，再与伯、仲胺反应得到弱碱性阴离子交换树脂。离子交换树脂具有亲水性，当和水溶液接触时，水分子通过扩散进入离子交换树脂的骨架，吸附了水的树脂颗粒的体积逐渐增大，树脂处于溶胀状态。溶胀有利于离子进入树脂内部发生交换反应。由于树脂交联结构限制了水在树脂内的增加，最终达到平衡状态。聚合物中二乙烯苯的质量分数称为交联度。交联度是树脂的一个重要参数。它决定树脂的孔结构、孔大小、耐压性和在有机溶剂中的溶胀。为了使离子交换树脂具有足够的化学稳定性和机械稳定性，交联度要足够高。低交联度的树脂溶胀性大，不耐高压；高交联度的树脂溶胀性小，耐高压。一般耐压树脂的交联度为 $8\%\sim16\%$，可兼顾溶胀性和刚度。

2. 离子交换剂的交换容量

衡量离子交换剂性能的一个重要参数是离子交换剂的交换容量。交换容量由内部因素和外部因素共同决定。

交换容量以单位质量的离子交换剂中含有的功能基团的数目表示。交换容量不仅取决于骨架上功能基团的数目，还取决于交换树脂的解离状态。

强酸性阳离子交换树脂在 pH 大于 3 时全部解离，交换容量大，pH 小于 3 时部分解离，交换容量小；强碱性阴离子交换树脂在 pH 小于 10 时全部解离，交换容量大；弱酸性阳离子交换树脂在 pH 大于 9 时全部解离，交换容量大；弱碱性阴离子交换树脂在 pH 小于 6 时全部解离，交换容量大。

3. 离子交换树脂的类型

一种分类是将离子交换树脂分为薄膜型（表层多孔型）树脂和全孔型树脂两种。

另一种分类是将离子交换树脂分为全多孔型、薄膜型、表面薄壳型（表面多孔型）和表面覆盖型四种。其中，全多孔型和表面薄壳型离子交换树脂较为常用。

1）全多孔型离子交换树脂

全多孔型离子交换树脂分为微孔型和大孔型两种。

a. 微孔型离子交换树脂

全多孔型离子交换树脂由苯乙烯和二乙烯苯聚合而成。孔径大小取决于树脂的交联度。交联度大于 8%、孔径小于 50nm、粒度为 $5\sim20\mu m$ 的树脂为微孔型离子交换树脂。其交换容量较高，为 $2\sim5mmol/g$。这类树脂的交联度高，骨架密集，孔穴小，适于小分子分离；在离子色谱中做抑制柱填料；低交联度的微孔型树脂也能吸附大分子，用于对多糖、多肽、核苷酸的分离。

b. 大孔型离子交换树脂

在合成树脂的聚合阶段加入惰性溶剂，导致共聚物颗粒内产生相分离形成大孔交联树脂。孔径在数百纳米以上，粒度约 $10\mu m$ 的树脂为大孔型离子交换树脂。其交换容量较低，为 $0.02\sim0.1mmol/g$。这类树脂的交联度低，除含微孔外，有刚性大孔，体积较大的离子能进入这种树脂内部，适于大分子分离。

全多孔型离子交换树脂具有较高的交换容量，对温度的稳定性好。但是，在水或有机溶剂中发生溶胀，不能承受高压，传质速率慢，柱效率较低。

2）薄膜型离子交换树脂

薄膜型离子交换树脂是在直径约为 $30\mu m$ 的惰性核上凝聚 $1\sim2\mu m$ 厚的离子交换树脂层。以薄壳玻珠或在惰性固体核表面覆盖的微球硅胶为载体，在其表面涂渍或键合上一层树脂薄层或树脂膜。涂渍型薄膜树脂是在薄壳玻珠的载体表面涂渍 10% 左右的离子交换树脂。键合型薄膜树脂是通过化学反应将离子交换基团结合在惰性载体表面。其又分为两种：键合薄壳型（载体为薄壳玻珠硅胶）和键合微粒型（载体为微粒硅胶）。键合型薄膜树脂具有不溶胀、机械强度高、耐压、传质快、柱效率高等优点，但是，交换层很薄，柱容量低，进样量受限。

3）表面薄壳型离子交换树脂

表面薄壳型离子交换树脂也称表面多孔型离子交换树脂，其是在聚合物表面用化学方法得到厚度为几百埃，具有不同类型功能基团的薄层。例如，将粒度为 $10\sim20\mu m$ 的苯乙烯-二乙烯苯聚合物的表面用硫酸、发烟硫酸处理，在填料表面形成磺酸功能基团，填料表面具有离子交换作用，填料内部为交联聚合物。其交换容量为 $0.01\sim0.03mmol/g$。

薄膜型和表面薄壳型离子交换树脂很少发生溶胀，具有传质速率快、柱效率高等特点，能实现快速分离。但表层上离子交换树脂的量有限，交换容量低，色谱柱容易超负荷。

4）表面覆盖型离子交换树脂

在粒度为 $10\sim20\mu m$ 经磺化处理的苯乙烯-二乙烯苯聚合物的表面上，用物理或化学方法覆盖一层 $0.05\sim0.4\mu m$ 粒度的苯乙烯-二乙烯苯聚合物微粒，对这种微粒表面进行功能化，所形成的离子交换树脂称为表面覆盖型离子交换树脂。这类树脂的交换容量为 $0.02mmol/g$，具有高分辨效率、较快的平衡速率和较长的使用寿命。简言之，表面覆盖型离子交换树脂是在聚合物的外部用物理或化学方法覆盖上一层聚合物微粒，再对微粒表面进行化学处理。

4. 高效离子交换剂

为了克服离子交换树脂溶胀和不耐压缩的缺点，发展了高效离子交换剂——硅胶化学键合离子交换剂。其以全多孔型和表面薄壳型硅胶作为基质，前者交换容量高，后者交换容量低。这种离子交换剂的机械强度高，高压下不出现变形或破坏，不溶胀，能在高压下快速分离；再生和平衡速率快；填充剂粒度小，粒度分布范围窄，填料表面结构均匀使溶质扩散距离短，传质速率快，柱效率比普通离子交换树脂高。但是，以硅胶作为基质，化学稳定性差，当 pH>8 时硅胶发生溶解，适用 pH 范围较小。

5. 离子交换树脂的交换反应

1）阳离子交换树脂

阳离子交换树脂为一种高相对分子质量、多价难溶阴离子，在水溶液中能解离出阳离子。

$$\text{—COONa} \atop \text{—COONa} \xrightarrow{H_2O} {\text{—COO}^-Na^+ \atop \text{—COO}^-Na^+} \xrightarrow{CuCl_2} {\text{—COO}^- \atop \text{—COO}^-} \!\!> Cu^{2+} + 2NaCl$$

2）阴离子交换树脂

阴离子交换树脂为一种高相对分子质量、多价难溶阳离子，在水溶液中能解离出阴离子。

$$\text{—NR}_3OH \atop \text{—NR}_3OH \xrightarrow{H_2O} {\text{—NR}_3^+OH^- \atop \text{—NR}_3^+OH^-} \xrightarrow{2HCl} {\text{—NR}_3^+Cl^- \atop \text{—NR}_3^+Cl^-} + 2H_2O$$

3）两性离子交换树脂

两性离子交换树脂为一种多价难溶的离子，在水溶液中能解离，但不释放离子于溶液中，而是将溶液中的盐吸附到树脂上。阳离子趋向于阴离子的功能基团，阴离子趋向于阳离子的功能基团。

$$\text{—COO}^- \atop \text{—NR}_3^+ \xrightarrow{NaCl} {\text{—COO}^-\ Na^+ \atop \text{—NR}_3^+\ Cl^-}$$

4）螯合型离子交换树脂

螯合型离子交换树脂为一种带有络合物形成基的树脂，比一般树脂有更高的选择性。

$$\text{-CH}_2-\text{N}<\begin{matrix}\text{CH}_2\text{COO}^-\\\text{CH}_2\text{COO}^-\end{matrix}\quad\xrightarrow[\text{H}_2\text{O}]{\text{M}}\quad\text{-CH}_2-\text{N}<\begin{matrix}\text{CH}_2\text{CO}-\text{O}\\\text{CH}_2\text{CO}-\text{O}\end{matrix}>\text{M(H}_2\text{O})_n$$

5）选择性离子交换树脂

选择性离子交换树脂的功能基团只能是一种或非常有限种类的离子。其受空间结构、化学电荷、离子大小的限制，选择性最高。

$$\cdots\text{NH}\cdots\quad\xrightarrow{\text{K}^+}\quad\cdots\text{NK}\cdots+\text{H}^+$$

离子交换树脂的类型和应用见表 4-9。

表 4-9　离子交换树脂的类型和应用

树脂分类	树脂基质	有效 pH 范围	色谱分析应用
强酸型阳离子交换树脂	磺化聚苯乙烯	1～14	阳离子分类分离、无机离子、镧系化合物、维生素 B、肽、氨基酸的分离
弱酸型阳离子交换树脂	羧酸聚甲醛丙烯酸酯	5～14	阳离子分类分离、生物化学分离、过渡性元素、氨基酸、有机碱、抗生素的分离
强碱型阴离子交换树脂	季胺聚苯乙烯	0～12	阴离子分类分离、卤素、生物碱、维生素 B、络合物、脂肪酸的分离
弱碱型阴离子交换树脂	聚胺聚苯乙烯或酚甲醛	0～9	各种金属络阴离子的分类分离、不同价态的阴离子氨基酸、维生素的分离

强酸型树脂和强碱型树脂的适用范围广；弱酸型阳离子交换树脂只能在中性或碱性的洗脱溶液中使用；弱碱型阴离子交换树脂只能在中性或酸性的洗脱溶液中使用。

4.5.3　流动相

离子交换剂的功能基团要求能够在洗脱液中解离，被分析物要求能够在洗脱液中电离，常用水作为流动相。但是水作为洗脱液还不够，还要求洗脱液具有良好的物理化学惰性，不破坏树脂；能够充分溶解样品，对分离样品具有合适的溶解度并提供离子交换必需的缓冲溶液；对被测离子有不同的洗脱能力，能从分离柱中依次取代出这些离子；具有合适的离子强度以便控制样品的保留值。大都以各种盐类的缓冲水溶液作为流动相，通过调节和改变流动相的 pH、缓冲溶液的类型、离子强度以及加入少量与水互溶的有机溶剂、配位剂等方式增加对化合物的溶解度和分离选择性，使待测样品达到良好的分离效果。

流动相的离子强度和离子性质、pH、流动相组成和流动相的温度影响溶质的保留和分离的选择性，需要考虑这些因素对溶质保留的影响。

1. 流动相的离子强度和离子性质

流动相的离子强度与洗脱离子、缓冲离子、盐的类型和浓度、pH 以及添加有机溶剂的浓度有关。将盐加入流动相缓冲溶液中可控制流动相的离子强度。保留值可由盐的浓度或离子强度以及 pH 来控制。对于无机离子分离,具有中等保留值的 $NaNO_3$ 加入流动相缓冲溶液中,控制离子强度较为普遍;随离子强度增加,对离子交换基团的竞争交换增强,洗脱能力增强,样品保留值降低。低交换容量的离子交换剂配以较低浓度的离子强度,可获得最佳的保留值。例如,全多孔型离子交换树脂的交换容量大于薄壳型离子交换树脂的交换容量,当进行某一组分分离时,全多孔型离子交换树脂使用 0.5mol/L 的 $NaNO_3$ 流动相与薄壳型离子交换树脂使用 0.002mol/L 的 $NaNO_3$ 流动相可得到大致相同的 k 值。如果薄壳型离子交换树脂使用 0.5mol/L 的 $NaNO_3$,则 t_R 太短,组分分不开。

含有不同离子的洗脱液对离子交换剂的亲和能力不同,对溶质保留的影响也不同。例如,以 Na^+ 代替 K^+ 作为洗脱液,在溶剂和溶质与离子交换树脂的竞争交换中,因 Na^+ 的亲和力小于 K^+,Na^+ 对溶质的洗脱能力比 K^+ 弱,将导致阳离子溶质的保留值增加。

2. 流动相的 pH

要进行离子交换,必须使试样保持一定的解离状态,依此选择流动相的 pH。对样品来讲,洗脱液的 pH 最好选择在试样的 pK 附近,pH＝pK＋1.5。常用洗脱液的解离常数见表 4-10。

表 4-10　常用洗脱溶剂的解离常数

	草酸	乳酸	甲酸	磷酸	乙酸	碳酸	苯酚	苯甲酸	硼酸
pK_{a1}	1.22	3.86	3.75	2.12	4.75	6.38	9.95	4.21	9.24
pK_{a2}	4.19							10.25	

离子交换色谱法操作的基本步骤如下:首先选择流动相的 pH 为 pK＋1.5,保证样品全部电离进行交换;然后从 pH 确定树脂的解离状态(要求全部解离),选择树脂的类型。

流动相的 pH 影响离子交换树脂的交换基团。使用强酸和弱酸型离子交换树脂最适宜的pH 范围分别为 2~14 和 8~14。而使用强碱和弱碱型阴离子交换树脂最适宜的 pH 范围分别为 2~10 和 2~6。

流动相的 pH 影响分离样品的解离度。分离有机酸时,pH 增加,会增加酸的电离度;分离有机碱时,pH 减小,会增加碱的电离度。

流动相的 pH 影响溶质的保留。进行阳离子交换时,当流动相的 pH 增加时,阳离子交换色谱的阳离子溶质的保留降低。阴离子交换的情况相反,溶质保留增加。

强酸性阴离子与强碱性阳离子受 pH 的影响较小,而常见弱酸性阴离子(F^-、PO_4^{3-}、SiO_3^{2-}、CN^-、BO_3^- 等)和大多数胺类受洗脱液 pH 的影响较大,因此在实际分析时需严格控制洗脱液的 pH。用缓冲溶液可以保持和调节流动相的 pH,改变流动相的 pH 能控制离子交换树脂对溶质的保留。

缓冲溶液除可保持洗脱液的 pH 不变外,还可以提供离子反应中的平衡(阴、阳)离子并保持离子强度。常用的酸性缓冲溶液为甲酸、乙酸、磷酸、硼酸及盐;碱性缓冲溶液为氨、二乙胺、吡啶。缓冲溶液的浓度范围为 0.001~0.5mol/L,随着缓冲溶液浓度的增加,离子强度增加,洗脱液的洗脱能力也增加。因而缓冲溶液的浓度对试样的保留也有影响,必须保持一定值。通常采用 NaNO₃、NaClO₄ 加以调节。但盐浓度增加，洗脱液的黏度也增加，如果柱压要提高，过高的盐浓度将引起盐析出，造成柱堵塞。

对于阴离子分析，一般为弱酸的盐，甲酸、乙酸、磷酸、硼酸的盐以及本身具有低电导的物质，如苯甲酸、邻苯二甲酸、对羟基苯甲酸和邻磺酸基苯甲酸等，常用的洗脱液是碳酸钠和碳酸氢钠缓冲溶液；对于碱金属、铵和小分子脂肪酸分析，常用的洗脱液是 HCl 和 HNO₃；对于二价碱土金属离子分析，常用的洗脱液是二氨基丙酸、组氨酸、乙二酸、柠檬酸。

3. 流动相的组成

离子交换色谱法以水作为流动相，类似于反相色谱法，流动相中加入有机溶剂能调节溶质的保留。加入不同的有机溶剂能改变分离的选择性。流动相中的有机溶剂将改变传质，提高柱效率。随流动相中有机溶剂的增加，洗脱能力增加，溶质的保留值降低。离子交换色谱常用的有机溶剂为甲醇、乙醇、乙腈、二氧六环等，最高加入量达 35%（体积分数）。

4. 流动相的温度

离子交换色谱法的流动相宜于选用低黏度的有机溶剂，提高柱温可使高黏度的有机溶剂的黏度降低，从而降低传质阻力，可提高分析速度和提高柱效率（离子交换色谱法的柱效率一般低于 HPLC）。另外，柱温变化也会引起 r_{21} 改变，增加分离的选择性。

4.6　离子色谱法

广义上，离子色谱法是指将离子交换柱分离与电导检测相结合的高效离子交换色谱法（HPIEC）、离子对色谱法（MPIC）、离子排斥色谱法（ICE）和离子抑制色谱法（ISC）。

离子排斥色谱法（ion exclusion chromatography，ICE）采用高容量离子交换树脂，树脂交换容量为 3~5mmol/g，用于无机弱酸和有机酸的分离，也可用于醇、醛、酚、氨基酸和糖类的分析。此方法的检测方式为电导检测器。溶质与填料表面功能基之间的电荷相互作用对溶质的保留不产生明显的作用。通常认为其分离的机理是以树脂的 Donnan 排斥为基础的分配过程。例如，H⁺ 型阳离子交换树脂，其功能基团为磺酸根阴离子，树脂表面的这一负电荷层对负离子具有排斥作用，即 Donnan 排斥作用。Donnan 膜只允许未解离化合物进入树脂内的溶液中，从而在固定相中产生保留，保留值的大小取决于未解离化合物在树脂内溶液和树脂外溶液间的分配系数。强电解质 HCl 被完全解离为 H⁺ 和 Cl⁻，Cl⁻ 带负电荷，它受 Donnan 排斥，不能进入固定相，所以，强电解质阴离子不被保留。乙酸进入色谱柱后，在流动相 HCl 的酸性介质中，它们可处于部分未解离的形式而不受 Donnan 排斥。电解质的解离度越小，受排斥作用也越小，因而在树脂中的保留也越大。固定相为磺化的苯乙烯-二乙烯苯 H⁺ 型阳离子交换树脂。交联度（二乙烯苯的含量）对有机酸的保留行为的影响很大。分离弱解离的有机酸适合用交联度高的 12% 树脂；分解离离度较大的酸（pKₐ 为 2~4）则适于低交联度的树脂。

离子抑制色谱法（ion suppression chromatography，ISC）与离子排斥色谱法不同的是，离子抑制色谱法使用的是非极性固定相，溶质与固定相之间的相互作用主要为吸附和分配。

在反相色谱法中，通过调节流动相的 pH，抑制样品组分的解离，增加其在固定相中的溶解度，实现有机弱酸、弱碱的分离，这种技术称为离子抑制色谱法。其适用于 $3.0 \leqslant pK_a \leqslant 7.0$ 的弱酸及 $7.0 \leqslant pK_a \leqslant 8.0$ 的弱碱。对于 $pK_a < 3.0$ 酸和 $pK_a > 8.0$ 的碱，应采用离子交换色谱法或离子对色谱法。离子抑制色谱法采用在流动相中加入少量弱酸（常用乙酸）、弱碱（氨水）或缓冲盐（磷酸盐及乙酸盐）来调节 pH，抑制样品组分的解离，增加中性分子在流动相中存在的概率。分配比 k 及其影响因素除与反相色谱法有相同的影响因素外，主要还受流动相 pH 的影响。对于弱酸，当溶液的 $pH < pK_a$ 时，组分以分子形式为主，k 增大，t_R 增大；反之，$pH > pK_a$，组分以离子形式为主，k 减小，t_R 减少。对于弱碱，情况相反。离子抑制色谱法适用于有机弱酸、弱碱和两性化合物的分离，以及它们与分子型化合物共存时的分离，不适用于分离 $pK_a < 3.0$ 的酸及 $pK_a > 8.0$ 的碱。离子抑制色谱法应用于分离长链脂肪酸时，固定相采用有机聚合物，流动相采用低浓度 HCl，加以有机溶剂可使脂肪酸全部溶解，并能减小色谱峰的拖尾。必要时可用梯度洗脱。检测器为抑制型电导检测器。离子抑制色谱法应用于分离酚类物质时，固定相采用有机聚合物，流动相采用含磷酸盐缓冲溶液的乙腈水溶液或甲醇水溶液。

本节主要介绍高效离子交换色谱法（HPIEC），离子对色谱法（MPIC）将在下一节中介绍。

狭义上，将离子交换色谱柱分离与电导检测相结合的高效离子交换色谱法（HPIEC）称为离子色谱法（IC）。

离子交换色谱法以离子交换树脂为固定相，以电解质溶液为流动相，以电导检测器为通用型检测器。电导检测器的灵敏度高（ng/mL 级）、通用性强、简单可靠，所以电导检测器是离子交换色谱法的常用检测器之一。然而，离子交换色谱法的洗脱液通常都是强电解质，其电导比待测离子高两个数量级，完全掩盖了待测离子的信号。而多数无机离子没有紫外吸收，阻碍了离子交换色谱法的发展和广泛应用。

离子色谱法（ion chromatography，IC）是在离子交换色谱法的基础上于 20 世纪 70 年代中期发展起来的一种液相色谱法，并快速发展成为水中阴离子分析的最佳方法。1975 年，美国 Dow Chemical 公司 Small 等在离子交换柱后增加了一个抑制柱，消除了流动相强电解质背景离子的信号，形成一种新型的离子交换色谱法。将采用分离柱、抑制柱和电导检测器相结合的离子交换色谱法称为离子色谱法，又称为双柱离子色谱法。1979 年，Gierde 等合成了一系列低容量的离子交换树脂，提高了离子交换剂的选择性和电导检测器的性能，使用低浓度、低电离度的有机弱酸及弱酸盐做洗脱液，检测器直接与分离柱相连，不需要抑制柱，发展了不用抑制柱单柱离子色谱法。1982 年，Small 等采用衍生光度法，引入间接光度检测技术，使对紫外光无吸收的样品得到了测定，形成间接光度离子色谱法。这些方法解决了离子交换色谱法发展中的问题。目前，离子色谱法能分析大多数常见无机和有机阴离子及 60 多种金属阳离子，广泛用于临床检验、环境检测及食品、药物、半导体材料等领域。

4.6.1　离子色谱法与离子交换色谱法的区别

传统的离子交换色谱法需要高浓度洗脱液洗脱且洗脱时间很长；洗脱后的组分缺少灵敏、快速的在线检测方法，为离线检测。离子色谱法采用交换容量非常低的特制离子交换树脂为固定相；细颗粒树脂、高柱效率；采用高压输液泵、速度快；低浓度洗脱液或本底电导抑制，消除了洗脱液的高电导本底，可采用电导检测器，快速在线分离分析微量无机离子混合物；各种抑制装置及无抑制方法的出现使离子色谱法更加高效。

离子色谱法的分析速度快，可在 $X\mathrm{min}\sim X0\mathrm{min}$ 内完成一个试样的分析，为一种高速离子交换色谱法。其分离能力高，在适宜的条件下，可使常见的各种阴离子混合物分离。例如，双柱法在十几分钟内可分离全部七种阴离子。阳离子还不能都被检测，只能检测 60 多种。离子色谱法是分离混合阴离子的最有效方法。仪器流路采用全塑件和玻璃柱，耐腐蚀。

4.6.2　离子色谱法的类型

1. 非抑制型

非抑制型离子色谱法可降低分离柱中离子交换树脂的交换容量。例如，采用交换容量低的中大孔型离子交换树脂或表面型离子交换树脂，使用低浓度、低电离度的有机弱酸及弱酸盐做洗脱液（如 $5\times10^{-5}\sim1\times10^{-4}\mathrm{mol/L}$ 苯甲酸盐或邻苯二甲酸盐等）能检测出试样中痕量 F^-、Cl^-、NO_3^- 和 SO_4^{2-} 等阴离子的电导信号，检测器可直接与分离柱相连，不需抑制柱。

洗脱液的选择是非抑制型离子色谱法最重要的问题。洗脱液除了与分析的灵敏度和检出限有关外，对试样组分的分离具有重要影响。非抑制型离子色谱法中，乙二胺、酒石酸或草酸是常用的洗脱液。

2. 抑制型

尽管电导测量法具有很多优点，在样品浓度较低时，浓度与电导率基本是线性函数，然而洗脱液本身也是一种电解质，具有相当高的背景电导，经常掩盖组分的电导率而无法广泛应用。为了消除洗脱液中的背景离子信号，抑制柱技术应运而生。

在分离柱出口端串接一根专用的离子交换色谱柱，抑制柱中的离子交换树脂可将样品和洗脱液的离子转换成一种共同的离子形式，同时将高电导率的洗脱形式转变为低电导率的洗脱形式，从而使背景电导大大降低，得到抑制。一是将洗脱液变成低电导的组分，以降低来自洗脱液的电导值；二是将组分离子转变为其相应的酸和碱，以增加其电导。第一种技术较为常用，这样的离子色谱法称为抑制型离子色谱法或双柱离子色谱法。抑制型离子色谱法的流程示意图如图 4-38 所示。

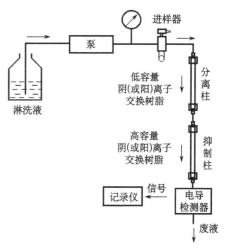

图 4-38　抑制型离子色谱法的流程示意图

抑制型离子色谱法的洗脱液应具备两个基本条件：能从分离柱上置换被测离子，即洗脱离子对交换剂的亲和力与被测离子对交换剂的亲和力相近或稍大；能在抑制柱上反应，反应产物是电导很低的弱电解质或水，其 pK_a 应大于 6。符合上述条件的阴离子洗脱液有 HCO_3^-、CO_3^{2-}、$B_4O_7^{2-}$、OH^-、甘氨酸等。其中 HCO_3^-/CO_3^{2-} 是最常用的，也称阴离子标准洗脱液。同时又是很好的缓冲溶液，能同时分析一价和多价阴离子，通过改变 HCO_3^- 和

CO_3^{2-} 的比例，改变洗脱液的 pH 和分离选择性。阳离子洗脱液为 HCl，用于洗脱一价离子；HCl-间苯二胺、HNO_3-$Zn(NO_3)_2$ 用于洗脱碱土金属离子。

采用抑制柱时，分离柱可以选择的洗脱液更多，分析范围更广。用于阴离子化合物分析的分离柱是交换容量低的树脂。树脂上的活性基团 HCO_3^- 与被分析的阴离子交换，为了抑制 HCO_3^- 的高背景电导，抑制柱采用高交换容量的酸性树脂，通过活性基团 H^+ 与 HCO_3^- 作用生成弱电解质。例如，当分析阴离子 F^-、Cl^-、Br^-、PO_4^{3-}、NO_2^-、NO_3^-、SO_4^{2-} 时，洗脱液采用 Na_2CO_3-$NaHCO_3$ 体系，分离柱装填低交换容量的交联聚苯乙烯树脂，活性基团为 HCO_3^-，抑制柱中装填高交换容量的—SO_3H^+ 树脂，活性基团为 H^+，以消除背景电导。

4.6.3　抑制型离子色谱法的原理

组分在分离柱内交换分离后，流动相带着被测溶质离开分离柱进入抑制柱，将流动相中的强电解质转化成为弱电解质，以降低检测的电导率然后进入检测器后排出废液。抑制柱的作用是提供可与流动相形成水和弱酸的交换基团，抑制本底电导。

抑制柱在抑制过程中积累了大量来自流动相的阴（阳）离子，逐渐失去抑制能力，需要定期再生。Stevens 等开发了弱化纤维管抑制器。纤维管内为洗脱液，纤维管外为再生液。再生液和洗脱液以相反的方向流过抑制器。再生溶液稀硫酸或稀氢氧化钠的浓度为 $10\sim20\,mmol/L$。

例如，分析阴离子时，采用低容量阴离子交换树脂作为分析柱，洗脱液 OH^- 具有高电导率，阻碍检测溶质信号。采用阳离子交换树脂 R—H^+ 抑制柱，使 OH^- 生成低电导率的水，溶质离子就可以用电导检测器检测。阳离子交换树脂 R—H^+ 中的 H^+ 逐渐被消耗掉，失去抑制能力，需要再生。从纤维管下端流入新鲜的 H^+ 作为再生剂。抑制型离子色谱的装置如图 4-39 所示，抑制的原理如图 4-40 所示。

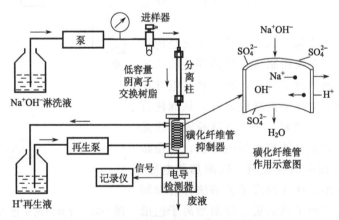

图 4-39　抑制型离子色谱的装置图

$NaHCO_3$-Na_2CO_3 做洗脱液分离多种阴离子 X^- 时，抑制柱中装—SO_3H^+ 填料，抑制柱中发生的反应如下：

$$R—H^+ + Na^+X^- \Longrightarrow R—Na^+ + H^+X^-$$

$$R—H^+ + Na^+HCO_3^- \Longrightarrow R—Na^+ + H_2CO_3$$

从上述反应也可看出，抑制柱将电导率大的洗脱液转化成低电导率的物质[$K_{a1(碳酸)}$＝$4.2×10^{-7}$]，但是 Na^+ 在树脂上逐渐积累，当达到饱和时，将会因缺乏足够的 H^+ 交换点而使抑制柱失效，这时必须对柱再生。抑制柱的再生反应如下：

$$R—Na^+ + HNO_3 \rightleftharpoons R—H^+ + NaNO_3$$

将多种形式的样品组分转化为共同的形式（H^+X^-），有利于在电导池中的准确检测；将洗脱液中的 $NaHCO_3$ 转化为 H_2CO_3 则极大地降低了背景电导，突出了样品电导。

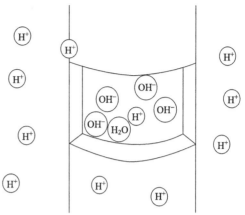

图 4-40　离子色谱连续抑制原理图

4.6.4　水中阴、阳离子的分离原理

1. 水中阴离子的分离

流动相为 $NaOH$（或 Na_2CO_3-$NaHCO_3$）；分析柱为低交换容量阴离子交换树脂，当样品经过分析柱时，发生的反应如下：

$$R—OH^- + Na^+X^- \rightleftharpoons R—X^- + Na^+OH^-$$

抑制柱为强酸性高交换容量阳离子交换树脂，洗脱液将被测阴离子从分析柱上洗脱下来，在抑制柱中发生的反应如下：

$$R—H^+ + Na^+OH^- \rightleftharpoons R—Na^+ + H_2O \text{ 或 } R—H^+ + Na^+HCO_3^- \rightleftharpoons R—Na^+ + H_2CO_3；$$

被测阴离子发生的反应如下：

$$R—H^+ + Na^+X^- \rightleftharpoons R—Na^+ + H^+X^-$$

如果不加抑制柱，检测的是 Na^+X^-，加抑制柱检测的是 H^+X^-。将样品中的阴离子变成其相应的酸，H^+ 淌度为 Na^+ 淌度的 7 倍（淌度与电荷成正比，与半径成反比），溶液的电阻变小，提高了阴离子检测的灵敏度。

2. 水中阳离子的分离

流动相为稀 HCl（或稀 HNO_3）；分析柱为低交换容量阳离子交换树脂，当样品经过分析柱时发生的反应如下：

$$R—H^+ + M^+Cl^- \rightleftharpoons R—M^+ + H^+Cl^-$$

抑制柱为强碱性高容量阴离子交换树脂，洗脱液将分析柱中的被测阳离子洗脱下来，在抑制柱中发生的反应如下：

$$R—OH^- + H^+Cl^- \rightleftharpoons R—Cl^- + H_2O$$

对阳离子，发生的反应如下：

$$R—OH^- + M^+Cl^- \rightleftharpoons R—Cl^- + M^+OH^-$$

如果不加抑制柱，检测的是 M^+Cl^-，加抑制柱检测的是 M^+OH^-。将样品中的阳离子变成了其相应的碱，OH^- 淌度为 Cl^- 淌度的 2.6 倍，提高了阳离子检测的灵敏度。但是，

M^+OH^- 不能以沉淀的形式存在，否则无法检测。

4.6.5　应用

离子色谱法适用于无机阴离子、有机阴离子、碱金属、碱土金属及铵盐、重金属和过渡金属的分析。

阴离子分析采用双柱。分析柱为低容量薄壳型阴离子交换树脂，柱长为 25cm；抑制柱为强酸性高容量阳离子交换树脂；流动相为 0.003mol/L $NaHCO_3$-0.0024mol/L Na_2CO_3，流量为 138mL/h；检测器为电导检测器。七种阴离子在 20min 内基本上得到完全分离，各组分的含量为 3~50μg/mL，分析谱图如图 4-41 所示。

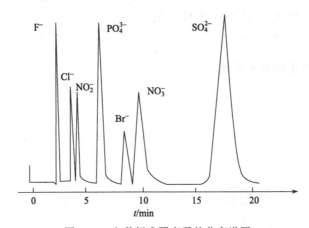

图 4-41　七种标准阴离子的分离谱图

在腌制食品时的无氧环境中，盐中的 NO_3^- 有可能转变成 NO_2^-。NO_2^- 具有毒性，进入生物体内后易转化成强致癌物质亚硝胺，所以在饮用水中不得检测出 NO_2^-。NO_3^- 在水含量中以 N 计不能超过 10mg/L。

CN^- 人为排放的因素主要来自化学、电镀、煤气、炼焦等工业排放的含氰废水。CN^- 具有很强的配合作用，能破坏细胞中的氧化酶，造成人体缺氧而呼吸困难，导致窒息死亡。每升饮用水中 CN^- 的含量不容许超过 0.01mg/L。

F^- 在体内破坏磷化酶和钙的代谢，与骨骼组成中的 $Ca_3(PO_4)_2$、$Ca(OH)_2$ 生成溶解度较小的 CaF_2，导致氟斑牙。同时，它还能导致 Ca、P 代谢紊乱，引起低血钙、氟骨病等疾病。

离子色谱法用于分析地下水、原水、饮用水、废水和固体垃圾抽取液中阴、阳离子的检测有效，也适合于其他类型介质水中常用无机离子的分析。

4.6.6　离子色谱法的局限性

(1) 解离常数 pK>6 的物质在电导检测器上响应很小，可以使用这样的洗脱液降低背景电导。但是，含有这些基团的组分检测到的信号很低，如 CN^-($4.9×10^{-10}$)、S^{2-}($5.7×10^{-8}$)、H_3BO_3($5.8×10^{-10}$)、$HAsO_2$($8.3×10^{-10}$) 和 C_6H_5OH($1.3×10^{-10}$)。

(2) 某些过渡金属和重金属离子在常规抑制柱上生成氢氧化物沉淀，因而双柱法不能测定这类金属阳离子。

（3）为了提高分离度可添加有机溶剂，有机溶剂的浓度要低些，否则发生化学反应，保留时间或交换容量会降低，不重现。高浓度的有机化合物妨碍分离。例如，样品中乙醇的浓度超过 10%，可能在分离柱上引起沟道效应，破坏树脂床。

4.7　离子对色谱法

各种强极性的有机酸、有机碱的分离分析是液相色谱法的重要课题。一些强酸、强碱药物以及容易成盐的胺类药物利用吸附或分配色谱法一般需要强极性的洗脱溶剂，即使能洗脱下来，也容易产生严重的拖尾，分离效果差；若采用正相色谱法在硅胶固定相上分离，这类物质的吸附太强，致使被测物质保留值太大，有时甚至不能被洗脱；若采用反相色谱法非极性（或弱极性）固定相分离，这类物质的保留值又太小，甚至接近于死体积洗出；若利用离子交换色谱法分离，需要选择合适的 pH，无机离子以及解离很强的有机离子等离子型化合物通常可以分离开来，有机酸或生物碱有一定的解离，但解离较弱，不适合用离子交换色谱法，它也不能同时分离离子型和非离子型样品。离子对色谱法可以对很多大分子或解离较弱的有机离子进行分离，也可以分离离子型和非离子型化合物的混合物，分离效能高、分析速度快、操作简便。因此，近年来，这种方法发展十分迅速。

1922 年，人们发现在马钱子（为一种含有生物碱的中药）的盐酸溶液里用氯仿能将马钱子萃取出来。因为马钱子在盐酸溶液里生成中性的离子对，后者具有疏水的特征，能溶于氯仿。在发现这一实验现象的基础上，逐渐发展了一项新的分离技术，即离子对萃取技术。20 世纪 70 年代，Schill 和 Eksborg 等将离子对萃取技术引入 HPLC 领域，即在固定相上涂渍一种与样品电荷相反的对离子或直接将对离子加入流动相中与被测离子生成疏水性的中性离子对，从而改变了实测离子在两相中的分配，使溶质的保留行为和分离选择性发生显著变化。阴离子、阳离子和两性分子都能和适当地对离子试剂相互作用形成离子对，并以分配色谱的方法分离，称为离子对色谱法或离子对分配色谱法。其适于解离较弱的有机物质，如磺酸、羧酸、胺、季铵盐、氨基酸、多肽、核酸及其衍生物、各种染料、药物的分离分析，成为分析有机酸、碱和两性化合物最有效的色谱技术之一。

离子对色谱是以高交联度、高比表面积的中性无离子交换功能基的键合相为柱填料，离子对色谱的检测器主要采用电导检测器和紫外检测器。用于分离多种相对分子质量大的阴、阳离子，特别是带局部电荷的大分子（如表面活性剂）以及疏水性的阴、阳离子等。

4.7.1　正相和反相离子对色谱

正相离子对色谱的流动相极性小于固定相极性。水溶液做固定相，对离子 B^- 存在于含水固定相中或将含有对离子的水溶液涂渍到硅胶表面和孔隙中，有机溶剂为流动相。正相离子对色谱属于固定液涂渍的液液色谱，稳定性较差，操作麻烦，应用受限。例如，分离有机羧酸，以季铵盐水溶液做固定相，以正丁酸-二氯甲烷做流动相；分离儿茶酚，以高氯酸盐水溶液做固定相，以己烷-丁酮做流动相。

反相离子对色谱的流动相极性大于固定相极性。采用疏水性的非极性固定相，流动相为含有对离子 B^- 的水溶液或水和水溶性有机溶剂的混合物，固定相是固定液或疏水性键合相固体,其中应用最多的是非极性烃类键合相。例如,分离烷基磺酸盐,采用十八烷基硅烷键合硅胶(ODS)或苯基键合相,以 $10^{-4} \sim 10^{-3}$ mol/L 季铵盐水溶液做流动相;分离二肽,采用苯基键合相,以 $10^{-4} \sim 10^{-3}$ mol/L β-萘磺酸盐水溶液做流动相。反相离子对色谱更常用,它兼有反相色谱和离子色谱的特点,使用反相色谱的常用固定相,保持了反相色谱的操作简单、柱效率高的特点,而且能同时分离离子型化合物和中性化合物。例如,分析碱性药物时,将流动相调整到一定 pH,使碱性药物成盐,然后加入带负电荷的对离子试剂或称相反离子试剂,如烷基磺酸盐等,其与碱性药物形成离子对化合物,增加了药物在固定相中的保留值,使药物与极性物质更好地分离。

4.7.2　离子对色谱的分配机理

A^+ 和 B^- 生成离子对的条件如下:需要有一定浓度的对离子,以使 A^+ 完全反应;pH条件合适,符合酸碱度能形成 AB;AB 离子对应能较强地溶解或吸附在固定相的表面不易被洗脱下来以进行交换和分配。

关于离子对色谱分离的机理有不同的假说。现以离子对分配机理说明。无论是在固定相还是在流动相中结合成离子对,样品中的 A^+ 与固定相中的 B^- 结合生成离子对 AB,AB 被萃取到流动相中,同时在流动相中 AB 发生可逆反应生成 A^+、B^-,B^- 重新溶解在含水固定相中,A^+ 随流动相前行;再次,样品中的 A^+ 与固定相表面的 B^- 结合,又会生成AB……。A^+ 在固定相和流动相中发生多次分配,不同的样品离子有不同的分配能力而分离。

A^+ 借助于 AB 在水和有机溶剂中进行多次分配而分离。B^- 浓度越大,生成 AB 的能力越强,被萃取到有机溶剂中的能力越强,即容易进入流动相,移动快。

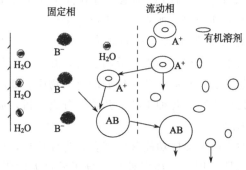

图 4-42　正相离子对色谱的分配机理示意图

1. 正相离子对色谱的分配机理

正相离子对色谱在亲水性固定相(如硅胶)表面附着一层类似液液分配色谱的固定液,该固定液是含有对离子 B^- 的水溶液,而流动相是与水不相混溶的有机溶剂。正相离子对色谱的分配机理示意图如图 4-42 所示。①首先在水相中形成离子对,然后转移到有机相中;②离子移动到液液界面区域,在此形成离子对后再进入有机相。

2. 反相离子对色谱的分配机理

反相离子对色谱选择非极性的疏水固定相,含有对离子 B^- 的极性流动相不断流过色谱柱,当试样中的离子 A^+ 进入柱内时,与对离子 B^- 生成疏水性离子对 AB,AB 被萃取到疏水性固定相中,同时在固定相中 AB 发生可逆反应生成 A^+、B^-,A^+、B^- 重新溶解在含水流动相中,A^+ 随流动相前行;再次,样品中的 A^+ 与流动相中的 B^- 结合,又会生成AB……。A^+ 在固定相和流动相中发生多次分配,不同的离子有不同的分配能力而分离。然后在疏水性固定相表面分配或吸附,如图 4-43 所示。

4.7.3　离子对色谱的分离原理

以反相离子对色谱为例。在水溶液中，试样离子 A^+ 与带相反电荷的对离子 B^-（或 A^-、B^+）生成中性离子对 AB，其在水相（w）和有机相(o)之间的平衡式如下：

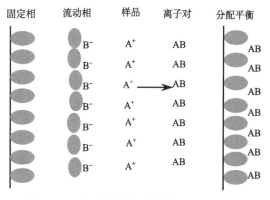

图 4-43　反相离子对色谱的分配机理示意图

$$A_w^+ + B_w^- \rightleftharpoons (A^+ B^-)_o$$

萃取平衡常数 K_{AB} 可表示为

$$K_{AB} = \frac{[A^+ B^-]_o}{[A^+]_w [B^-]_w}$$

K_{AB} 与有机相组成、对离子类型、样品离子的特性和温度有关。试样中的离子 A^+ 在有机相和水相之间的分配系数为 K_A，在固定相中 A 以 AB 的形式存在。所以

$$K_A = \frac{c_s}{c_m} = \frac{[A^+ B^-]_o}{[A^+]_w} = K_{AB} [B^-]_w \tag{4-18}$$

K_A 与对离子浓度及萃取平衡常数 K_{AB} 有关。

分配比 k 由下式表示：

$$正相：k = \frac{V_s}{V_m} \frac{1}{K_{AB} [B^-]_w}$$

$$反相：k = \frac{V_s}{V_m} K_{AB} [B^-]_w$$

则保留时间可表示为

$$正相：t_R = t_M (1 + \frac{V_s}{V_m} \frac{1}{K_{AB} [B^-]_w}) \tag{4-19}$$

$$反相：t_R = t_M (1 + \frac{V_s}{V_m} K_{AB} [B^-]_w) \tag{4-20}$$

由式(4-19)和式(4-20)可见，试样的保留时间随萃取平衡常数 K_{AB} 和对离子浓度的变化而变化。K_{AB} 取决于对离子和有机相的性质，流动相中对离子试剂的性质和浓度是控制组分保留的重要因素，可在较大范围内改变分离的选择性。

4.7.4　影响保留的因素

1. 萃取平衡常数和水相中对离子的浓度

正相离子对色谱中，对离子 B^- 存在于含水固定相中，$[B^-]$ 越大，被测离子在固定相中越容易形成离子对，被萃取到流动相中，则被测离子在流动相中的分配越多，被测离子的 k 越小。反相离子对色谱中，对离子存在于含水流动相中，$[B^-]$ 越大，被测离子在流动相中越容易形成离子对，则被测离子在固定相中的分配越多，被测离子的 k 越大。

2. pH

pH 影响离子对的解离度，因而影响被测离子和对离子在色谱系统中的平衡，是控制被

测离子保留和分离选择性的重要因素。pH 与离子对的特性有关。例如，离子对的解离度随 pH 增加而增加，在反相色谱中，被测离子在流动相中生成 AB 的能力增强，AB 在固定相中的保留加强，则保留值增加。

3. 温度

温度增加，流动相的黏度减小，正相离子对色谱和反相离子对色谱中被测离子的保留值都减小。

4.7.5　应用

离子对色谱法特别是反相离子对色谱法解决了以往难分离混合物的分离问题，如酸、碱和离子、非离子的混合物，特别是一些生物化学物质，如核酸、核苷、生物碱、儿茶酚胺以及药物等的分离。另外，还可借助离子对的生成给被测物引入紫外吸收或发荧光的基团，以提高检测的灵敏度。

1. 正相离子对色谱法的应用

离子的保留值与对离子的性质、浓度、流动相的组成和固定液的 pH 有关。若改变流动相的组成，可大幅改变离子保留值和选择性，出峰次序改变。正相离子对色谱的流动相是烃或卤代烷，常加入少量醇、酮、酯等溶剂。正相离子对色谱法有利于控制被测物的保留值和极性，极性弱，出峰慢，从而提高选择性。

进行弱电离的有机酸分析时，弱电离有机酸与季铵盐生成中性离子对，实现了弱酸和中性有机化合物的分离。含季铵盐的混合对离子存在于固定相中，pH 条件合适。

固定相为 0.1mol/L 四丁胺硫酸盐＋0.1mol/L 四丁胺磷酸盐缓冲溶液；流动相为丁醇-CH_2Cl_2（体积比为 4∶96）[图 4-44(a)]；丁醇-CH_2Cl_2-己烷（体积比为 20∶30∶50）[图 4-44(b)]；组分为甲苯（1 号峰）、香草苯乙醇酸（2 号峰）、吲哚-3-乙酸（3 号峰）、高香草酸（4 号峰）；5-羟基吲哚-3-乙酸（5 号峰）。分析谱图如图 4-44 所示。

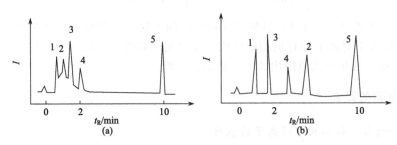

图 4-44　正相离子对色谱法分析有机酸
(a)丁醇-CH_2Cl_2(4∶96)；(b)丁醇-CH_2Cl_2-己烷(20∶30∶50)

2. 反相离子对色谱法的应用

1) 反相离子对色谱法分析有机酸
有机酸的分析采用弱极性固定相，以季铵盐做对离子，对离子存在于流动相中，pH 条件合适，有机溶剂做流动相。被测离子与对离子生成离子对的能力不同，能力越强的保留值越大。

固定相为烷基键合相硅胶；流动相为 0.03mol/L 四丁胺＋戊醇(pH＝7.4)；7 种有机酸为 4-氨基苯甲酸(1 号峰)、3-氨基苯甲酸(2 号峰)、4-羟基苯甲酸(3 号峰)、3-羟基苯甲酸(4 号峰)、苯磺酸(5 号峰)、苯甲酸(6 号峰)、4-磺酸基甲苯(7 号峰)。分析谱图如图 4-45 所示。反相离子对色谱法的应用见表 4-11。

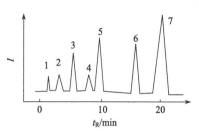

图 4-45 反相离子对色谱法分析有机酸

表 4-11 反相离子对色谱法的对离子种类及应用

序号	对离子种类	主要应用对象
1	季胺类(如四甲胺、四丁胺、十六烷基三甲胺等)	强酸、弱酸、磺酸染料、羧酸、氢化可的松及其盐
2	叔胺(如三辛胺)	磺酸盐、羧酸
3	烷基磺酸盐(如甲基、戊基、己基、庚基、樟脑磺酸盐)	强碱、弱碱、儿茶酚胺、鸦片碱等
4	高氯酸	胺
5	烷基磺酸盐(如辛基、癸基、十二烷基磺酸盐)	强碱、弱碱、儿茶酚胺、鸦片碱等，选择性不同

2）反相离子对色谱法分析生物碱

生物碱的分析是反相离子对色谱法的主要应用之一。因为普通硅胶基质的色谱柱的 pH 范围为中性到偏酸性，有机酸分析可以通过调低流动相的 pH($<pK_a$)使其处于非解离状态而达到分离，而生物碱需要调高 pH($>pK_b$)才能处于非解离状态，这样硅胶基质的色谱柱难以使用。所以在解离状态下分离生物碱需要使用离子对色谱。不过，现在也有高 pH 范围的色谱柱，可以不采用离子对色谱。

生物碱的分析常采用非极性的疏水固定相 C_{18} 柱，含有混合酸性对离子 B_1^-、B_2^- 的乙腈-水或甲醇-水作为流动相，碱性试样离子 A^+ 进入色谱柱后，与对离子生成疏水性离子对 A^+B^- 并在疏水性固定相表面和水相间多次分配。

固定相为 C_{18}；流动相为甲醇-水(含 50％A＋50％B)；对离子为戊烷磺酸盐(A)、庚烷磺酸盐(B)；4 种生物碱在反相离子对色谱中的分析谱图如图 4-46 所示。

3）反相离子对色谱法分析阴离子表面活性剂

图 4-47 所示为以 LiOH 作为离子对试剂，分离 9 种烷基磺酸盐和烷基硫酸盐的离子对分离色谱图。色谱柱为 Alltech Surfactant/R；流动相为 0.01mol/L LiOH（A^-）、乙腈-水-甲醇(B)(体积比为 60：20：20)；梯度洗脱程序为 0～3min 恒定 3％B，3～10min 从 3％B 线性增加至 20％B，10～20min 从 20％B 线性增至 50％B；流量为 1.0mL/min；检测方式为抑制型电导检测器；溶质含量为 5～40mg/L。

4.7.6 离子分离方式的选择

表 4-12 为离子分离和检测方式的选择。

水合能高、疏水性弱的离子，如 Cl^-、K^+ 等最好用离子色谱分离，阴离子分离可用碳酸钠和碳酸氢钠做洗脱液，阳离子分离可用盐酸、乙酸、柠檬酸等作为洗脱液，多数无机离子可用这种方式分离。

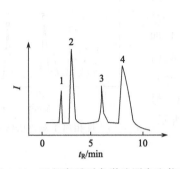

图 4-46　反相离子对色谱法测定生物碱

1. 烟(菸)酰胺；2. 维生素 B$_6$；

3. 维生素 B$_2$；4. 维生素 B$_1$

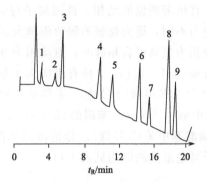

图 4-47　烷基磺酸盐和烷基硫

酸盐的离子对分离色谱图

1. C$_6$硫酸盐；2. C$_6$烷基磺酸盐；3. C$_7$烷基

磺酸盐；4. C$_8$烷基磺酸盐；5. C$_8$烷基硫酸

盐；6. C$_{10}$烷基磺酸盐；7. C$_{10}$烷基硫酸盐；

8. C$_{12}$烷基磺酸盐；9. C$_{12}$烷基硫酸盐

表 4-12　离子分离和检测方式的选择

离子类型	解离常数	被分析物	方法	检测器
阴离子	$pK_a < 7$	无机离子 F$^-$、SO$_4^{2-}$、Cl$^-$ 等	IC 或 ICE-IC	电导或 UV/VIS(紫外/可见)
		有机离子、羧酸盐或磺酸盐（<C$_4$）等	MPIC、ICE 或 ICE-IC	电导或 UV/VIS
		络合剂	IC	UV/VIS
	$pK_a > 7$	无机离子 HS$^-$、CN$^-$ 等	IC	安培或 UV/VIS
		有机离子硫醇等	MPIC 或 IC	安培
		醇类	ICE	脉冲安培
	$pK_a < 7$	无机离子、亚砷酸等	IC	安培或 UV/VIS
		有机离子酚等	MPIC	安培或 UV/VIS
		碳水化合物(糖)	IC	脉冲安培
	$pK_a > 7$	碳水化合物(糖)	IC	脉冲安培
		有机酸、无机离子、ClO$_4^-$、磺酸盐等	IC 或 MPIC	电导
阳离子		金属和过渡金属	IC 或 MPIC	安培或 UV/VIS 或电导
		碱金属、碱土金属、NH$_4^+$	IC	电导
		胺类(<C$_3$)	MPIC 或 IC	安培($pK_a < 7$)或 UV/VIS
		氨基酸	ICE	荧光

　　水合能低、疏水性强的离子，如 I$^-$、ClO$_4^-$ 或四丁胺，最好采用亲水性强的离子交换色谱或离子对色谱分离，阳离子采用盐酸洗脱，阴离子用 NH$_4$OH 洗脱。

　　有一定疏水性也有明显水合能的 pK_a 为 1～7 的离子，如乙酸盐或丙酸盐，最好用离子交换色谱。

有机酸盐的分离最好用离子排斥色谱，洗脱液可用盐酸。

对于两性离子，如氨基酸、生物碱和过渡金属，既可用阳离子柱，也可用阴离子柱。

离子交换色谱和离子排斥色谱对长链脂肪酸的分离效果不是很理想，而使用离子抑制色谱，将流动相调至酸性，就可使有机酸以分子形式进入非极性固定相，溶质分子会具有足够大的保留值，使多种脂肪酸的化合物实现相互分离。

4.8　排阻色谱法

在化学和化工领域，复杂组分的分离和分析是经常遇到的问题，而液相色谱法是迄今为止解决复杂分离问题的最好途径。但是，对于天然和合成的高分子化合物，因相对分子质量很大且有一定的分布值（如高聚物是各种不同相对分子质量同系物的混合体），以基于物质间相互作用原理的液相色谱法的分离效果较差。

气相色谱法中的裂解色谱法可以分析高相对分子质量的物质，要求裂解物的相对分子质量也很大，裂解产物具有挥发性，依据裂解产物的特征峰进行高分子化合物分子和官能团的测定。液相色谱法中的排阻色谱法可以分析高相对分子质量物质，与其他色谱法不同的是，排阻色谱法的分离机理不是根据试样组分与两相间的相互作用力不同而分离，而是按照组分分子的尺寸大小与形状的差别进行分离，相对分子质量大的可高达 10^6 数量级。以一定孔径分布的凝胶作为固定相，按相对分子质量大小顺序分离各组分的方法称为凝胶色谱法。凝胶色谱又名体积排阻色谱、空间排阻色谱、渗透凝胶色谱，适用于生物和高分子化学及有机化学领域。

1959 年，Porath 和 Flodin 首次在水溶液中，利用物质在多孔型交联葡聚糖凝胶填料上渗透性的不同分离了高分子化合物，称为凝胶过滤色谱。交联葡聚糖凝胶可以对较大范围相对分子质量分布的物质进行分离，因此它受到很大重视。1964 年，Moore 以苯乙烯和二乙烯苯在不同稀释剂存在下制成一系列孔径不同的凝胶，可以用非水的有机溶剂如四氢呋喃做流动相，可分离的相对分子质量从几千到几百万，称为凝胶渗透色谱。凝胶过滤色谱和凝胶渗透色谱的分离基质没有任何区别，分离的原理都是空间排阻作用。排阻色谱包括了凝胶过滤色谱和凝胶渗透色谱。1965 年，以示差折光浓度检测器和体积指示器为相对分子质量检测器的凝胶色谱仪问世。其后，适于渗透凝胶色谱的多孔型硅胶微粒（$10\mu m$）出现，从此高效凝胶色谱法发展起来。1970 年以后，以 $5\sim6\mu m$ 球形微粒多孔型硅胶为固定相的高效凝胶色谱的柱效率和分析速度与 HPLC 相似。

4.8.1　分离原理

排阻色谱是一种新的特殊类型的液相色谱，其分离原理类似于分子筛的筛分过程，但凝胶的孔径比分子筛大得多。填充材料为凝胶多孔型硅胶。凝胶是含有大量液体（通常是水）的柔软而富于弹性的物质，是一种经过交联而具有立体网状结构的多聚体粒，凝胶粒内具有一定大小的孔穴。被分析物和流动相、固定相并无相互作用，被分析物的分离只与凝胶的孔径分布和溶质的流体力学体积或分子大小有关。由于被分析物具有不同的分子体积，其以在柱中对孔的渗透或被孔排斥的作用的不同加以分离。试样中分子体积较大的组分，由于不能进

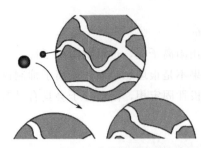

图 4-48　排阻色谱的渗透原理示意图

入凝胶粒的孔穴内，只能顺着凝胶粒向间隙流动，不能渗透到凝胶粒孔穴内而被全排斥，因而最早被淋出柱外；试样中分子体积稍小一些的组分，由于可以扩散进入凝胶粒中的大孔穴，并重新扩散出来，被选择渗透，因而在柱中有一定的保留时间（洗脱体积）；试样中分子体积最小的组分，可以扩散进出凝胶粒中的所有孔穴、被全渗透，因而在柱中的保留时间最长，最后被淋出柱外。排阻色谱是依分子体积（流体力学体积）进行分离的，色谱柱中充填不同孔径的凝胶以分离不同大小的分子，按不同大小试样分子对凝胶粒的渗透作用不同而先后流出色谱柱，因而对具有不同相对分子质量的同系物高分子可以进行分离和分析。用保留时间或洗脱体积描述分离的过程。排阻色谱的渗透原理示意图如图 4-48所示。

4.8.2　洗脱体积

洗脱体积是试样组分相对质量的函数，用洗脱体积表示组分出来的快慢。洗脱体积 V_R以下式表示：

$$V_R = V_0 + K_s V_s$$

式中：V_R——组分洗脱体积，即保留体积；

V_0——死体积，相当于凝胶粒空隙体积（凝胶颗粒之间的空隙体积）；

V_s——凝胶粒内孔穴的总体积，即组分分子能够渗透进去的那部分体积；

K_s——渗透系数，在排阻色谱中，固定相与流动相是同一物质，凝胶孔穴中的流动相称为固定相（s），而凝胶粒间隙的流动相称为流动相（m）。K_s是固定相与流动相中组分的浓度之比，即 $K_s = \dfrac{c_s}{c_m}$。K_s的数值为 $0 \sim 1$，其数值的大小取决于溶质分子的大小。

图 4-49 为凝胶色谱的分离原理示意图。

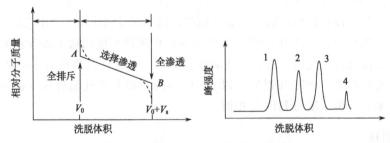

图 4-49　凝胶色谱的分离原理示意图

$$K_s = \frac{V_R - V_0}{V_s} \tag{4-21}$$

V_R与 K_s有关。完全不能进入凝胶孔内的大分子 $K_s = 0$，$V_R = V_0$，称为全排斥。自由出入填料孔内的小分子 $K_s = 1$，$V_R = V_0 + V_s$，称为全渗透。所有溶质只能在 $V_0 \sim (V_0 + V_s)$被依次洗脱下来，不会超越这个界限，称为选择渗透。

4.8.3　排阻色谱填料

1. 按孔穴的性质

排阻色谱填料按有机胶的制备方法和孔穴结构的差异分为均匀、半均匀和非均匀凝胶。

2. 按化学成分

按化学成分，排阻色谱填料分为有机填料和无机填料。

有机填料具有热稳定性好、机械强度高、柱效率高的特点，但化学稳定性较差，如交联聚苯乙烯、交联聚乙酸乙烯酯、交联葡聚糖、交联聚丙烯酰胺、琼脂糖等。

无机填料多为硬质胶，具有机械强度高、稳定性好的特点，但柱效率低，如多孔硅胶、多孔玻璃。

3. 按适用溶剂

排阻色谱填料按适用溶剂分为亲水性、亲油性和两性填料。

亲水性填料只能在水中应用；亲油性填料只能用于有机溶剂，如交联聚苯乙烯、交联聚乙酸乙烯酯，多孔硅胶和多孔玻璃表面需要进行硅烷化处理；两性填料为未经处理的多孔硅胶和玻璃，既能用于一般有机溶剂，也能用于水中。

4. 按机械强度

按机械强度不同，凝胶填料分为软质凝胶、半硬质凝胶和硬质凝胶。

软质凝胶有琼脂凝胶、葡聚糖凝胶等，具有多孔网状结构，流动相为水，具有较高的分离能力和较大的柱容量，但渗透性差，承受压力低，适用于常压低速分离。

半硬质凝胶为苯乙烯-二乙烯基苯交联共聚物，为有机凝胶，目前应用最多。凝胶的机械强度较高、耐高压、渗透性好、柱效率高，但只适用于非极性有机溶剂为流动相，不能用丙酮、乙醇等极性溶剂。同时流速不宜太高，不能随意更换溶剂，也不宜长期在高温条件下使用。

硬质凝胶有多孔硅胶、多孔玻璃微珠等。该凝胶的优点是骨架坚硬、机械强度高、化学稳定性和热稳定性好、渗透性好、无溶胀、性能稳定，流动相为水或非水溶剂。可在较高流速下使用，孔径可控，具有恒定孔径和窄的粒度分布。

5. 常用凝胶

常用凝胶有三种：有机半硬质凝胶、无机硬质凝胶和有机软质凝胶。

有机半硬质凝胶交联聚苯乙烯由苯乙烯和二乙烯基苯在水相中悬浮共聚而成。加入稀释剂控制凝胶中二乙烯基苯的含量，可获得不同孔径(粗粒度为 $37 \sim 76 \mu m$、细粒度为 $10 \mu m$)的微球，常用于有机溶剂系统。该凝胶的孔径分布宽，分子分离范围大；粗径柱效率为 $2000 \sim 4000$ 块/m，细径柱效率为 3×10^4 块/m；化学稳定性好、适用碱性溶剂、耐高温。但是，不能用丙酮、乙醇等强极性溶剂，可能发生化学反应，使凝胶成分变化；耐压有限，高压下易老化。

　　无机硬质凝胶多孔硅胶是一种广泛应用的无机填料，以硅酸钠或乙氧基硅烷为原料，先制备出球形 SiO_2 微球，然后采用适当的"扩孔"方法，使孔径扩到各种需要的尺寸。该凝胶具有化学惰性、热稳定性且机械强度好；黏度、孔径尺寸稳定，使用温度高、寿命长。但是，表面有硅羟基存在，对强极性物质存在吸附现象。

　　有机软质凝胶交联葡聚糖凝胶是由细菌发酵方法以蔗糖为培养基制备而成的高相对分子质量葡聚糖。该凝胶适于水、二甲亚砜、乙二醇等低级醇溶剂，可以分离的相对分子质量范围为 $10^3 \sim 10^6$。但是，在溶剂中溶胀，不能承受高压。

4.8.4　流动相的选择

　　排阻色谱流动相的选择相对较简单，不像一般液相色谱对分离度的影响那么大。但是流动相的作用不是为了控制分离，而是作为试样载体。对作为流动相的溶剂的要求如下：

　　(1) 要与排阻色谱仪相匹配。如果用示差折光检测器，需要选择和样品有较大折光率差别的溶剂，以提高灵敏度；选择紫外检测器时，溶剂对紫外区应无强烈吸收。

　　(2) 要求溶剂的纯度高、毒性低、溶解性能好、黏度低。溶剂的黏度是最重要的因素，因为高黏度的溶剂将限制溶质的扩散而损害分辨率。要求溶剂对样品具有很好的溶解性，且与固定相凝胶有某些相似性质，能浸润凝胶，这样流动相才能带动溶质分子进入凝胶孔穴。

　　(3) 考虑溶剂、试样和凝胶间的相互作用力，避免由于分离过程中有分配和吸附等作用影响实验结果。溶剂、试样不要与凝胶发生相似相溶或吸附。

　　(4) 排阻色谱法分离常采用升高柱温以增加样品的溶解度、减小溶剂黏度以提高分离度和分析速度，常使用高沸点的溶剂。溶剂的沸点要比柱温高 $20 \sim 50 \, ^\circ\!C$。

　　除了液相色谱常用的溶剂(正己烷、环己烷、苯、氯仿、水、十氢化萘、二甲基甲酰胺、二甲亚砜、二氧六环、四氢呋喃)以外，凝胶色谱还使用液相色谱很少使用的氯代苯、间甲苯酚、邻氯苯酚等，它们大都是聚合物的良好溶剂。对于高分子化合物的分离，采用的溶剂主要是甲苯、间甲苯酚、四氢呋喃、N,N-二甲基甲酰胺等；生物物质的分离采用的主要流动相是水、缓冲盐溶液、乙醇及丙酮等。

4.8.5　色谱柱和检测器

　　普通的排阻色谱柱以内径为 $7 \sim 10 \, mm$，长为 $15 \sim 60 \, cm$ 柱为宜；高效的凝胶色谱柱以内径为 $4 \sim 8 \, mm$，长为 $25 \sim 50 \, cm$ 柱为宜。

　　排阻色谱仪的检测器通常为示差折光、紫外、红外检测器。近年来，发展了小角激光光散射仪(SALS)。

　　根据光散射理论，当光波进入物体时，在光波电场的作用下，物体产生极化现象，出现因外电场诱导而形成的偶极矩。光波电场是一个随时间而变化的量，因而诱导偶极矩也就随时间变化而形成一个电磁波的辐射源，由此产生散射光。光波在物体中的散射可分为瑞利散射、拉曼散射和布里渊散射。而小角激光光散射是可见光的瑞利散射。它是由于物体内极化率或折光率的不均一性引起的弹性散射，即散射光的频率与入射光的频率完全相同。这种散射波的强弱和小粒子(高分子)中的偶极子数量相关，即和该高分子的质量或摩尔质量相关。根据上述原理，使用激光光散射仪对高分子稀溶液测定与入射光呈小角度($2 \sim 7°$)时的散射光强度，计算出稀溶液中高分子的绝对重均分子量值。小角激光光散射仪采用动态光散射法可以测定粒子的流体力学半径的分布，进而得到高分子相对分子质量的分布曲线。小角激光光散射仪能测定的结构尺寸范围为 $0.5\mu m \sim X0\mu m$，测定的结果带有统计平均的性质。

4.8.6　排阻色谱法的特点

排阻色谱法可分离的相对分子质量范围很广，为 $10^2 \sim 10^6$；分离机理单纯，可以预示其保留时间，相对分子质量大的保留时间短，相对分子质量小的保留时间长；分离中不涉及太多的分子间作用力；分离条件较温和，不像 GC 需要高温运载；溶质回收率高；不易有副反应，组分色谱柱行为不积累、不强吸附，色谱柱寿命长；峰形窄，灵敏度高。但是，色谱的峰容量较小（色谱峰容量是指相邻两个峰分离度为 1 的条件下，第一个峰和最后一个峰之间所能容纳的色谱峰个数），不能分离具有相同、相似大小（相对分子质量和分子尺寸）的分子。

4.8.7　应用

排阻色谱法可用于溶于水或溶于有机溶剂的各种化合物，特别适用于分离非离子型的中性分子、相对分子质量大于 2000 的高相对分子质量生物大分子和高聚物（$10^3 \sim 10^6$）。如果条件适当，也可以分离相对分子质量低至 100 的化合物，已广泛用于测定高聚物的相对分子质量分布。对于相对分子质量差别较大的混合物（如高分子和低分子添加剂）以及低聚物的分离是非常有效的；能快速分离简单混合物。

在未知物的剖析中，凝胶色谱作为预分离手段，再配合其他分离方法，能有效解决各种复杂的分离问题。对于一般有机混合物，可采用排阻色谱法分离，以判明样品的复杂程度和相对分子质量范围，进而选择出合适的分离方法。所以，排阻色谱在高分子化合物和小分子化合物中都有它独特的用途。

排阻色谱法在生物化学领域中用于分离和测定生物大分子蛋白质和核酸，如蚕丝蛋白、人体血清成分、各种维生素、不同构象的多糖分子、乳清成分、各种酶等。凝胶色谱是蛋白质相对分子质量的快速测定方法之一。测定时，一般需要标准相对分子质量蛋白质（如醛缩酶、牛血清蛋白、卵清蛋白、胃蛋白酶、核糖核酸酶，是一组相对分子质量为 $14 \times 10^3 \sim 300 \times 10^3$ 的标准品）。

在高聚物材料的生成、加工和研究中，排阻色谱用于聚合工艺的选择、聚合反应机理的研究及聚合条件对高聚物性质的影响和控制，如研究聚合温度对聚合产物相对分子质量分布的影响。

高聚物的相对分子质量及其分布宽度指数 D（$D = M_w / M_n$，M_w 为重均分子量：$M_w = \dfrac{\sum N_i M_i^2}{\sum N_i M_i}$，$N_i$ 和 M_i 分别为组分 i 的数目和相对分子质量；M_n 为数均分子量：$M_n = \dfrac{\sum N_i M_i}{\sum N_i}$）、相对分子质量的积分分布曲线以及相对分子质量的微分分布曲线影响高聚物的性能。例如，常见的聚苯乙烯塑料制品，其相对分子质量为十几万，当聚苯乙烯的相对分子质量低至几千，就不能成型；相反，当相对分子质量超过几百万，甚至几千万，又难以加工，失去了实用意义。

排阻色谱法还被广泛用于研究共聚物的组成分布、高聚物的支化度及高聚物中微量添加剂的分析等方面。如果配以在线的绝对分子质量检测器[如多角光散射仪(multi-angle LS)、激光小角光散射仪(LALLS)、双角光散射仪(dual-angle LS)等]，凝胶色谱可以测定高聚物的绝对分子质量。

工业上用排阻色谱法作为订购和验收指定相对分子质量分布的高聚物产品的手段。

排阻色谱法还可用于脱盐和去热源等。

4.9　制备液相色谱法

各种色谱方法几乎都可以作为制备手段。由于液相色谱的分离条件较温和，分离和检测中一般不会导致组分被破坏，且组分易于回收，以液相色谱作为制备手段较为常用。

现代科学研究工作中，经常期望采用有效方法以获得需要的较高纯度的标准物(色谱纯)，为深入鉴定及研究提供纯物质。

制备液相色谱法是在分析型高效液相色谱法基础上发展起来的用于试样中组分的分离与纯化的方法，高效液相色谱法由分析型向制备型转变的过程，先后经历了分析型、半制备型和全制备型，它们处理样品的质量也依次增加，所处理试样的质量分别由分析型的 μg 级发展为半制备型的 mg 级，再进一步发展为全制备型的 g 级乃至 kg 级。当前，制备液相色谱从直径 10mm 的实验室半制备柱，到直径 X00mm 的工业制备柱及其相应的设备已商品化，用于解决合成化学、制药工业、生物技术等多领域的分离纯化问题。

从目的上说，分析色谱法是对混合物中一个或几个组分进行定性和定量。而制备色谱法是从混合物中得到纯组分，是一种以色谱技术作为分离手段，获得较大量纯组分的有效方法。

制备 LC 与制备 GC 有很多相似之处。为了加快分离的时间、提高效率，进样量很大，导致制备色谱柱的分离负荷相应加大，就必须加大色谱柱填料、增大制备色谱的长度和直径、使用更多的流动相。然而，负载过大往往导致柱效率显著下降而得不到纯的产品。制备色谱要解决柱容量与柱效率之间的矛盾，对重现性也要考虑。从经济角度考虑，制备色谱要尽量少用填料，少用溶剂，尽可能多地得到产品。

4.9.1　制备色谱柱

1. 材质

制备液相色谱柱多采用不锈钢柱。

2. 装填方法

制备柱装填的好坏直接影响到分离的效果。根据固定相的粒度、色谱柱的尺寸来选择不同的装填方法。

1) 根据固定相的粒度选择装填方法

当粒度 $d_p < 25\mu m$ 时，采用湿法装柱，装柱后，应测量柱效率，低柱效率的色谱柱应该重填。

当粒度 $d_p > 25\mu m$ 时，采用干法装柱的效果较好。

2）根据柱尺寸选择装填方法

当柱直径＞20mm 时，为将小颗粒固定相装入更大的制备色谱柱，可采用柱长压缩技术。先将固定相悬浆（或干填充物）装入柱中加高压，再利用物理方法将其压紧，所加压力为 3～4MPa。压缩的方法有两种：径向压缩和轴向压缩。

3. 制备柱容量

对分析柱而言，进样量小时，保留值和柱效率基本不随进样量的改变而改变，严格地讲，对于分析型色谱，进样量应小于柱容量的 1% 时才能保持此关系。对分析柱而言，柱容量为不影响柱效率时的最大进样量；对制备柱而言，柱容量为不影响收集物纯度时的最大进样量。制备色谱柱一般在超载下运行，超载是指进样量超过柱容量。此时，柱效率迅速下降，峰变宽，分离度变差，保留值也随之改变。进样量越大，柱效率越差，分离度越差，是制备色谱的主要限制之一。超载的目的是提高制备效率。超载范围以柱效率下降一半或 k 降低 10% 为宜。

4.9.2　固定相

原则上能用于分析型高效液相色谱的固定相都可用于制备液相色谱。硅胶、键合固定相（如 C_{18}）、离子交换树脂、氧化铝、聚酰胺、凝胶等都可以作为制备色谱柱的填料。常用的固定相有三种，分别为硅胶色谱柱、化学键合相色谱柱和手性色谱柱。前两种分别属于液固吸附色谱和化学键合相色谱。手性色谱柱填料一般常用三种类型，分别为多糖类手性固定相、环糊精类手性固定相和 Pirkle 型手性固定相，分别以不同的分离模式用于拆分手性异构体。

不同色谱柱填料的柱容量不一样，硅胶柱的柱容量比反相烷基键合相高 10 倍，离子交换柱的柱容量与填料的交换容量有关，凝胶色谱柱的柱容量与孔径分布有关。

4.9.3　流动相

不像 GC，气体不影响样品的纯度。因为液相色谱的流动相与分离后的纯品一并收集，要考虑色谱分离后有旋转蒸发等二次分离操作。如果产品中含有大量溶剂，溶剂的纯度也要考虑在其中。一般来说，制备色谱的溶剂要回收。制备系统中要使用溶剂过滤头和在线过滤器，过一段时间要注意清洗。对溶剂的要求如下：

（1）尽量不采用高毒性的溶剂（如乙腈），而采用乙醇、甲醇。

（2）对多元溶剂要尽量少用。例如，选择乙醇、水、乙腈三元溶液，回收会变得复杂而困难。

（3）流动相中尽量不要加入盐等不挥发性组分，能用氨水的不要用氢氧化钠，能用乙酸的不要用盐酸。

（4）为了降低成本，往往用分析纯甚至是医药纯和工业纯的溶剂。在使用医药纯和工业纯溶剂时，需要用硅胶柱对溶剂过滤，以减少热敏反应及降低溶剂对泵和昂贵填料的影响。

4.9.4　样品前处理

制备色谱柱由于分离的样品量大，比分析柱更容易受到污染。因此，需要进行必要的样品前处理。可采用过滤、萃取、结晶、固相萃取等简单的分离方法，以尽可能地除去杂质。

4.9.5　制备液相色谱仪

制备液相色谱仪和分析型的高效液相色谱仪基本一样，但泵流量大、进样量大，需要采用制备柱并在柱后加馏分收集器。典型的制备液相色谱仪流程图如图 4-50 所示。

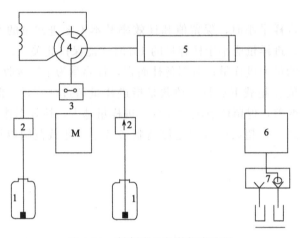

图 4-50　制备液相色谱仪流程图

1. 溶液储器；2. 输液泵；3. 混合室；4. 进样阀；5. 色谱柱；6. 检测器；7. 馏分收集器

制备液相色谱仪的色谱系统对被分离组分应具有尽可能高的选择性。制备柱比分析柱长，若柱长已达到一定值，欲进一步增加产率，可增加柱截面积。难分离的组分需要的理论塔板数大（$n > 1000$），采用细颗粒填料；容易分离的组分需要的理论塔板数小（$n < 1000$），采用粗颗粒填料以降低成本。

1. 进样

为适应大量样品注入色谱柱，一般最常使用的是大样品环的六通阀，分析型高效液相色谱仪样品环的容量常为 $20\mu L$，而制备型常为 $2 \sim 10 mL$。样品溶液的注入方式一般采用与分析型一样的方式，流动相采用连续流动情况下在线注入。当样品量较大时，可采用"停流技术"注入，即在输液泵不工作的情况下，将样品注入进样阀；或单独使用一台小型压力泵将样品溶液压入色谱柱，然后再由输液泵将流动相输入。

2. 高压输液泵

分析型高效液相色谱仪的输液泵的最大流量一般为 10mL/min，而一般实验室使用的制备型高效液相色谱仪的输液泵流量为 30mL/min 以上，最高可达 100mL/min，对于生产型的制备液相输液泵的流量常为 $100 \sim 1000 mL/min$，根据具体流量的需要，可通过更换泵的泵头来调节其最大流量。由于制备型高效液相色谱仪的目的是分离制备，不需要获得好的色谱图，因此对流量的精度要求也略低。高压输液泵的压力常低于分析型高效液相色谱仪，一般最高达到 20MPa 即可，因为制备型色谱柱的固定相粒度大，对流动相的阻力低。此外，制备型高效液相色谱仪输液泵所连接的不锈钢管线的直径远大于分析型(一般为 0.20～0.25mm)，一般在 0.5mm 以上，以便减小阻力，增加流量。制备型高效液相色谱仪的输液泵大多采用往复式柱塞泵，其次使用气动放大泵，当流量很大时，可采用隔膜泵。

3. 色谱柱

1）半制备色谱柱

色谱柱内径一般为 1～10mm，长度一般为 250～300mm，固定相粒度为 5～10μm，柱效率可达 15000 左右，分离效果较好且分离速度较快，试样进样质量为 5～50mg，仅适合于 mg 级样品的制备。

2）制备色谱柱

色谱柱内径一般为 20～22mm，长度一般为 250～300mm，固定相粒度为 5～20μm，柱效率低于半制备柱，试样进样质量为 200～1500mg，适合于 g 级样品的制备。

3）大制备色谱柱

色谱柱内径一般大于 25mm，可达 50mm，长度可达 500mm，固定相粒度为 10μm 以上，柱效率低于前两种，但进样量可达 10g，适于大量样品的制备。

4. 检测器

分析型高效液相色谱仪的流通池一般内径为 1mm，长为 10mm，池体积仅有 8μL；制备型液相色谱仪因流速大、浓度高，不需要高灵敏的检测器，否则信号太高，超出检测器的测量范围。制备型液相色谱仪的检测器应该适应高流速流动相的通过，需专门设计检测器，使其光程较短，管路和流通池的尺寸较大。通常在柱后设计一个分流装置，少量组分流向分析型检测器，绝大部分组分流向收集器。此外，还需考虑检测器的延迟体积，即检测器出口到收集口的体积，否则收集的样品会不纯。

高效制备液相色谱仪要求使用对样品无破坏作用的检测器，最常用的检测器为示差折光检测器，它属于通用型检测器，使用范围宽，虽然灵敏度低，但能够满足制备液相的需求。其次常用的检测器为紫外检测器。实际应用中，将示差折光检测器和紫外检测器串联使用会收到理想的效果，因为两者的记录信号可以相互弥补，为分离提供更多的信息。

5. 保留时间的估计

用分析柱在同样的色谱条件下(同样固定相和流动相)测定保留时间后，按照单一组分的线流速一定，通过计算可知组分的大致保留时间区域，也称线性放大；谱图的峰形对确定保留时间也有很大的参考价值。

6. 馏分的收集

对于以分离为目的的制备色谱，馏分收集器是必不可少的。现代的馏分收集器可以按照样品组分流出的先后顺序，或按时间、按色谱峰的起止信号，根据预先设定好的程序，自动完成收集工作。手工馏分收集费时费力，自动馏分收集器带来很大的方便，许多实验室和工厂都采用馏分收集器。

例如，制备 GC，分离后各组分的切割（不同馏分的切换）和收集分别使用馏分分配器和产品分配器（冷阱）。

制备液相色谱的馏分收集器如图 4-51 所示。在无组分流出时，切换阀 3 与流动相回收瓶 7 连接，可回收一部分流动相。当第一个组分流出时，检测器 2 通过程序控制器 4 将阀 3 切换至收集位置，令试管放置盘 6 前移一格，收集第一个组分。当第二个组分流出时，检测器将试管放置盘再前移一格，收集第二个组分，如此重复，直至最后一个组分收集完成后，控制器才将阀 3 切回原处，完成一次分离的全部收集工作。

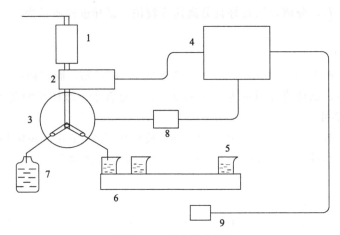

图 4-51　馏分收集器

1. 色谱柱；2. 检测器；3. 切换阀；4. 程序控制器；
5. 收集试管；6. 试管放置盘；7. 流动相回收瓶；8、9. 电机

4.9.6　制备技术

用制备液相色谱法分离时，有一些分析色谱法不常用到的技巧。常采用的技术有：超载、边缘切割、中心切割、线性放大技术与非线性效用。利用这些技术可以把没有分开的组分收集，进一步分开。

1. 超载和中心切割

应用液相色谱制备时，色谱图可能出现几种典型情况：预分离组分呈现一个单峰、预分离的组分是两个或多个主组分、较少的组分是欲分离制备的化合物（图 4-52）。

如图 4-52（a）所示，当预分离组分呈现一个单峰时，可选择超载和中心切割技术（图 4-53）。首先在分析型 HPLC 上进行实验，如图 4-53（a）所示。通过 k，α，n 值的优化提高分离度，如图 4-53（b）所示。随后加大进样量直至负荷极限，如图 4-53（c）所示。再继续超载直到色谱峰产生重叠，如图 4-53（d）所示。然后按中心切割法收集较少量馏分，以薄层色谱法或 HPLC 检验其纯度，最后将多次重复制备得到的足够纯度的馏分合并，以得到所需量纯组分。

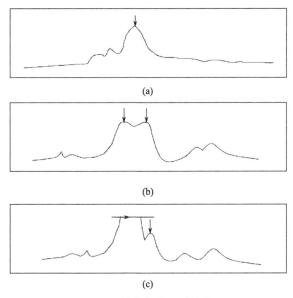

图 4-52　液相制备色谱遇到的典型问题

(a)预分离组分呈现一个单峰；(b)预分离的组分是两个或多个主组分；
(c)较少的组分是欲分离制备的化合物

2. 超载和边缘切割

当预分离的组分是两个或多个相距很近的主组分时，若色谱系统的选择性不能够将该混合物分开，此时可超载运行，通过切割相应色谱峰的前部和后部可制备出纯品，如图 4-52 (b)所示。边缘切割后的组分再行二次分离。

当较少的组分是欲分离制备的化合物或预分离的组分是微量或痕量组分时，如图 4-52 (c)所示，通常采用以下的制备技术。

(1) 在色谱柱的负荷极限下确定痕量组分的位置，如图 4-54(a)所示。

(2) 可在达到最佳分离度后，利用超载进行富集，如图 4-54(b)所示。

(3) 将收集的组分切割为主峰，如图 4-54(c)所示。再采用中心切割技术制备出纯品。

若切割后的组分需要进一步分离，此时采用柱转化技术。柱转化的目的是组分的精制。通过接头或阀门，实现色谱柱的延长，较方便地实现对其中一个或几个组分的精制。

3. 线性放大技术

线性放大技术就是在分析色谱柱上优化分离的方法，并直接应用到大直径的制备色谱柱。这不仅可以大大节约溶剂消耗、降低整个方法的开发费用，而且没有过程放大风险、没有样品损失。线性放大技术是实现从分析过程到制备过程的最快速、最有效的方法。线性放大技术成功的前提是放大过程中确保色谱柱使用相同颗粒粒度的相同填料，如果可能，也可使用相同的输液泵和检测器。

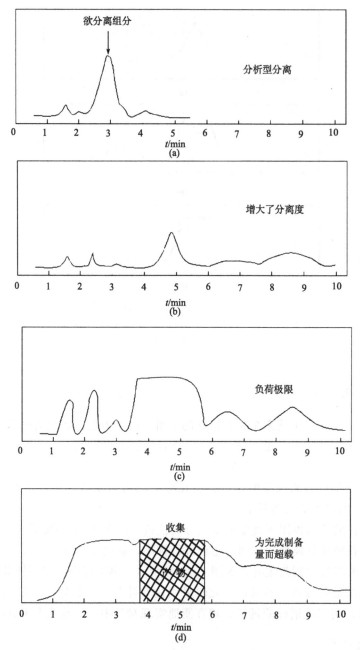

图 4-53　液相制备色谱获得最大制备量的途径

4. 非线性效用

　　进行痕量组分制备时，加大进样量使组分的分配和吸附系数在分离过程中与两相浓度不呈线性，组分分子除与固定相和流动相发生作用外，还与基体分子发生竞争作用，称为非线性效用。利用非线性效用，可以充分发挥色谱分离的能力，采用超载洗脱、前沿分析或置换展开，在负载量大的情况下，可以达到快速、高产的目的。

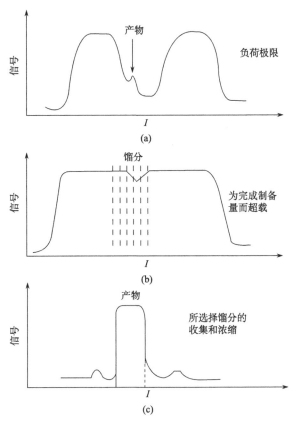

图 4-54 微量或痕量组分的分离制备

4.10 超临界流体色谱法

随温度和压力的变化，任一物质都有三种相态：气态、液态和固态。三相成平衡状态共存的点称为三相点，液、气两相成平衡状态的点称为临界点。在临界点时的温度和压力称为临界温度和临界压力。不同物质的临界压力和临界温度各不相同。当 T、p 高于临界温度和临界压力时，物体处于液态和气态之间的一种状态，此时的相称为超临界流体。例如，CO_2 的相图如图 4-55 所示。超临界流体色谱法（supercritical fluid chromatography，SFC）就是使用超临界流体作为流动相进行分离的一种方法。

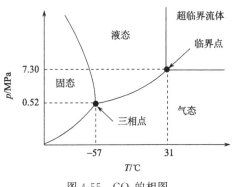

图 4-55 CO_2 的相图

超临界流体色谱法（SFC）既不属于 GC，也不属于 LC，其性能介于两者之间。

从发展历史来看，SFC 最初是作为一种萃取和提纯技术发展起来的。1822 年，

Cagniard 首次发现物质的临界现象和溶解其他物质的特殊能力。1879 年，Hannay 和 Hogarth 发现无机盐类能迅速在超临界乙醇中溶解，减压后又能立刻结晶析出。1930 年，Pilat 和 Gadlewicz 提出以液化气体提取大分子化合物。1950 年，以超临界丙烷去除重油中的柏油精及金属镍、钒等，降低了触媒中毒的程度。1954 年，Zosol 用实验方法证实了超临界 CO_2 可萃取油脂。20 世纪 70 年代，Stahl 首先使用高压装置实现了超临界 CO_2 萃取，因二次能源危机，该法受到重视。1978 年，缘于超临界 CO_2 的特殊溶解能力，超临界 CO_2 萃取和提纯技术应用到色谱领域。超临界流体色谱法目前的发展趋势是向生物化学、药物分析及制备技术倾斜。

4.10.1　超临界流体的性质

（1）超临界流体既不是气体也不是液体，性质介于液体和气体之间。具有气体的低黏度、低表面张力的特性，能够迅速渗透进入微孔隙，萃取时萃取速率比液体快速有效；具有液体的高密度、高溶解能力的特性；扩散系数位于液体和气体之间，扩散系数 D_f 为 $10^{-4} \sim 10^{-3} \, cm^2/s$，为液体的 $10 \sim 100$ 倍（$D_g = 10^{-1} \, cm^2/s$，$D_m = 10^{-5} \, cm^2/s$）。

（2）类似于 GC 的程序升温、LC 的梯度洗脱，可通过改变超临界流体的压力来改变流体的密度，进而调节组分分离。

一些超临界流体的性质见表 4-13。

表 4-13　一些超临界流体的性质

流体	临界温度/℃	临界压力/MPa	临界点的密度/（g/cm³）	在 4MPa 下的密度/（g/cm³）
CO_2	31.1	7.30	0.47	0.96
N_2O	36.5	7.17	0.45	0.94
NH_3	132.5	1.13	0.24	0.40
$n\text{-}C_4H_{10}$	152.0	3.75	0.23	0.50

4.10.2　超临界流体色谱法的优点

因为超临界流体有上述性质，SFC 具有 GC 和 LC 不具有的优点：①具有 LC 的特点，可处理 GC 难以处理的高沸点、不挥发性试样；②具有 GC 的特点，比 LC 有更高的柱效率和分离效率；③兼有 GC 和 LC 的特点，可以使用 GC 和 HPLC 的检测器，可与 MS、FTIR 联机，便于定性和定量。

4.10.3　超临界流体色谱法的分离原理

超临界流体的极性、密度和介电常数随密闭体系压力的增加而增加，称为流体的压力效应。压力变化对分配比和分离将产生显著影响。利用预定程序的升压可将不同极性的组分提取出来。也可以借助减压、升降温的方法使超临界流体变成普通气体或液体，进一步分离，从而达到分离纯化的目的，并将萃取与分离的过程合为一体，这就是 SFC 的基本原理。分离的机理是溶解和解吸、吸附和脱附。

在临界压力附近，流体密度增加，相当于极性增加，洗脱时间缩短。例如，采用 CO_2 超临界流体，当压力从 7MPa 增加至 9MPa 时，则 $C_{16}H_{34}$ 的保留时间由 25min 缩短至 5min。

常见的超临界流体有 CO_2、NH_3、乙烯、丙烷、丙烯、水等。其中，CO_2、NH_3 常用，而绿色溶剂——超临界 CO_2 应用最为广泛。其化学性质不活泼、安全性好、无毒、无色、无味、临界条件容易达到、价格便宜、纯度高、容易获得、对各类有机化合物的溶解性好且在紫外区无吸收。但是 CO_2 的极性太弱，常需加入少量甲醇等改性。

超临界 CO_2 对不同溶质的溶解能力差别很大，与溶质的沸点、相对分子质量和极性密切相关。一般有以下规律：亲脂性、低沸点、小相对分子质量的成分可在低于大气压 (p_0) 下萃取，如烃、醚、酯、环氧化合物；天然植物和果实中的香气成分也可以，如麝香草酚、桉树脑、酒花中的低沸点酯类等。有些低相对分子质量、易挥发性成分甚至可直接用 CO_2 液体萃取。化合物极性基团（如—OH、—COOH 等）越多，相对分子质量越大，越难萃取。例如，强极性物质氨基酸、糖的萃取压力则要大于 $4p_0$；高相对分子质量物质如蛋白质、树胶和蜡等难以使用超临界 CO_2 萃取。

4.10.4　超临界流体色谱的结构与流程

SFC 的主要部件由三部分组成，高压泵、分析单元和控制系统，如图 4-56 所示。

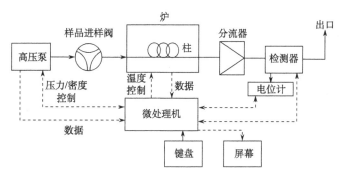

图 4-56　SFC 流程示意图

1. 高压泵

高压泵多用无脉冲、小流量的流体输送泵。

2. 分析单元

分析单元由进样阀、分流器、色谱柱、检测器组成。色谱柱可以采用液相色谱柱或交联毛细管柱。所用的固定相有固体吸附剂（硅胶）或键合到载体（或毛细管壁）上的高聚物，可以是填充柱或毛细管柱。流动相在进入检测器前可以转化为气体、液体或保持其超临界流体状态，因此既可采用 LC 检测器，也可采用 GC 检测器，扩大了它的应用范围。还可以用多种梯度技术来优化色谱条件，比 HPLC 易达到更高的柱效率。

3. 控制系统

控制系统控制泵区、柱箱温度和数据处理等。通过电子压力传感器和流量传感器计算机控制流动相的压力和流量，以实现超临界流体的压力和密度进行线性或非线性的程序变化；控制柱箱温度以实现程序升温或程序降温。

4.10.5　超临界 CO_2 的应用

超临界 CO_2 的萃取速度快，无毒、不易燃、使用安全、不污染环境、无溶剂残留、无硝酸盐和重金属离子，因此，其应用最为广泛。CO_2 的临界温度低，适用于脂溶性、高沸点、热敏性化合物的提取与纯化，防止热敏性成分逸散、氧化和反应，可完整保留生物体的生物活性；同时也可以把高沸点、低挥发性、易热解的物质在其沸点温度以下萃取出来；也适于不同组分的精细分离，即超临界精馏；还可提供惰性环境，避免产物氧化，不影响萃取物的有效成分。

1. 食品工业

超临界 CO_2 在食品工业中的应用如下：植物油脂(大豆油、蓖麻油、棕油、米糠油、玉米油、可可脂、小麦胚芽油等)的提取；动物油脂(肝油、鱼油、各种水产油)的提取；食品原料(米、面、禽蛋)的脱脂；脂类混合物(脂肪酸、甘油酯、卵磷脂等)的分离与精制；油脂的脱臭和脱色；植物色素和天然香味成分的提取；发酵乙醇的浓缩；咖啡、红茶脱除咖啡因；啤酒花的提取。

2. 医药、化妆品工业

超临界 CO_2 在医药、化妆品工业中的应用如下：鱼油中的高级脂肪酸(脱氢抗坏血酸、二十二碳六烯酸 DHA、二十碳五烯酸 EPA 等)的提取；菌类或植物中高级脂肪酸(γ-亚麻酸等)的提取；药效成分(黄酮、生物碱、脂溶性维生素、苷等)的提取；香料成分(植物香料、动物香料等)的提取；化妆品原料(表面活性剂、美肤效果剂、脂肪酸酯等)的提取；烟草脱除尼古丁。

3. 化学工业

超临界 CO_2 在化学工业中的应用如下：干洗业、纤维染色技术、化学反应和高科技产业的半导体清洗技术；石油残渣油的脱沥；原油的回收、润滑油的再生；煤液化油的提取；烃的分离；含有难分解物质的废液的处理。

4. 医学工业

1) 生物活性物质和天然药物的提取

超临界 CO_2 用于浓缩沙丁鱼油、扁藻中的 EPA 和 DHA，是综合利用海藻资源的新途径；其还用于从蛋黄中提取蛋黄磷酯、从大豆中提取大豆磷脂、从腐烂的番茄中提取 β-胡萝卜素。

2) 生物活性物质的加工

根据物质在超临界流体中的溶解度以及对压力和温度敏感的特性制备物质的超细颗粒，其中气体抗溶剂过程(GAS)常用于生物活性物质的加工。GAS 是指在高压条件下溶解的 CO_2 使有机溶剂膨胀，内聚能显著降低，溶解能力减小，使已溶解的物质形成结晶或无定形沉淀析出的过程。例如，将超临界 CO_2 和胰岛素的二甲亚砜溶液经特制喷嘴喷出，两者在高压下混合后流出沉淀器，就获得了结晶胰岛素。GAS 还可提高溶解性差的分子的生物利用度；开发对人体损害较小的非肠道给药方式(肺部给药和透皮吸收等)。

3）在药物分析领域

超临界 CO_2 适用于难挥发、易热解的高分子物质的快速分析；适用于从植物中提取药效成分。

4.10.6　超临界流体色谱法的应用

超临界 CO_2 萃取技术在萃取后能将 CO_2 再次利用，把对环境的污染降至最低；SFC 使样品的分离和萃取合二为一，改变 CO_2 流体的压力可改变密度，进而改变 CO_2 的溶解性和极性，使分离效果更好。

1. SFC 的压力效应

胆甾(八、十、十二、十四、十六、十八)酸酯同系物是生物体内的一类具有生物活性的大分子物质。以键合 100％聚二甲氧基硅烷毛细管柱(DB-1)为固定相；流动相为超临界 CO_2 流体，温度为 90℃；以 FID 做检测器。胆甾酸酯分离的 SFC 谱图如图 4-57 所示，从图中可见 SFC 的压力效应。将超临界 CO_2 流体的等压操作变化为程序升压时，因压力增加，密度变大，流动相的极性增大，使洗脱更容易，保留时间缩短，分析时间从 17min 缩短到 8min。

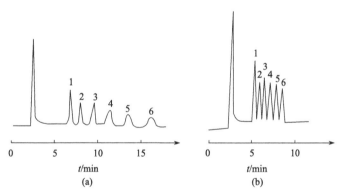

图 4-57　程序升压对 SFC 分离改善的效应

(a) 等压；(b) 程序升压

1. 胆甾辛酸酯；2. 胆甾癸酸酯；3. 胆甾月桂酸酯；

4. 胆甾十四酸酯；5. 胆甾十六酸酯；6. 胆甾十八酸酯

2. 甘油三酸酯的分析

甘油三酸酯是生物体内的酯类物质，是高血脂诊断的指标。甘油三酸酯有四种同分异构体，仅双键数目和位置有差异，难以分离。凝胶色谱适于生物样品和高聚物的分离分析，但不能分离相似大小的分子。甘油三酸酯的相对分子质量较小，四种化合物的极性和分子大小极为相近，难以用 GC 和 LC 分离。

如图 4-58 所示，5％氰丙基苯基二甲基聚硅氧烷色谱柱(DB-225)为弱极性毛细管色谱

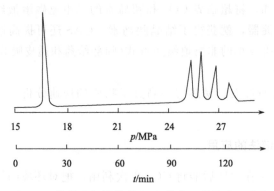

图 4-58　使用毛细管柱的 SFC 分离四种甘油三酸酯

柱，作为固定相；流动相为 CO_2 流体；从 15MPa 程序升压到 27MPa；2h 左右可实现四种同分异构体的完全分离。

4.11　液相色谱法的定性与定量

4.11.1　定性分析

不同的液相色谱法的定性与定量会有些差别，但很相似，本节仅以高效液相色谱法为例进行讨论。高效液相色谱法的定性分析方法与气相色谱法有很多相似之处，通常分为色谱定性法与非色谱定性法，非色谱定性法又分为化学定性法和两谱联用定性法。

1. 色谱定性法

与气相色谱法相比，液相色谱法中组分的保留行为不仅与固定相有关，还与流动相的种类和组成有关，而气相色谱法中组分的保留行为与流动相无关，仅与固定相的种类和柱温有关。因此，对高效液相色谱法中组分的保留值的影响因素远大于气相色谱法，在气相色谱法中一些保留值的规律在高效液相色谱法中就不再适用，也不能直接采用保留指数进行定性分析。此外，由于液相色谱柱的填装技术较复杂，即使同一型号同一批次的色谱柱，也存在小的差异，致使重现性下降，进而造成保留值的波动，难以用文献保留值数据定性未知物。

高效液相色谱法的定性方法主要是直接利用纯物质(标准物质)与样品中未知物的保留值对照定性，此法与气相色谱法相似，根据同一物质在相同色谱条件下的保留值相同，基本上可以认定未知物与标准物质是同一物质。通常可采用更为有效的方法，即直接将标准物质加入试样中，如果未知物的色谱峰增高，且在改变流动相组成或改变色谱柱后，仍能使该色谱峰增高，则可基本认定两者为同一物质。但对于没有标准物质时，此法并不适用。

2. 化学定性法

由于高效液相色谱法比气相色谱法容易收集组分，尤其是制备色谱法，因此可将组分利用专属性化学反应进行定性分析，此法常用于官能团的鉴别。

3. 两谱联用定性法

两谱联用定性法一般分为离线联用定性和在线联用定性两种方法。

1) 离线联用定性法

通常将样品中的某组分用液相制备色谱仪分离制备后,通过紫外、红外、核磁、质谱等分析手段进行定性和结构分析。

2) 在线联用定性法

联用仪一般是将高效液相色谱仪与光谱仪或质谱仪联机而形成的整体仪器。使用联用仪能给出样品的色谱图,同时又能快速地给出每个组分的光谱图或质谱图,并给出定性和定量的分析信息,是目前发展最快、应用也越来越广泛的分析方法。目前比较重要的联用仪器主要有液相色谱-质谱、液相色谱-质谱-质谱、液相色谱-傅里叶变换红外光谱和液相色谱-核磁共振波谱等联用仪。

4.11.2　定量分析

液相色谱法的定量方法与气相色谱法的定量方法基本相同,常用外标法、内标法和面积归一化法。由于很难在相同条件下找到各组分的定量校正因子,因此归一化法在液相色谱中的应用相对较少,仅在考察某纯度较高的试样中主成分之外的杂质含量时采用不用校正因子的峰面积归一化法,以峰面积百分含量代替质量分数。

$$\omega_i = \frac{A_i}{(A_1 + A_2 + A_3 + \cdots + A_n)} \times 100\% \tag{4-22}$$

1. 外标法

外标法可分为外标标准曲线法、外标一点法和外标两点法等,前两种方法最为常用。外标法的优点是不需要校正因子,可通过与标准品的量作对比求出试样中某组分的含量,只要被测组分出峰、无干扰峰、保留时间合适,即可进行定量分析。外标法的缺点是要求进样量准确。由于高效液相色谱法的进样量相对较大,进样量的误差相对较小,因此外标法也是高效液相色谱法常用的定量方法之一。

1) 标准曲线法

标准曲线法是用标准品配制一系列浓度不同的标准溶液,准确进样,测量峰面积,在峰形呈正态分布时也可采用峰高,然后绘制信号对浓度或质量的标准曲线或得到回归方程,根据这一标准曲线或回归方程,由分析样品得到的信号求未知样品中被测物的浓度。

2) 外标一点法

外标一点法是用一种浓度的标准溶液进行对比,求未知试样中某组分含量的方法。外标一点法原则上要求标准曲线通过原点。含量的计算公式如下:

$$c_i = c_s \frac{A_i}{A_s} \tag{4-23}$$

式中:c_i、A_i——分别为试样中待测组分的浓度和峰面积;

c_s、A_s——分别为标准溶液中被测组分的浓度和峰面积。

峰形呈正态分布时,可以用峰高代替峰面积。实际样品分析中,常用随行外标一点法,即每次都同时分析样品与标准品溶液，以减小因仪器不稳定带来的误差。

2. 内标法

内标法是以试样中待测组分和内标物的峰面积比（或峰高比）求试样中组分含量的方法，使用内标法可以消除仪器不稳定、进样量不准确所产生的误差。如果试样在处理之前加入内标物，则可以消除方法全过程带来的误差。内标法可分为内标校准曲线法和内标校正因子法。

1) 内标校准曲线法

内标校准曲线法与外标标准曲线法相似，只是向各种浓度的标准品溶液中加入相同量的内标物，以待测物与内标物的峰面积之比对待测物浓度绘图得到的校准曲线。

2) 内标校正因子法

高效液相色谱法中的校正因子难以在手册中查到，要通过测定得到。一般方法是通过配制含有一定量内标物的标准溶液，在一定的色谱条件下，连续进样 $5 \sim 10$ 次，测量被测组分和内标物的峰面积，利用被测组分的平均峰面积（A_i）与内标物的平均峰面积（A_r），分别计算内标物的绝对校正因子（f_r）、被测物的绝对校正因子（f_i）和相对校正因子（f_{ir}），然后在相同的色谱条件下分析未知样品，测得待测组分的平均峰面积（A_i）与内标物的平均峰面积（A_r），按式(4-24)计算样品中待测组分的质量 m_i。

$$m_i = \frac{f_{ir} A_i}{A_r} m_r \qquad (4\text{-}24)$$

按式(4-25)计算样品中待测组分的质量分数：

$$w_i = \frac{f_{ir} A_i m_r}{A_r m} \times 100\% \qquad (4\text{-}25)$$

式中：m——样品总质量；

m_r——样品中加入内标物的质量；

w_i——样品中待测组分的质量分数。

3. 标准加入法

当试样基体复杂时，为了降低或消除基体对测定的影响，可用标准加入法。对于体积为 V_x 的分析试样，测得其峰面积为 A_x，将待测组分的标准溶液加入分析试样中，加入标准溶液的体积为 V_s，浓度为 c_s，高效液相色谱仪测得的峰面积为 A_{s+x}。

$$A_x = k c_x \qquad (4\text{-}26)$$

$$A_{s+x} = k \frac{c_x V_x + c_s V_s}{V_x + V_s} \qquad (4\text{-}27)$$

由式(4-26)和式(4-27)很容易求得样品中被测物的浓度 c_x。

4.12 分离类型的选择

面对一种待分析物质，分离方法的选择是首先要考虑的问题。最终选用何种分离方法，主要取决于样品的性质（水中的相对分子质量、溶解度、解离度、官能团等）。液相色谱法分离类型的选择如图 4-59 所示。

　　不溶于水的同系物的极性存在差异，利用液液分配色谱，以合适的固定液就可以把它们分开；异构体的空间结构不同，吸附性能不同，采用吸附色谱可实现分离；溶于水不解离的物质类似于弱极性物质，用反相色谱；溶于水可解离的物质，解离物呈酸性的选择阴离子交换色谱、呈碱性的选择阳离子交换色谱；溶于水的离子和非离子共存的物质，采

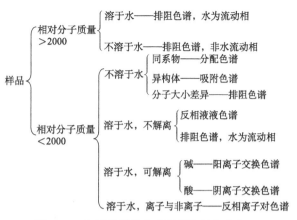

图 4-59　液相色谱法分离类型选择参考表

用反相离子对色谱。溶于非极性和弱极性溶剂的物质选择 C_4、C_8、C_{18} 反相色谱；溶于中等极性或极性溶剂的物质选择氰基或氨基正相色谱。

习　　题

　　1. 与气相色谱法相比，高效液相色谱法有哪些优点和不足？

　　2. 对液相色谱的流动相有什么要求？

　　3. 什么是离子交换色谱法和离子色谱法？二者的主要区别是什么？

　　4. 用排阻色谱法分离一高聚物样品，分离情况很差，改变流动相的组成后，分离情况大为改进，这种说法对吗？为什么？

　　5. 排阻色谱法的原理是什么？

　　6. 什么是反相液相色谱法？什么是正相液相色谱法？

　　7. 什么是化学键合固定相？它的突出优点是什么？

　　8. 什么是液相色谱梯度洗脱？它与气相色谱法中的程序升温有何异同？

　　9. 比较正相、反相色谱法的固定相与流动相极性的区别，并分别指出何种极性组分分子先流出色谱柱。

　　10. 简述蒸发光散射检测器的工作原理，并说明其应用范围。

　　11. 高效液相色谱法中常用十八碳基硅烷作为固定相，使用该类色谱柱时，常用哪几种洗脱溶剂？它们的洗脱强度顺序怎样？其中哪一种溶剂为底剂？

　　12. 离子色谱法主要有哪两种类型，简述这两种类型的分离原理。

　　13. 与高效液相色谱法比，纸色谱法的优点和不足是什么？

　　14. 说明排阻色谱法的分离原理，并说明这种色谱主要用于何种化合物的分离。

　　15. 说明制备色谱法与分析色谱法在色谱柱、流动相、检测器方面的异同。

　　16. 超临界流体色谱法的主要优点是什么？

第5章　高效毛细管电泳法

毛细管电泳(capillary electrophoresis，CE)又称高效毛细管电泳(HPCE)或毛细管电分离法，是以毛细管为分离通道，以高压直流电场为驱动力，根据样品中各组分之间迁移速度和分配行为(与所带电荷、大小、极性、亲和力、等电点、分配系数等有关)上的差异而实现分离和分析的一类新型液相分离技术。根据分离原理的不同，可以选择的分析模式有很多种。例如，在流动相中添加胶束形成胶束毛细管电泳，在毛细管柱中填充凝胶等筛分介质形成凝胶毛细管电泳等。HPCE 的分析模式有数十种之多。

高效毛细管电泳仪的构造如图 5-1 所示。高效毛细管电泳仪由 1 个高压电源、2 个缓冲溶液池和 1 个样品池组成。装有缓冲溶液的电解池中有两个电极，样品进入毛细管柱后随缓冲溶液在毛细管柱内运行，样品中的带电组分在电场作用下发生泳动，因迁移速度不同而分离。在毛细管柱的出口端加检测器。

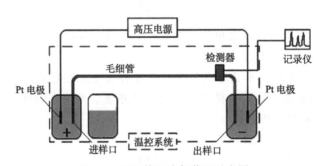

图 5-1　毛细管电泳仪装置示意图

5.1　概　　述

GC 适于热稳定性好、易挥发的物质；HPLC 适于热稳定性差、难挥发的物质，但是和 GC 相比，缺乏高灵敏度的通用型检测器、运行时需要消耗大量的有机溶剂、分析高分子物质时的传质阻力大、柱效率低，尤其是难以分离相对分子质量＞2000 的物质(排阻色谱除外)。经典电泳技术可以分离相对分子质量大的生物物质，但操作烦琐、费时、定量困难，很难满足现代生命科学研究的要求。

HPCE 是在电泳技术基础上发展起来的一种分离技术，是经典电泳技术和现代微柱分离技术相结合的产物，是继 HPLC 之后的又一重大进展，是分析化学中发展最为迅速的领域之一。HPCE 不仅能分析生物大分子，也能分析单细胞乃至单分子。

5.1.1　发展历史

1807～1809 年，俄国物理学家 Reuss 首次发现黏土颗粒的电迁移现象，他研究了电迁移的行为并测定它们的迁移速度。1907 年，Field 和 Teague 用电泳理论做指导，研究设计出琼脂糖凝胶填充的桥管，成功分离了白喉毒素和它的抗体。1937 年，瑞典科学家 Tiselius 将蛋白质混合溶液放在两段缓冲溶液之间，两端加电压进行第一次自由溶液的电泳分离，将从人血清中提取出的蛋白质中分离出清蛋白、α、β、γ-球蛋白，并发现样品的迁移方向和速度取决于它所带的电荷和湿度，制成了第一台电泳仪，这是电泳史上具有划时代意义的一年。由于其在电泳分析领域的卓著贡献，Tiselius 获得了 1948 年诺贝尔奖。经典的自由溶液电泳受高电压引起的焦耳热限制，只能在低电场强度下操作，直接影响了其分析速度和分离效率的提高。为了解决这一问题，人们进行了多方面探索。1948 年，Wieland 等用滤纸作为支持物进行电泳，使组分相互分离为区带，因而这类电泳称为区带电泳。1967 年，Hjerten 最先提出用细内径管在高电场下进行自由溶液电泳以降低焦耳热，在直径为 3mm 的管柱内实现了自由溶液的电泳，用紫外检测器检测，分离了无机离子、有机离子、多肽、核酸、蛋白质、病毒及细菌，宣告了毛细管电泳法的诞生。1974 年，Virtenen 指出使用更细内径管柱进行电泳具有快速、节约的优点，可以减少对流和热扩散。1979 年，Everaerts 和 Mikkers 提出使用毛细管柱抑制对流和增强散热效果的方案，用紫外检测器和电导检测器检测，用 $200\mu m$ 聚四氟乙烯毛细管以区带电泳方法分离和分析了 16 种有机酸。由于灵敏度低、进样量大、峰形不好、柱效率低，未受重视。1981 年，Jorgenson 和 Lukacs 使用 $75\mu m$ 的石英毛细管柱进行电泳，采用了高达数千伏的电压，解决了存在的进样和检测问题，用灵敏的荧光检测器进行柱上检测，使丹酰化的氨基酸高效、快速分离，得到的峰形对称，柱效率达到 4×10^5 块/m，并研究了影响区带扩张的因素。自此，历史进入了高效毛细管电泳阶段。1984 年，Terabe 等将胶束相引入毛细管电泳中，开创了胶束毛细管电泳，解决了毛细管电泳无法分离中性粒子的问题。1987 年，Hjerten 等把传统的等电聚焦应用到毛细管电泳中，开创了等电聚焦毛细管电泳。1989 年，商品毛细管电泳仪问世。20 世纪 80 年代末 90 年代初，将 LC 的固定相引入毛细管电泳中，发展了毛细管电色谱，扩大了毛细管电泳的应用范围。1992 年，阵列毛细管电泳使人类基因测序进程提前 4 年完成。如今，CE 与 GC、HPLC 相媲美，成为现代分离科学的重要组成部分。

5.1.2　电泳分析和电泳的分类

1. 电泳和电泳分析

电泳也称为电迁移，是指在电解质溶液中，带电的粒子或离子在外加电场的作用下，以不同的速度向与其所带电荷相反的电极方向迁移的现象。因不同离子所带电荷及性质（所带电荷量、体积、质量以及形状等）不同，所以迁移速率不同而实现分离。利用电泳现象对化学或生物物质进行分离测定的方法称为电泳分析法。

2. 电泳的分类

（1）按形状分：U 形管电泳、柱状电泳、板电泳。
（2）按载体分：纸电泳、琼脂电泳、聚丙烯酰胺电泳、自由电泳。
纸电泳是指用电解质溶液润湿的滤纸作为支持介质进行电泳的方法。但纸纤维的孔径大小不均匀，并能吸附蛋白质，因此区带较宽、分离较差。如今，纸电泳用于分析相对分子质量相对较小的物质和无机化合物的分离，且采用高压以减小区带扩张。

琼脂电泳、聚丙烯酰胺电泳是凝胶电泳的前身，根据聚合反应模板的不同，其形状有水平板状、垂直圆柱状和垂直板状。使用示踪染料或示踪元素检测法监测电泳的进程，利用闪烁计数器和自动放射照相法等技术进行定量和定性。

自由电泳是指在溶液中进行的电泳，其是区带电泳的前身。

（3）按相的均匀性分：连续电泳和不连续电泳。

连续电泳又称均相电泳，是指电泳系统使用相同孔径的凝胶和相同缓冲系统的样品缓冲溶液、凝胶缓冲溶液和电极缓冲溶液，且 pH 恒定，只是离子强度不同的区带电泳。在这种电泳过程中试液没有浓缩过程。

不连续电泳又称圆盘电泳，电泳时整个系统中各部分的缓冲溶液体系的 pH、凝胶的孔径和电场中所形成的电位梯度都是不相等的。又因为试样在垂直柱状凝胶电泳中进行分离，分离后形成的区带像扁圆的盘状，故得名。玻璃管中最上端为试样凝胶，中间为浓缩凝胶，最下面是分离凝胶。因而该法具有三种物理效应：试样的浓缩效应、聚丙烯酰胺凝胶的筛分效应和电泳分离的电荷效应。由于三种效应的作用，该法分离效果好、分辨率高。例如，人血清(pH8.6)用纸电泳可分出 5～7 个区带，而用不连续电泳可分出 20～30 个清晰的区带。

（4）按有无支持体分：自由电泳和区带电泳。

无支持体区带电泳等电聚焦电泳、等速电泳和密度梯度电泳属于无支持体、在裸管上进行的自由电泳。

纸电泳、醋酸纤维薄膜电泳、薄层电泳、非凝胶性支持体(淀粉、纤维素粉、玻璃粉、硅胶等)区带电泳、凝胶支持体(淀粉液、聚丙烯酰胺凝胶、琼脂凝胶、琼脂糖凝胶)区带电泳属于有支持体的区带电泳。

醋酸纤维素薄膜作为电泳介质，比纸电泳具有更高的分辨率，谱图清晰，分析时间短。此外，可在纸电泳中分离的物质都可以在纤维素薄层或硅胶 G 薄层电泳中得到分离。由于组成薄层的物质更均匀，因此薄层电泳比纸电泳的分离效能高，而且快速、操作容易。纸电泳的容量大，较适于做制备电泳。

5.1.3　高效毛细管电泳

经典电泳在平板介质上进行分离，难以克服由高电压引起的电解质离子流的焦耳热。焦耳热会引起电泳仪柱管内径向的温度梯度、黏度梯度和速度梯度，从而导致区带增宽，影响迁移，分离效率降低，且这些影响随外加电场强度的增大而加剧，限制了高电场的使用。经典电泳的操作烦琐、分离效率低、重现性差、定量困难。

HPCE 的电泳过程在散热效率很高的毛细管中进行，使产生的热量能够较快散发，大大减小了温度效应，可减少因焦耳热导致的区带增宽，因而可采用较高的电压(20～30kV)。高电压的使用又可进一步使柱径变小，柱长增加，利于 HPCE 获得更高的柱效率。

HPCE 以毛细管代替平板凝胶，与经典电泳相比，在柱效率、分析速度、样品用量(HPCE 为 HPLC 的几百分之一)和成本(HPCE 没有泵输液系统，成本低。而 HPLC 为达到同样目的，要消耗价格昂贵的色谱柱和大量的溶剂)上显示出一定的优势。分析的对象小到分辨单个核苷酸的序列，大到分离 DNA，能检测一个碱基的变化；分离效率提高，能达百万理论塔板数；分析的进样量为 $\mu L\sim nL$，使细胞乃至单分子的分析成为可能；分析时间大大缩短，一般小于 30min，甚至以分、秒计算，实现了高效、快速、微量、自动化。HPCE 的分析时间短、试样分析范围宽、检出限低、柱效率为 10^5 块/m，特殊柱子可达 10^6 块/m，远高于 HPLC 和 GC($10^3 \sim 10^4$ 块/m)。

5.1.4　高效毛细管电泳的特点

HPCE 兼具高压电泳及 HPLC 的特点。

(1) 仪器简单、易于实现自动化。仪器仅由电源、毛细管、检测器、溶液瓶组成，毛细管柱的处理步骤简单，价格较低。

(2) 分析速度快、分离效率高、柱效率高达 $10^5 \sim 10^7$ 块/m、分辨率高、灵敏度较高。

(3) 实验成本低、消耗少。进样量只有 nL 级或 ng 级，简便进样及充液无需灵巧手工操作，成本低，消耗少，进样量极少，分离多在水介质中进行，消耗的多是价格较低的无机盐类；操作模式多，开发分析方法容易。

(4) 样品预处理简单、应用范围极广。分析对象从无机小分子到生物大分子，从带电物质到电中性物质都可以使用 HPCE 进行分离分析。蛋白质、核酸、核苷酸等物质在一定 pH 的溶液中都带有一定电荷，仅需改变缓冲溶液即可实现分离。采用密集阵列毛细管可进行大规模 DNA 测序。HPCE 广泛应用于分子化学、生物学、医学、药学、环境保护、材料学以及与化学有关的食品、化工、环保等各个领域。

(5) 在迁移时间上的重现性、进样准确性等方面比 HPLC 稍逊。HPCE 受高压电源精度的限制，是电泳和电渗的矢量和，由于影响保留时间的因素多，因此在时间的重现性上不如 HPLC，而 HPLC 不如 GC。

5.2　高效毛细管电泳仪

5.2.1　高效毛细管电泳的流程和主要部件

1. HPCE 的流程

在一根长为 $30 \sim 100$cm，内径为 $10 \sim 100 \mu$m 的毛细管柱中充入缓冲溶液，毛细管柱的两端置于接有铂电极的两个缓冲溶液池中。两个缓冲溶液池应保持在同一水平面上，毛细管柱两端插入液面下同一深度。毛细管柱的一端作为进样端，试样从这一端进入；另一端作为检测端，如图 5-2 所示。在毛细管柱的出口端开一个视窗，可以采用 HPLC 中的各种检测器，如紫外检测器、激光诱导荧光检测器、二极管阵列检测器和电化学检测器。当电源接通后，以高压电场为驱动力，以电解质为

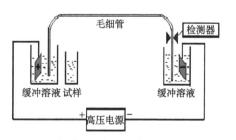

图 5-2　高效毛细管电泳仪的组成示意图

电泳介质，以毛细管为分离通道，被分析粒子在电场作用下都向毛细管柱的出口端移动，因移动速率不同和分配行为上的差异而分离。当这些离子通过检测器时，信号的变化随即被检测出并通过数据处理系统记录下来。由于毛细管柱的管径细小、散热快，即使使用高电压，也不会使固定相变性，不影响分辨率。使用的高电压可以反相，以分析阴离子。

2. 主要部件

高效毛细管电泳仪主要由高压电源、毛细管柱、两个缓冲溶液池、进样系统、检测器和控制及数据处理系统组成。成套仪器还配有自动进样、自动冲洗、温度控制、数据采集和处理等部件。

1) 高压电源

工作电压是影响柱效率、分离度和分析时间的重要参数，应合理选择。在毛细管电泳中，电压为 0～30kV 稳定、连续可调的直流电压。常用的电压为 30kV，电流为 200～300μA。电源具有恒压、恒流和恒功率的输出。为保证迁移时间的重现性，输出电压应稳定在 ±0.1% 以内，电场强度可程序控制。为方便操作，电源极性应易转换，可使用双极性电源。

2) 毛细管柱

毛细管柱是高效毛细管电泳仪的核心部件之一，HPCE 的分离和检测过程均在毛细管柱内进行。一般来说，理想的毛细管柱应该是化学惰性和电惰性的，能透过可见光和紫外光，强度高，柔韧性和绝缘性好，经久耐用且价格便宜。减小毛细管柱内径，可减少电流和焦耳热，而且能加快散热，提高分离效果，但同时也会造成进样、检测及清洗上的困难，增加溶质的吸附。

毛细管柱的材料有聚四氟乙烯、聚丙烯空心纤维、玻璃及石英等，最常用的是石英毛细管柱。和气相色谱柱相似，为使其具有弹性，在毛细管柱的外表面涂有聚酰亚胺保护层，以防止毛细管柱弯曲时断裂。石英表面具有硅醇基团，不仅能产生吸附和形成电渗流，还具有良好的光学性质，能透过紫外光，使其具有在线检测的功能。应当在检测端小心除去聚酰亚胺保护层，可以采用电弧或电热丝烧、刀片刮除。

常用的毛细管柱为高纯石英拉制的圆柱形毛细管柱，也有矩形或扁形毛细管柱，但使用不多。一般来说，矩形毛细管柱的优点是可以加长检测的光径、散热好，比圆形毛细管柱有更高的分离效率；扁形毛细管柱可在不降低电泳效率的同时，增大进样量和检测的光径。

标准的毛细管柱外径为 375μm，某些特殊的毛细管柱外径有 360μm 或 160μm 的，内径范围为 10～100μm，其中 50μm、75μm 和 100μm 较为常用，50μm 的最为多见。

增加毛细管柱的长度会使电流减小，分析时间增加，而减小毛细管柱的长度容易造成过载。为达到不同的分离效率，毛细管柱的总长度通常选择为 40～100cm，其相应的容积为 0.8～7.8μL。毛细管柱的总长度一般比有效柱长长 5～15cm。

HPCE 以毛细管柱为分离通道，具有容积小、侧面积与截面积比大、散热快、可产生塞流等优点。

3) 缓冲溶液池

放置电极和毛细管柱的溶液为缓冲溶液。HPCE 中的电极通常以直径为 0.5～1mm 的铂丝制成。缓冲溶液中可以加入有机溶剂或表面活性剂作为改性剂，称为运行缓冲溶液。与 LC 的流动相类似，流动相中往往因溶解有氧气或混入了空气而形成气泡，导致柱效率的下降及严重的基线噪声，甚至造成电流中断，所以要对缓冲溶液进行脱气。HPCE 的运行缓冲溶液在使用前也应脱气处理。

HPCE 所用的缓冲溶液在所选的 pH 范围内应有较强的缓冲能力；在检测波长处应有低

的紫外吸收；宜采用离子迁移率小的缓冲溶液以降低所产生的电流，如三羟甲基氨基甲烷（Tris）、硼酸盐等。由于这种缓冲溶液的离子较大，能够在较高浓度下使用而不会产生大的电流，它们被称为生物优良缓冲溶液，但是一个潜在的缺点是这种缓冲溶液的离子有较强的紫外吸收。缓冲溶液的离子也可以用来与溶质形成络合物以改变分析的选择性。例如，硼酸盐作为缓冲溶液可用来改善儿茶酚类和糖类的分离。

4）进样系统

毛细管柱的容量很小，允许的进样量在 nL 级。进样量稍大就会使毛细管柱过载，使谱带增宽而大大降低分离效率。为减小因进样引起的谱带增宽，一般采用无死体积的进样。常用的有电动进样、流体力学进样和扩散进样。

a. 电动进样

电动进样也称电迁移进样，将毛细管柱进样端插入装有试样溶液的试样管内，试样管中插入电极，与检测端的缓冲溶液间施加进样电压（一般为 5kV），控制进样的准确时间，使试样溶液在电泳和电渗流的作用下定量进入毛细管柱内，然后再将试样溶液换成缓冲溶液，进行电泳分离。其进样量的大小可用式(5-1)表示。

$$Q = \frac{(\mu_{eo} + \mu_{ep}) E \pi r^2 ct}{L} \tag{5-1}$$

式中：Q——进样量，g 或 mol；

c——组分浓度；

μ_{ep}——电泳淌度；

μ_{eo}——电渗淌度；

E——电场强度；

r——毛细管半径；

t——进样时间。

从式(5-1)中可见，进样量取决于电场强度 E 和进样时间 t，还受到电迁移和电渗流大小的影响。一般 E 多取 1～60kV/60cm，为分离电压的 1/5～1/3，而 t 通常为 1～10s。

因电动进样的结构简单、对毛细管内的填充介质没有特别的限制，所以可实现完全自动化操作，特别适合于黏度大的试样进样。但是电动进样存在进样歧视，淌度大比淌度小的离子进样量大；淌度小并且电渗流方向相反的离子进样困难甚至造成离子的丢失。因电动进样存在歧视，这使它不如流体力学进样那样受到重视。但当毛细管柱中有黏性介质或凝胶时，则无法采用流体力学进样，电动进样显示出其特有的优势。

b. 流体力学进样

流体力学进样也称虹吸进样、流动进样、压力进样、重力进样和压差进样，是最为常用的电泳进样技术。其是将毛细管进样端插入试样溶液中，并在进样端施加一定压力(2.5～10kPa)，或在出口端抽真空。通常最简单的做法是抬高毛细管柱进样端的液面或降低出口端缓冲溶液池的位置，通过进样端与出口端溶液的液面高度差(5～10cm)，产生虹吸现象，使进样端与出口端形成压差，并维持一段时间(0.5～5s)，试样在压差作用下进入毛细管柱进样端，再把进样端放回缓冲溶液池中，进行电泳分离。进样体积由 Hagen-Poiseuille 方程求出。

$$V = \frac{\Delta p \pi d^4}{128 \eta L} t \tag{5-2}$$

$$\Delta p = \rho g \Delta h \tag{5-3}$$

式(5-2)和式(5-3)中：V——进样体积；

Δp——加压端压力或进样端与出口端的压差；

t——进样时间；

η——缓冲溶液的黏度；

ρ——缓冲溶液的密度；

d——毛细管直径；

Δh——进样端与出口端的高度差；

g——重力加速度。

从式(5-2)可见，进样量主要取决于进出口的压差(液面落差)和进样时间。还受毛细管长度的影响，相同压差和进样时间下，毛细管越长，进样量越少。

流体力学进样不存在进样偏向，保证了进样的重现性(RSD 为 1%～2%)。要求填充介质具有流动性，如溶液等。与电动进样相比，进样量的准确性略差。其选择性较差，样品和背景同时被引入毛细管柱中，对电泳分离产生影响。其对黏度大的样品不适用。

c. 扩散进样

扩散进样是利用样品组分的浓度差经扩散作用将样品引入毛细管柱内，以达到进样的目的。扩散进样的时间通常为 10～60s。在电动进样和压力进样中都存在一定程度的扩散进样，因此为避免扩散作用的影响，前两种方法的进样时间都小于扩散进样的进样时间。

扩散进样具有双向性，样品中的组分扩散进入毛细管柱的同时，毛细管柱内的背景物质也会向柱管外扩散。这种双向性可在一定程度上减少背景物质对样品组分的干扰，提高分离效率。

扩散进样不存在进样偏向，具有通用性。但是由于扩散作用受温度、溶液黏度、静电作用等多种因素的影响，扩散进样的进样量较难准确控制。

5) 检测器

检测器是毛细管电泳仪的关键部件。当采用光学检测器时，由于圆柱形毛细管的光程极短以及 HPCE 的进样量很小，对检测器的灵敏度要求很高。为实现既能对溶质做灵敏检测，又不致使谱带增宽，通常采用柱上的在线检测。HPCE 高效的部分原因是采用柱上检测，不存在谱带的柱外增宽。

在 HPCE 中，经优化实验后，可使溶质区带到达检测器时的浓度和在进样端开始分离前的浓度相同。同时 HPCE 中还可以采用电堆积等技术使样品达到柱上浓缩的效果，这对检测十分有利。而在 HPLC 中因稀释的缘故，溶质到达检测器的浓度一般只有进样端原始浓度的 1%。因此，就检测器的灵敏度而言，HPCE 具有较高的质量灵敏度，而 HPLC 具有良好的浓度灵敏度。迄今为止，除原子吸收光谱、电感耦合等离子体-原子发射光谱(ICP-AES)及红外光谱未用于 HPCE 外，其他检测技术，如紫外、荧光、质谱、电化学等均已用于 HPCE 中。

对于光学检测器来说，为了获得高效检测，就必须使检测区的宽度小于溶质的区带宽度。HPCE 的色谱峰宽一般为 2～5mm，所以检测区的宽度最大只能是这个宽度的 1/3。而且检测器的响应时间要求为 0.1~0.5s，数据采集的速度应该是 5~10Hz。

通用型的示差折光检测器，虽然灵敏度低，但是在商品化仪器中普遍采用。选择型的紫外、荧光、电化学检测器，其灵敏度较高。

a. 紫外检测器

由于多数有机分子和生物分子在 210nm 附近有很强的吸收，这使得紫外检测器接近于通用型检测器。HPCE 的紫外检测器与 HPLC 的基本相同，波长范围为 190~480nm，应用范围较广。为了不引起色谱峰增宽，必须采用柱上检测。毛细管柱内径较小、光程太短，光路的构造将直接影响检测的灵敏度和背景噪声，因此要求光路的设计合理。而且毛细管的曲面结构会造成严重的反射和折射而损失入射功率，要求光敏元件的灵敏度更高或是光源更强，通常在毛细管柱的检测部位放置微聚焦镜片，从而增加检测的灵敏度。HPCE 的紫外检测器结构如图 5-3 所示。

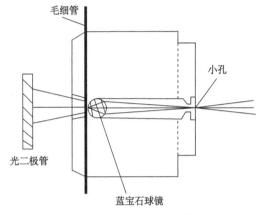

图 5-3　HPCE 的紫外检测器结构图

检测池的性能与许多因素有关，如毛细管柱内、外径尺寸，介质的折射指数及光入射狭缝（如图 5-3 所示的小孔）和聚焦透镜至毛细管柱之间的距离等。由于柱上检测的光程短、灵敏度低，为了提高灵敏度，采用的技术手段有两种。一是设置聚焦透镜，二是增加光程。因为毛细管的圆柱面类似于短焦距柱面透镜，这使入射的圆形光束通过毛细管柱后变成了椭圆形光束，增加了收集信号的难度。所以，在毛细管柱前设置一球镜聚焦，其检测的灵敏度可提高 10 倍，对柱效率的影响也很小。多数商品化的 HPCE 的紫外检测器采用球镜聚焦。蓝宝石球镜可将光束聚焦到 0.2nL 的区域上。通过改变毛细管柱的形状如扁形毛细管柱和多次反射毛细管柱等扩展吸收光程可提高检测的灵敏度。安捷伦科技有限公司推出的 Z 型和泡型的毛细管柱可使检测的灵敏度提高几倍，然而泡型池和 Z 型池的存在会降低柱效率和分离度。

紫外检测器适用于对紫外光有吸收的物质的检测。其应用范围很广，如蛋白质、核酸、氨基酸、核苷酸、多肽、激素等均可使用该检测器。紫外检测器的结构简单、操作方便，若配合二极管阵列检测，还可得到有关溶质的光谱信息。由于石英材料在紫外光区具有良好的透光度，可以实现柱上检测，减小谱带增宽。采用固定波长的元素灯如低压汞灯（254nm、280nm）、锌灯（214nm）、镉灯（229nm）、砷灯（220nm），用单色器或滤光片选择波长，用光电倍增管或二极管阵列进行光电转换。在测量时在被测物质的最大吸收波长下检测，一般应避免用在被测波长处有较大吸收的离子做背景电解质，尽量减少背景电解质的离子强度，减小噪声，提高信噪比。

与直接检测不同，间接检测是在缓冲溶液中加入少量的在紫外光区有吸收的化合物，使测量产生一个吸光度值很高的本底，当对紫外光无吸收的组分区带通过检测窗口时，吸光度下降，产生一个负峰。加入的有紫外吸收的间接试剂的浓度要低，以免检测到的本底吸光度太大，检测器饱和。间接检测的灵敏度比直接检测的低 1~2 个数量级。间接检测多用于无机离子和有机酸、有机碱的分析。

b. 荧光检测器

荧光检测器也是采用柱上检测，受管壁的光散射和激发光强度的限制，背景噪声大。与紫外检测器相比，荧光检测器可显著地提高检测灵敏度，但也缺乏普适性。大多数非荧光活性的物质只能借助于衍生技术进行标记，即间接法测定。但是检测器饱和时，即使有信号的降低也可能检测不到；衍生过程不仅使分离变得复杂，也使目标组分难以准确定量。

荧光检测器用于 HPCE 检测时，常采用激光光源即激光诱导荧光（LIF）。常用的激光光源为 He-Cd 光源（325nm）。激光由于具有高强度和极佳的准直性能，其光源细而强度高，这使其聚焦成微束射入毛细管柱内部，激发出强的荧光，且减少了散射引起的背景噪声，灵敏度大大增强。激光诱导荧光检测器是 HPCE 最灵敏的检测器之一。现有的实验数据表明，激光诱导荧光检测器的检出限达 10^{-20} mol。配以光电倍增管或电荷耦合器件（charge coupled device，CCD，为一种半导体器件，能够把光学影像转化为数字信号），其可进行大规模的基因测量，甚至可以检测出单个 DNA 分子。荧光检测器可对具有荧光的有机化合物（如多环芳烃、氨基酸、胺类、维生素和某些蛋白质等）进行测定。但是，激光诱导荧光检测器的价格昂贵。

c. 电化学检测器

电化学检测器对缓冲溶液的响应较小，甚至没有响应，其灵敏度比紫外检测器高。电化学检测器适合于吸光系数小的电活性的无机离子和有机小分子物质，在生物医学研究中具有重要的应用前景。电化学检测器可使用电位、电导、安培检测器。

电位检测器使用离子选择性微电极，放在柱后出口端 $X\mu m$ 处检测，不受电泳电流的影响，可检测低浓度碱金属和碱土金属。

电导检测器将两个铂丝电极封入毛细管柱检测端的两侧，并使电极相对，在电极间加直流电压，当分离后的组分区带通过铂电极时，电导率发生变化而被检出；也可用微电极放在柱后检测，一般用于无机阴、阳离子和羧酸根离子的检测。其制作简单，但基线漂移，检出限相对偏高。

安培检测器是在电极间施加电压后，电活性组分发生电极反应，产生电流后被检测。这类检测器将毛细管分为两部分：主管部分施加高电压用于电泳，副管部分施加低电压用于检测，可减少高电压对电极的干扰。利用电渗流作用使分离后的样品区带通过连接点进入检测毛细管，检测毛细管末端插入碳纤维、铂丝或金丝等微电极（直径 $5\sim10\mu m$）完成检测，是离线的检测。当电极直径较小（$5\sim10\mu m$）时，电泳分离的高电压对安培检测的背景电流的影响较大；当电极直径较大（$10\sim25\mu m$）时，电泳分离的高电压对安培检测的背景电流的影响可忽略不计，甚至电极也可不插入毛细管内，而只需放在正对分离毛细管出口构成的薄层池式检测器内，对电极的直径要求降低，为采用不同材料的电极提供了条件。

各种 HPCE 常用检测器的性能对比见表 5-1。

表 5-1　HPCE 常用检测器的性能

检测器类型	检出限/(mol/L)	特点
紫外	$10^{-8}\sim10^{-5}$	近似通用，常规通用
激光诱导荧光	$10^{-16}\sim10^{-14}$	灵敏度极高，价格昂贵样品需衍生
电导	$10^{-8}\sim10^{-7}$	通用性
安培	$10^{-11}\sim10^{-10}$	选择性，灵敏度高，微量检测

5.2.2 实验条件的选择

毛细管柱的内径、毛细管柱的长度、缓冲溶液的 pH、浓度、改性剂添加量、运行的时间长短、毛细管柱的温度等，均可参考 LC 的理论和数据；分析模式、检测方法应按照 CE 的规定，根据所用仪器的条件和预试的结果进行必要调整。分离模式和分离原理多种多样，需要的实验条件和检测方法要符合分离模式的要求。

5.2.3 高效毛细管电泳的基本操作

(1)毛细管的清洗、平衡、进样和操作条件的优化等。由于在毛细管电泳分析中，电渗流是流动相的驱动力，而电渗流的产生则是基于石英毛细管内壁上硅羟基的解离，为保证分析的重现性，就必须首先保证每次分析时毛细管内壁状态的一致性。填灌和清洗装置一般采用正、负压助推流动的方法，结构与压力进样装置相同，包括位置控制、压力控制和计时控制等部分。为保证助推流动的压力，需要仪器具有较好的密封性。正、负压力通常可用钢瓶气、空气压缩机、注射器、水泵、蠕动泵等方法实现。

(2)不同批次毛细管的电渗流可以有 5% 的相对标准偏差，不同毛细管之间的数据比较常需做电渗流的校正。

(3)在每次分析之前，先要清洗毛细管内壁，清洗毛细管一般使用 0.1～1.0mol/L 的 NaOH 溶液洗去表面的吸附物，使表面的硅羟基去质子后变得新鲜。然后用 0.1mol/L 的 HCl 溶液或去离子水清洗。在清洗之后，往往还需要用缓冲溶液平衡毛细管 1～5min 后才能进样，以保证分析的重现性。也可以选用有机溶剂如甲醇、二甲基亚砜（DMSO）为清洗剂。

(4)缓冲溶液的更新。伴随着离子迁移，缓冲溶液会逐渐损耗，需要倒掉缓冲溶液池中的溶液，再注入新的缓冲溶液，也可以使用大体积的电解池，其可以有较大能力完成长时间的自动分析。

(5)缓冲溶液的液面高度控制。高度差会引起层流，不利于重现性和分离效率。对分离的影响取决于毛细管的内径和长度以及缓冲溶液的黏度。自动的缓冲溶液水平控制系统会在更新缓冲溶液时准确地将溶液加到设定的位置，重新使其水平。

5.3　高效毛细管电泳法的理论基础

5.3.1 电泳迁移速度和电泳淌度

1. 电泳迁移速度 ν_{ep}

电泳是指带电离子在电场中的定向移动，不同离子具有不同的迁移速度，电泳迁移速度与带电离子受到的作用力有关。

当带电离子以速度 ν_{ep}（ep 代表 electrophoresis）在电场中移动时，受到大小相等、方向相反的电场推动力和平动摩擦阻力的作用。电场力 $F_E=qE$，阻力 $F_f=f\nu_{ep}$，故 $qE=f\nu_{ep}$。其中，q 为离子所带的有效电荷；E 为电场强度；f 为平动摩擦系数；ν_{ep} 为离子在电场中的迁移速度。对于球形离子，$f=6\pi r\eta$；r 为离子的表观液态动力学半径；η 为介质的黏度。

对于球形离子，有

$$v_{ep} = \frac{qE}{f} = \frac{q}{6\pi r\eta}E \tag{5-4}$$

由式(5-4)可知，离子迁移的速度 v_{ep} 与 q、E、$f(\eta、r)$ 有关。v_{ep} 与 q、E 成正比，与 f 成反比。若 E 相同，两种物质的 q 不同，通过缓冲溶液移动的 f 不同，则 v_{ep} 不同而分离。若 q、f 相同，高电压可以达到离子的迅速移动和快速分离。黏度越大、动力学半径越大，受到的阻力越大，移动的速度越慢。离子在电场中差速迁移是电泳分离的基础。

2. 电泳淌度 μ_{ep}

电场强度是可变的操作条件，为了描述不同电场强度下离子的电泳迁移速度，用电泳淌度来表达。电泳淌度 μ_{ep} 是指单位电场强度下的平均电泳迁移速度。

$$\mu_{ep} = \frac{v_{ep}}{E} = \frac{v_{ep}L}{U} = \frac{q}{6\pi r\eta} \tag{5-5}$$

式中：μ_{ep}——电泳淌度，$cm^2/(V \cdot s)$；

$\quad v_{ep}$——离子的电泳迁移速度，cm/s；

$\quad E$——电场强度，V/cm；

$\quad U$——毛细管柱两端施加的电压，V；

$\quad L$——毛细管柱的总长度，cm。

带电离子的电泳淌度仅与 q、r、η 有关，是离子的特有属性。黏度和半径越大，阻力越大，离子的移动速度越慢。

5.3.2　电渗现象与电渗流

1. 电渗现象和电渗流

当使用含有缓冲溶液的毛细管柱时，毛细管柱的固体表面由于某种原因带一种电荷，因静电引力使其周围液体带有相反电荷，因此在液固界面形成双电层，液固界面之间形成电位差，如图 5-4 所示。毛细管通常以石英为材料制作而成，其主要成分为 SiO_2，毛细管内壁为硅羟基(Si—OH)，当 pH>3 时，解离为硅氧基(Si—O⁻)与 H^+，解离出的 H^+ 与 H_2O 形

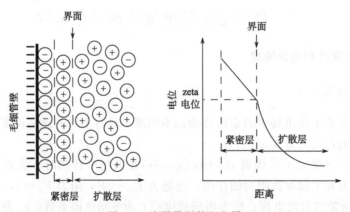

图 5-4　液固界面的双电层

成 H_3O^+，溶液带正电。由于静电引力，溶液中的部分 H_3O^+ 被吸附于毛细管壁附近，毛细管内壁带负电，与缓冲溶液接触时液固界面形成双电层。在负电荷层的外面，H_3O^+ 由于排列的密度不同可分为紧密层和扩散层。扩散层中的 H_3O^+ 可沿着电场方向发生定向运动，带动溶液形成轴向流动。不仅石英材料如此，非离子材料聚四氟乙烯等也可产生电渗流，可能是由于它们对阴离子的吸附。

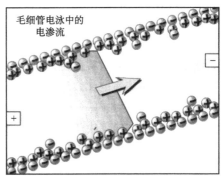

图 5-5　毛细管电泳中的电渗流

当液体两端施加电压时，形成双电层一侧的带正电荷的缓冲溶液表面及扩散层的液体发生相对于固体表面的整体向阴极的移动，这种液体相对于固体表面移动的现象称为电渗现象。电渗现象中，整体移动着的液体称为电渗流（electroosmotic flow，EOF），如图 5-5 所示。

2. 电渗流的大小和方向

加入的缓冲溶液为电解质，其可使电渗流产生。

1）电渗流的大小

电渗流的大小用电渗流流速 v_{eo} 表示。$v_{eo} = \mu_{eo} E$，它取决于 μ_{eo} 和 E。其中，μ_{eo} 为电渗淌度；E 为毛细管柱进样端至检测窗口间的电场强度。电渗淌度 μ_{eo} 取决于电泳介质及双电层的 zeta 电位，即：$\mu_{eo} = \varepsilon\xi/\eta$。其中，$\varepsilon$ 为溶液介电常数；ξ 为毛细管壁的 zeta 电位；η 为溶液的黏度。因此有，$v_{eo} = \varepsilon\xi E/\eta$。电渗流不是溶质的特有属性，其大小与缓冲溶液介质、管壁的 zeta 电位和场强有关，这是影响电渗流大小的内在因素。

电渗时紧密层与扩散层间形成界面，从界面沿管路截面方向至管路中心可产生电位差，扩散层表面与溶液内部之间的电位差称为双电层电位，即 zeta 电位。带电粒子和毛细管内壁表面电荷形成双电层的 zeta 电位的大小与粒子表面的电荷密度有关，质量一定的离子电荷越大，zeta 电位越大；电荷一定，质量越大，zeta 电位越小。ξ 一般为 $0\sim100\text{mV}$。增加离子强度使双电层压缩，双电层厚度变薄，zeta 电位降低，从而减小电渗流。双电层厚度 δ 的大小可以用式(5-6)表示：

$$\delta = \sqrt{\frac{\varepsilon RT}{2cF^2}} \tag{5-6}$$

式中：δ——双电层厚度；

　　　ε——溶液介电常数；

　　　T——缓冲溶液的温度；

　　　c——缓冲溶液的浓度；

　　　R、F——分别为摩尔气体常量和法拉第常量。

在实际电泳分析中，可由实验测定相应参数后，按下式计算电渗流流速：$v_{eo} = L_{ef}/t_{eo}$。其中，L_{ef} 为毛细管柱的有效长度；t_{eo} 为电渗流标记物的迁移时间。中性粒子无电泳迁移速度，只在电渗流推动下发生迁移，因而以中性粒子的迁移时间计算电渗流流速。中性粒子常用二甲基亚砜(DMSO)、异亚丙基丙酮和丙酮。

pH 在 2～12 变动时,电渗流的大小变化可能会超过一个数量级。在实际应用中,要依据溶质的 pH 稳定性,选择合适的 pH 范围。

多数情况下,电渗流流速 v_{eo} 是离子电泳迁移速度 v_{ep} 的 5～7 倍,样品中的所有组分同向泳动,当采用阴极检测时,出峰次序为正离子＞中性分子＞负离子,这是负离子能够被检出的前提。在等速电泳、等点聚焦电泳和凝胶电泳中需要减小电渗流。

2)电渗流的方向

电渗流的方向取决于毛细管内表面电荷的性质。毛细管内表面带负电荷,溶液带正电荷,电渗流流向阴极;毛细管内表面带正电荷,溶液带负电荷,电渗流流向阳极。例如,石英毛细管的内表面带负电荷,电渗流流向阴极。

可以通过加毛细管柱改性剂(如表面键合阳离子基团)和加电渗流反转剂改变电渗流的方向。对石英毛细管,电渗流流向阴极,采取阴极检测。如果想要采取阳极检测,需要将电渗流反转。在内充液中加入大量的阳离子表面活性剂,将使石英毛细管壁带正电荷,溶液表面带负电荷,电渗流流向阳极。阳离子表面活性剂有:铵盐(二乙醇胺、三乙醇胺)、季铵盐(十六烷基三甲基溴化铵 CTAB、十六烷基溴化吡啶)、杂环类阳离子表面活性剂(咪唑啉、吗啉胍类、三嗪类衍生物)等。

改变操作缓冲溶液的 pH 或使用缓冲溶液添加剂(如表面活性剂或手性选择剂)来改变选择性。值得注意的是,上述方法的使用也会改变电渗流,但电渗流本身只能使迁移时间和分离度发生变化,而不会造成选择性的改变。

3. 电渗流的流形

在毛细管柱内,电渗流在管壁附近的电荷定向运动的带动下通过碰撞等作用给溶液中的分子施加单向的推力,使其同向运动,并通过黏滞阻力带动溶液整体流动。电渗流的流速轮廓为平头塞状,不存在径向流速梯度。介质溶液的电荷均匀分布、整体移动,电渗流的流动为平流,塞式流动,谱带增宽很小,是 HPCE 柱效率高的原因。

而在 LC 中,由泵推动的压差引起的流速轮廓则是抛物面状,管路中心的流速最快,靠近管壁处的流速最慢。LC 中流动相的流动为层流,抛物线流形,谱带增宽较大。HPCE 和 HPLC 的流形如图 5-6 所示。

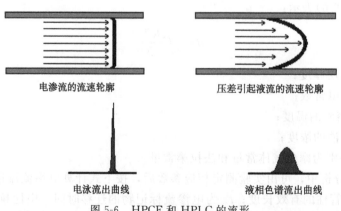

电渗流的流速轮廓　　　　　　　　压差引起液流的流速轮廓

电泳流出曲线　　　　　　　　液相色谱流出曲线

图 5-6　HPCE 和 HPLC 的流形

4. 电渗流的作用

v_{eo} 为一般离子电泳迁移速度的 5~7 倍，是阴离子可以流出的前提。典型的 HPCE 分离中，若有电渗流存在，离子的洗脱顺序依次是：最快的阳离子(黏度和半径小，电荷大的阳离子)、依次减慢的阳离子、全部的中性分子(在一个区域出现)、最慢的阴离子、依次加快的阴离子。电渗流的作用如下：①可同时完成阳离子、阴离子、中性粒子的分离；②改变电渗流的大小和方向可以改变分离效率和选择性；③电渗流的微小变化影响结果的重现性。HPCE 中，控制电渗流(电泳介质、zeta 电位和 E)非常重要。

5.3.3　影响电渗流的因素

要提高实验结果的重现性就要控制好电渗流的大小。掌握影响电渗流的因素就可以控制电渗流的大小。

1. 电压(电场强度)

$v_{eo}=\mu_{eo}E=\mu_{eo}U/L$，电渗流流速和电场强度成正比，当毛细管长度一定时，电渗流流速正比于工作电压。电压要稳定，需采用稳压电源。

增加 U 可以提高 v_{eo}、缩短 t_R。但是过高的电压，如 $U \geqslant 1\text{kV/cm}$，柱内易产生气泡，使实验中断，严重时可能使毛细管柱报废。电解质溶液的浓度较高时，在高电压下，电流增大较快，产生更多的焦耳热，易产生气泡，会导致峰形变差或运行失败。

2. 毛细管材料

不同材料的毛细管的表面电荷特性不同，产生的电渗流大小不同。电荷种类、键合基团、表面活性剂种类和数量等影响电渗流的大小。

3. 电解质溶液的性质

1) 电解质溶液的 pH

电解质溶液的 pH 通过影响硅羟基的解离影响电渗流的大小。一般而言，随着缓冲溶液pH 的增大，管壁硅羟基的表面电离越充分，负电荷密度增加，zeta 电位越大，导致电渗流流速也越快，溶质表观迁移速度就快。当 pH>9 时，表面的硅羟基完全解离，电渗流流速将不再增加。当 pH<3 时，固定相上硅羟基的解离较少，表面电荷密度下降，zeta 电位减小，使得电渗流流速也减小甚至电渗流为零，如图5-7 所示。采用缓冲溶液保持 pH 稳定，可控制电渗流的大小。加大缓冲溶液的酸度(pH 降低)、在缓冲溶液中加入有机试剂都会减少硅羟基的解离，减小电渗流。pH 的变化也同样会影响溶质的电荷和淌度。对被分析物等电点的了解将有助于选择操作缓冲溶液的 pH 范

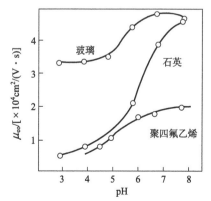

图 5-7　电解质溶液的 pH 对电渗流的影响

围,如分离血清蛋白时多用 pH＝8.6 的缓冲溶液。

2)电解质溶液的成分

电解质溶液的成分对电渗流的影响主要与电解质的阴离子形状、大小和电荷数目有关。

电渗流与阴离子的形状和大小有关。同电荷数的柠檬酸根(Cit^{3-})和磷酸根(PO_4^{3-}),离子大小次序为 $Cit^{3-} > PO_4^{3-}$,电荷密度次序为 $Cit^{3-} < PO_4^{3-}$,电荷密度越小,zeta 电位越小,所以 Cit^{3-} 产生的电渗流小于 PO_4^{3-} 产生的电渗流。

电荷数目不同,引起电阻不同,进而引起电流不同。对电渗流的影响程度为:三价离子＞二价离子＞一价离子。

表 5-2 为缓冲溶液浓度为 50mmol/L,工作电压为 20kV 时,不同阴离子构成的缓冲溶液对电渗流的影响。

表 5-2　不同阴离子构成的缓冲溶液对电渗流的影响

阴离子	$B_4O_7^{2-}$	Cit^{3-}	Ac^-	PO_4^{3-}	HCO_3^-
工作电流 $I/\mu A$	137.4	246.5	74.5	162.0	69.0
电渗流 $\mu_{eo}/[\times 10^{-5} cm^2/(V \cdot s)]$	41.2	47.7	49.0	49.7	51.8

3)电解质浓度

电解质浓度决定了离子强度的大小,从而影响毛细管壁表面双电层的厚度、溶液黏度和工作电流,进而影响电渗流的大小。一般来说,随着电解质溶液离子强度的增加,双电层被压缩、变薄,并且使电解质离子间形成离子对的概率增加,溶质表面的有效电荷减少。所以,提高背景电解质浓度可使 v_{eo} 降低。但较高的离子强度使工作电流增大,热效应增大,过高的焦耳热极易使系统产生气泡,柱效率下降。一般电解质浓度为 10~50mmol/L 为宜。如果采用低电导的电解质如三羟甲基氨基甲烷,工作电流比同浓度下的高电导电解质溶液体系要低得多,热效应引起的气泡问题就小得多,可以采用 100~500mmol/L 高浓度的低电导背景电解质溶液。引入高浓度的电解质溶液的目的是减小电流,以利于提高分离度。

双电层厚度变薄,电渗流下降。也可以理解为离子强度的增加引起了溶液黏度的增加,电渗过程中受到的阻力加大,则电渗流减小。电解质浓度越大,离子强度越大,电渗流下降得越明显。电解质浓度对电渗流的影响如图 5-8 所示。

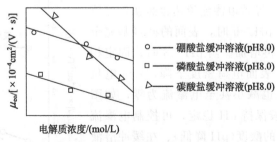

图 5-8　电解质浓度对电渗流的影响

4.温度

温度的变化来自于焦耳热。焦耳热为毛细管溶液中有电流通过时产生的热量。焦耳热

(Q)可用式(5-7)表示。

$$Q = \frac{UI}{\pi r^2 L} = \Lambda_m c_b E^2 \qquad (5\text{-}7)$$

式中：Λ_m——电解质溶液的摩尔电导；

$\quad\quad I$——工作电流；

$\quad\quad c_b$——电解质溶液的浓度。

由式(5-7)可见，焦耳热与电压有关，与截面积(πr^2)和柱长(L)有关。焦耳热与电解质溶液的摩尔电导、电解质溶液的浓度和电场强度的平方成正比。

毛细管柱的温度精确控制为$\pm 0.1^\circ\text{C}$，对于确保进样体积的恒定是至关重要的。因为毛细管柱内温度每升高1°C，将引起背景电解质溶液的黏度下降$2\% \sim 3\%$，电渗流就会增大。

了解影响焦耳热的因素，控制焦耳热效应，才能保持电渗流的稳定。早期克服焦耳热的方法就是采用小电压输送。但是电压过小，电泳时间过长，扩散严重，会使分离变差。电压过大，将产生过高的热量，从而使介质的溶剂挥发并使对温度敏感的物质变性。例如，高温使酶失去活性。电压的选择应与电解质溶液离子强度的选择结合起来考虑。

5. 添加剂

为了改善电泳分离的效率和选择性，通常在缓冲溶液(电解质溶液)中加入某些试剂，把加入的试剂统称为缓冲溶液添加剂。添加剂的引入会影响电渗流的大小。

1) 中性盐

K_2SO_4的加入使离子强度增大，双电层被压缩、变薄，zeta 电位减小，溶液黏度增大，电渗流下降。

2) 两性离子

四甲基氯化铵的加入可以减小管壁对溶质的吸附，使溶液的离子强度增大，电渗流下降。

3) 有机溶剂

一些有机溶剂如甲醇、乙腈的加入可以使溶液的离子强度变小，增大电渗流；另外一些有机溶剂可能通过氢键或偶极作用键合到管壁上，使管壁表面的净负电荷减少或增加双电层的局部黏度，使电渗流减小。还可能抑制硅羟基的解离，减小电渗流。

以动态的方式涂渍或以共价键合的方式进行电渗流的改性。可以增加、减小或反转管壁的表面电荷，从而改变电渗流。

4) 表面活性剂

表面活性剂能明显改变毛细管壁表面电荷的特性，从而改变电渗流的大小和方向。

在毛细管柱中加入阳离子表面活性剂如季铵盐，吸附到毛细管内壁表面可中和部分带负电荷

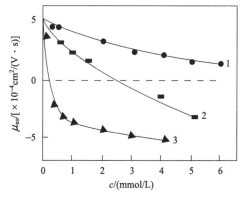

图 5-9 阳离子表面活性剂的浓度和种类对电渗流的影响

1. 癸烷基三甲基溴化铵；2. 十二烷基三甲基溴化铵；3. 十四烷基三甲基溴化铵

的 SiO^-，使 zeta 电位减小，电渗流下降；继续增加季铵盐的浓度至带负电荷的 SiO^- 全部被中和，管壁表面呈现电中性，电渗流为 0；再增加季铵盐的浓度，管壁表面带净正电荷，电渗流流向阳极，并随季铵盐浓度的增大而增大。同时不同种类和浓度的表面活性剂对电渗流的影响不同，同类的表面活性剂中烷基链越长，其影响越大（图 5-9）。所以常用不同烷基链长的阳离子表面活性剂作为电渗流改性剂，通过改变表面活性剂的浓度和比例来控制电渗流的大小和方向。

在毛细管柱中加入阴离子表面活性剂，如十二烷基硫酸钠（sodium dodecyl sulfate，SDS），可以使管壁表面的负电荷增加，zeta 电位增大，电渗流增加。

表 5-3 列出了各种控制电渗流的方法。

表 5-3　控制电渗流的方法

变量	结果	说明
电场强度	电渗流成比例变化	电场强度降低可能引起分离效率和分离度下降；电场强度增加可能引起焦耳热
电解质溶液的 pH	低 pH，电渗流降低；高 pH，电渗流增加	改变电渗流最方便有用的方法；可能改变溶质的电荷或结构
离子强度或电解质溶液的浓度	增加离子强度，zeta 电位下降，电渗流下降	高离子强度产生大电流和引起焦耳热；低离子强度使样品吸附成问题；如果与样品的电导不同将引起峰畸变；降低离子强度将降低样品堆积的效果
温度	电渗流变化为 $2\% \sim 3\%/℃$	由于仪器控温，改变温度是有用的方法
有机溶剂	改变 zeta 电位和黏度，一般电渗流下降	变化复杂，其效果通过实验确定；可能调节选择性
表面活性剂	通过疏水和/或离子相互作用吸附于毛细管壁表面	阴离子表面活性剂可以增加电渗流；阳离子表面活性剂可以降低电渗流或使之反向，大大改变选择性
中性亲水高聚物	通过亲水相互作用吸附于毛细管壁表面	通过覆盖表面电荷和增加黏度来降低电渗流
共价键合	化学键合于毛细管壁	多种可能的改性（亲水的或带电的）；稳定性常常有问题

5.3.4　淌度的表示

带电离子的淌度是指带电离子在给定的介质中单位时间和单位电场强度下移动的距离或离子在单位电场下的迁移速度。带电离子淌度的大小与粒子的净电荷、半径及介质黏度等有关。不同组分的淌度不同是电泳分离的基础。以下是描述淌度的三个概念。

1. 绝对淌度

无限稀释溶液中带电离子在单位电场强度下的平均迁移速度，简称绝对淌度（μ_{ab}）。可在手册中查阅到理论值。

2. 电泳淌度

电场中带电离子的运动除受到电场力的作用外，还会受到溶液阻力的作用。一定时间后，两种力的作用就会达到平衡，此时带电离子做匀速运动，电泳进入稳态。实际溶液的活度不同，特别是酸碱度不同时，分子的解离度不同，电荷也将发生变化，这时的淌度也称为有效电泳淌度(effective mobility)。

溶液的酸碱度不同，分子的解离度不同，淌度也不同，$\mu_{ep} = \sum a_i \mu_i$，其中，$a_i$ 为粒子 i 在解离状态下的解离度，与 pH 有关；μ_i 为粒子 i 在解离状态下的绝对淌度。粒子带电荷越多、解离度越大、体积越小，电泳速度就越快，淌度就越大。受溶液黏度、粒子间相互作用等方面的影响，粒子的有效电泳淌度小于绝对淌度。

3. 表观淌度

表观淌度(μ_{ap})也称为合淌度。离子在实际分离过程中的迁移速度称为表观迁移速度(v_{ap})，μ_{ap} 是电泳淌度 μ_{ep} 和电渗淌度 μ_{eo} 的矢量和。不同粒子的表观淌度不同。使不同粒子的表观迁移速度不同而分离是至关重要的，是分离的实质。表观淌度与保留时间有关。

$$v_{ap} = \mu_{ap} E \tag{5-8}$$

$$\mu_{ap} = \mu_{ep} \pm \mu_{eo} \tag{5-9}$$

5.3.5　高效毛细管电泳法中的分析参数

HPCE 的色谱图在形式上与 GC 和 HPLC 的完全一样，呈现出一系列的峰形，每个峰代表至少一种物质。从电泳开始到色谱峰峰顶的时间定义为迁移时间，是该物质的特征数据。但很多不同的物质具有相同的迁移时间，所以它不是唯一的定性指标。峰高或峰面积代表该物质的量，据此可进行定量分析。此外，与色谱法一样，HPCE 还可以根据色谱图计算出分离度和理论塔板数等。HPCE 兼有电化学和色谱分析的特性，有关的色谱理论也适用。

1. 迁移时间

从施加电压开始到溶质到达检测器的时间称为该溶质的迁移时间，也称为保留时间，是电泳谱中各组分的出峰时间，用 t 表示。

$$t = \frac{L_{ef}}{v_{ap}} = \frac{L_{ef}}{\mu_{ap} E} = \frac{L_{ef} L}{\mu_{ap} U} \tag{5-10}$$

式中：U——外加电压；

L——毛细管总长度；

L_{ef}——溶质的迁移距离即毛细管的有效长度；

μ_{ap}——表观淌度。

某粒子的表观淌度可以式(5-11)表示：

$$\mu_{ap} = \frac{L_{ef} L}{tV} \tag{5-11}$$

由于中性物质的 $\mu_{ap} = \mu_{eo}$，迁移时间为

$$t = \frac{L_{ef}}{v_{eo}} = \frac{L_{ef}}{\mu_{eo}E} = \frac{L_{ef}L}{\mu_{eo}U} \tag{5-12}$$

迁移时间的概念有助于理解影响保留时间的因素；迁移时间的公式经过整理，可以得到粒子表观淌度的表达式，依据式(5-12)中的 4 个实验数据可以获得粒子的表观淌度；从中性离子的出峰时间可以测得电渗流的大小；由表观淌度与电渗淌度的矢量和可求出粒子的有效淌度。柱长一定时，随着电压的增加，迁移时间缩短。

2. 理论塔板数

1）理论塔板数的表达式

根据 Giddings 方程，理论塔板数 n 的表达式如式(5-13)所示：

$$n = \left(\frac{L_{ef}}{\sigma}\right)^2 \tag{5-13}$$

式中：σ——以标准偏差表示的色谱峰的宽度，它描述了溶质在柱中增宽的程度。

在 HPCE 中，理想条件下（进样塞较小，溶质与管壁不发生相互作用），溶质的纵向扩散是引起溶质峰变宽的唯一因素，相当于纵向扩散项对板高的影响。纵向扩散项：$\sigma^2 = 2Dt$ 代入式(5-13)，D 为扩散系数，则有

$$n = \frac{L_{ef}^2}{\sigma^2} = \frac{\dfrac{\mu_{ap}tUL_{ef}}{L}}{2Dt} = \frac{\mu_{ap}UL_{ef}}{2DL} = \frac{\mu_{ap}EL_{ef}}{2D} \tag{5-14}$$

与 GC 和 HPLC 一样，电泳的柱效率也可由电泳图中的保留时间和峰底宽数据求出。

$$n = 5.54\left(\frac{t}{Y_{1/2}}\right)^2 = 16\left(\frac{t}{Y}\right)^2$$

2）提高柱效率的途径

由理论计算可知影响柱效率 n 的内在因素，可以从实验数据计算出理论塔板数。增加表观淌度 μ_{ap}、工作电压 U、L_{ef}/L，减小扩散系数 D，都可使 n 增加，柱效率提高。

提高工作电压 U 或电场强度 E、增大电渗流将有利于提高柱效率。在一定范围内，柱效率随电压增大而增高，但过了一个极点以后，柱效率将不再增加，还可能下降。

当 L_{ef}/L 一定时，在高电场强度 E 和较大的电渗流下，溶质在毛细管柱中的迁移速度快，则在管中的停留时间短，溶质扩散的机会减少，峰宽小，理论塔板数高。

n 与溶质的扩散系数 D 成反比，而 HPLC 的理论塔板数与扩散系数 D 成正比，这意味着对于扩散系数较小的生物大分子而言，毛细管电泳的柱效率比 HPLC 高得多。在相同电泳条件下，扩散系数小的溶质比扩散系数大的溶质的柱效率高，这是由于扩散系数小的大溶质分子，因扩散引起的峰增宽小，柱效率高。这是 HPCE 能高效分离生物大分子（如蛋白质、核酸等）的理论依据。

3. 速率方程

HPCE 中，毛细管柱本身具有抗对流性，因对流引起的峰增宽不明显；毛细管柱中的液流为平流，即塞式流动，溶质在柱中的径向扩散几乎可忽略；没有或很少有溶质与管壁间

的吸附作用，可忽略因吸附引起的峰增宽。

HPCE 比 HPLC 有更高的分离能力，主要由于下述两个因素：HPCE 在进样端和检测端均没有 HPLC 那样的死体积存在；HPCE 用电渗流作为流体前进的驱动力，整个流体呈扁平形的塞流式，使溶质区带在毛细管内不容易扩散。而 HPLC 用压力驱动，使柱中的流动相呈抛物线形，导致溶质区带扩散，柱效率下降。

开口毛细管柱由于无涡流扩散并具有较小的传质阻力，所以柱效率很高。HPCE 使用的是空心毛细管，内壁不涂渍固定液，消除了流动相平衡所需要的时间，不仅无涡流扩散，而且使传质阻力趋于零，则毛细管电泳的 Van Deemter 方程式为

$$H = B/u$$

这也是 HPCE 的柱效率比 HPLC 高的原因。

4. 分离度

与 GC、HPLC 一样，HPCE 的分离度用 R 表示，指表观淌度相近的两组分分开的程度。

$$R = \frac{\sqrt{n}}{4}\left(\frac{\Delta\mu}{\bar{\mu}}\right) \tag{5-15}$$

式中：$\Delta\mu$——相邻两区带的电泳淌度之差；

　　　$\bar{\mu}$——两溶质的平均电泳淌度；

　　　$\Delta\mu/\bar{\mu}$——代表分离的选择性，可用式(5-16)表示。

$$\frac{\Delta\mu}{\bar{\mu}} = \frac{\mu_{\mathrm{ap_1}} - \mu_{\mathrm{ap_2}}}{\dfrac{\mu_{\mathrm{ap_1}} + \mu_{\mathrm{ap_2}}}{2}} \tag{5-16}$$

由于 R 随 n 的增加而增加，n 与 U 成正比，因此采用高电压可获得高的分离度。

在凝胶板型经典电泳中，一般最高使用电压约 500V，这是柱效率差、分离差的原因。在 HPCE 中，一般可采用 20～60kV 的高电压，HPCE 的塔板数可达 10^5～10^7 块/m。

经整理，R 可由式(5-17)表示：

$$R = 0.177 \frac{\Delta\mu}{\bar{\mu}} \sqrt{\frac{\mu_{\mathrm{ap}} U L_{\mathrm{ef}}}{DL}} \approx 0.177 \Delta\mu \sqrt{\frac{U}{D(\bar{\mu} + \mu_{\mathrm{eo}})}} \tag{5-17}$$

从式(5-17)可见，影响 R 的因素有工作电压、毛细管柱的有效长度与总长度的比、有效淌度差和溶质的扩散系数。使被分析物的有效淌度差变大(与电渗流和介质条件有关)、电压变大、有效柱长接近于总柱长、选取扩散系数小的组分，能提高分离度。分离度与电压的平方根成正比，为了使分离加倍，电压必须为原来的 4 倍，但这样会受到焦耳热的限制。当 $\bar{\mu}$ 与 μ_{eo} 大小相等，但方向相反时，即离子以与电渗流相同的速度向不同的方向运动，可以得到无穷大的分离度，此时，分析时间无穷大。很明显，需要对操作参数进行必要的控制，以兼顾分离度和分析时间。

分离度也可按谱图直接计算：

$$R = \frac{2(t_2 - t_1)}{Y_2 + Y_1}$$

5.3.6 影响谱带增宽的因素

1. 纵向扩散的影响

纵向扩散引起的峰增宽用 σ 表示，由迁移时间和扩散系数决定，$\sigma = \sqrt{2Dt}$。迁移时间越长，引起的扩散越严重。大分子的扩散系数小，可获得更高的分离效率，是大分子生物试样高效分离的依据。

2. 进样的影响

理想情况下，导入毛细管柱的试样区带应是无限窄的矩形塞，实际上总有一定的试样区带长度。如果进样塞的长度较窄，柱效率主要由纵向扩散决定；如果进样塞长度较宽，柱效率主要由进样控制，分离效率明显下降；理想情况下，进样塞长度 W_{inj} 用下式表示。

$$W_{inj} = \sqrt{24Dt} \tag{5-18}$$

实际操作时，进样塞长度 ≤ 毛细管柱总长度的 1%～2%。如果使用 2～100μm 内径、长度为 1m 的毛细管柱，毛细管柱内的总体积为 3.1～7854nL，其进样体积应为 0.03～79nL。因此，采用细内径的毛细管柱时，进样操作的要求更严格。所以，进样量或进样时间要一致才能获得良好的重现性。进样量超过一定范围时将引起谱带扩张。

3. 焦耳热与温度梯度的影响

电泳过程产生的焦耳热在散热过程中会形成温度梯度，管柱中心温度高、两端温度低，电泳介质的黏度发生变化，因此电渗流的大小也发生变化，破坏了塞流的流形，引起区带增宽。减小焦耳热的方法有以下两种：

(1) 减小毛细管内径，控制电压和电流，减小焦耳热和温度梯度。由于毛细管具有良好的散热效能，允许在细内径毛细管柱两端加上高达 30kV 的高压。细柱可减小电流，减少焦耳热的产生；同时又增大了散热面积，提高了散热效率，大大降低了柱管中心与管壁间的温度差，减少了毛细管柱径向上的各种梯度变化，保证了高效分离。因此，可以加大电场强度，达到 100～200V/cm，全面提高分离的质量。

(2) 在电泳系统中安装冷却散热装置，使散热均匀以减小温度梯度。毛细管柱置于温度可调的恒温环境中，采用风冷和液冷两种方式控制。风冷系统采用强制对流和高速气流，该装置简单；液冷系统采用水、煤油和氟代烷烃。风冷系统的控温效果稍差，但装置简单且价格低廉。10m/s 的强气流恒温已经足够，所以风冷系统常用。液冷系统的控温效果较好。

4. 溶质与管壁间的相互作用

石英毛细管壁上由于有硅羟基的存在，会引起溶质的吸附，造成色谱峰拖尾或全部保留在固定相中不被洗脱。在分离生物大分子，如蛋白质、多肽时的吸附问题特别严重，是目前分离分析该类物质的一大难题。通常吸附是不可逆的，吸附造成基线不稳、重现性变差、定性和定量困难等一系列问题。采用细内径毛细管柱，一方面有利于散热，另一方面比表面积大，又增加了溶质吸附的概率。要减小吸附，就要对毛细管壁进行改性，这是抑制吸附的有效手段。改性的方法和途径如下：一是通过共价键或物理附着（键合或涂覆）使管壁永久改性；二是使用缓冲溶液添加剂进行动力学修饰管壁，如硅烷化键合相修饰常用。

聚丙烯酰胺或聚乙二醇等作为中性修饰剂能减少管壁的有效电荷，增加缓冲溶液的黏度，减小管壁的吸附；四甲基氯化铵等两性物质修饰剂可产生可变的电渗流，改变管壁的吸附；可将改性剂加入缓冲溶液中进行动力学涂覆，其优点是稳定性好、易于实现和优化；两性离子一端带正电，另一端带负电，可代替缓冲溶液强电解质，带正电的一端与管壁的负电中心作用，浓度约为溶质的 100～1000 倍时，能有效抑制管壁对蛋白质的吸附，又不增加溶液的电导，对电渗流的影响不大。

除了吸附以外，支持介质的不均匀、支持介质上存在某些基团的离子交换作用等也会影响电迁移和分离。

5. 其他影响因素

1）层流对谱带增宽的影响

一般情况下，HPCE 中不存在层流，但当毛细管两端的液面高度不同，存在压力差时，就会出现抛物线形的层流。已有报道表明：$50\mu m$ 内径的毛细管有 $2mm$ 的高度差就会带来迁移时间 2%～3% 的变化，而当毛细管内径为 $100\mu m$ 时，这种变化将增加 10%。

在实际操作中，应保持毛细管两端缓冲溶液的液面高度相同。

2）电分散作用对谱带增宽的影响

电泳引起的谱带增宽也称为电分散。当溶质与缓冲溶液的浓度、有效淌度或电阻率不同时，引起溶质区带和缓冲溶液区带电场强度的变化，造成谱带增宽。因此，尽量选择与试样淌度相近的背景电解质溶液，以减少电分散，获得对称电泳峰。当组分的 μ_{ep} 相差很大时，只有与背景电解质有相似 μ_{ep} 的组分的峰形对称，而与背景电解质 μ_{ep} 相差较大的组分，前展峰或拖尾峰多见。

谱带增宽的来源见表 5-4。

表 5-4　谱带增宽的来源

来源	说明
纵向扩散	决定管分离的理论极限效率；低扩散系数的溶质形成窄区带
焦耳热	导致温度梯度和层流
进样长度	进样长度必须小于扩散控制的区带宽度；检测困难往往需要进样长度大于理想长度
样品吸附	溶质和管壁的相互作用常造成峰拖尾
样品与缓冲溶液的电导不匹配（电分散）	溶质电导高于缓冲溶液，产生前伸峰；溶质电导低于缓冲溶液，产生拖尾峰
缓冲溶液池不等高	产生层流
检测池尺寸	必须小于峰宽

5.4　高效毛细管电泳的分离模式

毛细管电泳技术发展迅速，是色谱研究最活跃的领域之一。近年来，建立新的电泳分离模式和电泳联用技术有不小的进展。为了满足不同类型研究对象的分离和检测，多种毛细管电泳的分离模式相继出现，如阵列毛细管电泳（CAE）、芯片毛细管电泳（CCE）、非水毛细管电泳（NACE）等技术。每种机理的选择性不同，根据试样性质的差异，选择不同的分离类型。按照毛细管柱内的分离介质和分离原理，有六种主要的分离模式。其中，毛细管区带电泳、毛细管凝胶电泳和胶束电动毛细管色谱是毛细管电泳三种经典的分离模式。毛细管区带电泳是最基本、应用最普遍的一种模式。毛细管凝胶电泳用于分离测定蛋白质、DNA 的相对分子质量和碱基数，在人类基因组计划中起到重要作用。胶束电动毛细管色谱用于分离中性物质和带电组分共存的溶质。

5.4.1　毛细管区带电泳

1. 定义

毛细管区带电泳（capillary zone electrophoresis，CZE）也称自由溶液区带电泳。它是基于溶质的淌度（各组分的净电荷与其质量的比即荷质比）差异进行分离的。

2. 原理

整个系统充满缓冲溶液（背景电解质），水溶液中含有的电解质通常为分离介质，起传导电流、运载电流的作用，有时也加入某些有机溶剂或添加剂来改善分离效果。当电流通过时，缓冲溶液中的阴、阳离子以一定的电渗速度分别向阳极和阴极移动；同时试样中的不同离子将按各自恒定的电泳速度移动。为了降低电渗流和吸附现象，可将毛细管内壁涂层。影响分离的主要因素有溶液组成和 pH、外加电压和温度等。目前，还发展了直接用乙腈、甲醇、甲酰胺等有机化合物做溶剂的非水毛细管区带电泳。毛细管区带电泳的分离原理示意图如图 5-10 所示。

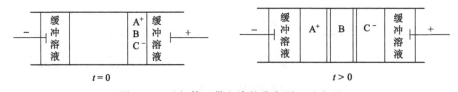

图 5-10　毛细管区带电泳的分离原理示意图

3. 适用性

毛细管区带电泳是 HPCE 中最简单、应用最广的一种操作模式，是其他操作模式的基础。它适于分析多种离子和带电粒子，分离小分子离子，而且能分离衍生化物质或在缓冲溶液中可生成离子的物质，如抗炎药物、氨基酸、肽、蛋白质等。还可用于对映体拆分和构象分析，甚至可分离各种颗粒（如硅胶颗粒）等。因为中性物质的淌度为 0，所以其不能分离中性物质。

毛细管区带电泳的发展可分为四个方面：寻找更好的支持物，以降低吸附作用，提高分辨率；改进设备，现在已有各种形式的电泳仪；与其他分离技术联合使用，以发挥两者的优势；着眼于制备，以便一次分离出较大量的纯品。

4. 毛细管区带电泳分离的要点

毛细管和电解池装有相同的均匀缓冲溶液，可以使用裸管或涂层管；缓冲溶液中有时加入一定的添加剂，以提高分离的选择性、抑制管壁的吸附作用或改变电渗流的大小及方向；操作中的变量为电压、缓冲溶液的 pH 和浓度、添加剂等；实际试样分析要注意样品的制备、迁移时间的重复性、定量校正因子和检出限等。

带电粒子的迁移速度为电泳速度和电渗流流速的矢量和。对于阳离子，两种效应的运动方向一致，在阴极最先流出；对于中性粒子，无电泳现象，受电渗流影响，在阳离子后流出；对于阴离子，两种效应的运动方向相反：$\nu_{eo} > \nu_{ep}$，在阴极最后流出。带电粒子不但可以按类分离，而且同种类离子由于差速迁移被相互分离。

5.4.2 毛细管凝胶电泳

对于一些生物大分子，由于它们的荷质比与分子大小无关，在自由溶液中有着相同的淌度，因此用毛细管区带电泳分离模式很难分离，而使用毛细管凝胶电泳则能够达到较好的分离效果。毛细管柱内填充凝胶结合毛细管区带电泳来分离荷质比不同的物质，对于荷质比相同但分子大小不同的物质也可以分离。类似于 LC 排阻色谱，毛细管凝胶电泳是筛分和电泳的共同作用下的分离。

1. 定义

毛细管凝胶电泳(capillary gel electrophoresis，CGE)是由毛细管自由溶液区带电泳发展而来的一种电泳方式。它是将毛细管内填充多孔性的凝胶或其他筛分材料，因其网状结构类似于分子筛的作用，试样组分流经筛分填料时，按分子大小进行分离的电泳方法。

2. 原理

毛细管柱内填充凝胶或其他筛分材料(如交联或非交联的聚丙烯酰胺)。凝胶具有三维网状结构，起类似分子筛的作用。在凝胶的孔穴中含有缓冲溶液，对荷质比相同但分子大小不同的分子，在电场力的推动下，试样中各组分在凝胶聚合物构成的网状介质中进行电泳，其运动受到网状结构的阻碍。大小不同的分子经过网状结构时所受阻力不同，大分子受到的阻力大，在毛细管中迁移的速度慢；小分子受到的阻力小，在毛细管中迁移的速度快，从而使大小不同的分子实现分离。

3. 适用性

毛细管凝胶电泳是分离度极高的一种电泳技术，是 HPCE 中应用较广的一种操作模式。相比其他分离模式，其具有更高的分离度，用于蛋白质、多肽、核糖核酸、寡聚核苷酸、生物大分子化合物的检测以及聚合物酶链反应产物的分析。例如，与激光诱导荧光检测相结合，可用于 DNA、RNA 片段的分离和序列(相对分子质量和碱基数)快速分析，而且用在第二代 DNA 序列测定仪上，在人类基因组计划中起重要作用。

4. 筛分剂

毛细管凝胶电泳的筛分剂有凝胶材料和非凝胶材料两类，所以也称凝胶和无胶筛分，多采用凝胶介质。

毛细管凝胶电泳是基于经典凝胶色谱的筛分分离机制，但由于经典凝胶色谱使用的共价交联的化学凝胶不宜在毛细管中使用，毛细管凝胶电泳一般多采用线性缠结聚合物结构的物理凝胶，能够方便地制备毛细管凝胶色谱柱。凝胶材料是指以化学共价或交联方式形成的胶状多孔物质，成型后很难改变，如葡聚糖凝胶、聚丙烯酰胺凝胶、琼脂糖凝胶等；它是在毛细管中装入单体，然后引发聚合形成的。聚合物的孔穴大小取决于单体和交联剂的质量比，增加交联剂的量可以得到小孔穴凝胶。凝胶黏度大，使溶质的扩散减小，散热性好，组分的谱带增宽小，所以柱效率极高；且防止了溶质在毛细管壁的吸附，介质的黏度增加，减小了电渗流。因此，毛细管凝胶电泳可使组分在短柱上实现极好的分离。毛细管凝胶电泳用于测定蛋白质、DNA 的相对分子质量或碱基数，也可用于大分子物质的微制备和馏分收集。但是，制备柱的制备较困难，柱寿命较短。为解决这一难题，发展了"无胶筛分"技术。

非凝胶材料是指将聚合物溶液等具有筛分作用的物质如葡聚糖、聚环氧乙烷、甲基纤维素、未交联聚丙烯酰胺，以物理方式装入毛细管中可形成无凝胶但有筛分作用的毛细管无胶筛分电泳。"无胶筛分"是以低黏度线型聚合物(如未交联的聚丙烯酰胺、甲基纤维素及其衍生物、聚乙二醇、葡甘露聚糖等)溶液代替高黏度的交联聚丙烯酰胺凝胶，同样具有分子筛的作用，柱便宜，制柱更为简单、方便，柱寿命长。其功能可通过改变线型聚合物的种类、浓度等予以调节。聚丙烯酰胺、甲基纤维素及其衍生物多用于核酸及其片段的分离，聚乙二醇、葡甘露聚糖多用于蛋白质的分离，但分离能力比凝胶柱略差。

溶质与凝胶还可形成络合物而增加分离度。非凝胶材料能避免空泡形成。毛细管凝胶电泳和无胶筛分技术用在第二代 DNA 序列测定仪上，在人类基因组计划中起到重要作用。

电泳在介质上进行，可防止对流和扩散，使区带的分离清楚。支持介质也是均匀的，对于分离过程是化学惰性的，应便于重复制备。例如，聚丙烯酰胺凝胶、葡聚糖凝胶、琼脂糖凝胶和纤维素等都符合这些要求。聚丙烯酰胺凝胶在制备时可根据需要调节孔径大小，因而广泛应用于电泳中，形成聚丙烯酰胺凝胶电泳(polyacrylamide gel electrophoresis，PAGE)。

激光诱导荧光检测器是 LC 灵敏度最高的检测器，可用于毛细管凝胶电泳检测。

5.4.3 胶束电动毛细管色谱

1. 定义

胶束电动毛细管色谱(micelle electrokinetic capillary chromatography，MEKC 或 MECC)是 1984 年日本京都大学学者 Terabe 创立的一种 HPCE 分离的模式，是以电渗流驱动，以胶束为准固定相的一种电动色谱，是电泳和色谱技术结合的产物。它是唯一一种既能分离带电组分又能分离中性物质的 CE 模式。

2. 原理

使用者可在裸管内装含胶束溶液或微乳液或可微观分相的高分子离子实现胶束电动毛细

管色谱。胶束电动毛细管色谱中常用的表面活性剂可分为阴离子表面活性剂(十二烷基苯磺酸钠、十二烷基硫酸钠、胆汁盐等)、阳离子表面活性剂(十六烷基三甲基溴化铵)、两性离子表面活性剂和非离子型表面活性剂。在缓冲溶液中加入大于临界胶束浓度的阴离子表面活性剂如十二烷基硫酸钠(SDS),当溶液中表面活性剂的浓度超过临界胶束浓度,如 SDS 临界胶束浓度为 8~9mmol/L 时,表面活性剂分子自然聚集在一起形成内部疏水(SDS 的烷基)、外部带负电荷的球形胶束(准固定相)。在外加电场的作用下,胶束相向阳极移动,但它的移动速度比同向缓冲溶液的电渗流流速慢,这样就形成了一个快速移动的缓冲相和慢速移动的胶束相。在胶束电动毛细管色谱系统中存在两相,即流动的水相和起固定相作用的胶束相。胶束相在分离中起到了准固定相的作用,相当于 LC 的固定相。当被测试样进入毛细管后,电中性的有机化合物按照亲水性的不同,它们在水相和胶束相之间的分配系数存在差异,依此进行分离。亲水性弱的溶质,分配在胶束中多,迁移时间长;亲水性强的溶质,分配在缓冲液中多,迁移时间短。从而使亲水性稍有差异的中性物质在电泳中得到彼此分离。分配比可视为进入载体(准固定相)和水相中组分的质量的比值。该方法也可用来改善带电有机化合物的分离选择性。其基于各组分溶质在水相和胶束相(准固定相)之间的分配系数不同,并随电渗流在毛细管内迁移而达到分离。分配比为无穷大的组分在毛细管内随电渗流迁移,最终也随胶束流出。通过改变水相和准固定相的许多参量(在毛细管区带电泳缓冲溶液中加入一种或多种胶束、水相缓冲溶液的 pH、浓度等)可改变方法的选择性。可以加入有机修饰剂甲醇、乙腈、异丙醇等来控制溶质与胶束之间的相互作用。本方法的分离能力还受胶束浓度、极性、种类及性质的影响。分离原理示意图如图 5-11 所示。

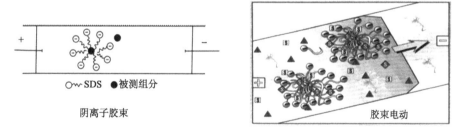

图 5-11 胶束电动毛细管色谱分离原理的示意图

3. 适用性

胶束电动毛细管色谱将电泳的应用从只能分离离子型化合物拓宽到既能分离离子型化合物又能分离相对分子质量中等大小的疏水性化合物,其突出优点是能够分离不带电荷的中性化合物。胶束电动毛细管色谱使 CE 能用于中性物质的分离,拓宽了 CE 的应用范围,对 CE 有极大的贡献。用于中小分子、中性化合物和药物等的分离分析,使用手性分配相还可分离手性对映体(比 GC 和 HPLC 更方便、实用,有更好的应用前景)。但是,极性很强的组分(在水相中的浓度大,不被准固定相溶解)和疏水性很强的组分(在准固定相中的浓度大,在缓冲溶液中溶解得少,流出慢)在胶束电动毛细管色谱中的分离还存在一些困难。

4. 分离的要点

由于胶束电动毛细管色谱分离柱中电渗流的扁平流形，所使用细管径柱的高散热效率以及胶束本身的动态结构等因素，它比 HPLC 更为高效、快速；分析时间通常小于 30min，比毛细管 LC 的时间更短。

(1) 缓冲溶液中加入阴离子型表面活性剂，其浓度达到临界胶束浓度，形成疏水内核、外部带负电的胶束。在电场力作用下，胶束在柱中移动。

(2) 电泳和电渗流的方向相反，虽然胶束带负电，但一般情况下电渗流的流速仍大于胶束的迁移速度，所以胶束将以较低的速度向阴极移动。

(3) 未结合进入胶束的溶质组分随电渗流先行流出，中性溶质在水相和胶束相（准固定相）之间产生分配，中性粒子因其本身疏水性不同，在两相中的分配有差异，疏水性强的组分与胶束结合得较强而流出时间长，最终按中性粒子疏水性的不同得以分离。

5.4.4 毛细管等电聚焦

1. 定义

毛细管等电聚焦（capillary isoelectric focus，CIEF）是基于不同蛋白质或多肽之间等电点（isoelectric point，pI）的差异进行生物分子分离的电泳技术。蛋白质等电点是指两性物质如蛋白质分子以电中性状态存在（表观电荷数为零）时的 pH。

2. 原理

分子中既有酸性基团又有碱性基团的两性物质如蛋白质，所带电荷与溶液的 pH 有关，在酸性溶液中带正电，在碱性溶液中带负电。有一个等电点 pI，即电荷为零时的 pH。当溶液中的 pH 正好为两性物质的等电点时，它们在电场中的淌度为零，溶解度最小。当直流高压加在充以两性电解质溶液的毛细管两端时，在毛细管内将建立起一个由阳极到阴极逐步升高的 pH 梯度。当两性物质如蛋白质所处的环境高于等电点时，它们带负电荷，在电场作用下向阳极移动；最后达到 pH 等于其 pI 的部位，此时净电荷为零，移动速度也为零；低于此等电点时，带正电荷，移向阴极。通过等电聚焦，将试样迁移到管内适当的 pH 梯度的某些适当位置，不同物质浓缩在不同的等电点处，形成各自狭窄的聚焦带而达到彼此分离的目的。

可使用裸管或涂层管，管内装 pH 梯度缓冲溶液，相当于 pH 梯度毛细管区带电泳。管内壁涂层使电渗流减到最小，然后将样品和两性电解质混合进样，两个电解池中分别为酸和碱，加高电压后，在毛细管内壁形成 pH 梯度，溶质在毛细管中迁移至各自的等电点，形成明显区带。聚焦后，用压力或改变检测器末端电解池储液的 pH 使溶质重新带电通过检测器。毛细管等电聚焦的分离原理示意图如图 5-12 所示。

1) 进样

以蛋白质为例，先将脱盐的蛋白质样品以 1%～2% 的浓度与两性电解质溶液混合，样品浓度越高，分离效果越好，但耗时越长。进样端为阳极，置于阳极电解质溶液磷酸中，检测端为阴极端，置于阴极电解质溶液氢氧化钠中，用压力进样把样品和两性电解质的混合物

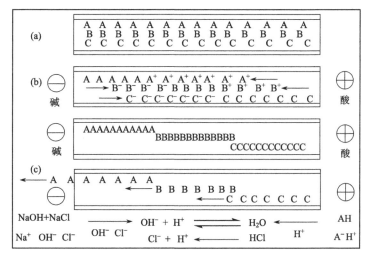

图 5-12　毛细管等电聚焦的分离原理示意图
(a)进样；(b)等电聚焦；(c)迁移

充入毛细管柱。因样品和两性电解质一起引入毛细管柱，等电聚焦的进样量远大于毛细管电泳的其他操作模式。当然也可以使介质充满整个毛细管，但样品消耗量较大，常用的办法是部分充满。

2）等电聚焦

加高压 3～5min，电场强度通常为 500～700V/cm，直到电流降到很低的值。两性电解质离子迁移时，在毛细管柱中整个长度范围内形成 pH 的位置梯度，而蛋白质在迁移时会在其各自等电点的 pH 区域内停滞移动，pI 不同的各蛋白质组分会在毛细管内很窄的不同 pH 区域内聚焦，并形成一非常明显的区带。等电聚焦也是样品浓缩的过程，可用于浓缩试样中的组分。

3）迁移

一是通过在检测端的阴极池加入盐 NaCl 或碱 NaOH，然后加高压(6～8kV)时，氯离子进入毛细管，破坏 pH 梯度，在近检测器端引起梯度降低，使聚焦的蛋白质通过检测器。在这一过程中电流上升，使各组分蛋白质重新带电，在电场作用下发生迁移并检测，从而使不同组分得到分离。二是用流体力学方法迁移，加大或减小气压使区带通过检测器窗口。三是和聚焦同时进行，通过加入两性电解质和少量添加剂，采用电渗流方法迁移。如果采用上述第一种方法，典型的做法是把 NaCl 加入阴极池(也可以用其他盐类)，然后加高电压(6～8kV)时，氯离子进入毛细管，在近检测器端引起 pH 梯度降低。实际上在阴极加入除 OH$^-$ 以外的任何阴离子时，都会对体系中的 OH$^-$ 起稀释作用，从而引起阴极端 pH 的降低，使原来在等电点聚焦的蛋白质带正电荷，聚焦的蛋白质则向阴极迁移并通过检测器，在这一过程中电流上升。典型的毛细管等电聚焦过程在不到 10min 内完成，在把盐加入阴极池的情况下，碱性最强(pI 最高)的蛋白质先通过检测器。在毛细管等电聚焦中，需要注意的是应尽量消除或减小电渗流，因为较大的电渗流会使两性物质及其溶质在完成聚焦前就流出分离柱，影响分离的进行。

3. 适用性

毛细管等电聚焦可以分离等电点相差 0.01pH 的两种蛋白质，用于测定蛋白质的等电点或分离异构体等。常见蛋白质的等电点见表 5-5。因为蛋白质由氨基酸组成，氨基酸分子中有—COOH 和—NH₂，碱性时，其中的—COOH 会电离出氢离子，蛋白质带负电；酸性时，—NH₂会捕获氢离子带正电。蛋白质的这两个过程同时进行，就会有电荷变化，但两个过程达到平衡时，在某一 pH 的溶液中，氨基酸解离成阳离子和阴离子的趋势及程度相等，成为兼性离子，整体呈电中性，此时溶液的 pH 称为该氨基酸的等电点。等电点就是在此时测出来的。此法不仅能测蛋白质和多肽的等电点，而且可以鉴定蛋白质的纯度或分析蛋白质的变异体。

表 5-5　常见蛋白质等电点的参考值

蛋白质中文名称	蛋白质英文名称	等电点
血清蛋白	serum albumin	4.7～4.9
β-乳球蛋白	β-lactoglobulin	5.1～5.3
肌球蛋白 A	myosin A	5.1
胶原蛋白	collagen	4.8～5.2
肌红蛋白	myosin	7.07
血红蛋白（人）	hemoglobin(human)	7.23
血红蛋白（鸡）	hemoglobin(hen)	6.92
血红蛋白（马）	hemoglobin(horse)	4.6～6.4
胰岛素	insulin	1.0
胃蛋白酶	pepsin	8.1
牛血清蛋白	bovine serum albumin	7.8
甲状腺球蛋白	thyroglobulin	4

4. 分离的要点

(1) 根据等电点的差别分离生物大分子的高分辨率电泳技术。

(2) 两性电解质和样品一起进样，两性电解质减少吸附。毛细管内充有两性电解质（合成的具有不同等电点范围的脂肪族多氨基多羧基混合物），当施加直流电压时，管内将形成一个由阳极到阴极逐步升高的 pH 梯度。

(3) 氨基酸、多肽、蛋白质等所带电荷与溶液的 pH 有关，在酸性溶液中带正电荷，反之带负电荷。在其等电点时，呈电中性，淌度为零。

(4) 具有不同等电点的生物试样在电场力作用下迁移，分别到达其等电点 pH 位置时，呈电中性，停止移动，聚焦形成窄溶质带相互分离。

(5) 阳极端装稀磷酸溶液，阴极端装稀氢氧化钠溶液。

(6) 加压将毛细管内分离后的溶液推出，然后经过检测器检测。还可以加盐使之发生电泳迁移，或使用电渗流迁移，或加压或抽真空使区带通过检测器窗口。

（7）电渗流在毛细管等电聚焦中会破坏聚焦区带的稳定，应消除或减小。在毛细管壁表面键合亲水聚合物，以降低 zeta 电位，经处理后的表面还能除去可能吸附的蛋白质活性点。

5.4.5　毛细管等速电泳

1. 定义

毛细管等速电泳（capillary isotachophoresis，CITP）与毛细管区带电泳一样，分离是建立在试样中各组分电泳淌度不同基础上的。其是使用两种淌度不同的毛细管区带电泳缓冲溶液电解质，一种为淌度较高的前导离子 L^- 电解质，充满整个毛细管柱，一种为淌度较低的尾随离子 T^- 电解质，置于一端的储液池中，被分析试样夹在前导电解质溶液 L^- 和尾随电解质溶液 T^- 之间，各组分以相同的速度、不同的淌度通过检测器的电泳检测技术。

2. 原理

试样像夹心饼干一样引入两种淌度差别较大的缓冲体系之间，其中一种是淌度较高的前导电解质溶液 L^-，其淌度大于试样中所有负离子；另一种是淌度较低的尾随电解质溶液 T^-，其淌度小于试样中所有的负离子。当加上电场后，由于各种离子的淌度不同，向阳极迁移的速度也不同，故电解质溶液将形成由阴极到阳极增加的离子浓度梯度，而电导率与电阻成反比、与离子浓度成正比，则电位梯度与电导率成反比，故低浓度离子区即低电导区有较高的电位梯度。因此电泳池内电解质溶液的电位梯度由阳极向阴极增加。因离子的迁移速度与电场强度成正比，随着电泳的进行，离子最终进入等速状态，形成紧紧相邻而又彼此完全分离的单组分区带。

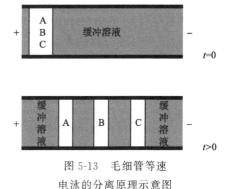

图 5-13　毛细管等速
电泳的分离原理示意图
$t=0$：加电场前；$t>0$：加电场后

由阴极进样，阳极检测。当加电压后，所有负离子都向阳极迁移。因前导电解质的淌度最大，迁移最快，走在最前，其后是淌度次之的负离子，所有溶质都以前导离子的速度迁移，并逐渐形成独立的溶质区带而得到分离。阴极端淌度小、浓度小、电导率小、电场强度大而被加速；阳极端淌度大、浓度大、电导率大、电场强度小而被减速。所以电场强度不同，淌度不同，但迁移速度相同，称为等速电泳。毛细管等速电泳的分离原理示意图如图 5-13 所示。

3. 适用性

毛细管等速电泳常常作为其他 HPCE 分离模式的柱前浓缩手段，以提高 HPCE 分析的灵敏度；对痕量组分在柱上浓缩可达几个数量级，成为重要的柱上浓缩技术之一。

4. 分离的要点

（1）将两种淌度差别很大的缓冲溶液分别作为前导离子（充满毛细管）和尾随离子，试样离子全部位于两者之间，并以同一速度移动。

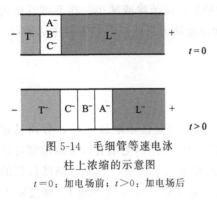

图 5-14　毛细管等速电泳

柱上浓缩的示意图

$t=0$：加电场前；$t>0$：加电场后

（2）进行负离子分析时，前导电解质的淌度大于试样中所有负离子的。所有试样都按前导离子的速度等速向阳极移动，逐渐形成各自独立的区带而分离。采取阴极进样，阳极检测。

（3）不同离子的淌度不同，所形成区带的电场强度不同（$v=\mu E$），淌度大的离子区带电场强度小；沿出口到进口，将不同区带依次排序 A、B、C…，电场强度依次增大。假设"B"区离子扩散到"C"区，该区电场强度大，离子被加速，返回到"B"区；当"B"区中的离子跑到"A"区，离子被减速而返回。毛细管等速电泳柱上浓缩的示意图如图 5-14 所示。

（4）毛细管等速电泳是一种较老的分离方式，界面明显，鉴于毛细管等速电泳能使溶质在柱上堆积，目前较多被用于样品富集、浓缩。但是与毛细管区带电泳相比，其峰容量小，不能分离和富集复杂的样品。

5.4.6　毛细管电色谱

1. 定义

毛细管电（渗）色谱（capillary electrochromatography，CEC）是把毛细管电泳和毛细管 LC 结合起来的一种分离技术。它是用填充（或键合）HPLC 固定相的毛细管柱使样品在两相间进行分配的色谱，毛细管两端加上电压，以电渗流为驱动力而达到分离的目的。此模式兼具电泳和液相色谱的分离机制。

2. 原理

常用十八烷基键合硅胶柱（octa decyltrichloro silane，ODS）作为毛细管填充柱（50～100cm）装在毛细管电泳仪上，以电渗流或电渗流结合高压输液泵为驱动力，让样品在固定相与流动相之间进行分配。分离机理包含电泳迁移和色谱固定相的保留机理，一般溶质与固定相间的相互作用在分离中起主导作用。分离原理示意图如图 5-15 所示。

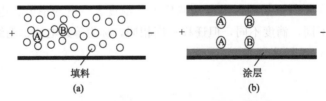

图 5-15　毛细管电色谱的分离原理示意图

（a）填充型毛细管电色谱；（b）开管型毛细管电色谱

将 HPLC 发展的固定相引入到 CE 中，增加了选择性，但保持了 CE 固有的优点，是一种有发展前景的分离模式。毛细管电色谱结合了毛细管电泳的高柱效率和 HPLC 的高选择性，已成为近年来色谱领域研究的热点之一。由于电渗流的扁平流形，不存在径向流速梯度，因此使毛细管电色谱比 HPLC 具有更高的柱效率。例如，对于柱长为 50cm、填料粒度为 5μm 的毛细管柱, 毛细管电色谱的柱效率可超过 10^5 块/m, 而 HPLC 的柱效率只有它的一半。

3. 适用性

毛细管电色谱可用于药物、手性化合物和多环芳烃的分离分析。其将 HPCE 的高效与 HPLC 的高选择性紧密结合, 可以分离离子和中性分子。对复杂的混合物具有强大的分离能力, 具有广泛的应用前景。由于采用十八烷基键合硅胶柱(ODS), 色谱的容量会大一些, 在与质谱联用时, CEC-MS 既可解决 LC-MS 的分离效率不高的问题, 又克服了 CE-MS 中质量流量太小的缺陷。

4. 毛细管电色谱的优点

毛细管电色谱具有色谱和电泳双重分离效能。通常利用电渗流驱动极性溶剂通过反相 HPLC 毛细管柱进行分离。非加压毛细管电色谱中, 流动相的驱动力是电迁移, 而加压毛细管电色谱中, 驱动力是电迁移和液压两种力。毛细管电色谱分离的原理是基于电泳淌度与分配系数的差别。毛细管电色谱可分离离子和中性分子, 且可分离手性分子。

毛细管电色谱能够分离不带电荷的物质(同 HPLC)。不需要压力泵的情况下, 提供了微量体积试样溶液的高效分离; 通过电渗流(而不是通过机械输送流动相)输送固定相时, 明显地简化了输送体系。电渗流产生的是塞式流动轮廓, 而不是流体动力学层流轮廓, 因此毛细管电色谱的分离柱效率比 HPLC 高。

在第 6 章中将详细介绍毛细管电色谱技术。

5.4.7　其他毛细管电泳技术

随着毛细管电色谱理论、技术的不断完善, 近年来还发展了多种新型的电泳模式。

当在毛细管区带电泳缓冲溶液、凝胶或色谱固定相(毛细管内壁涂布)中引入亲和配基如抗原或抗体时, 可用于研究和分析抗原-抗体或配体-受体等特异性相互作用。溶质以亲和力的不同达到分离。也可以利用这种方法对电泳峰进行特异性定性。除抗体-抗原的选择需要生物化学知识以外, 其他方面的选择与毛细管区带电泳相同。

高特异性的免疫反应和毛细管电泳分离方法的结合被称为免疫毛细管电泳。

微型化的毛细管电泳芯片(CE-chip)是 HPCE 发展的一个重要趋势, 是当前研究的热点之一。CE-chip 是在常规 HPCE 原理和技术的基础上, 利用微型制造技术, 在 cm 级的玻璃或石英芯片上刻蚀出管道和其他功能单元, 通过各种管道网路、反应器、检测单元等的设计和布局, 实现样品的进样、反应、分离和检测功能。因此, CE-chip 是一种多功能化的快速、高效、低耗的微型实验装置。目前, 已在 CE-chip 上成功地分离分析了氨基酸、血清蛋白、生长激素、寡核苷酸、金属离子、药物、脑啡肽等多种样品。

SDS 电泳法是在聚丙烯酰胺凝胶中加入十二烷基磺酸钠(SDS)或巯基乙醇, 使蛋白质二硫键、氢键或疏水键打开, 形成与 SDS 结合的络合物。当 SDS 足够量(蛋白质质量的 1.4 倍)时, 不同蛋白质-SDS 带相同电量的负电荷, 超过了蛋白质原有的电荷量, 掩盖了不同种类蛋白质分子间原有的电荷差别和分子的构象差异。蛋白质的电泳淌度主要取决于它的相对分子质量, 而与所带的电荷和形状无关。因而 SDS 电泳法用于测定蛋白质的相对分子质量。

　　对于被分析物而言，选择何种 HPCE 的分离模式至关重要。毛细管区带电泳能够分离可解离的物质；毛细管凝胶电泳能够分离大分子物质和 RNA 等小分子物质；胶束电动毛细管色谱可分离中性和离子型化合物共存的样品；毛细管等电聚焦可分离 pH 变化为 0.01 的蛋白质分子；毛细管等速电泳是能够同时分离正负离子的柱上浓缩技术；毛细管电色谱可分离中性物质和离子共存的体系。

5.5　高效毛细管电泳的应用与进展

5.5.1　离子分析

1. 阳离子分析

HPCE 分离多种金属阳离子的色谱图如图 5-16 所示。

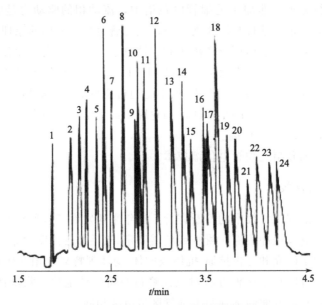

图 5-16　HPCE 分离多种金属阳离子

毛细管柱：36.5cm×75μm 内径；工作电压：35kV；

缓冲溶液：1mmol/L 4-甲基苄胺＋15mmol/L 乳酸(pH4.8)；

检测：阴极端，UV214nm 间接检测

1. K^+；2. Ba^{2+}；3. Sr^{2+}；4. Ca^{2+}；5. Mg^{2+}；6. Mn^{2+}；7. Cd^{2+}；8. Co^{2+}；
9. Pb^{2+}；10. Ni^{2+}；11. Zn^{2+}；12. La^{3+}；13. Ce^{3+}；14. Pr^{3+}；15. Nd^{3+}；
16. Sm^{3+}；17. Gd^{3+}；18. Cu^{2+}；19. Dy^{3+}；20. Ho^{3+}；21. Er^{3+}；22. Tm^{3+}；
23. Yb^{3+}；24. Lu^{3+}

2. 阴离子分析

毛细管区带电泳分离 36 种无机阴离子和有机酸的色谱图如图 5-17 所示。

进行高效毛细管电泳分离时，阴离子的电泳方向和电渗流的方向相反、分析时间长、效

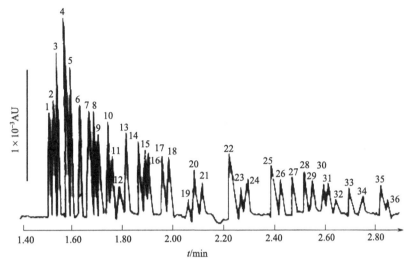

图 5-17 毛细管区带电泳分离 36 种无机阴离子和有机酸

毛细管柱：60cm×50μm 内径；工作电压：−30kV；缓冲溶液：5mmol/L 铬酸盐＋OFM-BT(pH8.0)；
检测：阳极端，UV254nm 间接检测

1. $S_2O_3^{2-}$；2. Br^-；3. Cl^-；4. SO_4^{2-}；5. NO_2^-；6. NO_3^-；7. 钼酸根；8. 叠氮化物；9. WO_4^{2-}；
10. 一氟磷酸根；11. ClO_3^-；12. 柠檬酸根；13. F^-；14. 甲酸根；15. 磷酸根；16. 亚磷酸根；
17. 次氯酸根；18. 戊二酸根；19. 邻苯二甲酸根；20. 半乳糖二酸根；21. 碳酸根；22. 乙酸根；
23. 氯乙酸根；24. 乙基磺酸根；25. 丙酸根；26. 丙基磺酸根；27. 天冬酸根；28. 巴豆酸根；
29. 丁酸根；30. 丁基磺酸根；31. 戊酸根；32. 苯甲酸根；33. L-谷氨酸根；34. 戊基磺酸根；
35. D-葡萄糖酸根；36. D-半乳糖醛酸根

率低。为此，在缓冲溶液中加入电渗流改性剂，如阳离子表面活性剂——十六烷基三甲基溴化胺（CTAB）等，使电泳方向和电渗流方向一致，能快速高效地分离各种阴离子与有机酸。OFM-BT（四氮唑蓝）是美国 Waters 公司商品化的缓冲溶液添加剂，是 EOF 改性剂，是一种季铵碱。采取阴极进样，阳极检测（−30kV）。在 3min 内可分离 36 种阴离子；有很强的抗干扰能力，用于离子价态及存在形态分析，适合于各种复杂基体试样的分离。

如果用离子色谱检测，7 种阴离子在 20min 内基本上得到完全分离（图 4-52），其分析效率不如高效毛细管电泳。

5.5.2 手性化合物分析

获得单一手性化合物相当困难，在 1327 种合成药物中有 528 种是手性药物，但仅 61 种以单一对映体的形式销售。手性药物中一般只有一类具有药理活性，另一类活性很弱或者没有，甚至有很强的副作用。因此，对这些组成相同，化学性质相近的对映体分子的分离分析具有重要意义。

HPLC 可以分离手性化合物，但是手性固定液的色谱柱价格昂贵，且不易达到基线分离，应用范围窄，方法费时。

HPCE 通过加入手性选择剂，可以分离分析手性化合物。常用的手性选择剂有环糊精（cyclodextrin，CD）及衍生物、手性冠醚、金属手性螯合物、手性表面活性剂（氨基酸衍生

物、胆酸钠、牛磺脱氧胆汁酸及盐、低聚糖等天然手性表面活性剂）。HPCE 因手性试剂与
对映体分子形成的络合物的电泳差速迁移而分离。例如，在缓冲溶液中加入手性试剂，通过
手性试剂与对映体分子作用，发生电泳差速迁移而分离。以 pH 为 2.5，4%（质量浓度）甲
基-β-CD 分子为手性试剂（其结构如图 5-18 所示），以形成的氢键强弱差异使麻黄素对映体
（图 5-19）获得分离。

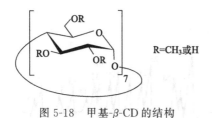

图 5-18　甲基-β-CD 的结构　　　　　图 5-19　麻黄素及其对映体的结构
　　　　　　　　　　　　　　　　　　　　　　（a）麻黄素；（b）麻黄素的对映体

　　图 5-19（a）为外消旋体，称为"麻黄素"，图 5-19（b）为内消旋体，称为"伪麻黄素"。它
们属于生物碱类物质，服用后可以增加运动员的兴奋程度，使运动员不知疲倦，能超水平发
挥，但对运动员本人有极大的副作用。因此，这类药品属于国际奥林匹克委员会严格禁止的
兴奋剂，在感冒药中被限制使用。

5.5.3　氨基酸、肽与蛋白质分析

　　氨基酸是一类生物分子的总称，它是两性电解质，是蛋白质的基本组成单位。其结构如
图 5-20 所示。毛细管区带电泳分析的困难在于毛细管壁对带正电荷氨基酸的吸附（需化学键
合改性，添加聚乙烯醇减少吸附）和对氨基酸的检测（需使用衍生技术或间接分析）。

　　肽由两个或两个以上的氨基酸键合而成，图 5-21 是肽的结构。其化学特征是离子性和
疏水性。肽的相对分子质量小于 5000，在 210～225nm 紫外区有吸收。

图 5-20　氨基酸的结构　　　　　　　　图 5-21　肽的结构

图 5-22　血红蛋白的结构

　　蛋白质是由多种氨基酸结合而形成的链状高分子化合物，是生
命体的主要组成物质，是生命的基础。蛋白质和肽仅是氨基酸数目
上有差异，用于肽的分析手段也适于蛋白质的分析。图 5-22 为血红
蛋白的结构。

1. 氨基酸的分析

　　HPCE 可取代传统的氨基酸分析仪。如图 5-23 所示，采用
MEKC 模式，25min 分离了 23 种氨基酸。丹酰化是指二甲氨基萘

磺酰氯(丹磺酰氯，DNS)与所有的氨基酸反应生成具有荧光的衍生物，其中赖氨酸、组氨酸、酪氨酸、天冬酰胺等氨基酸可生成双 DNS-氨基酸衍生物。这些衍生物相当稳定，可用于蛋白质的氨基酸组成的微量分析。如果把蛋白质水解的全部氨基酸用 DNS 试剂反应(标记)，再通过纸电泳或薄层色谱将不同的 DNS-氨基酸分开，与标准的 DNS-氨基酸对照，便可测出蛋白质多肽的氨基酸组成成分和组分含量。十二烷基硫酸钠(SDS)为疏水相的胶束。硼砂为四硼酸钠($Na_2B_4O_7 \cdot 10H_2O$)，pH 范围为 9.4～9.6，具有缓冲作用。在此酸度下，氨基酸形成负离子，进行阳极检测。进行氨基酸分析时还要控制温度以减小焦耳效应。

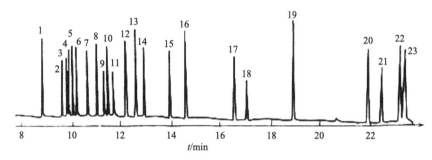

图 5-23　MEKC 高效分离 23 种丹酰化氨基酸的图谱

背景电解质溶液：20mmol/L 硼砂＋100mmol/L SDS；检测波长：214nm；电泳中控制温度为 10℃

2. 蛋白质的分析

等电点是蛋白质分子正、负电荷量相等的点。各种氨基酸在其等电点时溶解度最小，因

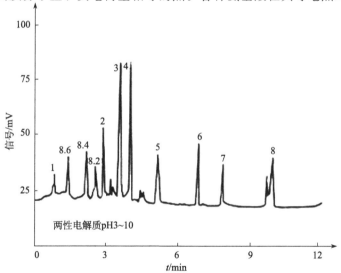

图 5-24　毛细管等点聚焦分离蛋白质混合物的图谱

毛细管柱：14cm×0.1nm 内径的聚丙烯酰胺涂层毛细管；等电聚焦介质：2% Bio-Lyte

(5/7)，pI 为 3～10；聚焦电压：4kV/cm；检测波长：280nm

峰序：8.6、8.4、8.2 分别代表流出的两性电解质；1. 外源凝集素；2. 人血清蛋白

(7.5)；3. 人血红蛋白(7.1)；4. 马肌红蛋白(7.0)；5. 马肌红蛋白(6.8)；6. 人碳酐酶

(6.5)；7. 牛碳酐酶(6.0)；8. β-乳球蛋白 B(5.1)

而用调节等电点的方法来分离蛋白质的混合物。图 5-24 为毛细管等点聚焦分离蛋白质混合物的图谱。Bio-Lyte 为两性电解质溶液，充入毛细管中以形成 pH 梯度，5/7 表示工作溶液的 pH 跨度，pI3～10 为可分离的蛋白质等电点范围。括号内数值表示蛋白质的等电点。由于蛋白质中存在着含有共轭双键的酪氨酸和色氨酸，因此蛋白质具有吸收紫外光的性质，吸收峰在 280nm 波长处。在此波长处，蛋白质溶液的光密度与其浓度成正比关系，可作定量测定。血清中各种蛋白质的等电点多低于 pH7.4，因此在 pH 比其等电点高的缓冲溶液（pH8.6）中，它们都解离成负离子，在阳极检测。

5.5.4　核酸分析及 DNA 排序

核酸是一类非常重要的生物分子，具有储存和传递遗传信息的功能，核酸包括脱氧核糖核酸（DNA）和核糖核酸（RNA）两大类，是核苷酸（由杂环碱基、磷酸基团和戊糖组成）的聚合物。因糖的结构差异及所含杂环的类型不同，DNA 和 RNA 的化学组成不同，导致生物功能各异。核酸分析包括成分分析和片段分析。

成分分析是指分离不同动物组织的 RNA 水解产物（中性时不带电，可用胶束电动毛细管色谱进行分析）。

片段的分离使用毛细管凝胶电泳可以达到单碱基分辨，不同凝胶基质适合于不同链长的 DNA 片段。其他片段分析的方法有芯片毛细管电泳、阵列毛细管电泳、全基因组鸟枪法测序（也称"霰弹法"）。全基因组鸟枪法测序是将基因组 DNA 打成小的片段进行测序，然后再将这些小的片段拼接起来，重新组装成一个完整的基因组。它的最大优点是经济、高效、快速，但对高性能计算的方法和设备要求非常高。片段分析方法还有非电泳分离的质谱法和杂交法。

在基因工程的常规操作中，琼脂糖凝胶电泳的应用最为常用。它通常采用水平电泳装置，在强度和方向恒定的电场下进行电泳。DNA 分子在凝胶缓冲溶液（一般为碱性）中带负电荷，在电场中由阴极向阳极迁移。DNA 分子迁移的速率受分子大小、构象、碱基组成、电场强度和方向、温度和嵌入染料等因素的影响。

如图 5-25 所示，使用聚丙烯酰胺涂层的毛细管二度交联的聚丙烯酰胺筛分介质对 DNA 碱基对片段进行了分析。Tris 是制药领域、个人护理及化妆品行业中最广泛应用的缓冲溶液，用作医药的中间体。Tris-HCl 的 pH 范围为 7.1～9.0，硼砂-氢氧化钠的 pH 范围为 9.3～9.6，这些都是 CE 常用的缓冲溶液。组成核酸的碱基在 260nm 处具有强吸收峰，用紫外检测器进行检测。

5.5.5　在药物和临床医学中的应用

赋形剂是一种不发生化学反应的药用混合物，如糖浆、液态凡士林或猪油，向其中加入一种具有疗效的药物或者通过它使其他成分胶合在一起；是构成药物或抗原辅料的无活性物质，如阿拉伯胶、糖浆、淀粉或羊毛脂；尤指在药物混合物中有足够量液体情况下，为使混合物有黏性，以便制备丸剂或片剂而加入的物质。由于药物的配方十分复杂，成药质量分析必须去除高含量复杂基体的干扰。因此，对痕量物质进行检测，毛细管电泳技术是最佳的选择。例如，使用 $LiCl_3$ 的 pH8.3 硼酸盐体系，药剂中高含量赋形剂并不干扰有效成分细胞的分离分析。

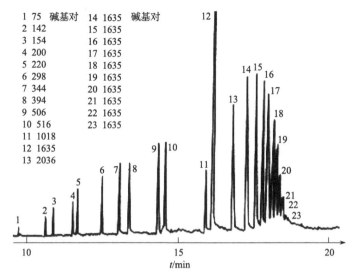

图 5-25　毛细管凝胶电泳模式分离碱基对相差 1000 倍的 DNA 的图谱

毛细管：聚丙烯纤维涂层毛细管 40cm×75μm，有效长度为 30cm；凝胶是二度交联的聚
丙烯酰胺[3%T(单体)，0.5%C(交联剂)]；流动相：100mmol/L Tris-硼砂缓冲溶液，
pH 为 8.3；电场强度：250V/cm；电流：12.5μA；检测波长：260nm

　　使用毛细管电泳检测体液或细胞中某些代谢产物，效果优于 HPLC 法。毛细管电泳还
可用于生物体内药物或其代谢产物的测定，其随时间和位置分布的研究能为治疗机理和用药
水平提供信息。例如，麻醉药硫喷妥钠(巴比妥盐)具有一定毒性，必须控制用药量，用毛细
管电泳分析血液中的药物随时间的变化规律，可控制合适的用药剂量。

　　毛细管电泳使用试样量少，前处理简单，易于实现自动化，可用于临床诊断。例如，醋
酸纤维素薄膜电泳，纤维素的羟基乙酰化形成纤维素醋酸酯。由该物质制成的薄膜称为醋酸
纤维素薄膜。样品用量少，5μg 的蛋白质可很好地分离。特别适合于病理情况下微量异常蛋
白的检测；琼脂糖凝胶电泳：临床生化检验中常用于同工酶(isozyme 或 isoenzyme，生物体
内催化相同反应而分子结构不同的酶)的检测；双向电泳是等电聚焦电泳和 SDS 电泳的组
合，对蛋白质的分离是极为有效的，特别适于分离细菌或细胞中复杂的蛋白质组分。

　　双向电泳先进行等电聚焦电泳(按照 pI 分离)，然后再进行 SDS 电泳(按照分子大小)，
经染色得到的电泳图是二维分布的蛋白质图。SDS 是一种去垢剂，可与蛋白质的疏水部分
相结合，破坏蛋白质的折叠结构，并使其广泛存在于一个均一的溶液中。SDS 与蛋白质复
合物的长度与其相对分子质量成正比。在样品介质和凝胶中加入强还原剂和去污剂后，分子
被解聚成多肽链，解聚后的氨基酸侧链和 SDS 结合成蛋白质-SDS 胶束，所带的负电荷大大
超过了蛋白质原有的电荷量，这样就消除了不同分子间的电荷和结构差异，电荷因素可被忽
略。蛋白质亚基的淌度取决于亚基的相对分子质量。

5.5.6　法理学应用

1. 是否吸毒的判定

用 MEKC 对 50mg 人发样的乙醚萃取液进行检测，能快速测定吗啡与可卡因的含量，

从而判断被测者是否吸毒。

2. 运动员尿检

运动员使用的违禁药物有以下六种。兴奋剂：安非他命、麻黄素；麻醉止疼药：吗啡；合成代谢类固醇：男性荷尔蒙药物，增加肌肉和肌力；抑压药：心得安、美多心安；利尿药：体重级别的比赛中加快减轻体重；内分泌素药荷尔蒙。

通过尿检来查看运动员是否服用违禁药物。在比赛结束 1h 之内，运动员到规定地点接受尿检。被采集的同批尿样要装到 A、B 两个瓶子内密封，首先对 A 瓶进行各种兴奋剂检测，当 A 瓶尿样呈阳性时，检测机构会对 B 瓶开封检测，当 B 瓶尿样也呈阳性时，该运动员所在的协会就会对该运动员进行处罚。

如图 5-26 所示为 MEKC 用于法庭鉴定违禁药物，使用的 SDS 为胶束准固定相；缓冲溶液中加入乙腈减小电渗流；这些药物含有共轭双键，检测波长为 210nm，进行紫外检测。

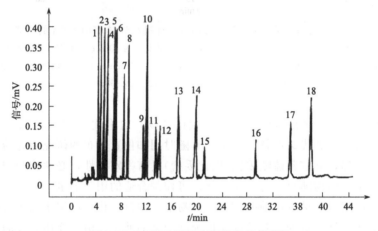

图 5-26　MEKC 用于法庭鉴定违禁药物

毛细管柱：27cm×50μm 内径，有效长度为 25cm；背景电解质溶液：8.5mmol/L 磷酸盐＋8.5mmol/L 硼砂＋8.5mmol/L SDS＋15％乙腈，pH8.5；工作电压：20kV；检测波长：210nm
1. 西洛西宾；2. 吗啡；3. 苯巴比妥；4. 二甲-4-羟色胺；5. 可待因；6. 安眠酮；7. 麦角酰二乙胺；8. 海洛因；9. 苯丙胺；10. 利眠宁；11. 可卡因；12. 去氧麻黄碱；13. 氯羟去甲安定；14. 安定；15. 芬太尼；16. 五氯酚；17. 大麻二酚；18. 四氢大麻酚

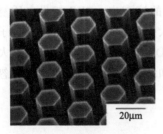

图 5-27　毛细管电泳芯片图

5.5.7　新进展及热点问题

1. 微型化

全分析系统(TAS)及 TAS 微型化是研究的热点之一。

在硅片上光刻出矩形槽作为毛细管电泳芯片，理论塔板数为 10^5/m。毛细管电泳芯片图如图 5-27 所示。

2. 联用仪器

毛细管电泳与质谱联用：CE 的高效分离
与 MS 的高鉴定能力结合，成为微量生物样品，
尤其是多肽、蛋白质分离分析的强有力工具。
可提供相对分子质量和结构信息，适于目标化
合物的分析或小质量范围的扫描分析，如多环
芳香碳氢化合物（PAH）、寡聚核苷酸分析等。
采用电喷雾接口，需要用挥发性的缓冲溶液。

毛细管电泳与激光诱导荧光联用：激光诱
导荧光（LIF）具有单细胞、单分子分析能力。
其原理示意图如图 5-28 所示。

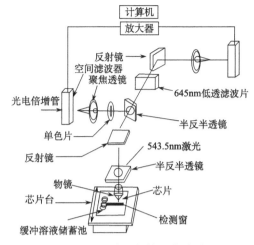

图 5-28　芯片毛细管电泳-激光
诱导荧光检测器原理图

3. 阵列毛细管凝胶电泳

毛细管电泳用于基因测序的工作在国内开
展得很少，主要是因为国内在 CE 方面的起步较晚，技术不够先进。实际上绝大多数的人类
疾病都是由基因控制的。人类基因组计划的正式启动在 1990 年，用了 15 年时间，到 2005
年完成了人类基因组 DNA 全序列的测定。在人类基因组测序初期，用于 DNA 序列分析的
主要方法是凝胶电泳，基本上是手工操作。在 20 世纪 90 年代以后，新的测序方法阵列毛细
管凝胶电泳技术应用于人类基因组 DNA 测序，使进行 DNA 测序的速度大大加快，一天就
可以测出 100 万个碱基对的序列。中国也加入这个测序计划，并承担了其中 1% 的任务。
2000 年 4 月，21 号染色体全序列测序草图完成。人类基因组含有 30 亿个碱基对，大约十万
个基因。能够高通量地筛选和对比病变谱图以及从基因水平解释药物的作用机理等是其未来
的发展方向。

HPCE 主要适合于生物样品分析，如蛋白质、肽、DNA 等。样品用量少、运转费用
低、柱效率高、可选择的方法多。但是，提高重现性仍然是 HPCE 发展中需要解决的问题。

习　题

1. 什么是毛细管电泳？它有哪几种分离模式？

2. 解释淌度、电渗淌度和合淌度。

3. 简要描述电渗的形成。

4. 毛细管区带电泳的进样方式有哪几种？各有什么优缺点？

5. 毛细管电泳仪中为什么需要温度控制系统？

6. 用于毛细管电泳和 HPLC 的紫外检测器有什么差别，为什么有这样的差别？

7. 与 HPLC 相比，从流动相、样品用量方面说明毛细管电泳的优势，从检测器方面说
明毛细管电泳的缺点。

8. 简述毛细管等电聚焦分离的基本过程。

9. 简述毛细管等速电泳的分离过程。

第6章 毛细管电色谱法

毛细管电色谱(capillary electrochromatography，CEC)是毛细管电泳的一种分离模式，由于采用的流动相是液体，它也具有 HPLC 的特征。毛细管电色谱是集合了 HPCE 和 HPLC 发展而来的一项技术。

6.1 概　　述

6.1.1　发展历史

早在 20 世纪 50 年代初，Muold 等将电场引入薄层色谱法系统，利用电流作为薄层色谱法的推动力，分离了胶棉中的多糖成分。1974 年，Pretorius 将电场引入毛细管填充柱色谱，显示了其对中性溶质的分离效率明显高于 HPLC，但是由于柱径较大，没有发挥出它的优势。1981 年，Jorgeson 把 $10\mu m$ ODS 填料填充入 $170\mu m$ 的硬质玻璃柱中，首次报道了采用毛细管电色谱进行多环芳烃分离的研究，标志着现代毛细管电色谱技术的开端。1982 年，Tsuda 采用 $30\mu m$ ODS 键合的软质玻璃开管柱，在 13kV 电压下分离了毛细管区带电泳难以分离的苯、联苯、萘、蒽等芳香化合物，进一步证明了毛细管电色谱分离的高效性。Martin 等研究了开管柱电色谱的纵向扩展及峰增宽，从理论上证实了电渗流推动流动相的优越性。1985 年，Farrell 讨论了在毛细管电色谱中使溶质在柱内富集的前提条件。Knox 对理论研究具有巨大贡献，指出制约毛细管电色谱发展及应用的一些问题。20 世纪 80 年代末，瑞典 Hjerten 实验室研究了用于填充 LC 柱和毛细管 LC 柱的整体色谱柱，把整体色谱柱用于各种分离模式。1990 年，第一台商品化的毛细管电色谱问世。1991 年，Knox 纠正了早期电色谱工作中的一些缺陷，从理论上讨论了填料大小、电渗流流速和电解质溶液浓度与柱效率间的关系，建立了毛细管电色谱的速率方程。Yamamoto 进一步证实了 Knox 理论，Tsuda 研究了电色谱的色谱行为，设计了连续进样电色谱，并实现了对样品的富集。至此，毛细管电色谱理论全部建立，电色谱被越来越多的人所接受，并进一步讨论各参数对分离的影响。1994 年，Knox 进一步规范了电色谱的有关术语。2000 年，毛细管电色谱技术达到顶峰。

6.1.2　装置

毛细管电色谱装置与毛细管电泳相比，只是在色谱柱上存在差异。毛细管电泳采用裸管石英毛细管柱，对流动相，区带电泳是自由溶液电泳、胶束电泳是在流动相中加入十二烷基磺酸钠、等电聚焦电泳是在缓冲溶液中加入不同 pH 的缓冲溶液、等速电泳是加入前导和后续电解质溶液进行分离，具有富集功能。而毛细管电色谱则是采用填充、涂覆或键合固定相的毛细管柱，流动相与毛细管电泳相同。如果毛细管电色谱采用电渗流驱动，其装置与毛细管电泳相同；如果毛细管电色谱采用电渗流结合压力驱动，其装置要比毛细管电泳复杂得多。

6.1.3　优点

用电渗流(或电渗流结合压力流)来推动流动相,不但克服了 LC 中压力流本身流速不均匀引起的色谱峰增宽,而且柱内无压降,没有压差问题,可使用更小粒度的固定相、更长的色谱柱;电渗流做驱动力,有效地改善了流动相的流形,使峰增宽只与纵向扩散有关,从而获得了接近于 HPCE 水平的高柱效率,即使是使用相同粒度的固定相,也能获得比 HPLC 更佳的柱效率(高 1~2 个数量级);毛细管电色谱是微柱分离的技术,很容易实现与其他分析技术(红外、质谱、核磁共振波谱等)的联用。例如,质谱要求减压操作,以防空气电离,产生太多的色谱离子峰背景,毛细管柱的死体积很小,易与 MS 联用;由于引入了 HPLC 固定相,毛细管电色谱具备了 HPLC 所具有的选择性,是电泳与分配机理的共同作用,不仅能分离带电物质,也能分离中性化合物,克服了毛细管区带电泳的不足;用毛细管电色谱进行手性物质分离时,与 HPCE 相比能降低操作费用。HPCE 把手性固定液与缓冲溶液混合,而毛细管电色谱把手性固定液与毛细管柱内的固定相混合,比流动相中的手性固定液使用量少,手性固定液的选择范围更广。

6.1.4　分类

1. 按毛细管柱的类型

按固定相装入毛细管电色谱柱的方式,毛细管柱分为填充柱、开管柱和整体柱。

填充柱是最常用的一种模式。它是利用电渗流驱动极性溶剂通过反相 HPLC 毛细管柱,利用试样在两相间的分配进行分离。填料多用 $3\mu m$ 十八烷基硅胶微珠。此外,使用的填料还有键合型硅胶、聚苯乙烯-二乙烯苯固定相和手性固定相等。

开管柱是将 HPLC 固定相用物理或化学的方法涂渍在毛细管内壁上,用电渗流或电渗流结合压力流推动流动相进行分离的技术。

整体柱(monolithic column)是一个新的概念,集合了填充柱和开管柱的特点,键合反应在柱内原位聚合而成。其是利用有机或无机聚合方法在色谱柱内进行原位聚合形成固定相,制备简单、具有多孔性、重现性好。通过聚合形成了多孔性材料,溶质在固定相和流动相间分配。

图 6-1 为毛细管电色谱柱的类型示意图。

2. 按流动相的驱动方式

电渗流驱动的毛细管电色谱:可以在一般 HPCE 上进行,是目前研究较多的电色谱模式。与 HPCE 相比,在电色谱中既引入了高选择性的 HPLC 固定相,提高了电泳分离能力,与 HPLC 相比,又克服了压力驱动的流体引起的区带增宽,可实现高效、高选择性的分离。但是,在电场力的作用下,焦耳热使液体发热,易产生气泡。因电渗力的限制,难以驱赶在电泳时产生的气泡。电泳操作常因有气泡而中断,导致实验失败。

电渗流结合压力驱动的毛细管电色谱:液压泵产生的压力流可以使气泡冲出毛细管或者使气体在高压下溶解,解决了填充柱电色谱的气泡问题。较高操作电压下可采用较高浓度的缓冲溶液,但是要特别注意防止高电压对泵可能造成损伤的问题。Tsuda 用一根毛细管已解

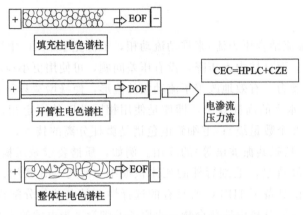

图 6-1　毛细管电色谱柱的类型示意图

决了高压对泵损伤的问题。压力驱动使流动相的平均流速变快，缩短了分析时间。电渗流结合压力联合驱动电色谱能减少单独压力流引起的区带增宽，分离效率、稳定性、重现性比 HPLC 更好。另外，还能像 HPLC 一样进行梯度洗脱。

3. 按梯度洗脱驱动方式

电渗流控制连续梯度电色谱：采用两个高压电源来控制电渗流，使两个不同流动相进行混合并输入电色谱柱中产生梯度洗脱。电渗流梯度洗脱对流动相的塞流无干扰，所以不影响柱效率。但是很难确定进入电色谱柱中的流动相的真实组成。流动相的组成不恒定，样品的重现性不好。

压力控制连续梯度电色谱：采用 HPLC 梯度洗脱泵为电色谱柱进样端以提供不断变化的流动相组成，再由电渗流把流动相输入电色谱柱中。但是，由于泵的死体积较大，很难把极少的样品和流动相带入毛细管柱内，因此要分流。所采用的分流装置浪费了大量的流动相和样品，同时进样端施加的压力可能扰动毛细管柱内的塞流而降低柱效率。

6.1.5　特点

毛细管电色谱借鉴了毛细管区带电泳和 HPLC 的基本原理，在分离效能和选择性等方面均具有更大的优势。毛细管电色谱的分离效率比 HPLC 高；选择性比 HPCE 高，可对中性粒子进行分离；分析速度和分析结果的重现性与 HPLC 相比要好；能实现样品的富集和预浓缩。分离和富集是 HPCE 的特点。

该领域在 20 世纪 90 年代后期已成为毛细管电泳和色谱领域的研究热点，尤其在电色谱柱的开发方面发展迅速，这项技术将成为非常有发展前途的，将高效、高速、高选择性和富集、预浓缩样品集于一身的新型分离和分析技术。它在生物医药与环境分析等领域具有广泛的应用前景。

图 6-2 为毛细管电泳、电渗流驱动的毛细管电色谱和开管微柱液相色谱的分离结果对比图。为了进行有效对比，使用的毛细管柱的柱径相同，流动相相同。CE 和毛细管电色谱施加的电压相同。毛细管电色谱壁涂 PS-264(正辛基正戊胺)固定相，流动相中加入少量铵盐

可避免管柱固定相对酸性化合物的吸附。从 5 种物质分离的结果可见毛细管电色谱的分离效率(半峰宽窄)比 HPLC 高；毛细管电色谱的选择性(5 个峰均被检出)比 HPCE 高(3 个峰被检出)；毛细管电色谱的分析速度快，6min 内出峰完毕，毛细管区带电泳需时 8.5min，HPLC 需时 7min，这说明毛细管电色谱对同分异构体的分离效果好。

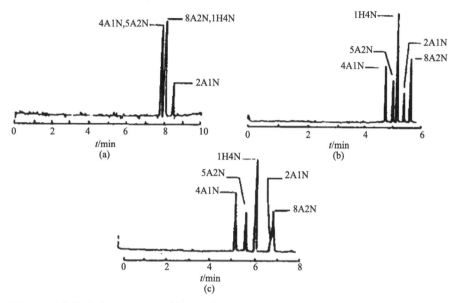

图 6-2　毛细管电泳、电渗流驱动的毛细管电色谱和开管微柱液相色谱的分离结果对比图
(a)毛细管区带电泳：未涂渍的弹性石英柱(50cm×10μm)，有效长度为 40cm；背景电解质溶液为 10mmol/L 缓冲溶液，pH 为 7.0，加入 1.25mmol/L 四丁基氢氧化铵；操作电压为 21kV；(b)电渗流驱动的毛细管电色谱：毛细管柱为 50cm×10μm，壁涂 PS-264 固定相；其余同(a)；(c)开管微柱液相色谱：色谱柱同(b)，洗脱液同(a)，施加电压为 0
4A1N. 4-氨基-1-萘亚磺酸；5A2N. 5-氨基-2-萘亚磺酸；1H4N. 1-萘酚-4-亚磺酸；2A1N. 2-氨基-1-萘亚磺酸；8A2N. 8-氨基-2-萘亚磺酸

6.2　基本原理

6.2.1　分离机理

电渗流在毛细管电色谱中对分离结果及分析重现性有很重要的影响。

在开管毛细管电色谱柱中，当背景电解质溶液的 pH 大于 3 时，毛细管内表面的—Si—OH开始解离为硅氧基($Si—O^-$)与 H^+，解离的硅羟基因静电引力吸引背景电解质溶液中的阳离子，毛细管内壁带负电，形成双电层。当毛细管两端施加高电压时，产生流向阴极的电渗流。

在填充毛细管电色谱柱中，当背景电解质溶液的 pH 大于 3 时，硅胶填料表面残留的硅羟基解离和静电吸引两种作用使硅胶颗粒周围形成双电层，在高压电场作用下形成流向阴极的电渗流。采用无孔、有孔或大孔固定相颗粒时，电渗流的产生机制和变化规律也有所不同，电渗流形成的根源是双电层的存在。图 6-3 为填充毛细管电色谱柱中电渗流形成的原理示意图。在填充毛细管电色谱柱中，溶液从固定相表面通过，引入无量纲因子 γ 修正填充柱的弯曲和疏松程度，其电渗流的大小可以用式(6-1)表示。

$$v_{eo} = \frac{\gamma E \varepsilon \xi}{4\pi\eta} = \frac{\gamma U \varepsilon \xi}{4L\pi\eta} \qquad (6-1)$$

式中：γ——无量纲因数，根据填充床的弯曲度和疏松程度不同，其范围为 0.4～0.7；

$\quad$ E——电场强度；

$\quad$ ε——流动相介电常数；

$\quad$ ξ——填料颗粒表面与电解质溶液界面双电层的 zeta 电位；

$\quad$ η——流动相黏度；

$\quad$ U——电场电压。

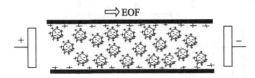

图 6-3　填充毛细管电色谱柱中
电渗流形成的原理示意图

如果颗粒太小，产生电渗流的离子与固定相的碰撞严重，易改变电渗流的流速。只要填料颗粒粒度 $\geqslant 0.5\mu m$，电渗流流速就与填料大小无关。对于既定的背景电解质溶液，在操作电压一定的情况下，填充毛细管电色谱中的电渗流恒定，流动相的流速为一定值。毛细管电色谱中作为流动相的背景电解质溶液的流速不像 HPLC 受填料粒度大小的影响，因而分离效率高，重复性好。

在整体毛细管柱中，聚合物表面部分裸露的—Si—OH 在背景电解质溶液中能产生双电层，形成电渗流。

与 CE 一样，毛细管电色谱中的电渗流大于大多数组分的电泳速度。因而电渗流带动溶质离子一起向阴极移动。

6.2.2　保留机制

组分在毛细管电色谱柱中的迁移速度 v 与电渗流流速 v_{eo}、组分的电泳速度 v_{ep} 和组分在流动相与固定相之间的分配情况有关。

$$v = \frac{1}{1+k}(v_{ep} + v_{eo}) = \frac{n_m}{n_s + n_m}(v_{ep} + v_{eo}) \qquad (6-2)$$

式中：v_{eo}、v_{ep}——分别为电渗流流速和组分的电泳速度，$v_{ep} + v_{eo}$ 指的是 v_{eo} 和 v_{ep} 的矢量和；

$\quad$ k——组分在毛细管电色谱柱中的分配比，其大小取决于组分在固定相与流动相间的分配。

中性物质在毛细管电色谱柱中的迁移速度 v 可以用式(6-3)表示：

$$v = \frac{v_{eo}}{k+1} \qquad (6-3)$$

毛细管电色谱的保留机制是电泳迁移和色谱固定相的保留双重机理。组分在毛细管电色谱中的保留与它在系统的固定相与流动相间的分配系数和电泳机制有关。对于离子型化合物而言，保留机制是电泳和色谱分配的双重机制；对于中性化合物而言，仅有色谱分配的机制。

6.2.3　柱效率

组分在毛细管电色谱柱中的迁移速度 v 近似于流动相的流速。毛细管电色谱的柱效率用理论塔板数 n 或理论塔板高度 H 表示。毛细管电色谱的速率方程解释了填料大小、电渗流流速和电解质组分浓度(影响电渗流大小)与柱效率之间的关系。毛细管电色谱的速率方程以式(6-4)表示：

$$H = Ad_p + \frac{BD_m}{v} + \frac{Cd_p^2}{D_s}v \tag{6-4}$$

式中：D_m、D_s——分别为组分在流动相和填充颗粒内部的扩散系数；

　　　v、d_p——分别为流动相的流速和填充颗粒的粒度；

　　　A、B、C——Van Deemter 方程常数。

对开管毛细管电色谱，与固定相填充的不规则性有关的涡流扩散项 $Ad_p = 0$；对填充毛细管电色谱，由于流动相是塞式平流，因固定相填充的不规则而引起的谱带增宽被毛细管电色谱的电渗流驱动形成的塞流所克服，并且填充颗粒粒度 d_p 很小，一般仅为 $1.5 \sim 3.0 \mu m$，所以涡流扩散相 Ad_p 和 HPLC 相比很小，可以忽略。

传质阻力的大小主要由组分在填充颗粒内部的扩散系数决定。一般操作条件下，传质阻力引起的谱带增宽很小，对塔板高度的贡献可以忽略。

在理想情况下，影响毛细管电色谱柱效率的因素只有纵向扩散项，其是引起柱内谱带增宽的因素。这就是毛细管电色谱的分离效率远高于 HPLC 的根本原因。毛细管电色谱采用柱上检测和电动进样，进样量和死体积都比 HPLC 小得多，柱外谱带增宽也小，这也是毛细管电色谱柱效高的另一原因。

6.3　实验条件的选择

6.3.1　操作电压

在填充毛细管电色谱中，固定相涂料往往使毛细管中的流动相的流通通道与轴向有一定角度，使溶质在柱内的移动距离增加，柱内有效电场强度下降，电渗流小，工作电流很小，柱中的热效应小，焦耳热可以忽略。

6.3.2　缓冲溶液的 pH

流动相的 pH 通过影响填料表面硅羟基的解离而影响电渗流。当 pH>9 时，表面硅羟基完全解离，电渗流流速几乎不变。当 pH<3 时，表面硅羟基的解离较少，表面电荷密度下降，zeta 电位减小，使电渗流流速也减小，而柱容量因子 k 基本不变。因此，提高缓冲溶液的 pH 可提高毛细管电色谱的分析速度。

6.3.3　背景电解质的浓度

随背景电解质的浓度增加，双电层被压缩、变薄，并且使电解质离子间形成离子对的概率加大，组分表面的有效电荷减少。所以，提高背景电解质的浓度可使 v_{eo} 降低。但另一方面，浓度增加，使工作电流增大，热效应增大，过高的焦耳热极易使填充柱电色谱系统产生气泡。背景电解质的浓度一般应小于 6mmol/L，以 2mmol/L 为宜。如果采用低电导的电解质体系如三羟甲基氨基甲烷，工作电流比同浓度下的高电导电解质体系要低得多，热效应引起的气泡问题就小得多，可以采用高浓度的低电导背景电解质体系提高分离效果。

6.3.4 有机溶剂

缓冲溶液中加入有机溶剂会改变溶液黏度、介电常数、离子强度，引起 v_{eo} 和溶质 t_R 的改变。使用反相毛细管电色谱分离时，在缓冲溶液中提高乙腈浓度，可以提高冲洗能力；降低乙腈浓度，冲洗时间加长，可以提高毛细管电色谱的分离度。

6.3.5 柱温

温度对电渗流的影响通过改变 zeta 电位、介电常数和流动相的黏度实现。所以，要控制柱温、控制散热。例如，对毛细管电泳系统，毛细管柱置于温度可调的恒温环境中，采用风冷和液冷两种方式控温。

6.4 毛细管电色谱柱的制备

毛细管电色谱柱及其制备是获得良好分离的关键和前提。

6.4.1 填充毛细管电色谱柱的制备

填充毛细管电色谱柱制备的方法有匀浆填充制备法、拉伸填充制备法和电动填充制备法。

1. 匀浆填充制备法

匀浆填充制备法是最常用的方法。图 6-4 为毛细管电色谱柱的匀浆填充过程示意图。匀浆法制备设备只需要一台 LC 泵即可，通过加压可有效地防止气泡的产生；使用高压泵，装置复杂，过程烦琐；填料易堆积，重现性差。通过超声灌柱，易制备密度均匀的柱床，易实现快速填充，在 10min 内可制得 50～100cm 填充柱。填充过程由烧结进样端塞子、高压填充固定相、烧结检测器塞子、去除塞子外固定相、检测器窗口制备和分离柱流动相初始化六部分组成。去除塞子外固定相需采用减压操作等。

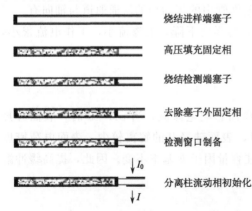

烧结进样端塞子

高压填充固定相

烧结检测端塞子

去除塞子外固定相

检测窗口制备

$\downarrow I_0$

分离柱流动相初始化

$\downarrow I$

图 6-4 毛细管电色谱柱的匀浆填充过程示意图
I_0 表示用紫外检测器检测时的入射光强度；
I 表示透射光强度

2. 拉伸填充制备法

拉伸填充制备法所采用的毛细管电色谱柱的材料不能使用高熔点的石英，只可使用低熔点的玻璃。由于键合相填料在拉伸所需的高温条件下会被破坏,因此对键合相填料不能用拉伸法制备毛细管电色谱柱,只能选择填充后拉伸再柱内键合。

将选择好的色谱柱填料在 400℃下干燥过夜后,将其装入一端封闭的直径为 1～2mm 的玻璃管中,用拉伸机将玻璃管拉制成所需长度,另一端用玻璃棉封口。

此法制柱容易,柱效率较高。但耗时较长,手续麻烦。拉伸法制备毛细管电色谱柱的成功率较低,柱内壁不均匀,分离的重现性较差。

3. 电动填充制备法

选择适当的有机溶剂和所用的填料(粒度为 1～10μm)混匀,经超声制成匀浆,灌入不锈钢前导柱,边振荡边用电泳力将其填充入一端有塞子的毛细管中,用适当的方法使塞子封住毛细管另一端口,完成填充。配制匀浆的有机溶剂大多用甲醇或乙腈。

此法可制得均匀的填充柱床,柱效率较高。制备所需要的时间短、填充均匀、效果较好,是目前较成功的制备方法。

4. 塞子的制备

填充毛细管电色谱柱的技术难点是塞子的制备。进样端的塞子是为了防止在电渗流或压力下填充固定相的移动。出口端的塞子是为了防止固定相流出。塞子的存在引入了不均匀因子,因而会引起气泡的产生。塞子效应也是谱带增宽的重要因素之一,甚至塞子效应可以完全消除毛细管电色谱的优越性。

好的塞子应具有足够强的机械强度,能承受装柱过程的高压,保证固定相不流失;有一定的化学惰性,不受流动相中有机溶剂的影响,在一定 pH 范围内对流动相中的成分无活性反应;塞子的孔隙足够大,具有良好的透过性,对流动相的阻力应尽可能小,易于溶质和流动相通过,孔隙也不能过大以免固定相漏出;死体积应尽可能小。

匀浆、拉伸和电动填充,无论采用何种方法,填充毛细管电色谱柱都需要塞子的制备,这种塞子也称为砂芯塞。填充毛细管电色谱柱的结构如图 6-5 所示。

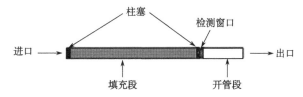

图 6-5　填充毛细管电色谱柱的结构

填充毛细管电色谱柱两端的砂芯塞像 HPLC 柱两端的砂芯塞一样,只是在毛细管电色谱细径下的烧制技术比 HPLC 的难一些。制备填充毛细管电色谱柱最常用的是采用烧结的方法制备塞子。将 3～5μm 的硅胶或硅酸钠(水玻璃)装入毛细管柱一端至所需的适当长度,再用火焰将硅胶或硅酸钠烧结固化,制成塞子。研究中发现,用硅胶做原料,以水玻璃做烧凝剂制备的塞子,在重现性及均匀性方面不如采用填入的固定相填料制成的塞子好。因此,现在砂芯塞多由硅胶或固定相烧结而成。人们先用上述方法烧结出第一个塞子,以利于填入固定相填料,然后利用固定相自身将固定相填料两端烧结成进口塞子和出口塞子,再将第一个塞子截去。这样制得的塞子无论在强度、均匀性及重现性等方面均有较好的性能。

制作出的塞子的质量对毛细管电色谱的分离效率的影响很大，质量差的塞子甚至会导致毛细管电色谱操作失败。目前，采用烧结法制作的塞子很不理想。所以，开发制备方法简单、性能优良的塞子仍是制备填充毛细管电色谱柱需解决的一大问题。近年来，为了克服制作塞子的困难，整体毛细管电色谱柱发展起来。

5. 填充毛细管电色谱柱的特点

填充毛细管电色谱柱的电渗流流速较小，约为开管柱的40%～60%，使分析时间加长。不过，填料的比表面积大使填充柱对柱的表面污染（如吸附等）不敏感，所以填充型电色谱柱的流速及分离结果都较稳定，重现性好。填充毛细管电色谱柱中，因柱内无压降，进行塞流流动，与HPLC的压力驱动相比，谱带增宽小，柱效率高得多。

目前填充毛细管电色谱柱存在一些问题，阻碍了其广泛应用。柱的制备装填较困难，尤其是砂芯塞的制作。砂芯塞烧制的技术性很强，使用者自己制备较困难，商品柱的价格高，又易于损坏，影响其推广。分离时，填料与色谱柱间存在的速度差很容易使柱内产生气泡，造成电流中断，使分离失败。填充毛细管电色谱柱的实验操作中选择缓冲溶液的浓度格外重要。当电解质溶液浓度为2mmol/L时，柱内不易产生气泡；超过6mmol/L时，柱内容易产生气泡。在电渗流驱动下，柱内易产生气泡，可以辅以压力驱动，但仪器复杂，也影响柱效率。

6.4.2　开管毛细管电色谱柱的制备

开管毛细管电色谱柱制备的关键是增大表面积，以制备相比大、柱容量大的色谱柱。开管毛细管电色谱柱制备的方法有涂渍聚合物固定相、表面粗糙后键合固定相和溶胶-凝胶技术。

1. 涂渍聚合物固定相

先将熔融毛细管在高温和气流条件下处理，然后通过静态法使待涂布的溶液在毛细管内壁形成薄膜，最后将其固载化，制备过程较简单。但是，交联聚合物固定相覆盖了柱壁表面的硅羟基，不能产生足够的电渗流，需要加入表面活性剂，如阳离子表面活性剂十六烷基三甲基溴化胺（CATB）等，因而限制了聚合物固定相在开管毛细管电色谱柱中的应用。1997年，Tan等在毛细管管壁涂渍线形聚合物，使硅羟基部分裸露，以产生电渗流，在5min内分离了四种对羟基苯甲酸酯。此外，溶质在聚合物固定相中，扩散系数D_s小，传质阻力大，降低了柱效率，因而也限制了这种方法的应用。

2. 表面粗糙后键合固定相

石英毛细管的化学惰性较大不易蚀刻，早期采用易于蚀刻的钠玻璃和硼玻璃。先对其表面蚀刻，以增大表面积，然后再键合固定相。由于蚀刻出的钠玻璃和硼玻璃较脆，易断裂，相比很小，没有推广；1996年，Pesek报道在300～400℃下用氟化氢铵（NH_4HF_2）溶液蚀刻石英毛细管内壁，表面积可以增大1000倍。

在毛细管柱中注入聚乙氧基硅烷，然后通入氨水或氨气使其沉淀出二氧化硅，析出的二氧化硅吸附在管壁上形成多孔硅胶。聚乙氧基硅烷和氨气或氨水的量要控制好，否则形成的 SiO_2 沉淀吸附在管壁上，残存的 SiO_2 沉淀还会堵塞毛细管柱。1990 年，Bartle 等使用这种方法制备了开管毛细管电色谱柱，在硅胶上键合 ODS 后，分离了多环芳烃。1992 年，Mayer 和 Armstrong 等在毛细管的管壁上涂布聚硅氧烷，并在聚硅氧烷上键合手性环糊精，用此分离了手性物质。

此法制柱的相比大、柱效率高，但是制备较困难，制备的重现性差，不宜制备内径小于 $10\mu m$ 的毛细管电色谱柱。

3. 溶胶-凝胶技术

溶胶-凝胶技术是在毛细管内壁形成一层含官能团的多孔硅玻璃膜，将固定相直接嵌入玻璃介质中。正辛基三乙氧基硅烷与石英管壁 Si—C 键键合形成带有固定相的多孔硅胶，由一步反应而来，不像键合多孔硅胶那样需要在多孔硅胶上键合其他基团。

把四乙氧基硅烷（多孔硅胶的反应物）和带有固定相基团的三乙氧基硅烷（如正辛基三乙氧基硅烷）、乙醇、盐酸或氨水按一定体积比混合，四乙氧基硅烷水解产生原硅酸，原硅酸缩聚生成硅胶，水解和缩聚同时进行，但水解速度大于缩聚速度。水解缩聚过程中，液体状的溶胶通过胶凝作用转化为凝胶。在水解结束时，将凝胶注入活化的毛细管中，毛细管壁上的硅羟基也参与继续进行的缩聚反应，凝胶通过老化和干燥过程生成 SiO_2 干胶后形成带有固定相的多孔硅胶，从而将硅胶层固定在管壁上。其基本原理及制柱过程与键合多孔硅胶相似，但不需额外键合固定相，简化了制备过程。由于固定相与硅胶是以 Si—C 键相连，因此化学稳定性较好，在 $0.3\sim11.4$ pH 范围内都可以使用。1997 年，Colon 等用凝胶-溶胶技术制得了以氟化物为固定相的毛细管电色谱柱，分离了六种苯的氟化物。

此法制柱增加了溶质和固定相间的相互作用，稳定性好、柱效率较高、成功率大于 80%。但是制柱步骤多、周期长，必须加入带有固定相基团的三乙氧基硅烷，因而其固定相的选择余地不大。

4. 开管毛细管电色谱柱的特点

开管毛细管电色谱的仪器，特别是检测器比填充毛细管电色谱简单。如果不需要加压力驱动，在普通毛细管电泳仪上就可以进行开管毛细管电色谱的操作。固定相交联或键合在毛细管内壁上，涂层稳定、不易被流动相冲掉。柱表面的硅羟基被屏蔽一些，电渗流比毛细管区带电泳小。分离度高、分离重现性较好。可避免填充柱的主要技术问题。样品容量低、检测度低，可以被检测到的组分少，某些低含量的组分可能检测不到。

6.4.3　整体毛细管电色谱柱的制备

填充毛细管电色谱柱中微柱塞子的制作是一种技术和艺术的结合，具有一定的难度，为了避免制作塞子的困难，研制了一种简易、灵活的制备微柱 LC 和毛细管电色谱的方法，即在柱管内用原位聚合的方法制作成柱状整体填料或将颗粒填料填入后聚合固化在色谱柱中，称为整体色谱柱（monolithic column）。

整体色谱柱是一种用有机或无机原位聚合或溶胶-凝胶方法在毛细管色谱柱内形成整体、连续、多孔的固定相的一种电色谱模式。其适用于 HPLC、毛细管电色谱、固相萃取等系统，成功应用于药物学、生命科学、环境科学等领域的分离分析。

1. 整体毛细管电色谱柱的分类

整体毛细管电色谱柱要把事先配制好的单体、交联剂、致孔剂、电渗流产生剂和引发剂等混合溶液装入空的色谱柱内，然后经过一段时间的聚合反应制得。按制备方法，整体毛细管电色谱柱分为聚合物整体色谱柱和硅胶整体色谱柱两类。

1) 聚合物整体色谱柱

按聚合物的类型，聚合物整体色谱柱分为以丙烯酸酯为基的有机聚合物整体色谱柱、以丙烯酰胺为基的有机聚合物整体色谱柱、以聚乙烯为基的整体色谱柱和分子印迹聚合物整体色谱柱。

20 世纪 80 年代中期，Wulff 提出用模板化合物制备分子印迹聚合物色谱固定相，这种固定相是由功能性单体(如甲基丙烯酸和乙烯基吡啶)和分子印迹单体(如氨基酸)聚合而成的聚合物，用以进行对映体的分离。聚合物整体色谱柱制备简单、孔径容易控制、重现性好、柱效率高、分离快、稳定性高、能承受较苛刻的流动相条件、使用的 pH 范围大，缓冲溶液的浓度以及改性剂的种类等都不会对聚合物整体柱的稳定性造成负面影响。

2) 硅胶整体色谱柱

硅胶整体色谱柱是以硅胶为基质的无机整体柱，通过烷氧基硅烷酸催化水解和缩聚凝固以及烷氧基氯硅烷柱后衍生制得。与有机聚合物整体柱相比，其具有很好的机械强度，比表面积大，适于分离小分子的混合物；其次，在孔结构控制方面也有明显的优势，具有双孔结构，孔隙率大于 80%，很适合快速分离和高通量分析。缺点是稳定性还不太高，适用的 pH 范围较小。

2. 整体毛细管电色谱柱的特点

整体毛细管电色谱柱具有多孔性和渗透性，对流动相的阻力较小，其分离效率在很大程度上取决于聚合物的孔隙(孔径大小可通过改变反应溶剂或表面活性剂的比例来调节)。同时可通过一些后续处理使材料具有中孔结构，增大柱容量。色谱柱中既有流动相的流通孔又有便于溶质进行传质的中孔($X0nm$)，因而可进行快速分离，稳定性很好。

整体柱在聚合过程中可以进行化学修饰引入不同的功能基团，能够方便地对聚合物的刚性、疏水性、孔径性质和电渗流等进行调节，在核苷酸、多肽和蛋白质分离中具有重要作用。

为了提高选择性，运用分子印迹技术和原位聚合，能够制备出只对特定目标分子具有预定选择性的分子印迹整体毛细管电色谱柱，可用于复杂体系中某个特定组分的快速筛选和高效富集。

整体毛细管电色谱柱的制备简单、重现性好，填充孔隙、作用活性点和毛细管柱的改性可以一次完成，能实现快速、高效分离，同时省略了常规填充柱中的填充、封口问题，并排除了由塞子的引入所产生的气泡，克服了填充柱相比小的不足。但是，整体柱的柱效率较低，可提供的固定相活性官能团的种类有限。

6.4.4 三种毛细管电色谱柱的评价

填充毛细管电色谱柱的制备较困难，并存在焦耳热效应、塞子效应和气泡效应。开管毛细管电色谱柱的柱容量较低。整体毛细管电色谱柱没有填充毛细管电色谱柱固定相移动的问题，不必使用砂芯塞；与开管毛细管电色谱柱相比，柱容量灵活可变。整体毛细管电色谱柱具有制柱过程简单，柱容量大，渗透性好，可在高流速下操作而不影响其分辨率，分离过程也不易产生气泡的特点，是目前发展最迅速的毛细管电色谱技术之一。

6.5 检 测 器

LC 的检测器原则上都可以用在毛细管电色谱上，最常用的有四种。通用型检测器是示差折光检测器，其灵敏度低。选择型的检测器有紫外检测器、荧光检测器和电化学检测器，灵敏度高。示差折光检测器在 LC 的检测器中做过介绍。此处只介绍三种选择型检测器。

6.5.1 紫外检测器

在毛细管电色谱的检测器中，紫外检测器的应用最广。由于石英材料在紫外光区具有良好的透光度，因此可以实现柱上检测，减小谱带增宽。

由于紫外光难以穿透硅胶颗粒，必须把紫外检测器装在没有填料的毛细管部分，才能实现毛细管电色谱的柱上检测(图 6-4)。填充毛细管电色谱柱的检测部位比开管毛细管电色谱柱的要复杂一些。填充毛细管电色谱柱被分为两部分：一部分用于分配和电泳的填充段；另一部分用于检测的开管段。

紫外检测器用在毛细管电色谱中，由于毛细管内径小，光程短，常用聚焦透镜和增加光程的方法提高柱上检测的灵敏度。用于毛细管电色谱的紫外检测器的结构与 HPCE 相同。

6.5.2 荧光检测器

大多数非荧光活性的物质只有借助于衍生技术才能对不发荧光的试样进行标记，即间接法测定。

6.5.3 电化学检测器

与 HPCE 的电化学检测器类似。

6.6 毛细管电色谱的应用

6.6.1 芳香烃及药物中间体的分离分析

药物中间体是化学合成药物的基础，是一类高附加值、高技术密集度、用途专一的化工产品。用于药物生产的中间体有哌嗪及其衍生物、吗啉及其衍生物、甾族与萜类化合物以及用于 β-内酰胺类和头孢菌素类抗生素生产的侧链。

苯甲醇为缓解疼痛的药物。在苯甲醇、苯乙醇、苯丙醇及杂质分析中，采用 $28.1\text{cm}\times$

$100\mu m$ 毛细管柱，$3\mu m$ODS 填料；填充长度 L_{ef} 为 16.5cm；缓冲溶液为 7.13mmol/L 的硼酸盐缓冲溶液，流动相为水-乙腈（体积比为 55∶45）；操作电压为 13kV。因硼酸盐的电导率低，即使使用较大的浓度，也不会因焦耳热引起气泡。流动相中加入乙腈可减小 zeta 电位，降低分析速度。施加电压为 13kV，电场强度小于 1kV/cm，不会因电压高产生气泡。

6.6.2　手性分离

手性试剂引入毛细管电色谱的方法有柱前手性衍生化法、手性流动相添加剂法和手性固定相法。柱前手性衍生化法的操作较烦琐；手性流动相添加剂法需要消耗大量的手性试剂，且拆分效果往往不及手性固定相法；手性固定相法不需衍生化，操作简便，也不需要大量昂贵的手性试剂。

将手性试剂引入毛细管电色谱中，可以实现手性分离。研究表明，毛细管电色谱不仅能高效、高速分离带电荷的旋光异构体，还可以分离中性及疏水性光活性物质。

同分异构有构造异构和立体异构之分。构造异构包括链异构、位置异构和官能团异构。立体异构包括构型异构和构象异构。构型异构有顺反异构和旋光异构之分。旋光异构用D/L或R/S表示，D、R为顺时针异构，L、S为逆时针异构。当一对对映体以等量混合时可得到外消旋体，用 dl 或±表示。

以牛血清蛋白(BSA)为手性选择剂，键合到整体柱基质上，形成手性固定相，可用于组氨酸对映体的拆分。

采用 $58cm\times50\mu m$ 毛细管柱，L_{ef} 为 27cm，使用键合到硅胶上的羟丙基-β-CD 填料，粒度为 $5\mu m$，背景电解质溶液为 5mmol/L 磷酸盐缓冲溶液，pH=6.5，流动相为水-乙腈（体积比为 70∶30），操作电压为 15kV。采用以上条件的毛细管电色谱分离了光活性物质氯噻酮(利尿剂)。

Lloyd 使用 $50\mu m$ 弹性毛细管柱填充 β-CD 手性固定相制成手性柱，对中性物质二苯乙醇酮、催眠镇静药己巴比妥及阴离子 dl-苏氨酸、8 种 DNP-氨基酸消旋体进行了分离。二苯乙醇酮为手性化合物，是一种无色或白色晶体，可作为药物和润湿剂的原料，还可用作生产聚酯的催化剂。DNP-氨基酸是 2,4-二硝基苯基氨基酸，是氨基酸衍生化的一种形式。

6.6.3　待测物的富集和预浓缩

目前，毛细管电色谱只能用于较高浓度样品的分离分析($X0\sim X00\mu g/mL$)。柱上浓缩技术为一种提高检测灵敏度的方法。带电溶质在毛细管电色谱中分离综合了高效液相色谱和毛细管区带电泳的分离机制，因此在其柱内富集时可以综合两种模式的富集方法。这种富集可以是加入前导和后续电解质的等速电泳的场增强作用、有机调节剂对场强的影响的结果，也可以是中性粒子的自富集、与固定相填料有关的固相微萃取、等电聚焦电泳的区带压缩效应调节两区带的 pH 或络合物的特异性和浓度、改变固定相等实现样品在柱上的堆积和富集。样品富集后再检测可以提高检测的灵敏度。

Farrell 最初在一根由两种不同固定相装填的玻璃柱上，通过压力和反方向的电场力的作用浓缩了溶质。Rassi 等利用分段的电色谱柱，前一段主要用于样品的富集，后一段用于分离，结合 Z 型检测池对湖水中的有机污染物进行分析，最低检出限达到 $10^{-9}\sim10^{-8}$mmol/L。中性样品在毛细管电色谱中进行柱上富集的研究较少。在传统的 $3\mu m$ ODS

填料上利用色谱区带压缩效应对安息香(二苯乙醇酮，治疗风湿、心痛、肚痛药物，手性药物)和美芬妥因(3-甲基苯乙妥因，抗癫痫药物，手性药物)进行检测，灵敏度分别提高 134 倍和 219 倍。结合区带压缩效应和场放大样品堆积效应，碱性化合物普罗帕酮的浓缩效果可达 17 000 倍。以上显示出毛细管电色谱柱对样品浓缩的巨大潜力。使用整体毛细管电色谱柱进行柱上浓缩的运行更稳定，比填充 ODS 进行柱上富集的效果更好。

　　Tsuda 在使用压力驱动电色谱分离 N-甲基苯基吡啶时，发现在柱两端加上电压控制反向电渗流时，溶质不出峰，而不加电压无电渗流时，溶质被压力流冲出色谱柱，由此揭示了电色谱可以作为富集技术对样品进行浓缩的可能性。他一直在研究这方面的工作。近年，Tsuda 用毛细管电色谱技术，以 $0.1 \sim 0.4 \mathrm{mL/min}$ 的流量，在 $15 \mathrm{cm} \times 1.5 \mathrm{mm}$ 色谱柱上施加 $300 \sim 800 \mathrm{V/cm}$ 的电压，对萘磺酸、鲱鱼 DNA 等进行富集。富集后溶质的浓度为原浓度的 $10 \sim 47$ 倍，进一步证实了电色谱作为富集技术的潜力。

　　毛细管电色谱集合了毛细管区带电泳和 HPLC 的优点，电泳和电渗的过程以及色谱的保留对电色谱的分离性能具有重要作用。

习　　题

1. 什么是毛细管电色谱？它有哪些类型？
2. 试述毛细管电色谱的保留机制。
3. 试述缓冲溶液的 pH 对电渗流的影响。
4. 填充毛细管电色谱柱的技术难点是什么？
5. 填充毛细管电色谱拉塞子的作用是什么，一根好的塞子应该具备什么条件？

第7章　色谱联用技术

色谱联用是指色谱仪器和一些有定性、定结构和定量功能的分析仪器——质谱仪、傅里叶变换红外光谱仪、原子吸收光谱仪、原子发射光谱仪等仪器的直接在线联用。色谱联用也包括一些色谱仪器之间的直接在线联用。色谱与质谱、红外和原子光谱的联用可以增强色谱分析的定性能力，如确定相对分子质量、结构和元素的价态等；多维色谱技术可以借助于不同的分离模式使单一分离模式下分不开的复杂混合物在多种模式的色谱联合使用后得到很好的分离。

本章重点是在了解质谱、红外光谱和原子光谱仪结构特点的基础上，寻找这些仪器与色谱仪相接的位置，掌握色谱联用技术的相接方法。

7.1　绪　　论

7.1.1　色谱联用技术概况

1. 色谱联用接口的特点

色谱与其他仪器的连接是通过一种称为"接口"的装置实现的。色谱分离后的各个组分逐一通过接口进入第二级分析仪器中，接口是联用技术的关键部件。色谱联用装置对"接口"有以下要求：

（1）通过接口进入下一级仪器的样品应不少于全部样品量的30%，以确保整个联用仪器的灵敏度。

（2）样品通过接口的传递应具有良好的重现性。

（3）接口应当满足前级色谱仪器和后一级仪器选用任何操作模式和操作条件。

（4）样品在通过接口时一般不发生任何化学变化，如果发生变化也应遵循一定规律，通过后一级的分析结果可推断出变化前的组成和结构。

（5）接口应保证后一级色谱分离产生的色谱峰的完整，并不使色谱峰变宽，即不影响后一级色谱柱的柱效率。

（6）接口本身的操作应简单、可靠、方便，样品通过接口的速度要尽可能快，因此要求接口尽可能短。

除上述一般要求外，接口还要满足特定的联用仪器的要求。

2. 常见的色谱联用装置

常见的色谱联用装置包括色谱-质谱、色谱-傅里叶变换红外光谱、色谱-原子光谱和色谱-色谱等。其中，色谱-质谱包含 GC-MS、LC-MS 和 CZE-MS；色谱-傅里叶变换红外光谱包含 GC-FTIR、LC-FTIR（TLC-FTIR）和 SFC-FTIR；色谱-原子光谱包含 GC-AES、LC-AES 和 SFC-AES，可对金属有机化合物价态、形态进行分析；色谱-色谱包含 GC-GC、LC-

LC、LC-TLC、SFC-SFC、LC-GC、LC-SFC 和 LC-CE 等，可对单一模式不能完全分离的组分进行进一步的分离和分析。

7.1.2　质谱简介

质谱(mass spectroscopy，MS)仪是用来测定化合物的组成、结构和含量的仪器。在有机结构鉴定的四大方法(核磁、质谱、红外、紫外)中，质谱具有如下的突出优点：灵敏度远超过其他三种方法，样品用量极少，检出限低，是唯一可确定分子式的方法，而分子式对推测结构至关重要。

典型的 MS 仪一般由进样系统、离子源、质量分析器、检测器和记录系统等部件组成，此外，还需要有真空系统和自动控制数据处理等辅助设备，仅以磁单聚焦质量分析器为例，说明 MS 仪的基本结构，如图 7-1 所示。MS 仪的离子化源使样品带电，带电的离子在电场中可运行、可控制并进行质量分析。为了消减不必要的离子碰撞、复合反应、散射效应和离子-分子反应并减小本底与记忆效应，仪器处在低于 10^{-3} Pa 的真空下工作，使用分子涡轮泵抽真空。质量分析器将离子源产生的离子按质荷比(m/z)顺序分开。常用的质量分析器有四极杆分析器、飞行时间分析器、离子阱分析器和磁式双聚焦分析器。MS 可以获得化合物的相对分子质量、分子结构的信息并可预测保留时间和进行定量检测。定量时，先确认保留时间，然后对属于这个保留时间的成分中的离子碎片进行质谱定量。

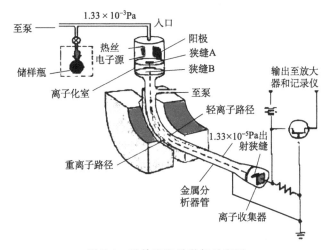

图 7-1　磁单聚焦质谱仪示意图

样品进入离子室前要抽真空是为了避免不必要的物质进入离子化室，离子化后再度抽真空是为了避免不必要的离子碰撞，使离子进入质量分析器的轨迹发生改变。改变电场和磁场使某种 m/z 的物质进入检测器，而 m/z 过大或过小的离子不被检测。

1. 离子源

离子源可使样品产生离子。常用的产生离子的方法有电子轰击离子化(electron impact ionization，EI)、化学离子化(chemical ionization，CI)、电喷雾离子化(electrospray ionization，ESI)和大气压化学电离(atmosphere pressure chemical ionization，APCI)。适用于这

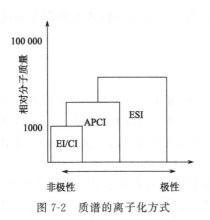

图 7-2　质谱的离子化方式

些离子源检测的相对分子质量大致范围如图 7-2 所示。

1）EI

EI 源最为常用，有机分子 M 被一束能量为 70eV 的电子流轰击，失去一个外层电子，形成 M^+，M^+ 可进一步碎裂成各种碎片离子、中性离子或游离基。EI 源的结构简单、操作和温控较方便；电离效率高，不适用于高相对分子质量的物质和热不稳定的化合物；性能稳定、得到的谱图是特征谱图，可用来表征组分的分子结构。目前，大量的有机化合物标准质谱图都是由 EI 源得到的。通常定性和定量研究均使用 EI 源，但当有些化合物（如直链烷烃、醇等）在 EI 条件下，没有稳定的分子离子峰或分子离子峰非常小，很难做出正确的鉴定时，可用 CI 源。

2）CI

CI 是引入一定的反应气进入离子化室，反应气在一定能量的电子流的作用下电离或裂解，生成的离子和样品分子发生离子-分子反应而产生样品分子离子的一种"软"电离方法。CI 源可以避免分子离子的进一步碎裂，产生的准分子离子很稳定，所得质谱图中的分子离子峰和准分子离子峰较强，碎片离子峰较少，便于从准分子离子峰准确推断相对分子质量，谱图较简单，易识别，灵敏度高。试剂气一般采用甲烷气，也有 N_2、CO、Ar 或混合气等。根据离子亲和力和电负性的不同选择不同的反应试剂，用于不同化合物的选择性检测。但是，CI 源不适用于难挥发和热不稳定的样品；谱图重现性不如 EI，所以谱库中没有 CI 源标准谱图；反应试剂容易形成较高的本底，影响检出限。商用质谱仪一般采用组合 EI/CI 离子源。试剂气的分压不同会使反应离子的强度发生变化，所以一般 CI 源的压力为 $0.5 \sim 1.0$ Torr（1Torr＝133Pa）。

3）ESI

ESI 是指样品溶液在电场及辅助气流的作用下喷成雾状的带电液滴，液滴中的溶剂被蒸发，使液滴直径变小，发生"库仑爆炸"，把液滴炸碎，此过程不断重复，形成样品离子的电离技术。这种方式在很大程度上解决了对流动相的限制，灵敏度也得到了很大提高。它能够给出样品相对分子质量的信息，适合于离子型和极性、高相对分子质量化合物的测定。但是，对流动相的流速有一定的限制，在高盐浓度下离子的形成受到抑制。

4）APCI

与 ESI 大致相同，通过常压下放电针的电晕放电使中性分子电离并与分析物分子进行离子-分子反应而离子化。其适于中等极性化合物的离子化。APCI 比 ESI 的离子产率高。

在各种离子化方式中，GC-MS 常用的电离模式是 EI、CI 和 APCI，对非极性物质和中等极性物质进行离子化；LC-MS 常用的电离模式是 APCI 和 ESI，对中等极性和极性物质进行离子化。

2. 质量分析器

质量分析器是质谱的核心部件，位于离子源和检测器之间，依据不同方式将离子源生成的样品离子按质荷比(m/z)的大小分开。质量分析器的类型主要包括以下几种。

1）四极杆质量分析器

四级杆质量分析器由四根棒状电极组成。相对两根电极间加有直流电压(V_{dc})和射频电压(V_{rf}），形成一个四极电场。当 V_{dc}/V_{rf} 不变而改变 V_{rf} 时，一个 V_{rf} 的四极场只允许一种质荷比的离子通过，其余离子则振幅不断增大，最后碰到四极杆而被吸收。通过四极杆的离子到达检测器被检测。连续改变 V_{rf}，不同 m/z 的离子依次通过质量分析器实现质量扫描。扫描范围即 V_{rf} 的变化范围，检测器检测到的是 $m_1 \sim m_n$ 的质谱。四级杆质量分析器在 GC-MS 中普遍使用。

2）离子阱质量分析器

离子阱质量分析器的原理和质量扫描方式与四极杆质量分析器相似。其由环形电极和上、下两个端盖电极组成。在环形电极和端盖电极之间加上高频电压，离子被储存在高频电场中，扫描电场逐出选定 m/z 的离子。其结构小巧，质量轻、灵敏度高，可用于 GC-MS 和 LC-MS。

3）飞行时间质量分析器

在飞行时间质量分析器中，离子在漂移管中飞行的时间与离子质量的平方根成正比，被加速的离子按不同的时间经漂移管到达收集极上而分离。其质量范围宽（$X0 \sim X000$），扫描速度快，既不需电场也不需磁场。飞行时间质量分析器的灵敏度很高，分辨率也较高。

4）磁式双聚焦质量分析器（扇形磁场质量分析器）

离子通过变化的磁场和电场被传输，不同 m/z 的离子的运动半径不同。如果检测器位置不变（R 不变），连续改变电场或磁场可以使不同 m/z 的离子依次进入检测器，实现质量扫描，得到样品的质谱。

3. 检测和记录

提高电子倍增管的电压可以提高灵敏度，但同时会降低倍增管的寿命，因此应该在保证仪器灵敏度的情况下使用尽量低的倍增管电压。经倍增管放大的电信号被送入计算机处理后可以得到色谱图、质谱图。

发展新的软电离技术以分析高极性、热不稳定、难挥发的生物大分子（如蛋白质、核酸、聚糖等）以及发展液相色谱与质谱联用的接口以分析生物复杂体系中痕量组分是当今质谱研究的热点。为了增加未知物分析的结构信息和增加分析的选择性，串联质谱法是目前质谱发展的一个重要方向。

7.1.3 傅里叶变换红外光谱简介

早期色散型红外光度计的扫描时间长达几分钟，最快也要 $1 \sim 2min$，与色谱的联用不能实现。迈克耳孙干涉仪的扫描速度极快，同时可测到所有频率的信息，一般只要 1s 左右即可。它将光源发来的信号以干涉图的形式送往计算机进行傅里叶变换，最后将干涉图还原成光谱图。它与色散型红外光度计的主要区别在于干涉仪和计算机数据处理两部分。

傅里叶变换红外光谱仪主要由光源（能斯特灯、碘钨灯、高压汞灯、硅碳棒）、迈克耳孙干涉仪、检测器、记录仪和计算机组成，如图 7-3 所示。光源为准直的平行光源，要求光源能量强、寿命长。分束器是干涉仪的核心部件，进入干涉仪中的光，一半透射到动镜，一半反射到定镜，返回分束器形成干涉光后照射到样品上。当样品放在干涉仪的光路中时，样品能吸收特征波数的能量，得到干涉光强度曲线。借数学上的傅里叶变换方法对每个频率的光强进行计算，从而得到透过率随波数变化的光谱图。

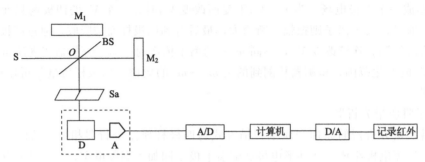

图 7-3　FTIR 光谱仪结构示意图

A/D. 模/数转换；D/A. 数/模转换；D. 检测器；S. 光源；Sa. 样品；BS. 分束器；M$_2$. 动镜；M$_1$. 定镜

7.1.4　原子光谱简介

1. 原子吸收光谱

处在气相状态下的被测元素的基态原子对该元素原子的共振辐射有强烈的吸收作用，以此为基础建立的元素定量分析方法称为原子吸收光谱法。该元素的共振谱线波长的光由空心阴极灯发出。处于基态的原子吸收了共振辐射，使其外层电子跃迁到激发态，吸收强度的大小与其处于基态的原子数成正比，这是原子吸收光谱定量的基础。$A = -\lg(I/I_0) = \varepsilon bc$，其中 ε 为光吸收系数；b 为吸收介质厚度；c 为被测物的浓度；I_0 为入射光强度；I 为透射光强度。

图 7-4 为双光束原子吸收分光光度计示意图。图中使用的是火焰原子化器，也有非火焰原子化器如石墨炉原子化器。大量样品溶剂的引入会淬灭火焰，可加一去溶装置。光源采用空心阴极灯，发出的是待测元素的共振谱线波长的光。单色器可将待测元素的共振线与邻近

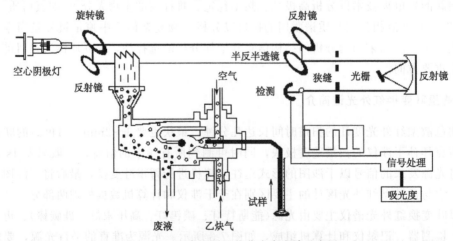

图 7-4　双光束原子吸收分光光度计示意图

线分开。常用的单色器主要是棱镜和光栅。检测器可将单色器分出的光信号转变成电信号，可以使用光电池、光电倍增管、光敏晶体管等。

2. 原子发射光谱

元素的原子或离子在热或电能的激发下，其外层电子在不同能级之间跃迁，发射出不同的特征性谱线，称为原子发射光谱。根据发射谱线的波长进行定性分析，根据谱线的强度进行定量分析。$\lg I = \lg a + b \lg c$，其中，a、b 在一定条件下为常数，谱线强度 I 与浓度 c 成正比。

原子发射光谱仪的类型有多种，如火焰原子发射光谱仪、（直流、微波、感耦）等离子体原子发射光谱仪、光电光谱仪、摄谱仪等。原子发射光谱仪通常由三部分构成：光源、分光和检测系统。电感耦合等离子体原子发射光谱仪的结构示意图如图 7-5 所示。

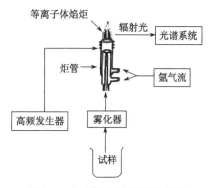

图 7-5　电感耦合等离子体原子发射光谱仪的结构示意图

7.2　色谱-质谱

7.2.1　GC-MS

GC 具有分离复杂混合物的能力，定量容易、定性困难。MS 多用于纯物质定性分析。将两者结合，可实现被分析物的成分分离和鉴定，可提供复杂混合物的定性和定量信息。为了分析未知物的结构和增加分析的选择性，也可采用串联质谱法。GC-MS 可对未知组分定性，可推断化合物的分子结构，可测定未知组分的相对分子质量，可修正色谱分析的错误结论，可鉴定出部分分离或未分离开的色谱峰等。但是对几何异构体的辨别能力差，甚至完全无法辨别。GC-MS 无法分析热稳定性差、相对分子质量较大的化合物。环境分析是 GC-MS 应用最重要的领域之一。

GC-MS 联用的研究始于 20 世纪 50 年代后期，1957 年，Holmes 和 Morrel 首次实现 GC 和 MS 的联用。1965 年出现商品化仪器，1968 年实现了其与计算机的联用。20 世纪 70 年代末，这种联用仪器已经达到很高的水平。80 年代初，出现小型 GC-MS 和台式 GC-MS。90 年代以后，MS 仪的尺寸变小、成本和复杂性下降、稳定性和耐用性提高，已成为常规 GC 检测器之一。

GC 是 MS 的理想进样器，MS 是 GC 的理想检测器，这是占主流的观点。试样经色谱分离后以纯物质形式进入质谱仪，就可充分发挥质谱法的特长，所以认为，GC 是 MS 的理想进样器。色谱法所用的检测器如 TCD、FID、ECD 等都有局限性，而 MS 能检测几乎全部化合物，灵敏度很高，所以认为，MS 是 GC 的理想检测器。

由于质谱分析要求高真空度，因此与 GC 的联用必须解决真空连接或接口的问题。无论采用何种接口，GC 需使用小内径、薄涂层的键合或交联的熔融石英毛细管柱，分离后经接口进入 MS 前端。

1. GC-MS 的分类

按照仪器的机械尺寸，GC-MS 可以分为小型、中型和大型气质联用仪；按照仪器的性能，分为高、中、低档气质联用仪；按照质谱技术，分为四极杆分析器、离子阱分析器、飞行时间分析器和磁式双聚焦分析器气质联用仪；按照质谱仪的分辨率，分为高分辨率（>5000，高分辨磁质谱可达 60000，飞行时间质谱可达 5000）、中分辨率（1000～5000）和低分辨率（<1000）气质联用仪三类。

2. GC-MS 的接口

联用技术的关键是接口技术，利用此技术使 GC 和 MS 匹配，以不降低两种仪器原有的性能。

两种仪器在联用以前，仪器的压力相差悬殊，气相色谱仪末端气体的流出压力接近 101.3kPa，质谱仪离子室的压力是 133.3×10^{-6} Pa。质谱系统需要高真空主要有两方面原因：一是确保离子源内被测组分分子能被正常电离，而不被其他分子或因素干扰。例如，空气中的氧气可使灯丝烧毁；电离室内气体会造成残余样品等本底物质的干扰，或可能发生其他离子-分子反应或其他化学电离，或阻碍电子束通过电离室。二是确保离子在质量分析器中能自由地按电场或磁场作用力运动，不与其他分子或离子碰撞，或这些离子本身互相碰撞。为了有效达到高真空，通常需要多台泵串、并联。例如，用涡轮分子泵和机械泵串联。因为色谱柱固定相的蒸发或热裂解溢出会造成大的质谱背景，所以需要减小或降低。

接口要解决压差和将载气与被分析组分分离的问题。接口不应破坏离子源的高真空，也不影响色谱柱分离的柱效率和不增加死体积；接口应能使色谱分离后的各组分尽可能多地进入质谱仪的离子源，使流动相尽可能少地进入质谱的离子源；接口也不要改变色谱分离后各组分的组成和结构。

由于 MS 要求高真空，与 GC 的联用必须解决真空连接或接口问题。接口的作用是除去全部的载气，但却能把待测物从 GC 引入 MS。一是通过直接耦合法实现 GC-MS 联用。二是提高离子化室的工作电压实现 GC-MS 联用。在各种电离技术中，CI 的工作电压较高，色谱载气可以作为反应气体，便于实现 GC-MS 联用；样品与载气在 APCI 中受到放射性物质的辐射（或电晕放电）而电离，样品离子通过小孔进入质量分析器，离子源的总压强高达 100kPa，分析器中仍然可以保持高真空环境。三是浓缩减压法（采用分子分离器）实现 GC-MS 联用。

以下介绍三种 GC-MS 的接口。GC-MS 发展的早期多采用开口分流型接口，现在多采用直接导入型接口和分子分离器接口。

1）分流型接口

分流型主接口是将色谱流出物的一部分送入质谱仪进行检测，其中开口分流型接口最为常用，如图 7-6 所示。GC 柱的一端插入接口，其出口正对着另一毛细管，该毛细管称为限流毛细管。限流毛细管承受的压降与 MS 的真空泵相匹配，把色谱流出物的一部分定量地引入 MS 的离子源。内套管中插入色谱毛细管和限流毛细管，使这两根毛细管的出口和入口对准，两者相距约为 1mm。内套管置于外套管中，外套管充满 He。当 GC 柱的流量大于 MS 的工作流量时，过多的色谱流出物和载气随 He 流出接口；当 GC 柱的流量小于 MS 的工作流量时，外套管中的 He 提供补充。因此，GC 不影响 MS 的工作，MS 也不影响 GC 的分离性能。这种接口的结构很简单，但当色谱流量较大时，分流也较大。分流比主要取决于限流毛细管的内径和尾吹气流速。以进入质谱的载气流量为 $1 \sim 2mL/min$ 为宜。

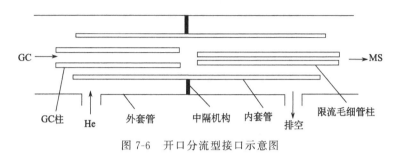

GC柱　　He　　　外套管　　中隔机构　内套管　　排空　　限流毛细管柱

图 7-6　开口分流型接口示意图

开口分流型接口适于内径较大的毛细管柱。但是，该接口可能吸附某些极性或痕量组分，使峰形拖尾或峰面积下降。应对可能与样品接触的套管表面、毛细管柱和限流毛细管的外表面进行惰性处理。分流时还容易混入空气，增大本底。

2）直接导入型接口

直接导入型接口是指毛细管色谱柱借助一根金属毛细管直接引入质谱仪的离子源。直接导入型接口的进样可采用分流和不分流两种方式。载气(He 等惰性气体)在离子源的作用下不发生电离，待测物电离形成带电粒子，在电场作用下加速向质量分析器移动，而载气由于不受电场影响被真空泵抽走。接口金属毛细管的实际作用有两方面：一是支撑插入端毛细管，使其准确定位；二是保持温度，使色谱流出物不冷凝。

由于填充柱的分析效率不高，柱中固定液易流失而引起色谱仪的本底提高和污染，因此填充柱在 GC-MS 中不再使用，毛细管柱在联用中的应用更广。由于毛细管柱的载气流量较低，一般为 $1 \sim 3mL/min$，可使用直接导入型接口。直接导入型接口适于长度为 25m 以上，内径为 0.25mm 的毛细管柱，组分因吸附损失的可能性较小，灵敏度高。

3）分子分离器接口

早期的 GC-MS 使用的是填充柱，由于载气流量很大，联用时采用分子分离器接口将载气与试样分子分离，以匹配两者的工作气压。

分子分离器的类型有微孔玻璃式、半透膜式和喷射式三种。喷射式分子分离器是较为常用的一种。

喷射式分子分离器由一对同轴收缩型喷嘴构成，喷嘴被封在真空室中，可做成多级。色谱柱出口具有一定压强的气流通过狭窄的喷射孔，以超声膨胀方式喷向真空室，在喷嘴出口端产生扩散作用，扩散速度与物质相对分子质量的平方根成反比。气体在喷射过程中不同质量的分子都以同样速度运动，但不同质量的分子具有不同的动量，动量小、质量小的载气分子大量扩散，在喷射过程中偏离接受口，被真空泵抽除；动量大、质量大的溶质分子扩散慢，易保持沿喷射方向运动，大部分按原来的运动方向前进进入质谱仪，得到浓缩后进入接受口。喷射式分子分离器的接口起到分离载气、浓缩组分的作用，如图 7-7 所示。为了提高效率，可采用双组喷嘴分离器。

喷射式分子分离器接口具有体积小、热解和记忆效应小，待测物在分离器中停留时间较

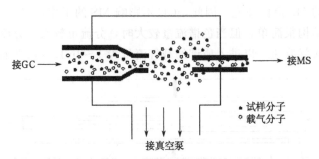

图 7-7 喷射式分子分离器接口示意图

短等优点。但加工工艺要求较高。

3. GC-MS 的无接口联用

GC-MS 还可以采用不分离载气的方法，即化学电离法。色质联用时，可直接将载气作为反应气体，省去复杂接口。

将试样蒸气引入含有过量反应气体的电离室内，常用的反应气体有甲烷、丁烷、异丁烷、氢气、NH_3、CH_3NH_2、$(CH_3)_2NH$ 等。试样浓度约为 1‰，反应气体压强为 70～130Pa。在此条件下用能量为 500eV 的电子轰击反应气体使之电离，被电离的反应气体再与试样分子发生分子离子反应，如质子的转移和复合反应而形成准分子离子。当采用 CH_4 作为反应气时，就形成了一系列准分子离子而出现 $(M+1)^+$、$(M-1)^+$、$(M+17)^+$、$(M+29)^+$ 等质谱峰。

4. GC-MS 的操作

色谱的分离和质谱数据的采集是同时进行的。色谱峰的流出时间仅几秒钟，要求在数秒内就要给出完整的质谱图。为了使每个组分都得到分离和鉴定，必须选择合适的色谱和质谱分析条件(电离电压或电子电流，扫描范围或质量范围等)。

色谱条件包括色谱柱类型、固定液种类、气化温度、升温程序、载气流量、分流比等。设置的原则是：一般情况下均使用毛细管柱，极性样品使用极性毛细管柱，非极性样品使用非极性毛细管柱，未知样品可先用中等极性的毛细管柱，根据分离结果再调整。当然，如果有文献可以参考，就采用文献所用条件。这部分工作最好在普通气相色谱仪上进行，得到合适的色谱条件后，再转移至 GC-MS 上使用。

质谱条件包括电离电压、电子电流、质量范围、扫描速度、电子倍增管电压等。这些参数要根据样品情况进行设定。如果使用 CI 源，还要确定反应气的种类和压强。标准谱图一般都是在电子轰击电离源(EI)、70eV 电离电压下获得的。未知化合物的质谱图与计算机质谱库内的质谱图按一定的规则对比，将匹配度或相似度高的一些化合物检出，并给出这些化合物的名称、分子式、相对分子质量、结构式和匹配度，这对未知化合物和定性分析有很大的帮助。改变电子能量会影响质谱中各种离子间的相对强度。如果质谱中没有分子离子峰或分子离子峰较弱时，可以将电子能量降低到 15eV，此时分子离子峰的强度会增强，但仪器灵敏度也会大大降低，而且得到的谱图不再是标准质谱。灯丝电流一般

设置为 $0.20 \sim 0.25 \mathrm{mA}$，灯丝电流小，仪器的灵敏度太低；灯丝电流太大，则会降低灯丝的寿命。由于色谱峰很窄，一个完整的色谱峰通常需要六个以上的数据点，记录仪要有较高的扫速，才能在很短的时间内完成多次全质量范围的扫描。一般扫速可设在 $0.5 \sim 2\mathrm{s}$ 扫一个完整质谱即可。为了保护倍增管，在设定的质谱条件下，还需要设置溶剂去除时间，使溶剂峰通过离子源之后再打开倍增管。尽量使用较低的电子倍增管电压，以保护倍增管，延长其使用寿命。

在所有的条件确定后，将样品用微量注射器注入进样口，同时启动色谱和质谱，进行 GC-MS 分析。

GC-MS 原理示意图如图 7-8 所示。样品经分子分离器接口进入离子源被离子化加速，在质量分析器中偏转，信号被记录下来。

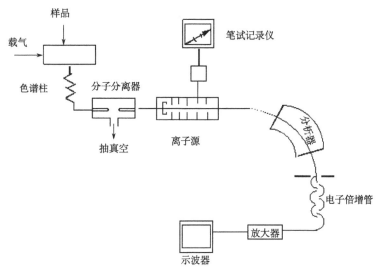

图 7-8　GC-MS 原理示意图

图 7-9 为基于四极杆的 GC-MS 结构示意图。采用喷射式分子分离器，电子轰击离子化产生待测物的带电离子，在电场作用下加速向质量分析器运动，载气因不受电场影响两次被真空泵抽走，待测物进入四级杆质量分析器分离。

在色谱仪的出口，载气要尽可能地除去，只有组分分子进入质谱仪的离子源。但是总有一部分载气进入离子源，它们和质谱仪内残存的气体分子一起被电离并构成质谱的本底。为了尽量减少本底的干扰，在 GC-MS 联用仪中一般采用 He 做载气。一是因为 He 的电离电位是气体中最高的，它难以被电离，不会因为气流不稳定而影响色谱图的基线；二是因为 He 的相对分子质量很小，易于与其他组分分子分离；三是因为 He 的质谱峰很简单，主要在 $m/z = 4$ 处出现，不会干扰后面的色谱峰。

图 7-10 为化学灭火器扑灭燃烧的布料后的气体样品分析的色谱图，工作站数据库给出 12 号峰的质谱信息，用于火场的现场分析。

5. GC-MS 获得的谱图

GC-MS 获得的谱图有两类：质谱图和色谱图。得到的主要信息有总离子流色谱图

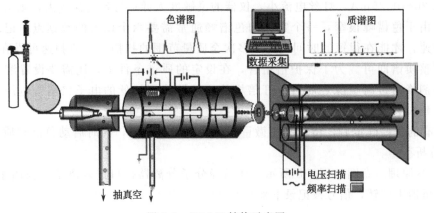

图 7-9　GC-MS 结构示意图

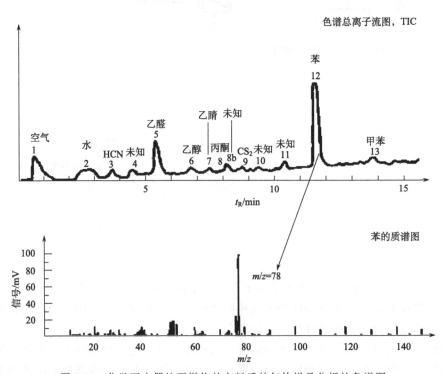

图 7-10　化学灭火器扑灭燃烧的布料后的气体样品分析的色谱图

（TIC）、每个组分的质谱图和每个质谱图的检索结果。对于高分辨率质谱仪，还可以得到化合物的精确分子质量和分子式。

1）质谱图

GC-MS 获得的质谱图分为连续扫描和跳变扫描两种扫描模式。连续扫描是指在规定的质量范围内，连续改变射频电压，使不同质荷比的离子依次产生峰强信号，用线的高低来表示，谱图又称为质谱棒图。跳变扫描是在一次扫描时间内，跳跃改变射频电压，使相应质荷比的离子产生峰强棒图，而其他质荷比的离子不被检测而无信号。通常用选择性离子监测定量时，采用此扫描方式。它是将有限的扫描时间集中在检测几个特征离子上，从而提高灵敏度。

2）色谱图

GC-MS 获得的色谱图通常有三种类型：总离子流色谱图、质量色谱图和选择离子监测色谱图。

a. 总离子流色谱图

有机混合物从色谱柱分离后经接口进入离子源，被电离产生正离子，在进入质谱的质量分析器前，在离子源与质量分析器之间有一个总离子流检测器，以截取离子流信号。实际上，总离子流强度的变化正比于流入离子源的色谱组分的变化，因而总离子流强度与时间或扫描数变化关系曲线就是待测物的色谱图，称为总离子流色谱图。另一种获得总离子流色谱图的方法是利用质谱仪自动重复扫描信号，由计算机收集、计算并再现出来，此时总离子流检测系统可省略。对总离子流色谱图中的每一个色谱峰，可同时给出对应的质谱图，由此可推测每一个色谱峰的结构组成。在相同条件下，由 GC-MS 得到的总离子流色谱图与由 GC 得到的色谱图大致相同而不是完全相同。原因是用普通检测器(如火焰离子化检测器)的气相色谱的灵敏度和 GC-MS 的灵敏度不同，GC-MS 中色谱柱的出口端为高真空以及两者的载气可能不同等。这样，两种色谱图的色谱峰数、保留时间就可能不同，但只要所用的色谱柱相同，样品出峰顺序是相同的。定性分析就是通过所得的谱图与标准谱库或标准样品的质谱图进行对比实现的。对于高分辨率的质谱仪，通过直接得到精确的相对分子质量和分子式来定性，定量分析是通过总离子流色谱法采用类似色谱分析法中的面积归一化、外标法、内标法实现。各个峰的峰高、峰面积可以作为定量的参数。总离子流检测器对所有峰都有相近的响应值，是一种通用型检测器。如果两个色谱峰有相互干扰，应尽量选择不发生干扰的位置得到质谱图，或通过扣除本底以消除其他组分的影响。

b. 质量色谱图

质量色谱图是由全扫描质谱中提取一种质量的离子得到的色谱图，因此又称为提取离子色谱图。假如做质量为 m 的离子的质量色谱图，如果某化合物的质谱图中不存在这种离子，那么该化合物就不会出现色谱峰。一个混合物样品中可能只有几个甚至一个化合物出峰。利用这一特点可以识别出具有某种特征的化合物，也可以通过选择不同质量的离子做质量色谱图，使正常色谱不能分开的两个峰实现分离，以便进行定量分析。

c. 选择离子监测色谱图

选择离子监测针对一级质谱而言，即只扫描一个或几个离子。它是预先设定一种或 2～3 种特征离子跳变扫描，得出这些离子峰强随时间变化的图形。选择离子监测色谱图与质量色谱图一样都是特征离子的色谱图，但它们有区别：质量色谱图是先全扫描后选择特征离子，通过降低本底提高性能；选择离子监测色谱图相反，先选定特征离子，后扫描。它通过增加特征离子的峰强来提高性能。

7.2.2　LC-MS

20 世纪 80 年代以后，LC-MS 的研究在出现大气压化学电离接口、电喷雾电离接口以及粒子束接口等技术后才有了突破性进展。LC 中 $3\mu m$ 固定相颗粒及细径柱色谱柱的使用，提高了柱效率，大大降低了流动相的流量，这些都促进了 LC-MS 的发展。迄今为止，LC-MS 还没有一种接口技术具有像 GC-MS 接口那样的普适性。因此，对于一个从事多方面工作的现代实验室，需要具备不同接口的 LC-MS 仪器以适应 LC 分离化合物的多样性。20 世纪 80 年代后期，大气压化学电离技术出现，大气压化学电离可以对不同极性的物质离子化，提高了 LC-MS 联用仪的应用范围。

LC-MS 适合于热不稳定、不易衍生化、不易挥发和相对分子质量较大的化合物；选择性和灵敏度都较好；但分析的时间相对较长。

进行 LC-MS 分析的样品最好使用水、甲醇溶液等低相对分子质量、易挥发的溶剂，LC 流动相中不应含有不挥发盐，否则会引起强烈的噪声，严重时会造成仪器接口处放电；对于极性样品，一般采用 ESI 源，对于非极性样品，采用大气压化学电离源；样品要求纯净，不含显著量的杂质；黏度不能过大，防止堵塞色谱柱、喷口及毛细管入口；还要求溶剂流速恒定，脉动小。

LC-MS 联用要解决的问题，一是如何有效除去大量流动相液体。早期使用传送带技术，现在多采用电喷雾或大气压化学电离技术。二是质谱的离子源要求试样气化，质谱的温度对液相色谱分析试样有影响。

LC-MS 的定量分析方法与 LC 相同。但是由于色谱分离方面的问题，一个色谱峰可能包括几种不同的组分，如果仅靠峰面积进行定量，会给定量分析造成误差。因此，对于 LC-MS 定量分析不采用总离子流色谱图，而是采用与待测组分相对应的特征离子的质量色谱图。此时，无关的组分不出峰，可以减少组分间的相互干扰。然而，有时样品体系十分复杂，即使利用质量色谱图，仍然有保留时间和相对分子质量都相同的干扰组分存在。为了消除其干扰，最好是采用串联质谱的多反应监测技术（是一种基于已知信息或假定信息有针对性地获取数据，进行质谱信号采集的技术）。

1. LC-MS 的电离模式

电子轰击离子化、化学电离等经典方法并不适用于难挥发、热不稳定化合物。大气压化学电离是近年来发展最快、温和的软电离方法，是应用最广的 LC-MS 电离技术。

1）快原子轰击离子化

快原子轰击离子化是用具有 6~10keV 能量的氙、氩、氦或其他合适的气体的原子去轰击能溶于甘油等基质中的样品表面，使之解析、离子化，已广泛用于极性、热不稳定性、大分子化合物的分析。

2）电喷雾电离

试样经 LC 柱分离后，LC 流出液经中心金属毛细管喷嘴在雾化气和辅助气的作用下喷射进入加热的常压环境中（100~120℃），在毛细管和对电极之间施加 3~8kV 电压（图 7-11），使试样溶液的流出液形成高度分散的带电扇状喷雾。在大气压条件下形成的离子，在电位差的驱使下通过干燥 N_2 气帘进入质谱仪真空区。雾化的是有机溶剂和溶质，1%~5% 的溶质流出液在高电场下形成带电喷雾，在电场力作用下穿过气帘，溶剂的相对分子质量小易被抽出；气帘使雾滴进一步分散，以利于溶剂蒸发；气帘阻挡中性的溶剂分子，而让离子在电压梯度下穿过，进入质谱；由于溶剂快速蒸发和气溶胶快速扩散，会促使形成分子-离子聚合体而降低离子流，气帘可增加聚合体与气体碰撞的概率，促使聚合体分解；碰撞可能诱导离子破碎，进而由质量分析器提供化合物的结构信息。但是，ESI 不适于非极性化合物的分析。

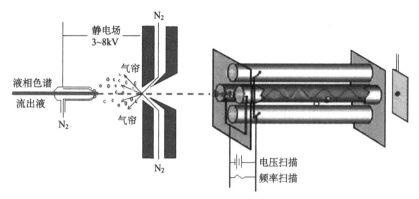

图 7-11　LC-MS(电喷雾电离)结构示意图

3) 大气压化学电离

大气压化学电离的原理示意图如图 7-12 所示。在大气压化学电离源中，分析物的电离主要通过化学电离的途径。在喷嘴附近放置一针状电晕放电电极，当喷射出的气溶胶混合物接近高压放电电场时，大量的溶剂分子被电离，大量的离子与分析物分子进行气态离子-分子反应，通过质子转移，实现化学电离，生成准分子离子。大气压化学电离主要用来分析中等极性、相对分子质量小于 1000 的化合物，有些分析物由于极性或结构方面的原因，用电喷雾电离不能产生足够多的离子，大气压化学电离比电喷雾电离的离子产率高，可以使用大气压化学电离增加离子产率。可认为大气压化学电离是电喷雾电离的补充。简言之，放电针的电晕放电产生离子化，在电场作用下，溶质离子进入更细的毛细管。

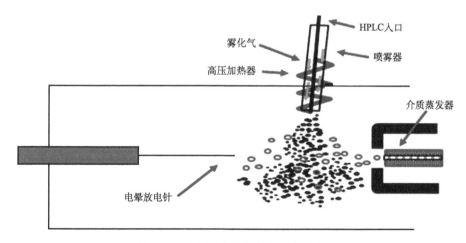

图 7-12　大气压化学电离的原理示意图

2. LC-MS 的接口

LC-MS 的接口主要有传送带、热喷雾、粒子束和电喷雾接口等。

1) 传送带接口

传送带接口是早期使用的 LC-MS 接口，LC 流出物涂布在传送带上，然后在真空中除去溶剂，最后将样品挥发进入 MS。常因涂膜不规则而导致总离子流不规则。在加热除去溶剂时，一些热不稳定化合物可能分解。因样品进入离子源之前溶剂已全部被除去，可选用电子轰击源、化学电离源等离子化技术。

2）热喷雾接口

热喷雾接口曾使用聚焦的二氧化硅激光器、氢氧焰和电加热的方法蒸发 HPLC 馏分。含有细雾的蒸气以超音速喷射，在形成的气溶胶中，部分雾滴带电。当雾滴通过加热的接口和离子源时溶剂不断蒸发，随着带电雾滴粒度的不断减小，液滴表面的电场强度增加，直至离子从液滴中分离出来，经锥形取样孔进入 MS 分析器。

3）粒子束接口

粒子束接口与 GC-MS 的分子分离器有相似之处。在此处溶剂蒸气由真空泵抽去，组分聚集成粒子束，进入 MS 离子源，用 EI 或其他方法离子化。粒子束接口由雾化器、去溶剂室、动量分离器和输送管四部分组成。由于使用高流速（1.2L/min）的 He 使溶剂雾化，耗费高。

4）电喷雾接口

将样品溶液通过毛细管或喷雾针导入大气压电离源内，在电极的作用下，样品溶液形成雾滴而裂变。电喷雾电离是软电离，所得的碎片离子少。可以得到较强的准分子离子峰，有利于相对分子质量的测定。

3. LC-MS 的操作

LC-MS 分析条件的选择要求使分析样品得到最佳的分离并得到最佳的电离。如果两者发生矛盾，则要选择折中的条件。

LC 选择的条件主要有流动相的组成和流速。由于要考虑雾化和电离，因此有些溶剂不适合用于 LC-MS 的流动相。不适合的溶剂和缓冲溶液包括无机酸、不挥发性盐（如磷酸盐）和表面活性剂。不挥发性盐会在离子源内析出结晶，而表面活性剂会抑制其他化合物电离。在 LC-MS 分析中常用的溶剂和缓冲溶液有水、甲醇、乙酸、甲酸、氢氧化铵和乙酸铵等。对于选定的溶剂体系，调整溶剂体积比和流量以实现最佳分离。如果 LC 分离的最佳流量超过电喷雾允许的最佳流量，此时需要采取柱后分流，以达到最佳的雾化效果。

MS 选择的条件主要是为了改善雾化和电离的效果，提高灵敏度。改变雾化气流量和干燥气流量可以达到最佳雾化条件，调节喷嘴电压和透镜电压等可以得到最佳灵敏度。对于多级质谱仪，还要调节碰撞电压和碰撞气流量及多级质谱的扫描条件。进行 LC-MS 分析时，样品需要用 0.22μm 滤膜过滤，将溶液缓慢推入六通阀或注射泵直接手动进样，或将样品瓶放入托盘中自动进样，关闭进样门，保持真空运行状态。确定相对分子质量范围、激光能量模式、压降。样品以 ESI 或 APCI 模式被电离，经质谱扫描，由计算机可以采集到总离子流色谱和质谱信息。

图 7-13 为采用电喷雾电离，被测物在离子阱质量分析器中分离。

图 7-14 为采用大气压化学电离，被测物在四极杆质量分析器中分离。

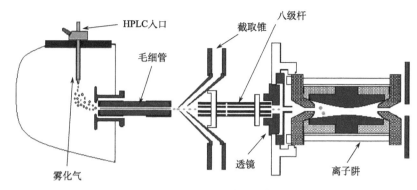

图 7-13 LC-MS(离子阱)结构示意图

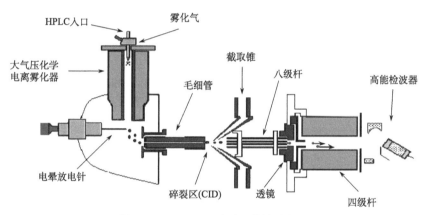

图 7-14 LC-MS(四极杆)结构示意图

7.2.3 CE-MS

CE 可以通过电喷雾接口或其他类型的接口连接到四级杆质量分析器质谱或其他类型质谱上。把 CE 的高度分离能力,尤其是对生物大分子的分离能力与 MS 的强鉴定能力结合在一起,具有相当大的开发价值。

与 LC-MS 联用相比,CE-MS 联用技术在生命科学领域的应用尚处于起步阶段,其关键问题在于 CE 与 MS 的接口不完善。由于 CE 的缓冲溶液通常是低挥发性、高离子强度的,与质谱的兼容性较差;CE 与 MS 的工作速度不匹配;CE-MS 的高电压存在匹配的问题,CE 在进行分离时的操作电压一般为几十千伏,如果采用电喷雾接口,其接口原本也有数千到数万伏的电压设置,要采用有效、安全的电连接方式,方能保证联机的正常工作;在 CE 分离中,电渗流要参与分离,在 CE 的常用分离模式——毛细管区带电泳中,组分的差速迁移与毛细管中的电渗流是叠加在一起的。进入质谱时,如果有很大的真空差,会对 CE 的电渗流产生扰动影响分离效果;CE 的进样方式决定了它的进样量为 nL 级,对配套质谱的灵敏度和信噪比有较高的要求。

为了解决以上遇到的问题,商品化的 CE-MS 采用了共地连接、液接接口和柱上浓缩的技术，如图 7-15 所示。高压电场作为电离源。N_2 用以产生气帘作用，利于将流动相挥发。电喷雾将样品溶液通过毛细管或喷雾针导入大气压化学电离源内，在电极的作用下，样品溶液形成雾滴而裂变，在图 7-15 所示的 F 处完成组分的离子化后进入质量分析器分析。

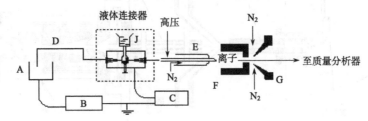

图 7-15 CE-ESI-MS 液接接口示意图

A，J. 缓冲溶液储液罐；B，C. 高压电源；D. 毛细管电泳柱；
E. 电喷雾喷口；F. 离子化室；G. 质量分析器入口

1. 高电压的安全连接方式

如图 7-15 所示，将施加于储液罐 A 和 J 之间的高电压 B 和施加在喷口上的高电压 C 共地连接，以确保 CE-MS 的正常工作。

2. 液接接口

液体连接器的作用在于对毛细管电泳的流出物进行流量补偿及组成的调节以适应 MS 离子化的需要。CE-MS 接口设计中还可采用套液技术，在一般电喷雾的喷口中使用了三层套管，最外层通入补偿液体，其作用与十字形接口相同。接口需要外加含有带电粒子的液流，建立与毛细管流出物的电接触，从而可以进行下一步电离。但是，外加液流的引入会稀释被分析物，这对于质谱的检出限和灵敏度都有显著的不利影响。

3. 柱上浓缩技术

可以对样品进行柱上浓缩以提高进样浓度，克服 CE 进样量小的问题，如膜预浓缩等方法。

4. CE-MS 的操作

CE-MS 运行时，毛细管的出口处带有高压。因此，良好的电接触对控制接口的工作电流乃至稳定的离子化都是很重要的。通常在联机前要把毛细管出口端聚合物材料清除掉，以建立良好的电接触。同时要采用适当的补偿液。毛细管插入位置要细心优化。对通常的电喷雾操作，工作电流可以是 $0.X \sim X \mu A$，而 CE 的电流是 $X0 \sim X00 \mu A$。两者构成回路时，如果电流过大，电喷雾无法正常工作，此时要适当降低 CE 分离所用的缓冲溶液的离子强度并对缓冲溶液的 pH 作适当的调整，如果离子强度和 pH 的调整有困难，则要降低 CE 的工作电压，以便有一个大小合适的电流，使 ESI 稳定工作。位置不当会使电喷雾不稳定。CE-MS 联用时将以往的磷酸盐缓冲溶液调整为易挥发盐缓冲溶液，如甲酸-乙酸溶液、乙酸铵等。

7.2.4　CEC-MS

加压毛细管电色谱在继承了液相色谱的高选择性以及毛细管电泳的高效分离特性的基础上，克服了毛细管电泳难以分离中性物质的缺陷，还克服了使用微小颗粒固定相时高压输液泵的耐压问题，扩展了 HPLC 的应用范围。

加压毛细管电色谱-质谱联用技术在多肽和蛋白质领域的应用较多。

接口装置与 CE-MS 相同。

7.3　色谱-傅里叶变换红外光谱

色谱是物质分离和定量分析的有效手段，但对于未知物的结构鉴定始终存在困难，仅靠保留指数定性分析未知物或未知组分始终面临着许多难题。而傅里叶变换红外光谱作为重要的结构测定手段，对分子化合物具有较强的指纹识别能力，能提供许多色谱本身难以得到的结构信息，但它要求所分析的样品尽可能地纯净、简单，而不能是复杂的混合物。因此，将色谱技术的优良分离能力与红外光谱技术独特的结构鉴别能力相结合，把色谱仪当做红外光谱仪的前置分离工具，或者说，把红外光谱仪作为色谱仪的检测器，就构成了一种理想的分析工具。

7.3.1　GC-FTIR

19 世纪 50 年代末，有人将色谱流出物收集并低温冷凝在红外光谱仪的 KBr 窗片上，或用冷阱冷凝，然后将馏分转移到微量液体池或微量气体池中，再用 IR 检测。这种方法既费时又易沾污样品，这种间歇式的操作不是真正意义上的联用，是非在线的联用技术，但为 GC 与 IR 的联用迈出了第一步。为了实现在线联用，色谱曾与色散型红外光谱联机，用截流阀实时截断色谱馏分的方法使单一馏分进入红外吸收池。但色谱与色散型红外光谱的联机不适合于复杂组分的联用分析。因为从色谱柱流出的组分量很少，流出速度快，传统的光栅或棱镜分光的色散型红外光谱仪的扫描速度太慢，跟不上色谱组分的流出速度。而且，其检测灵敏度太低，不足以得出满意的红外谱图。因此，GC 与色散型红外光谱的联用未能发展起来。由于傅里叶变换红外光谱仪(FTIR)的问世，干涉仪的快速动镜扫描代替了棱镜或光栅的波数扫描，加上高灵敏度的窄频带汞镉碲(MCT)液氮低温光电检测器代替了传统的热释电(TGS)检测器、基体隔离和直接沉积接口的开发，使其全频域光谱响应时间小于 1s，扫速快，可以实时同步跟踪扫描；灵敏度提高，检出限达到 pg 级。傅里叶变换红外光谱克服了色散型红外光谱扫速慢、信噪比和灵敏度低的根本缺陷，且内壁镀金的硼硅玻璃光管取代了早期的不锈钢光管，真正实现了 GC 与 IR 的在线联机。

GC-FTIR 是复杂混合物分析的有利工具，特别是对几何异构体的分析。GC-FTIR 通常采用两种接口：光管接口和冷冻捕集接口。

1. 光管接口

光管是作为 GC-FTIR 接口的光管气体池的简称，为具有一定内径和长度(对于毛细管 GC-FTIR，其内径为 1mm，长度为 10cm)、内壁镀金的硬质玻璃管的气体池。管两端装有

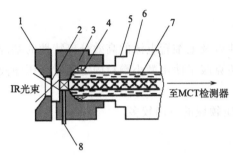

图 7-16　光管接口的结构图

1. 窗架；2. KBr 窗片；3. 管帽；4. Vespel 垫圈；

5. 光管支架；6. 硬质玻璃管；7. 镀金发射层；

8. GC 气入口

红外透光的 KBr 窗片，连接处用耐高温的 Vespel 垫圈密封。接近窗片的地方分别装有 GC 气体进入和流出的导管。工作时，从色谱柱流出的气体经过一根细长的传输导管进入光管，再通过另一根导管进入检测器。光管需要加热保温以免气体冷凝；传输连接管线要求惰性、无催化、体积尽量小。色谱系统应具有分离效率高、峰容量大的特点，以弥补光管检测灵敏度低的不足，这是改善 GC-FTIR 联用效果的一个重要途径之一。

图 7-16 为光管接口的结构图。图 7-17 为 GC-FTIR(光管接口)的工作原理图。

为了避免分离后的组分在光管内混合，光管

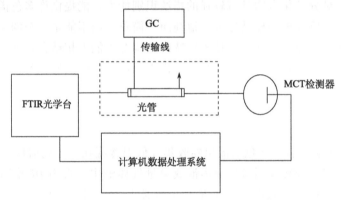

图 7-17　GC-FTIR(光管接口)的工作原理图

的入口处要引入尾吹气，以使组分迅速流出，但尾吹气对组分的稀释会降低检测的灵敏度。

联机检测时，色谱柱流出物进入光管的气态样品量很少，而检测的红外光又在长长的光管中经多次反射，能量衰减很快，必须使用一个灵敏度较高的检测器。如今，GC-FTIR 使用的是汞镉碲检测器(MCT)。其特点是灵敏度高、信号响应快，足以跟上最快的毛细管色谱峰的变化。这种检测器需要在液氮冷却下工作，常温下噪声很大。MCT 检测器分为宽频带和窄频带两种，灵敏度高的窄频带检测器常用。

光管接口可实现实时记录，同时易于操作、价格便宜，但是细内径的光管有光晕损失，使光管的透射率下降；为了满足色谱的分辨能力，往往要牺牲被测组分在光管内的浓度和滞留时间。为防止相邻色谱峰在光管中重合，需要采用稀释技术，即在 GC 管的出口，光管的入口处加尾吹气，使组分快速流出。然而这将导致红外光谱测量信号的降低和噪声的增大；为了使样品在光管中保持气态，至少要求光管保持与色谱柱相同的温度，但光管温度越高，光能量损失就越大。光管接口一般检出限为 100~200ng。

2. 冷冻捕集接口

冷冻捕集接口又称低温收集器或冷阱接口，也称为基体隔离接口。冷冻捕集接口的关键部件是冷盘，直径为 100mm，厚为 6mm，由高导热系数的无氧铜材制成，表面镀金，侧面抛成精密的圆柱体。冷盘置于 1.3×10^{-4} Pa的真空舱内，借助于液 He 将其保持在 12K左右。图 7-18 为 GC-FTIR(冷冻捕集接口)的工作原理图。

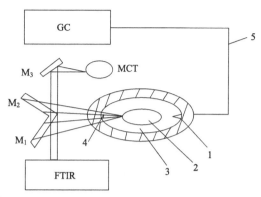

图 7-18　GC-FTIR(冷冻捕集接口)的工作原理图
1. 喷嘴；2. 冷盘；3. 真空舱；4. 红外窗；5. 热传输管

色谱携带流出组分经保温的传输管和安装在真空舱壁上的喷嘴射向冷盘的侧面。所用的载气为 98% 氦气(He)和 2% 氩气(Ar)。当组分喷射到冷盘上时，He 不冷凝，Ar 和样品组分被冻结在反射面上。冷盘在步进马达的带动下匀速旋转，在反射面上留下一窄条凝固的氩带，色谱流出组分在氩带中形成斑点。当冷盘运动到与喷嘴相对位置处时，真空壁上设有红外窗口。样品处在干涉光路中，经动镜和定镜 M_1、M_2、M_3 透过并反射、汇聚、检测。严格地说，这不是在线的检测。

在这种装置中，固体氩带可保持 4~5h，为多次扫描获得高信噪比的红外光谱提供了保证。GC-IR 谱库没有 GC MS 谱库丰富，还需进一步的完善。

冷冻捕集接口的信噪比高、检出限低、谱峰尖锐、强度高。但是不能实时记录，操作烦琐、时间长、仪器昂贵、实验费用高，不利于普及应用。冷冻捕集接口一般检出限为100~200pg。

3. 直接沉积

直接沉积在技术上类似于冷冻捕集接口，将样品沉积在可连续移动的用 ZnSe 晶片制成的窄带上，沉积温度可以是室温也可以是 100K。因此，不需要用液 He，液氮就可以保持沉积温度。窄带移动时，沉积在晶片上的样品分子通过 MCT 检测器时被检测，得到连续的色谱图。也可以在色谱柱中组分全部流出、沉积完毕后，对某些特定组分重复扫描，累加信息，以增加信噪比，从而提高色谱图和光谱图的质量。

4. GC-FTIR 的操作

接口的条件对系统的灵敏度有很大的影响。例如，改善光管的光学性能、降低高温光管的信号损失、优化光管的尺寸和体积、改进光学系统增大光通量、使用小面积检测器，能增大仪器对光信号的接收强度；采用光管截留技术不需引入尾吹气等可以提高灵敏度。

降低噪声和提高信号强度可以提高系统的灵敏度。采用低流速、优化尾吹技术和进行适当的程序升温，优选浓度、去噪声、进行差谱分析等可以得到较好的检出；使用大容量毛细管柱和大容量进样技术可提高系统的灵敏度。

7.3.2　LC-FTIR

LC 不受样品挥发度和热稳定性的限制，特别适用于沸点高、极性强、热稳定差、大分子试样的分离。FTIR 可以同步跟踪扫描 LC 的馏分。LC-FTIR 使 LC 的高效分离和 IR 的定性鉴定有效结合。

1. HPLC-FTIR

由于 HPLC 多采用极性溶剂为流动相，这些溶剂在中红外区均有较强吸收，因此消除溶剂影响是 HPLC-FTIR 的关键。虽然已有商品化 HPLC-FTIR，但与 GC-FTIR 的接口比较，其仍有很大的局限性，这使 HPLC-FTIR 难以普及。HPLC-FTIR 常采用流动池接口或流动相去除接口。

1）流动池接口

将 HPLC 收集的馏分随流动相进入流动池，FTIR 同步跟踪，依次对流动池进行红外检测，然后对获得的分析物与流动相的叠加谱图作差谱处理，以扣除流动相的干扰，得到分析物的红外光谱图，进而通过红外数据库进行检索，实现对分析物进行快速鉴定。

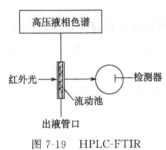

图 7-19　HPLC-FTIR
流动池接口示意图

流动池的结构设计很重要，必须同时兼顾色谱的柱外效应和能够进行光谱分析两方面的要求。液相色谱分为正相色谱和反相色谱，流动相不同，吸收强度各异，应选择最佳体积的吸收池以获得较好的联机效果。流动池包括平板式透射流动池、柱式透射流动池和柱内流动池。

流动池接口装置简单、操作方便，如图 7-19 所示。但是流动相的干扰难以彻底消除，梯度洗脱的差谱很难扣除，该接口不适于梯度洗脱。

2）流动相去除接口

流动相去除接口是通过物理和化学方法将 HPLC 的流动相去除，并将分析物依次凝结在某种介质上，再逐一获得各色谱流出组分的红外谱图。

正相色谱流动相中的有机溶剂易挥发，流动相去除接口有漫反射转盘接口、缓冲存储装置接口和连续雾化接口；反相色谱流动相中的水加热后易挥发，流动相去除接口有连续萃取式漫反射转盘接口、加热雾化器接口和同心流雾化接口。图 7-20 为连续雾化接口的装置图。

如图 7-20 所示，来自色谱柱的流出物通过一个特制的喷嘴将流动相去除并将被分离组分置于一旋转的高发射界面的锗收集盘内，将锗盘转移至显微镜红外光谱仪上，通过步进马达驱动锗盘转动对被分离物逐一进行 FTIR 检测，最后获得的谱图可通过计算机数据检索。

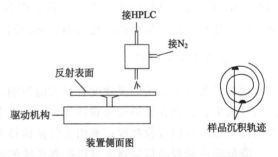

图 7-20　HPLC-FTIR（连续雾化接口）装置图

与流动池接口相比，流动相去除接口装置复杂。无流动相干扰，可使用多种流动相。特别是分配比相差较大时，梯度洗脱是必要的。流动相去除接口适用于梯度洗脱，可提高样品的分离检测能力。当进行离线红外检测时，可使用信号平均技术，以增加谱图的信噪比，加之流动相已经去除，流动相去除接口的检出限一般比流动池接口低。

目前的商用仪器仍是一种非在线的联用检测。例如，美国尼高力仪器公司生产的 GC/HPLC-FTIR400 系列仪，接口采用的是流动相去除装置。

2. TLC-FTIR

TLC-FTIR 的接口与 HPLC-FTIR 的接口存在差异。

1）原位法

原位法是利用 FTIR 的红外漫反射装置对薄层色谱板（TLC 板）上的色谱斑点进行直接检测的方法。一般在未点样前先测得薄层板的背景光谱图；点样层析后再测得同样位置的分离谱带的红外光谱图，前后谱图经差谱处理可得到分离谱带物质的校正光谱图。

2）自动洗脱物转移法

为避免薄层色谱法的固定相受中红外区强的光谱干扰，有效的办法是在 FTIR 检测前将薄层色谱板上的分离物转移至红外透过介质中，称自动洗脱物转移。

自动洗脱物转移法使用的 TLC 板的固定相由硅胶组成。色谱分离结束后，将 TLC 板在室温下晾干，然后放在 TLC 板支架上。在 TLC 板表面上用刮铲均匀地铺一层 KBr 粉末，将其平放在基板上。基板由中空玻璃纤维（孔径为 $20\sim30\mu m$）制成，其下部浸在转移溶剂中。通过毛细管虹吸作用，各色谱组分随溶剂转移到 KBr 粉末上。整个过程通过另一块点有染料并同样铺有 KBr 粉末的 TLC 板监控。转移结束后，用空气流或其他方法除去溶剂，对已转移到 KBr 粉末上的各色谱组分逐一进行 FTIR 检测。严格地说，此法属间接联用方法，如图 7-21 所示。

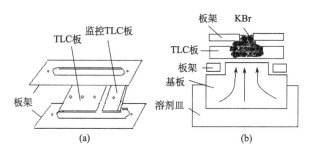

图 7-21　TLC-FTIR 自动洗脱物转移法的装置示意图
(a) TLC 支架；(b) 转移过程侧面图

7.3.3　SFC-FTIR

SFC-FTIR 的接口与 LC-FTIR 的类似，为流动池接口和流动相去除接口两种。

1. 流动池接口

SFC-FTIR 的流动池接口具有接口简单、操作方便等优点，但是也存在以下不足：①流动相程序升压时，背景变大，CO_2 吸收的增强会干扰低含量组分的测定；②由于 CO_2 存在两组强吸收谱带（$3650cm^{-1}$ 和 $2350cm^{-1}$ 附近），醇、腈和炔类化合物的主要振动带 ν_{OH}、$\nu_{C\equiv N}$、$\nu_{C\equiv C}$ 无法检出；③限制使用极性改性剂以免干扰被分析物的检测；④获得的红外谱图为气相谱图时，谱库资源有限。

2. 流动相去除接口

SFC-FTIR 的流动相去除接口装置结构复杂、不宜操作、不适于低沸点化合物的检测。但是，可使用包括极性改性剂的各种流动相，可完全消除流动相对分析物的干扰。对色谱斑点进行检测时可采用信号平均技术提高谱图信噪比，检出限一般低于流动池接口。所获得的红外谱图为凝聚相谱图，易于解析和检索。

7.4　色谱-原子光谱

微量元素的价态和不同形态的分析促成色谱与光谱技术的联用。接口仍然是联用的关键问题。接口要将色谱分离后的组分送到光谱的原子化器中使之原子化；接口能够在不降低色谱分离性能的前提下，尽可能多地将色谱分离后的组分送到原子化器中，同时不能降低原子化器的原子化效率；接口应使气相色谱分离后的组分不至于冷凝，对液相色谱分离后的组分尽可能地去除溶剂以提高原子化效率。

7.4.1　GC-原子光谱

1. GC-FAAS

经 GC 分离后的组分通过有加热装置的转移线直接导入火焰原子吸收光谱(FAAS)的火焰原子化器中。转移线充当了 GC-FAAS 的接口。转移线可用不锈钢或石英材料制成，可根据所测样品的不同和需保温的情况不同选用不同的转移线，转移线的死体积要尽可能地小。转移线为温度计测温、加热电阻丝加热控温、玻璃棉绝缘保温的一根管线。转移线剖面结构示意图如图 7-22 所示。GC-FAAS 联用示意图如图 7-23 所示。

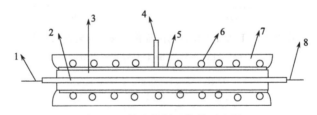

图 7-22　转移线剖面结构示意图

1. 接 GC 柱的金属接头；2. 聚四氟乙烯管；3. 粗聚四氟乙烯套管；4. 温度计套管；
5. 玻璃套管；6. 加热电阻丝；7. 玻璃棉绝热层；8. 接 FAAS 的金属接头

2. GC-ICP-AES

GC-ICP-AES 技术在 20 世纪 70 年代就已经成为很成熟的一种检测技术。该技术可以测定金属元素，还可以测定 C、H、O、S、N、P、F、Cl、Br、I、Si 和 B 等非金属元素，而且其响应几乎不受分子结构的影响。因此 GC-ICP-AES 可以确定 GC 流出物的分子经验式，可以对化合物的组成和结构进行测试，为表征的手段之一。

通过加热的传输线，将 GC 分离后的组分连同载气直接导入等离子体炬焰。图 7-24 为

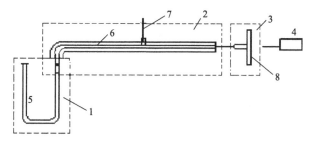

图 7-23　GC-FAAS 联用示意图

1.GC 部分；2. 转移线部分；3. 原子吸收光谱仪部分；4. 记录仪；5. 气
相色谱填充柱；6. 保温层；7. 温度计；8. 石英 T 形管原子化器

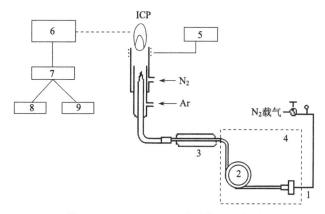

图 7-24　GC-ICP-AES 联用装置示意图

1. 进样口；2. 色谱柱；3. 加热的传输线；4. 柱箱；5. 高频发生器；
6. 光谱仪；7. 积分仪；8. 按钮；9. 记录仪

GC-ICP-AES 联用装置示意图。

　　GC-ICP-AES 的接口为直接导入式接口。毛细管柱直接导入等离子体炬的位置不能太深，否则石英毛细管熔化变形而堵塞气路，使样品无法进入炬焰原子化；导入的位置也不能太浅，否则死体积大、扩散严重。图 7-25 为毛细管柱直接导入等离子体炬的示意图。

　　3. GC-微波等离子体炬-原子发射光谱/离子化双检测器

　　微波等离子体炬（microwave plasma torch，MPT）是一种类似于 ICP 的三层炬管结构，它是利用微波放电的办法获得的类似于火焰的有相当大部分被电离了的发光气体。样品在等离子炬焰中被原子化、离子化，产生信号。因此，MPT 可以同时作为 GC 的原子光谱检测器和离子化检测器。原子光谱检测器有多通道同时检测能力。例如，选择 C 通道时，可对大多数有机化合物进行分析，为通用型检测器，可确定各组分的经验式；选择其他发射线通道时，也可作为选择型检测器使用。它能检测一些 FID 不能检测的物质，如 N_2、CO、CO_2 等永久性气体。离子化检测器具有通用性。He 做工作气时可进行卤元素的检测，所以特别适于环境污染物、农药、军用毒剂的测定。检测器的体积较小，不用危险的 H_2，组装简易。

　　样品中的原子被等离子体中的活性组分电离，离子与电子复合形成激发态原子，激发态

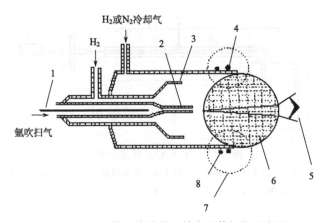

图 7-25　毛细管柱直接导入等离子体炬的示意图
1. 毛细管柱；2. 进样管；3. 石英炬管；4、8. 水冷却管；5. 观察带；6. 环状等离子体；7. 磁场

原子放出辐射回到基态。依据发射线的强度定性和定量。样品组分与等离子体中的活性组分还会发生非弹性碰撞而离子化，使导电性降低，造成负响应。产生离子流的信号大小与组分的量有关。

等离子体炬焰的高度影响响应信号的大小，以在炬管上方形成 $0.5\sim1.0\text{cm}$ 炬焰为宜。载气流速影响响应信号的大小，载气流速低时，信号较弱，载气流速高时，因等离子体的稀释，信号也会降低。因此，载气流速要适宜。当离子化检测器的收集极距等离子体光端太远时，因样品复合引起的信号强度小，灵敏度低；当收集极距等离子体光端太近时，基流较大。离子化检测器的收集极距等离子体光端的距离要优化。

GC-微波等离子体炬-原子发射光谱/离子化双检测器（GC-MPT-AED/ID）联用装置示意图如图 7-26 所示。类似于 GC-ICP-AES 的接口，其为直接导入式接口。

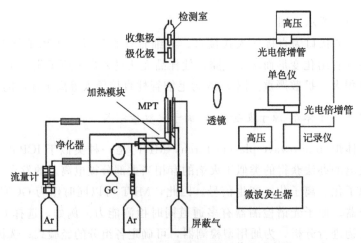

图 7-26　GC-MPT-AED/ID 联用装置示意图

7.4.2　LC-原子光谱

1. LC-FAAS

LC 与火焰原子吸收光谱(FAAS)联用最简单的方法之一就是将一根低扩散蛇形管作为接口,将两者连接起来。蛇形管在管长为 49cm,内径为 0.25cm 的保护管内,蛇形管的峰与峰的间距为 1mm。这种接口不会降低 HPLC 的柱效率。LC-FAAS 用低扩散蛇形管接口示意图如图 7-27 所示。

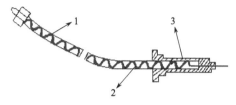

图 7-27　LC-FAAS 用低扩散蛇形管接口示意图
1. 外保护管；2. 蛇形管；3. 固定到 FAAS 的法兰

蛇形管的原理是依靠聚四氟乙烯蛇形管的方向性及特定的高速流星式旋转所产生的离心力作用,使无载体支持的固定相稳定地保留在蛇形管内,并使流动相单相低速通过固定相,避免了固定相流失对 FAAS 的影响,而且不会改变 HPLC 的柱效率,特别适用于分离极性物质和具有生物活性的物质。

2. LC-ICP-AES

等离子体原子发射光谱的进样过程是将样品溶液引入雾化室,雾化后的溶质进入光谱的原子化器。接口的作用是将 LC 分离后的流出物雾化或直接气化后引入 ICP-AES 中。常用的雾化接口有常规气动雾化接口、无雾化室气动雾化接口、热喷雾化器接口、氢化物化学发生气化接口。

1) 常规气动雾化接口

该接口结构简单易得,便于推广使用。雾化室体积是死体积的一大部分,因此该接口的死体积大,使得色谱峰变宽,检出限比直接进样高 1~2 个数量级。

2) 无雾化室气动雾化接口

该接口的死体积最小,峰宽也窄,雾化效率高,等离子体对有机溶剂的样品容量提高,记忆效应减弱,使用高盐组分时雾化器不会堵塞。该接口适于各种色谱与 ICP-AES 联用,流动相的选择不受限制。

3) 热喷雾化器接口

该接口具有高的雾化效率,能满足 LC 所要求的流速以及等离子体对有机溶剂的要求等特点,克服了因雾化效率低而引起的灵敏度低和有机溶剂的引入而引起等离子体炬焰不稳定的问题。这种接口的传输效率与气化管的内径、加热温度及气流量密切相关。

4) 氢化物化学发生气化接口

该接口适于检测 Ge、Sn、Pb、As、Sb、Bi、Se、Te 和 Hg 九种元素,比气溶胶引入法有明显的优点。被测物质以气体形式传输,传输效率高;生成的氢化物从溶液中挥发出来消除了常规 LC-ICP-AES 中存在的基体干扰;气态试样的引入有助于被测物的原子化和激发,也可提高检测的灵敏度,与气动雾化法相比,检出限降低近 2 个数量级。

图 7-28 为高效液相色谱-等离子体原子发射光谱联用装置示意图。使用的是常规气动雾化接口,将 LC 流出物用一段聚四氟乙烯管直接接到雾化器上。

7.4.3　SFC-原子光谱

仅以与原子发射光谱的联用为例,超临界流体色谱(SFC)与等离子体原子发射光谱的接口也是由一根保温的传输线将毛细管柱分离后的组分直接导入原子光谱的原子化器中进行分析,如图 7-29 所示。

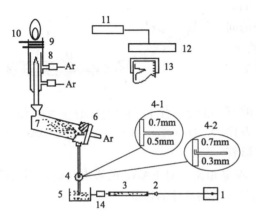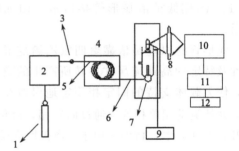

图 7-28　高效液相色谱-等离子体原子　　　　　图 7-29　SFC-等离子体原子发射
　　　发射光谱联用装置示意图　　　　　　　　　　　光谱联用装置示意图

1. 泵;2. 进样点;3. 柱;4. 接口;5. 载流储存;　　　　1. CO_2 瓶;2. 注射泵;3. 进样阀;4. 超临界流体
6. 交叉型雾化器;7. 雾化室;8. 等离子体炬管;　　　色谱;5. T 形分流器;6. 加热的传输线;7. 等离
9. 工作线圈;10. 等离子焰;11. 单色仪;12. 光电倍　　子体炬组件;8. 棱镜;9. 高频发生器;10. 单色
增管;13. 记录仪;14. 紫外检测器　　　　　　　　仪和检测器;11. 计算机;12. 打印机

7.5　色谱-色谱

对许多复杂体系的分析即便是采用分离效率很高的毛细管柱仍无法将其每一个成分都有效地分离,如植物精油的组成、石油的组成、蛋白质的组成等。为解决这些问题,多维色谱技术于 20 世纪 60 年代逐渐发展起来,成为分离和分析复杂样品的重要技术手段。随着硬件、软件及商品化仪器的逐渐成熟,该技术的应用领域也在不断扩大。

以二维色谱为例,多维色谱技术可以分为传统二维色谱技术和全二维色谱技术。传统二维色谱技术(two-dimensional chromatography)是将不同极性的两根色谱柱通过一个接口组合起来,将第一根色谱柱上分不开的组分送入第二根色谱柱进一步分离。这种联用技术通常用来提高对复杂样品中目标物的分离效率,通常用 C+C 表示。全二维色谱技术(comprehensive two-dimensional chromatography)是在传统二维色谱技术的基础上发展起来的新技术,具有分辨率高、峰容量大等特点。全二维分离满足三个条件:各维色谱应具有完全不同的分离机制;第一维色谱中的所有样品组分都被转移到第二维色谱及检测器中;高维色谱的分离速度应快于低维色谱的分离速度,以避免已分开的组分在高维色谱分离中重新混合。全二维色谱用 CC 表示。全二维色谱的峰容量比传统二维色谱的容量大很多,因而更适合用于全组分分析。多维色谱技术能够分离出复杂体系中更多的组分,质谱是目前能给出化合物分子信息灵敏度最高的检测器。因此，多维色谱-质谱的联用技术是目前分离和分析复杂样品最好的技术组合。

连接各色谱系统的接口为阀切换接口和气压控制的无阀气控切换接口两种。

7.5.1　多维 GC

将分离机理不同而又相互独立的气相色谱的色谱柱串联起来构成的分离系统称为多维气相色谱系统。以二维 GC 为例，经色谱柱 1 分离后的每一个组分，经过接口后，以脉冲方式依次进入色谱柱 2 进行第二次分离，组分从色谱柱 2 流出后进入检测器，信号经计算机系统处理后，得到以色谱柱 1 的保留时间为纵坐标，色谱柱 2 的保留时间为横坐标的平面二维色谱图。二维色谱的原理如图 7-30 所示。

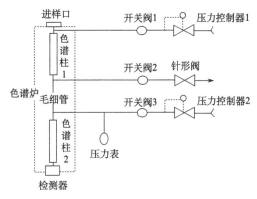

图 7-30　二维 GC 气控切换系统示意图

二维色谱的接口为气控切换接口，它控制了从色谱柱 1 分离后的组分，需要色谱柱 2 继续分离的引入色谱柱 2，不需要色谱柱 2 继续分离的由开关阀 2 放空。如果打开开关阀 1、3，关闭开关阀 2，则样品由进样口带入色谱柱 1 分离，然后再进入色谱柱 2 分离；如果打开开关阀 2、3，并用压力控制器 2 控制压力大于色谱柱 1 和色谱柱 2 之间的压力，则由色谱柱 1 出来的组分无法进入色谱柱 2，由开关阀 2 放空。在色谱柱 1、2 之间可以加一非破坏性检测器，如 TCD，以利于判断切换的时间，切换过程可以手动或自动完成。

多氯联苯(polychlorinated biphenyls，PCB)在理论上有 209 种异构体，十分复杂，用非手性毛细管对 PCB 预分离，进行 FID 检测；然后中心切割具有手性异构体的化合物，经手性毛细管柱分离，进行 ECD 检测，可以对手性异构体进一步分离。

天然气中含有无机气体和 $C_1 \sim C_7$ 的轻烃，组成复杂。在多维 GC 中用双阀、双柱分离，然后在 TCD 和 FID 上分别检测无机和有机组分，十分方便。

7.5.2　多维 HPLC

将分离机理不同而又相互独立的多支液相色谱柱串联起来构成的分离系统称为多维液相色谱系统。样品经过第一维色谱柱进入接口中，通过浓缩、捕集或切割后切换进入第二维色谱柱及检测器中。多维色谱的目的是使在一维分离系统中不能完全分离的组分在二维分离系统中得到进一步的分离，其分离能力和分辨率大大提高。

复杂基体中的纯品提纯难、获得难、定性难。为了增强分离定性能力，不但需要多维色谱技术的联用，而且也常将多维色谱技术与 MS 联用。多维色谱与 MS 联用的装置如图 7-31 所示。

图 7-31 中，第一维液相色谱采用体积排阻色谱，依据溶质大小的不同而分离，大小相近的组分进入第二维反相液相色谱(RPLC)分离，经 a 柱或 b 柱分离后进入紫外检测器及 MS 进行定性和定量分析。

图 7-32 为离子交换色谱-RPLC-MS 联用技术对蛋白质分析的流程图。蛋白质可以水解

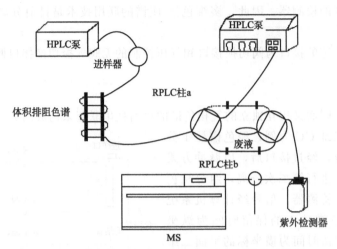

图 7-31　体积排阻色谱-RPLC-MS 谱联用装置示意图

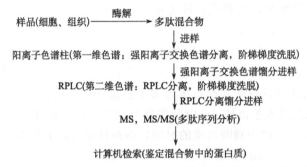

图 7-32　离子交换色谱-RPLC-MS 联用技术对蛋白质分析的流程图

成阴、阳离子，用阳离子交换色谱进行第一次分离，RPLC 进行第二次分离，并进入 MS 检测蛋白质的结构和相对分子质量。

7.5.3　LC-GC

用 GC 分离和分析某些复杂样品（如污水、体液等）组分时，由于样品基体的原因，不能使样品直接进入 GC 进行分离和分析，必须将欲分析的组分从样品的复杂基体中分离出来后再进行 GC 分析，LC-GC 就是解决这一问题的方法之一。用 LC 分离提纯欲分离的组分，再将欲分离的组分在线转入 GC 中进行分离和检测。

LC-GC 的接口采用保留间隙技术，其接口为安装在 GC 进样口和分析毛细管柱之间的一段长几米至几十米的弹性石英毛细管（图 7-33）。由 LC 分离出来的含有目标组分的流动相以冷柱头进样的方式注入 GC 后，在保留间隙中的 LC 流动相逐渐蒸发，而目标组分富集在保留间隙毛细管柱入口处的固定相上，然后再进行 GC 分析。

受流动相溶剂蒸发速度的限制，LC-GC 联用时，LC 最好用微填充柱，并使进入 GC 的液体（流动相和目标组分）体积极可能地小，一般为几十微升。

保留间隙和分析毛细管柱之间的接头是一个三通阀，可以将保留间隙中气化的流动相放

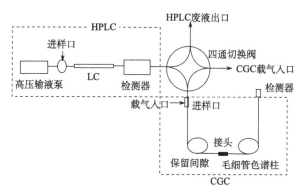

图 7-33　带保留间隙的 HPLC-CGC 联用装置示意图

空或将目标组分导入分析毛细管柱。

LC 的流出物在保留间隙处进行流动相溶剂蒸发的方式有同步蒸发和部分同步蒸发，溶剂蒸发的原理如图 7-34 所示。

同步溶剂蒸发是指被测物的沸点高于流动相溶剂的沸点时，保留间隙温度高于溶剂沸点，低沸点的溶剂同时蒸发除去。被测物完全形成液膜，不蒸发。保留间隙的毛细管柱不用涂渍固定液，也不必太长（1～5m）即可实现溶剂蒸发。同步溶剂蒸发适于正相 LC 使用的低沸点溶剂。

部分同步溶剂蒸发是指被测物的沸点低于流动相溶剂的沸点时，保留间隙温度低于溶剂的沸点，高沸点的溶剂缓慢部分蒸发，被测物的一部分会形成液膜。保留间隙的毛细管柱需要涂渍固定液，而且要有相当的长度（30～50m），以利于被测物的富集和溶剂的挥发。部

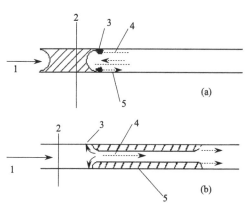

图 7-34　保留间隙处溶剂蒸发的方式图
(a)同步蒸发：1. 载气压力；2.GC 柱箱壁；3. 高沸点溶质的沉积；4. 溶剂与挥发物的蒸发；5. 蒸气压力
(b)部分同步蒸发(溶剂溢流)：1. 载气流；2.GC 柱箱壁；3. 被溶剂捕集的挥发溶质；4. 在样品层后部的溶剂蒸发；5. 样品液体在毛细管壁形成的液膜

分同步溶剂蒸发适于反相 LC 使用的高沸点含水流动相。

7.5.4　其他色谱-色谱联用技术

其他色谱-色谱联用技术还包括 SFC-SFC、SFC-CGC、LC-SFC、LC-CE、HPLC-TLC 等。其中 LC-CE 的接口为阀采样环接口和横向流通接口；HPLC-TLC 的接口与 LC-FTIR 的流动相去除接口类似，HPLC-TLC 喷雾接口示意图如图 7-35 所示。

HPLC-TLC 采用的是喷雾接口。使用加热的 N_2 气流吹走 HPLC 的流动相，待测组分喷在薄层色谱板上，薄层色谱板以一定的方向运动，就可以将不同的组分富集在薄层色谱板上，再行鉴定。

色谱联用技术还在不断地发展和完善中。

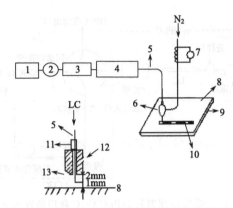

图 7-35　HPLC-TLC 喷雾接口示意图

1. 泵；2. 进样阀；3. HPLC 柱；4. 检测器；5. $\varphi 50\mu m$ 石英
毛细管；6. 喷雾器组件；7. 加热器；8. 薄层色谱板；9. 薄
层色谱板移动方向；10. 喷雾后点样沉积物；11. 内径 $250\mu m$
连接部件；12. 加热的氮气；13. 内径 $100\mu m$ 不锈钢针头

习　题

1. 色谱与质谱联用后有什么突出特点？

2. 如何实现 GC-MS 联用？

3. 试述 LC-MS 联用的迫切性。

4. GC-MS 联用系统一般由哪几个部分组成？

5. GC-MS 联用中要解决哪些问题？常用的接口有哪几种？

6. LC-MS 联用中要解决哪些问题？如何解决？

7. 简述 GC-FTIR 联用系统的工作流程。

主要参考文献

陈集，饶小桐. 2002. 仪器分析. 重庆：重庆大学出版社.

陈培标，李景虹，邓勃. 2006. 现代仪器分析实验与技术. 2版. 北京：清华大学出版社.

陈义. 2006. 毛细管电泳技术及应用. 2版. 北京：化学工业出版社.

达世禄. 1999. 色谱学导论. 2版. 武汉：武汉大学出版社.

方禹之. 2002. 分析科学与分析技术. 上海：华东师范大学出版社.

傅若农. 2010. 色谱分析概论. 2版. 北京：化学工业出版社.

傅若农，顾峻岭. 1998. 近代色谱分析. 北京：国防工业出版社.

何丽一. 2005. 平面色谱方法及应用. 2版. 北京：化学工业出版社.

胡斌，江祖成. 2007. 色谱-原子光谱/质谱联用技术及形态分析. 北京：科学出版社.

罗伯特 D，布朗. 1990. 最新仪器分析技术全书. 北京：化学工业出版社.

森德尔 L R，柯克兰 J J，格莱吉克 J L. 2001. 实用高效液相色谱法的建立. 张玉奎，王杰，张维冰译. 北京：
    华文出版社.

苏立强. 2009. 色谱分析法. 北京：清华大学出版社.

孙晓莉，李晓晔. 2012. 色谱分析. 西安：第四军医大学出版社.

王玉枝. 2008. 色谱分析. 北京：中国纺织出版社.

夏之宁，季金苟，杨丰庆. 2012. 色谱分析法. 重庆：重庆大学出版社.

袁黎明. 2012. 制备色谱技术及应用. 2版. 北京：化学工业出版社.

原昭二，森定雄，花井俊彦. 1988. 现代色谱分析法：原理和实际应用. 邱宗荫，孙琢琏译. 北京：科学技术
    文献出版社.

云自厚，欧阳律，张晓彤. 2006. 液相色谱检测方法. 2版. 北京：化学工业出版社.

张寒琦. 2013. 仪器分析. 2版. 北京：高等教育出版社.

朱明华，胡坪. 2008. 仪器分析. 4版. 北京：高等教育出版社.

Christian G D, O'Reilly J E. 1991. 仪器分析. 王振浦，王振棣译. 北京：北京大学出版社.